核素污染环境的植物
响应与修复

唐永金 著

科学出版社

北 京

内 容 简 介

　　本书论述了核素污染环境中植物吸收转移核素的研究方法和机理，并通过多项试验，阐明了多种植物在铀、锶、铯污染土壤和水体中发芽出苗、植物学性状、植物生理特性、生物产量的响应特点，以及地上器官、地下器官和植株核素含量变化规律；同时，论述了植物种类、核素种类和浓度、土壤、氮、磷、钾、添加剂、微量元素、重金属、再生植物、二次修复等对植物修复核素污染效果的影响，以及核素对植物吸收必需元素和植物物质成分的影响，从而筛选出一批对铀、锶、铯吸收转移能力强的植物和强化修复能力的方法。

　　本书将理论与实践相结合，是一本系统研究植物修复的专著，适合环境工程、环境科学、农业生态学、生态学专业师生及从事核素、重金属污染环境修复的技术人员阅读参考。

图书在版编目(CIP)数据

核素污染环境的植物响应与修复 / 唐永金著. —北京：科学出版社，2016.10 (2018.4 重印)

ISBN 978-7-03-050247-6

Ⅰ.①核…　Ⅱ.①唐…　Ⅲ.①植物–放射损伤–修复–研究　Ⅳ.①Q691.9

中国版本图书馆 CIP 数据核字（2016）第 254191 号

责任编辑：杨　岭　黄　桥 / 责任校对：韩雨舟
责任印制：余少力 / 封面设计：墨创文化

科学出版社 出版

北京东黄城根北街16号
邮政编码：100717
http://www.sciencep.com

成都锦瑞印刷有限责任公司 印刷

科学出版社发行　各地新华书店经销

*

2016 年 10 月第 一 版　　开本：787×1092 1/16
2018 年 4 月第二次印刷　印张：18.25
字数：420 千字

定价：128.00 元

（如有印装质量问题，我社负责调换）

前　言

核工业、核武器和核能利用的发展，使铀(U)的使用量迅速增加，U的开采、冶炼、加工和利用产生大量尾矿、废料和排出物，对周围土壤和水体带来了严重污染。苏联切尔诺贝利1986年和日本福岛2011年核电站核事故释放的锶(Sr)、铯(Cs)等放射性核素对周围环境的污染，暗示核能利用的潜在危险。退役核武器试验场地的残留核污染也给民用开发利用带来了很大威胁。因此，研究核污染环境的治理方法，具有明显的现实意义和潜在的预防意义。

西南科技大学是四川省和国家国防科工局共建学校，建有核废物与环境安全国防重点学科实验室，核污染环境的治理是该实验室研究的一个主要方向。筛选核素污染环境的修复植物以及提高植物修复能力是核污染环境治理的一个重要研究内容。本书作者曾于1981~2010年从事作物栽培和农业生态研究，发表论译文60多篇，出版过《作物栽培生态》等著作。2010年在国防基础科研项目和国家核设施退役及放射性废物治理科研项目资助下，开始主要从事U、Sr、Cs核素元素污染环境的植物修复研究。本书系统梳理了国内外的研究情况，明确了已有研究方法的优缺点，整理出一套植物吸收和富集核素的研究方法；并根据已有研究结果和结论，制定出了一套针对性强的研究思路和研究内容。通过5~6年的研究，发表论文10多篇，申请发明专利7项，已经授权2项。现将研究结果系统整理出来，供核素和重金属污染环境治理研究人员参考。

本书共10章，第1章主要介绍核素污染的危害和植物修复的研究方法，重点阐述研究和评价方法。第2~10章以所做试验为基础，详细介绍了每个内容的研究方法、研究结果和结论。第2章研究核素污染对植物种子发芽和烂种烂芽的影响，第3~4章研究植物对不同浓度核素污染的响应与修复植物筛选，第5~7章研究土壤、肥料、添加剂、微量元素、重金属等对植物修复核素污染环境的影响，第8章研究水体核素污染的植物修复，第9章研究核素污染环境的植物二次修复，第10章研究核素污染对植物吸收必需元素和植物物质成分的影响。本书研究内容全面，是国内第一本系统研究核素污染环境植物修复的专著。

研究生江世杰、赵萍、曾峰、李华丽、赵鲁雪、宋志东、李红等人参与了试验、资料收集和整理，同样为本书做出了重要贡献，在此表示感谢。同时，西南科技大学生命科学与工程学院唐运来博士对测定植物光合生理给予了帮助；西南科技大学分析测试中心王树民、陶杨、贾茹、刘海峰等老师进行了相关研究的分析测试工作，在此一并表示谢意。

唐永金

西南科技大学

目　　录

第 1 章 核素污染的危害与植物修复

  核素是具有特定原子序数、质量数和核能态，且平均寿命长得足以被观测到的一类原子。现已知的核素分为稳定性核素和放射性核素两类，其中稳定性核素 300 种，放射性核素大约有 1300 种(Strebl et al.，2007)。通常认为，用现代放射性探测器探测不到放射性的那些核素是稳定性核素，反之即为放射性核素。也有以半衰期 10^9 年作界限的评定方法，半衰期小于 10^9 年的核素被认为是放射性核素，大于这个数值的则被认为是稳定性核素(张炜明等，1983)。在众多核素元素中，铀(U)、铯(Cs)、锶(Sr)、钴(Co)等是常见的潜在核素污染元素，而本书主要讨论的是 U、Sr、Cs 污染环境的植物响应与修复。

  U 有 15 种同位素，其原子量从 227~240。所有 U 同位素皆不稳定，且具有微弱放射性。U 的天然同位素组成为：^{238}U(自然丰度 99.275%，原子量 238.0508，半衰期 4.51×10^9a)，^{235}U(自然丰度 0.720%，原子量 235.0439，半衰期 7.00×10^8a)，^{234}U(自然丰度 0.005%，原子量 234.0409，半衰期 2.47×10^5a)。本研究所用的 U 为 ^{238}U。

  Sr 存在 ^{84}Sr、^{86}Sr、^{87}Sr、^{88}Sr 四种稳定性同位素，存在 ^{89}Sr、^{90}Sr 等放射性同位素。^{90}Sr 是 ^{235}U 的裂变产物，是水溶性物质，存在于核爆炸、核试验、核电站事故的辐射微尘中，以粉尘的形态被人体吸入，易对人体产生放射性伤害。Cs 的稳定性同位素是 ^{133}Cs，放射性同位素有 ^{134}Cs、^{135}Cs、^{137}Cs。^{137}Cs 是 ^{235}U 的裂变产物，在核试验、核电站事故中可辐射 β 射线和 γ 射线，易对环境造成污染，同时也可作为 β 和 γ 辐射源，用于工农业和医疗。在 ^{137}Cs 核燃料放射性废物储放期间，随着储放时间增减，辐射的 γ 射线比例均会相应增加。考虑到试验的安全性和不产生环境放射性污染，本研究所用 Sr 和 Cs 均为稳定性同位素。

1.1 核素污染的危害

1.1.1 核素污染简况

1. 核素的背景值

  环境核素背景值是未受人类活动影响的环境本身核素元素组成及其含量或剂量。核素元素同重金属元素一样，本身就存在于自然界中。根据《中国土壤元素背景值》所示，在我国 15 种成土母质中都含有数量不等的 Co、Sr、Cs、U 等核素元素和汞(Hg)、铅(Pb)、镉(Cd)等重金属元素(见表 1.1)。不同母质的核素含量不同，风砂母质的 Co、Cs、U 含量最低，火山喷发物的 Sr 含量最低。15 种母质中，Co、Cs、Sr、U 的平均含量分别是 13.04mg/kg、8.29mg/kg、216.8mg/kg、3.14mg/kg。同样，在我国 30 种土壤中,也含有数量不等的核素和重金属(见表1.2)。如表所示,石灰土 Co 和 U 含量偏高,草毡土 Cs 含量高,风沙土则是 Sr 含量明显偏高。30 种土壤 Co、Cs、Sr、U 平均含量分别是 12.70mg/kg、8.53mg/kg、181.63mg/kg、3.06mg/kg。当环境核素含量超过环境背景值时,如果超过量大于环境净化能力,就会导致环境污染,当核素的环境污染对生物构成潜在威胁时,就需人工治理,以防对环境和人类造成危害。

表 1.1　我国不同土壤母质(0~20cm)核素和重金属含量　　　　　(单位：mg/kg)

母质类型	As	Cd	Co	Cr	Cu	Hg	Mn	Ni	Pb	Zn	Cs	Sr	U
酸性火成岩	7.70	0.08	11.20	46.80	17.20	0.05	636.00	19.90	31.90	73.80	9.24	130.00	4.10
中性火成岩	8.10	0.08	13.10	58.30	24.20	0.09	1158.00	22.60	26.90	86.60	6.36	151.00	3.00
基性火成岩	12.40	0.08	21.90	101.20	31.00	0.09	767.00	48.90	22.90	85.20	7.53	121.00	3.90
火山喷发物	7.60	0.06	9.10	37.90	13.10	0.07	540.00	15.70	31.70	83.60	7.79	49.00	3.72
沉积页岩	14.80	0.10	15.40	76.60	28.70	0.07	610.00	31.80	26.30	82.70	11.01	117.00	3.30
沉积砂岩	12.50	0.08	13.00	68.30	24.80	0.06	529.00	28.10	25.50	71.70	9.90	109.00	3.05
沉积石灰岩	18.70	0.22	16.80	78.10	27.70	0.11	738.00	38.00	32.70	97.80	11.27	116.00	4.33
沉积紫砂岩	10.90	0.12	12.90	59.40	24.00	0.06	430.00	27.90	25.50	77.70	11.26	86.00	2.86
沉积砂页岩	12.90	0.08	10.60	55.50	21.80	0.06	386.00	22.70	24.70	63.80	9.19	129.00	2.77
流水冲击沉积	10.50	0.10	12.40	59.70	22.80	0.07	609.00	26.80	23.40	70.00	6.62	214.00	2.70
湖湘沉积母质	10.60	0.12	12.60	71.20	24.90	0.08	558.00	30.30	22.60	77.60	7.84	296.00	2.95
海湘沉积母质	8.00	0.13	12.80	66.10	26.90	0.18	610.00	32.30	32.60	91.50	6.30	1188.00	2.30
黄土母质	10.70	0.10	11.50	59.00	21.10	0.03	569.00	27.80	21.60	64.50	6.32	186.00	2.64
红土母质	14.30	0.10	13.80	63.80	23.50	0.09	452.00	28.50	29.30	76.70	10.06	85.00	3.71
风砂母质	5.40	0.05	8.50	29.30	10.60	0.02	370.00	13.60	15.90	39.50	3.70	275.00	1.81
平均	11.01	0.10	13.04	62.09	22.82	0.07	597.47	27.66	26.23	76.18	8.29	216.80	3.14

表 1.2　我国不同土壤(0~20cm)核素和重金属含量　　　　　(单位：mg/kg)

土壤类型	As	Cd	Co	Cr	Cu	Hg	Mn	Ni	Pb	Zn	Cs	Sr	U
绵土	10.50	0.10	9.40	57.50	23.00	0.02	543.00	29.30	16.80	67.90	5.62	204.00	2.77
黑土	10.20	0.08	13.20	60.10	20.80	0.04	798.00	25.10	26.70	63.20	6.70	172.00	2.66
白浆土	11.10	0.11	12.50	57.90	20.10	0.04	720.00	23.10	27.70	83.30	6.69	160.00	2.74
黑钙土	9.80	0.11	13.10	52.20	22.10	0.03	659.00	25.40	19.60	71.70	6.88	168.00	2.34
潮土	9.70	0.12	12.10	66.60	24.10	0.05	629.00	29.60	21.90	71.10	6.58	187.00	2.29
绿洲土	12.50	0.12	14.50	56.50	26.90	0.02	632.00	32.00	21.80	70.50	6.73	309.00	3.03
水稻土	10.00	0.14	12.70	65.80	25.30	0.18	423.00	27.60	34.40	85.40	8.00	87.00	3.41
砖红壤	6.70	0.06	13.60	64.60	20.00	0.04	359.00	27.60	28.70	39.60	6.93	57.00	3.27
赤红壤	9.70	0.05	6.60	41.50	17.10	0.06	352.00	13.10	35.00	49.00	6.30	52.00	4.74
红壤	13.60	0.07	12.30	62.60	24.40	0.08	440.00	25.70	29.10	80.00	8.99	49.00	4.70
黄壤	12.40	0.08	12.70	55.50	21.40	0.10	446.00	25.30	29.40	79.20	9.72	52.00	4.11
黄棕壤	11.80	0.11	14.70	66.90	23.40	0.07	684.00	31.50	29.20	62.50	9.81	108.00	3.97

续表

土壤类型	As	Cd	Co	Cr	Cu	Hg	Mn	Ni	Pb	Zn	Cs	Sr	U
棕壤	10.80	0.09	15.30	64.50	22.40	0.05	648.00	26.50	25.10	71.80	7.29	157.00	2.67
褐土	11.60	0.10	13.60	64.80	24.30	0.04	633.00	30.70	21.30	68.50	8.29	170.00	2.42
暗棕壤	6.40	0.10	12.70	54.90	17.80	0.05	1109.00	23.10	23.90	74.10	8.98	173.00	2.97
棕色针叶林土	5.40	0.11	11.50	46.30	13.80	0.07	1790.00	16.20	20.20	86.00	7.43	184.00	2.75
栗钙土	10.80	0.07	11.10	54.00	18.90	0.03	528.00	23.60	21.20	89.40	5.87	199.00	2.07
棕钙土	10.20	0.09	11.20	47.00	21.60	0.05	541.00	24.10	22.00	56.20	5.97	194.00	2.12
灰棕漠土	9.80	0.11	13.60	56.40	25.60	0.02	630.00	28.40	18.10	63.20	5.26	379.00	3.33
棕漠土	10.00	0.09	12.70	48.00	23.50	0.01	583.00	24.20	17.60	60.10	4.49	557.00	2.85
草甸土	8.80	0.08	11.80	51.10	19.80	0.04	655.00	23.30	22.40	70.00	6.50	253.00	3.02
沼泽土	9.60	0.09	13.00	58.30	20.80	0.04	663.00	23.10	22.10	71.80	8.22	226.00	2.92
盐土	10.60	0.10	12.90	62.70	23.30	0.04	625.00	29.70	23.00	74.40	7.17	303.00	2.36
石灰(岩)土	29.30	1.12	20.60	108.60	33.00	0.19	1011.00	49.10	38.70	139.20	13.14	58.00	5.78
紫色土	9.40	0.09	15.70	64.80	26.30	0.05	500.00	30.70	27.70	82.80	8.74	110.00	2.52
风沙土	4.30	0.04	8.30	24.80	8.80	0.02	324.00	11.50	13.80	29.80	2.90	217.00	1.38
黑毡土	17.00	0.09	13.50	71.50	27.30	0.04	698.00	30.10	31.40	88.10	17.45	158.00	3.53
草毡土	17.20	0.11	12.30	87.80	24.30	0.02	649.00	33.00	27.00	81.80	18.75	128.00	2.93
巴嘎土	20.00	0.12	14.20	76.60	25.90	0.02	621.00	35.60	25.80	80.10	17.65	200.00	3.14
莎嘎土	20.50	0.12	9.70	80.80	20.00	0.02	516.00	34.50	25.00	66.40	12.76	178.00	2.99
平均	11.66	0.13	12.70	61.02	22.20	0.05	646.97	27.09	24.89	72.57	8.53	181.63	3.06

2. 核武器与核污染

1945 年 7 月 16 日，美国在新墨西哥的荒漠上进行了第一颗原子弹爆炸试验。至今为止，全世界共进行了 2000 多次核试验(张鹏飞，2006)，而遗留的核污染物质对生态系统构成了直接或间接的威胁。在第二次世界大战中，美国在日本九州长崎投掷了一颗"胖子"原子弹，爆炸后产生大量放射性核污染，使长崎东北 50km 外的几十个劫后余生者全部变成了没有生育能力、形象怪异、智力低下的"昆虫人"(王志明，2001)。原子弹等核武器的使用，除了在爆炸地产生最直接的破坏外，由其所产生的含铀粉尘和气溶胶，还能随气流运动对更多更远的地方造成大气污染、水污染和土壤污染，并通过食物链和饮水链，最终给人类造成潜在危害。1954 年 3 月，美国在比基尼岛进行了 1500 万 tTNT 当量的地面核爆炸试验，核试验后前 4 天落下的放射性碎片的剂量足以使 500 万 hm² 上 (半个瑞士)暴露的所有人员和家畜致死(Lachlan et al.，1999)。一项 IPPNW(国际防止核战争医生协会)的研究估计，到 2000 年为止，全世界所有的核爆炸试验释放的 ^{90}Sr、^{137}Cs、^{14}C 和 ^{239}Pu，即是造成 430000 例癌症患者死亡的直接原因(潘本兴等，2003)。

贫铀弹爆炸后，大约有 70% 形成气溶胶和含铀粉尘，另有一些贫铀在爆炸中氧化成 U_3O_8、U_3O_7、UO_2，进入土壤影响植物株高和籽粒产量，并在籽粒中积累危害人体的物质(Kasianenko et al.，2005)。贫铀又称贫化铀，是在提炼原子弹材料及核燃料材料过程中产生的一种核废料，是钢硬度的 2.5 倍，并且其强度、密度和韧性均好，可以制造穿甲弹以对付坦克、装甲车等坚硬目标，是具有低度放射性的有害物质。在海湾战争中，贫铀弹的使用，使 10 多万名参加过海湾战争的士兵遭受"海湾战争综合症"的困扰；使伊拉克儿童患白血病、成人患癌症的比例剧增，其患病人数相比海湾战争前增加了约 10 倍(谯华等，2007)。

3. 核电站与核污染

1986 年 4 月 26 日，苏联切尔诺贝利核电站发生核泄漏事故，危及到了居住在苏联 $15×10^4 km^2$ 的 694.5 万人；在俄罗斯地区受污染的地带，成年人的发病率比一般水平高 20%~30%，而儿童的发病率则高出 50%(谯华等，2007)。Петряев(1994)研究表明，放射性 Cs 多以"固着"态存在，溶解态和交换态较少。在切尔诺贝利核电站 40~250km 范围内，交换态 Cs 在表层中(0~1cm)的平均含量(观察时间范围为 1987~1990 年)，未耕作土壤的含量为：草根－灰化亚砂质土壤>草根－灰化含砂土壤>泥炭－沼泽土壤>河滩草根沼泽化土壤。而放射性 Sr 多以交换态和溶解态存在，"固着"态较少。交换形式的放射性 Sr 的相对含量均会随着时间而增长，在某些类型的亚砂土中还同时伴随着溶解形式放射性核素含量的增长(增长 2~3 倍)。放射性 Sr 比放射性 Cs 具有更大的迁移可能性，这是由土壤组分对放射性核素吸收方式的不同及它们迁移方式的不同所决定的。因此，核电站的核污染中，具有多种不同性质、不同状态的核素污染，具有不同的污染时间和范围。

4. 核矿的核素污染

不同地方、不同介质的核矿污染浓度不同，且目前报道的土壤污染情况变化较大。湖南某铀尾矿库区的土壤样品中 U 平均值为 26.11mg/kg，Th 平均值为 13.55mg/kg(聂小琴等，2010)；王瑞兰等(2002)对湖南某铀尾矿库测定得出，U 含量为 106.7mg/kg，^{226}Ra 为 8390Bq/kg；据向阳等(2009)测量，衡阳某铀尾矿库渣含铀 122.1mg/kg，镭 8812Bq/kg；中南地区某铀尾矿库周边污染区土壤含铀 36.02mg/kg(向言词等，2010)；江西某铀矿尾矿砂中的 ^{238}U、^{226}Ra、^{232}Th、^{235}U 分别是 10246Bq/kg、46457Bq/kg、1428Bq/kg 和 899Bq/kg(陈世宝等，2006)。我们对湖南某铀尾矿 400 多个样点测定，土壤 U 含量多在 10~90mg/kg；周边部分污染农田土壤 U 含量在 6~14mg/kg。

1.1.2 核素污染的危害

1. 核素污染危害概述

核素中包含了重金属，如铀，这些放射性核素既有重金属的化学危害，又有放射性元素的辐射危害。重金属污染一般具有如下特性(代全林，2007)：①微量即可产生毒性效应；②不能被生物降解，只能发生各种形态之间的转化、分散和富集，因而容易通过食物链产生毒性放大作用；③污染具有隐蔽性，可致长期毒害性；④在不同微生物的作用下会强化或弱化其毒性。

作为放射性元素，核辐射对人体的损害有内照式和外照式。内照式就是通过饮水、食品、呼吸进入体内，然后对人体造成损伤；体外辐射源对人体的辐射则为外照式，如钴 60 和伽马射线的照射，严重的甚至会损伤或改变遗传物质。核辐射的损伤有急性和慢性之分。急性放射损伤，是几个小时达到一定的辐射量，人们先会感到恶心、呕吐、皮肤出现红斑，然后就是乏力，再过几天就会出现血相降低(周平坤，2011)。慢性放射损伤是一个长期效应，要在多年后才会表现出来，但有的通过自我修复后，可能也不会有任何症状表现。

放射性核素的危害，一般用放射剂量大小来评价，但 U 的化学危害大于放射性危害，而 U 的化学生态毒性与环境有关，其中二价阳离子(Ca^{2+}，Mg^{2+})与 U 离子(UO_2^{2+})有竞争作用(Sheppard et al.，2005)。对人体的危害，U 的放射性毒性主要体现在骨肉瘤，而化学和放射性结合的毒性主要表现在肾毒性。

U 这类核素作为重金属，对植物的危害分看得见的外在危害和看不见的内在危害两类。重金属污染对植物的外在危害，最直观的表现是长势减缓，即根系生长受抑制、生长量下降等。内在表现主要是通过影响光合过程中的电子传递和破坏叶绿体的完整性而影响植物的光合作用；植物呼吸作用紊乱，供给正常生命活动的能量减少，而且还会有一部分能量转移到对核素胁迫的适应过程中；细胞生理活动变化，如叶绿素含量、酶和蛋白质等活性的变化(王学东等，2007)。唐永金等(2013)研究认为，高浓度 Sr、Cs、U 污染将影响植物存活率、株高、叶片光合作用、叶绿素荧光参数和生物产量，降低多数植物的生物产量，其危害性大小为 U>Cs>Sr，这与核素性质和污染程度有关。

2. 核素危害的环境临界浓度

重金属和核素污染的危害都有一个临界浓度，超过这个浓度，便会对植物、动物、微生物和人类造成一定程度的伤害。表 1.3 表明，Cd、Hg 的土壤卫生学临界值，低于作物效应和土壤微生物效应，但 As、Pb、Cr 相反，这与作物对不同重金属的抗性、转移、积累特性有密切的关系。作物效应临界含量是指使作物减产≥10％时，土壤重金属含量的生态效应含量。土壤卫生学临界含量是指以食品卫生标准(Cd0.4mg/kg、Hg0.02mg/kg、Pb1.0mg/kg、As0.7mg/kg、Cr0.4mg/kg)来计算作物籽粒中重金属含量≥卫生标准时，土壤中相应的含量。而土壤生物效应临界含量，是指土壤微生物菌量和酶活性分别抑制≥50％和≥10％的土壤重金属含量。

表 1.3　不同重金属的土壤污染临界含量(李书鼎，2002)　　　(单位：mg/kg)

重金属	草甸褐土			红壤水稻土			中厚黑土		
	卫生标准	作物效应	微生物效应	卫生标准	作物效应	微生物效应	卫生标准	作物效应	微生物效应
Cd	2.8	150	3~5	1.1	1.09	1~23	1.4	30.2	4.18
As	67	21	27~54	45.4	55	40~60	58.7	56.8	42
Hg	0.4	1.05	1.25~1.50	—	—	—	—	—	—
Pb	600	500	300~500	230~1700	—	300~500	3731	1640	530

续表

重金属	草甸褐土			红壤水稻土			中厚黑土		
	卫生标准	作物效应	微生物效应	卫生标准	作物效应	微生物效应	卫生标准	作物效应	微生物效应
Cr	794	208	5～10	—	—	—	—	—	—
Cu	—	—	—	—	—	—	1311	502	320

核素对生物的危害浓度临界值与重金属不同。Sheppard 等（2005）认为，U 的危害以生物表现比对照降低 25% 的环境浓度为临界点，大于此浓度就会对生物产生危害。据此，经归纳分析大量研究报道后，Sheppard 等人提出环境 U 含量产生化学危害的临界浓度是：陆生植物 250mg/kg，其他土壤生物 100mg/kg；淡水无脊椎动物 0.005mg/L；淡水底栖生物 100mg/kg 干沉积物；淡水鱼类 0.4mg/L（水硬度<10mg/L）或 2.8mg/L（水硬度 10～100mg/L）或 23mg/L（水硬度>100mg/L）；淡水植物 0.005mg/L；哺乳动物肾功能损害 0.05（体重 1kg）或 0.01（体重 1000kg）mg/(kg·d)；哺乳动物生长发育抑制 0.1（体重 1kg）或 0.02（体重 1000kg）mg/(kg·d)；鸟类的临界浓度同哺乳动物。

按照 WHO 的标准，水中 U(+Ⅵ) 不宜超过 50μg/L。根据 Gilman 的研究，WHO 宣布的人类每天可以容忍和吸收的可溶性 U 为 0.6μg/kg 体重。在未污染地区，人们食物和水中的 U 大致在 1～5μg/d，在铀矿地区为 13～18μg/d 或更多一些（Bhalara et al., 2014）。

1.2 核素污染环境的植物修复

1.2.1 植物修复及其原理

1. 植物修复的概念

植物修复是生物修复的一种重要形式。生物修复是利用生物对环境中的污染物进行降解，具有成本低，技术及设备要求不高的优点。根据生物类型，生物修复分为微生物修复、植物修复和动物修复。

微生物修复是污染治理用得最早也很成功的生物修复技术，多用于集中的有机污染物处理，尤其是有机废水处理，也用于集中的重金属和核素的处理。但是，在修复治理大面积重金属和核素污染时，微生物修复具有明显的劣势，一是微生物生物量小，吸收的金属量较少；二是微生物生物体很小，很难进行后处理。

植物修复是利用植物及其根际圈微生物体系的吸收、挥发、转化、固定、降解等作用机制来清除污染物质的环境治理技术。植物修复大面积污染具有明显的优势：一是植物体积较大，根系分布广和深；二是植物体易于灰化，后处理成本低；三是植物覆盖，可以绿化和美化环境。由此可见，植物修复能够治理面源性环境污染，尤其是重金属或核素污染，是很有前景的环境修复治理技术。

动物修复主要是利用土壤中小型动物如蚯蚓、线虫、跳虫、螨、蜈蚣、蜘蛛、土蜂等吸收和富集土壤中的农药等有机污染物质，并通过代谢作用，把部分农药分解为低毒或无毒产物。目前，动物修复只在国外进行试验研究，尚不能投入大面积使用。

因此，在生物修复中，植物修复是最适合修复治理大面积环境污染的生物治理技术。植物修复是利用绿色植物来转移、容纳或转化污染物使其对环境无害的活动。植物修复技术是以植物忍耐和超量积累某种或某些污染物为基础，利用植物及其共存微生物体系清除环境中污染物的一门环境污染治理技术（唐世荣等，1999），包括利用植物修复污染土壤、净化水体和空气，利用植物清除放射性核素和利用植物及其根际微生物共存体系净化环境中有机污染物等。

2. 植物修复的原理

植物修复原理包括植物抗性原理、植物作用原理和植物内部机理三个方面。

1) 植物抗性原理

植物的抗性表现在避性和耐性两个方面，相应地，植物抗重金属也表现为两种基本对策即排斥（exclusion）和蓄积（acumulation）。

植物对重金属的排斥有以下几种方式（王学东等，2006）：①分泌化合物降低重金属的有效性。这种机制在高等植物中并不常见，但在蓝藻和细菌中却非常重要。②回避摄入。环境中的重金属浓度很高但植物几乎不吸收重金属。③限制运输。植物将重金属滞留在根部限制其向地上部分转移。④排出体外。

植物对重金属的蓄积是指植物吸收大量的重金属，但重金属在植物体内以不具生物活性的解毒形式存在。植物的重金属蓄积又有几种不同的抗性机理：①细胞壁和液泡扣留。②植物保护酶系统也会发生适应性变化。③重金属结合蛋白的解毒作用。

2) 植物作用原理

植物作用原理可以分为植物提取、根际过滤、植物固持、植物挥发等几种方式。

植物提取（phytoextraction）是植物通过吸收和转运的过程，将重金属或核素富集在可收割的部位，人们将植物富集部位进行收割，然后焚烧灰化、减容（微生物分解）、填埋或集中处理，达到减少环境污染的目的。这类植物地上器官的核素含量较高。

根际过滤（rhizofiltration）是指利用植物大量的根系从废水中吸收、吸附富集和沉淀重金属或核素，减少或消除污染物。这类植物根系发达，根毛附着力强。可以是水生植物如水葫芦，也可以是陆生植物如向日葵。

植物固持（phytostabilization）是指利用植物吸收富集土壤等环境中的重金属或核素，将分散在环境中的污染物集中到根系或大型木本植物的茎枝之中，减少环境中的污染物含量。同时，植物还可以通过改变根际环境的 pH、Eh 来改变污染物的化学形态。这类植物根系核素含量较高。

植物挥发（phytovolatilization）是利用植物吸收、积累、挥发而减少土壤污染物。如植物吸收、积累汞或硒后，可以通过挥发作用，减少植物和土壤含量。

3) 植物修复的内部机理

王学东等（2006）认为，植物吸收重金属后，主要通过离子区隔化作用、螯合作用、生物转化作用和细胞修复机制来减少对植物的危害。离子区隔化作用是植物将进入细胞内的重金属离子屏蔽进入液泡内。螯合作用是植物体内的重金属离子配体(蛋白)对其具有高度特异性的亲和作用以形成复合体,减少自由重金属离子在植物体内的浓度和降低毒性,如金属硫蛋白和植物螯合肽。生物转化作用是进入植物体内的重金属离子被还原或被整合到有机物质中,从而降低毒性。细胞修复机制即植物细胞能够修复被重金属离子破坏的细胞膜并恢复其正常的生物学功能。

1.2.2　影响植物修复的因素

植物对核素污染的修复受许多因素的影响。包括土壤矿物和颗粒组成、有机质含量、肥力和 pH、环境条件、植物种类、植物器官、核素种类、形态和含量等。

1. 植物和土壤的影响

1)植物的影响

不同植物种类吸收核素的能力不同。对^{90}Sr 的吸收富集能力是葫芦科>荨麻科>苋科>茄科>桑科>豆科>禾本科(李建国等,2006)。Andesen 等(1967)认为,对^{89}Sr 的吸收富集能力最强的是豆科和伞形科,十字花科次之,禾本科最低。Ohlenschlaeger(1991)认为,不同春大麦品种、不同黑麦草品种对^{137}Cs 的吸收富集能力可以相差 2~3 倍。因此,筛选吸收富集能力强的植物和品种是植物修复需要研究的重要内容。

同种植物不同器官的核素积累量不同。Neves 等(2012)用铀矿污水(1.03~1.04mgU/L)灌溉土壤种植马铃薯,马铃薯地上器官积累 U 占植物积累的 73%~87%;块茎积累浓度为 121~590ug/kg,其中 88%~96%积累在薯皮之中。地上器官便于收获,地上器官核素含量高、生物产量也高的植物,是良好的修复植物。

2)土壤的影响

核素在土壤中有迁移和吸附形态。核素在土壤中可以溶解或悬浮、被植物根系吸收和随微生物运动等形式迁移。以水合阳离子、简单阳离子或中性络合物形态被土壤吸附。土壤吸附分为物理吸附和化学吸附,土壤颗粒结构、元素组成、有机质含量、阳离子交换能力、pH 等均受到土壤物理化学性质的严重影响。

Sr 与 Ca 的化学性质相似,植物对不同土壤 Sr 的吸收与土壤中可代换的 Ca 有密切关系;Cs 与 K 的化学性质相似,植物吸收 Cs 与土壤 K 有一定关系。有研究表明,植物对 Cs 吸收与土壤有机质含量成正比例,腐殖质土的 Cs 转移系数比沙壤土高 10 倍,说明有机质可明显促进植物吸收 Cs;砂性土有利于植物吸收 Cs,土壤黏性增加,植物吸收Cs 减少,主要原因是黏粒增加了土壤对 Cs 的吸附固定。

3)植物和土壤的互作影响

植物对核素的吸收既受植物影响,又受土壤影响,还受植物和土壤互作影响,这与核素种类有关。Gerzabek 等(1998)研究认为,^{137}Cs 的 TF 值(植物核素含量/土壤核素含量)主要受土壤特性的影响,^{60}Co 的 TF 值主要受植物种类的影响,而^{226}Ra 的 TF 值既受土壤性质的影响,又受植物种类的影响。Vandenhove 等(2009)综合了 200 份文献资料,得出不同作物、作物的不同器官和不同土壤对同一核素的 TF 值不同(见表 1.4)。不同核素在不同土壤条件下的 TF 值也不同(见表 1.5)。根据核素污染的土壤类型选择转移能力强的植物，是核素污染土壤植物修复必须重视的问题。

表 1.4　不同作物、不同作物器官和不同土壤的 U 的 TF 值(Vandenhove et al.，2009)

植物类型	植物器官	土壤类型	平均	标准差	样本数
全部			0.210	0.912	781
谷类作物 (大麦、小麦、黑麦)	籽粒	全部	0.0498	0.144	59
		沙土	0.0284	0.0246	6
		壤土	0.0179	0.0187	20
		黏土	0.0094	0.0149	11
	秸秆	全部	0.0143	0.0482	55
		沙土	0.00751	0.00652	6
		壤土	0.0247	0.0702	25
		黏土	0.0230	0.00344	8
叶用作物 (莴苣、菠菜、甘蓝等)		全部	0.221	1.14	108
		沙土	1.48	3.25	7
		壤土	0.0871	0.0880	7
		黏土	0.0101	0.0161	14
非叶用植物 (番茄、黄瓜等)	果	全部	0.0357	0.0527	38
		沙土	0.0488	0.0595	7
		壤土	0.0284	0.0168	4
		黏土	0.0477	0.0744	7
	枝叶	全部	0.257	0.349	6
豆类	荚	全部	0.0223	0.0455	19
		壤土	0.0151	0.0219	4
		黏土	0.00138	0.00189	7
	茎叶	全部	0.835	2.04	21
		沙土	2.39	3.51	6
		壤土	0.0348	0.0514	6
根用作物	根	全部	0.0174	0.0238	28
		沙土	0.0333	0.0342	4
		壤土	0.0403	0.0363	3
		黏土	0.00148	0.00168	6
	枝叶	全部	0.0954	0.164	37
		沙土	0.0669	0.0832	9
		壤土	0.0856	0.0983	11
		黏土	0.0216	0.0227	5

表 1.5　植物对不同核素的 TF 值（Vandenhove et al.，2009）

核素	土壤类型	算术平均值	标准差	样本数
U	沙土	0.384	0.147	105
	壤土	0.203	1.13	173
	黏土	0.0184	0.0316	79
	有机质	0.756	2.10	14
Th	沙土	0.0119	0.0237	15
	壤土	0.00487	0.00779	118
	黏土	0.00917	0.0532	83
	有机质	0.00142	0.00130	11
Ra	沙土	0.189	0.313	50
	壤土	0.146	0.224	127
	黏土	0.103	0.343	140
	有机质	0.129	0.207	21
Pb	沙土	0.0382	0.0372	28
	壤土	0.0635	0.217	40
	黏土	0.0251	0.0361	24
	有机质	0.00125	0.000636	2

2. 土壤微生物、肥料和添加剂的影响

1）土壤微生物

植物与根际微生物密不可分。植物的共生微生物对改善植物的矿质营养往往有不可替代的作用。同时，共生微生物可能直接或间接参与元素活化与植物吸收过程，对于植物修复效果产生不可忽视的影响。在各类植物共生微生物中，丛枝菌根（*Arbuscular mycorrhizal fungi*，AMF）受到人们的格外关注。Chen 等（2006）研究了 AMF 对 As 超积累植物蜈蚣草吸收污染土壤中 As 和 U 的影响，结果表明 AMF 将蜈蚣草根系铀含量提高了 1 倍，但对砷含量没有影响。廖上强等（2011）经研究证明，在对籽粒苋（*Amaranthus cruentus L.*）接种伯克霍尔德菌（*Burkholderia*）后，在 Cs 浓度分别为 0μmol/L、200μmol/L、500μmol/L、1000μmol/L 水培条件下，籽粒苋生物量增加，根、茎、叶中 Cs 含量分别增加 27.94%~43.58%、14.9%~34.51%、6.31%~11.48%。

2）肥料

肥料种类影响植物对不同金属元素的吸收。许多研究认为，N、P、K 肥可以促进植物吸收土壤中的镉。万芹方等（2011）发现鸡粪肥一般会减少植物富集铀的浓度，但会使生物提取量增多；海藻肥一般会使植物富集铀的浓度及总的提取量增加。向言词等（2010）研究表明，添加 P 肥前，铀尾渣污染土壤总氮、总磷、总钾和有机质的含量低，U、Cd、Zn 和 Pb 的含量高，对两种油菜的生长有抑制作用；添加 P 肥后，油菜体内 P 含量增加，污染土壤中的 U、Cd、Zn 和 Pb 的 DTPA 提取态含量显著降低。无机磷酸盐

降低拟南芥体内 U 的含量和 U 的不良影响(Misson et al.，2009)。在^{137}Cs 污染的土壤中大量施用 K 肥会减少植物对^{137}Cs 的吸收，植物体内^{40}K 和^{137}Cs 含量呈负相关关系；NH_4^+可在吸附位上取代^{137}Cs，使^{137}Cs 溶入土壤中，施用 N 肥即可增加植物对^{137}Cs 的吸收；土壤中施入 Ca、P 肥会抑制植物对^{90}Sr 的吸收。

3)添加剂

不同添加剂对植物吸收核素有不同的影响。经陈世宝等(2006)研究表明，施加磷矿粉、羟基磷矿粉、豆渣、骨碳及硫酸亚铁不同土壤改良剂均能不同程度降低植株对核素的吸收累积，其中以施用 2%豆渣处理对降低^{238}U、^{226}Ra 及^{232}Th 的富集系数最为显著，其次为羟基磷矿粉处理。2%豆渣处理的植株茎叶中^{238}U、^{226}Ra 及^{232}Th 的放射性活度分别比对照降低了 4219%、39%和 71%。万芹方等(2011)研究证实，用柠檬酸、苹果酸、ETPA、甘氨酸等螯合剂会抑制四川沿阶草对土壤铀的吸收转移。但 Shahandeh 等(2002)认为，柠檬酸和草酸显著增加铀向向日葵和印度芥菜嫩枝中铀的迁移和积累量，CDTA、DTPA、EDTA 和 HEDTA 几乎没有影响；Chang 等(2005)认为，柠檬酸可以提高印度芥菜叶和油菜根的铀积累量；Huang 等(1998)报道，20mmol/kg 柠檬酸能将印度芥菜地上部分铀含量提高 1.00×10^3 多倍。据 Massas 等(2010)研究表明，施用$Ca(OH)_2$会成倍降低萝卜、黄瓜、大豆和向日葵中^{134}Cs 的含量。以上研究表明，添加剂(包括螯合剂)对植物吸收核素的影响与添加剂的种类、植物种类、核素种类和土壤种类等均可能有关，因此不能一概而论。

3. 核素种类与形态的影响

不同核素种类的化学性质不同、在土壤中存在量不同，植物吸收数量有明显的差异。Andersen 等(1967)通过比较 44 种植物得出，植物吸收^{89}Sr 的数量明显高于^{137}Cs，^{89}Sr 的 TF 值为 2~20，^{137}Cs 的 TF 值为 0.1~1.0，相差 20 倍。而本文研究表明，植物吸收富集 Sr 大于 Cs，吸收富集 Cs 大于 U。

U 的氧化态有(+Ⅲ)到(+Ⅵ)，主要的两种是 U(+Ⅵ)和 U(+Ⅳ)。U(+Ⅳ)的化学性质类似于 Th(+Ⅳ)和 Pu(+Ⅳ)，但 U(+Ⅳ)很容易被氧化为 U(+Ⅵ)为UO_2^{2+}。铀酰离子UO_2^{2+}是环境中最普遍的形式。氧化铀的 U(+Ⅳ)离子容易与碳酸盐、磷酸盐或硫酸根离子形成复合物。在这些形式中，U 是可溶的，易于运输。相反，在还原条件下，如在缺氧的水或沉积物中，U 以四价的状态存在，同有机物结合的趋势强烈，难以移动。金属 U 和难溶性化合物中的 U 的生物活性较弱(Sheppard et al.，2005)。

U 在土壤中的形态大致分为 5 种，即可交换态、碳酸盐态、铁锰氧化态、有机结合态及残余态。植物可利用的是可交换态的 U 和碳酸盐结合态的 U。在植物生长期间进行 U 污染处理，U 在土壤中主要以铀酰根形式的离子态存在，能被植物吸收。通过一定时间的土壤吸附，植物可以利用的形态减少。例如，经两年的土壤吸附，可交换态为 13.4%，碳酸盐态 33.9%，铁锰氧化钛 8.60%，有机态 28.0%，残余态 16.1%(万芹方等，2011)。

4. 阴离子的影响

阴离子不同，对植物吸收离子也有一定影响。据笔者研究表明，在一般农田土壤中，使用 700mgMn/kg 的 $MnCl_2$，菊苣实生苗根和叶中均未检测出 U 含量，而使用同量 Mn 的乙酸锰时，菊苣根和叶的 U 含量分别是 1.222mg/kgDW 和 0.203mg/kgDW；在菊苣再生苗根和叶中，使用氯化锰的 U 含量分别为 0.104mg/kgDW 和 0.111mg/kgDW，而使用乙酸锰的 U 含量分别为 0.361mg/kgDW 和 0.147mg/kgDW。至于究竟是 Cl^- 抑制了植物吸收 U，还是乙酸根离子促进了植物吸收 U，值得进一步研究。但对植物吸收 Mn 而言，$MnCl_2$ 处理的菊苣，实生苗根和叶 Mn 含量分别是 28.859mg/kg 和 99.238mg/kg，再生苗根和叶 Mn 含量分别是 34.449mg/kg 和 91.251mg/kg；乙酸锰处理的菊苣，实生苗根和叶 Mn 含量分别是 35.381mg/kg 和 84.039mg/kg，再生苗根和叶 Mn 含量分别是 31.959mg/kg 和 78.759mg/kg。氯离子和乙酸根离子对植物吸收 Mn 又有不同的影响。

据笔者试验表明，在土壤 U 污染量相同的条件下，硝酸铀污染土壤的植物 U 含量高于乙酸铀污染土壤的植物 U 含量（表 1.6）。从表 1.6 可见，无论是实生苗还是再生苗，在 50mg/kg、100mg/kg 和 150mg/kg 3 个 U 浓度下，植物 U 含量均表现为用硝酸铀处理的效果远好于乙酸铀，实生苗植株 U 含量分别高 100.70%、53.91% 和 159.79%，再生苗分别高 35.43%、114.55% 和 48.69%。由此可见，硝酸根阴离子可以促进植物对 U 的吸收，因此用硝酸铀进行植物吸收 U 试验时，应对此应予重视。

表 1.6 不同阴离子铀盐对菊苣铀含量的影响

植物生活型	植物器官	土壤乙酸双氧铀 U 含量/(mg/kg)			土壤硝酸铀 U 含量/(mg/kg)		
		50	100	150	50	100	150
实生苗	根系	14.708	52.907	65.424	23.395	69.839	187.916
	茎叶	0.494	2.876	5.104	0.881	6.640	6.890
	植株	5.601	23.625	34.487	11.241	36.361	89.595
再生苗	根系	22.330	64.910	105.972	33.787	143.908	178.559
	茎叶	6.896	12.409	19.037	1.967	35.063	13.132
	植株	13.997	40.348	67.029	18.956	86.567	99.667

1.2.3 植物修复核素污染环境的研究方法

1. 植物修复研究的类型

根据人们研究目的、研究内容和研究过程的不同，可以将植物吸收和富集核素的研究分成四类，分别是监测性研究，机理性研究，修复性研究和胁迫性研究。

监测性研究的作用主要是检测一般环境、核污染环境和可疑环境（如核电厂附近）中植物体内核素的含量，为食品和环境安全管理提供依据。如黄土高原植物吸收 [7]Be 情况的检测（张风宝等，2006），秦山核电基地外围环境陆生植物的放射性水平的监测（向元益等，2007），田湾核电站周边植物中 [137]Cs 含量调查（史薇等，2008）。

机理性研究主要是探索植物吸收、转移、同化、分配核素的机理以及核素对植物生理活动的影响，寻找核素影响植物的生理机制。如春小麦和油菜经叶面吸收 ^{90}Sr, [137]Cs

和^{144}Ce 的研究(朱永懿等，1985)，铀尾沙胁迫对水稻幼苗叶绿素含量、MDA 含量和 SOD 活性的影响(易俗等，2004)、放射性核素^{95}Zr 在蚕豆－土壤系统中的迁移动力学(赵希岳等，2003)。

修复性研究旨在探索植物修复核素污染的能力，从而筛选出修复能力强的植物。如水培条件下十种植物对^{88}Sr 和^{133}Cs 的吸收和富集(张晓雪等，2009)、六种水培的苋科植物对^{134}Cs 的吸收和积累(唐世荣等，2004)，修复 U 污染土壤超积累植物的筛选及积累特征研究(唐丽等，2009)。

胁迫性研究是为了探索植物对核素胁迫的反应，筛选适应于超高浓度的植物。目前虽有这方面的报道(闻方平等，2009；张晓雪等，2010)，但研究核素的浓度不高，尚不能对植物产生胁迫影响。

当然，以上分类是相对的，不少研究常常存在多目的。如监测性研究也有对修复植物的选择(王瑞兰等，2002；聂小琴等，2010)，修复性研究中也有机理研究(Squire，1966)；胁迫研究中可能同时存在修复植物的筛选及机理研究(郑洁敏等，2009)。

2. 核素的选择与处理浓度

1)核素的选择

在植物吸收和富集核素的研究中，有直接采用放射性核素的，也有采用稳定性核素的。

适用于监测性研究的核素主要来源于以下三个方面。一是以核事故大量释放到环境中的一些核素为研究对象，如在切尔诺贝利核事故后，周边国家和地区对^{237}Np、^{90}Sr、^{137}Cs、^{239,240}Pu 和^{241}Am 等核素，特别是^{137}Cs 和^{90}Sr 等在环境介质态、吸附及迁移行为等进行了监测性研究(刘期凤等，2006)。二是对核素污染介质上植物吸收核素的情况监测，如对核素、废渣、废液、被污染的土壤和水体等介质上植物核素的监测。王瑞兰等(2002)对湖南某退役铀矿植物吸收 U 和 Ra 的研究，聂小琴(2010)等对湖南某铀尾矿库土壤上植物吸收 U 和 Th 的研究，以及 Ghuman 等(1993)对核燃料再加工厂附近植物吸收^{125}Sb、^{137}Cs、^{129}I 的研究，都是以主要污染核素为研究对象。三是对人们身体健康及环境安全威胁大的核素进行监测研究。如曹钟港等(2010)对我国部分地区植物样品中^{238}U、^{232}Th、^{226}Ra、^{40}K、^{90}Sr、^{137}Cs 等核素的监测。

机理性研究、修复性研究和胁迫性研究对核素的选择差别较大，但多以危害和污染较大的核素为研究对象。我国学者研究最多的是 Sr 和 Cs，对 U 有少量研究(徐俊等，2009；唐丽等，2009)，对^{95}Zr 有个别研究(赵希岳等，2003)。

2)核素处理浓度

(1)核素浓度的表示方法。在植物吸收和富集核素研究中，核素浓度常用比活度、质量百分比、量浓度和质量－体积的表示方法。比活度是单位质量放射源中的放射性活度，用 Bq/g 或 pCi/g 等表示(唐世荣等，2007)，一克 Ra 放射性活度有 3.7×10^{10} Bq。放射性活度是单位时间内放射性物质的衰变次数，单位是贝克勒尔(Bq)，1Bq 表示 1 次核衰变/秒(崔杰等，2009)。研究植物对放射性核素的吸收情况，一般用比活度为单位。

质量百分比是核素质量与植物干物质或土壤质量的比，植物中的核素浓度常表示为 mg/kgDW。DW 表示干物质重量，是英文 Dry Weight 的缩写。土壤中的核素浓度表示为 mg/kg。质量百分比浓度常用在植物吸收稳定核素的研究中。

放射性活度(A)与放射性核素的总量(W)有如下关系：

$$W = K \cdot M \cdot T_{1/2} \cdot A \tag{1.1}$$

式(1.1)中，$T_{1/2}$ 为半衰期；M 为该核素的相对原子质量；W 为所测核素的总质量，单位为 g；A 为放射性活度；K 为换算系数，见表 1.7。^{137}Cs 和 ^{90}Sr 的半衰期分别是 30 年和 28.8 年。

表 1.7　换算系数 K 值表

活度单位	半衰期($T_{1/2}$)的时间单位				
	s	min	h	d	a
Bq	2.96×10^{24}	1.438×10^{22}	8.627×10^{22}	2.070×10^{19}	7.557×10^{-17}
Ci	8.66×10^{-14}	5.320×10^{-12}	3.192×10^{-10}	7.660×10^{-9}	2.796×10^{6}

不同放射性核素的半衰期不同，同量活度的质量不同。例如，^{32}P 的 $T_{1/2} = 14.28$d，1mCi 的 ^{32}P 的总质量 $= 3.5 \times 10^{-9}$。^{238}U 的 $T_{1/2} = 4.47 \times 10^{9}$ a，1mCi 的 ^{238}U 的总质量 $= 3$kg，1g ^{238}U 的活度 $= 1.244 \times 10^{4}$Bq，1mg ^{238}U 的活度 $= 12.44$Bq。在实际应用中，一般按照 1mg ^{238}U $= 12$Bq 的活度换算(Lauria et al.，2009)。

量浓度是以单位体积(1 立方米或 1 升)溶液里所含核素的物质的量(mol)来表示核素的浓度，常用的单位为 mol/L 和 mmol/L。一般用在植物水培溶液核素含量的表示(张晓雪等，2009；敖嘉等，2010)。

质量-体积浓度是用单位体积(1 立方米或 1 升)溶液中所含的溶质质量数(g 或 mg)来表示的浓度叫质量-体积浓度，以符号 g/m^3 或 mg/L 表示。也用在植物水培溶液核素含量的表示(徐俊等，2009)。

量浓度和质量体积浓度可以换算。例如，1mol 的 CsCl 质量为 168.36g，1mmolCsCl 质量为 168.36mg。每升 1mmolCsCl，表示含 Cs 132.91mg/L；100mgCs/L 表示 0.7524mmol/L CsCl。

(2)核素浓度的决定。试验处理核素浓度的大小与研究目的有关。修复性研究、机理性研究和胁迫性研究常有不同的处理浓度。修复性研究的浓度应根据受污染环境的核素浓度来决定。试验浓度一般要高于污染浓度。机理性研究和胁迫性研究的核素浓度应根据植物生长时期和使用方式来决定，在植物幼苗期浓度宜小，成株期浓度宜大；喷施宜小，浇施宜大；处理植物宜小，处理土壤宜大。同时，在比较不同植物抗核素或抗重金属胁迫能力的研究中，在核素或重金属浓度设计时，必须设计 0 浓度做对照。每种植物在核素或重金属胁迫下的性状表现与对照比较，可以计算响应指数或生物效应指数(见第 17 页)，以便通过响应指数来比较不同植物对不同核素、重金属或不同浓度的抗性大小。如果不设计 0 浓度的对照，就不能进行植物间抗性能力的比较。

3. 试验研究方法

目前，核素污染环境植物修复试验研究方法可以归类为实地研究法、小区试验法和盆栽试验法。

实地研究包括实地检测研究和原地试验研究。实地检测研究是利用受污染的土壤和水体，直接检测植物吸收、分配、富集核素的情况（王瑞兰等，2002；聂小琴等，2010），主要用于监测性和修复性研究；原地试验研究是在受污染的环境（土壤或水体）中，按照试验目的，进行试验设计，选择试验植物进行试验研究（Mascanzoni，1989；Hinton et al.，1996）主要用在机理性和修复性研究上。

小区试验是根据试验目的和设计，将田间划成若干处理小区，来研究不同处理小区上植物的核素转移情况。如 Sabbarese 等（2002）用 ^{137}Cs 和 ^{60}Co 污染的水对番茄进行地面灌溉和叶面喷洒，研究不同灌溉方式对植物核素吸收的影响。也可直接在污染土地上进行小区试验，不同小区种植不同植物或施用不同添加剂处理，以此研究不同植物或不同添加剂处理植物吸收富集核素的差异。

盆栽试验法主要包含原污染土盆栽、配制污染土盆栽和配制污染溶液盆栽三种方法，也有喷施（Aarkrog，1969；Scotti，1996）和涂抹植物叶片（朱永懿等，1985）的方法。

1）原污染土盆栽

原污染土盆栽是直接利用核素污染土壤（如铀尾矿库土壤）进行盆栽试验，多在受污染土壤中添加种类和数量不同的清洁土壤或添加剂，寻求改良受污染土壤的方法。也有用原污染土进行机理性研究，如易俗等（2004）研究铀尾沙对水稻幼苗叶绿素含量、MDA 含量和 SOD 活性的影响。

2）配制污染土盆栽

配制污染土盆栽主要是人工模仿受核素污染土壤，进行机理性、修复性和胁迫性研究。试验研究一般在透光避雨棚中进行，避免雨水流失核素。同时，在试验盆下套一个未开孔的小盆或托盘，避免浇水时核素随水渗漏污染环境。

（1）核素在土壤中的分布。对核素在土壤中的分布上，有两种处理方法。一是核素的均匀分布，二是核素的表层分布。前者是将核素的盐溶液与干净土壤充分混匀（一般采用田间持水量法，即每盆浇施核素溶液的数量等于该盆土壤的田间持水量。田间持水量是土壤所能稳定保持的最高土壤含水量，也是土壤中所能保持悬着水的最大量。在实践中，确定田间持水量的方法是：用不同水量分别对几盆土壤均匀浇水，待水分慢慢渗透，24 小时后，某盆底土刚好湿润而没有水渗出，这个浇水量就是田间持水量）。后者是将核素的盐溶液洒在土壤的表面形成一层土壤污染物，再覆盖清洁土壤（或砂）而成。前者的方法在试验研究中常用，因为只有核素在土壤中均匀分布，计算的 TF 值才能反应土壤的污染情况。后者的配制方法模仿了放射性污染时常在土壤表面或接近表面的野外条件的方法，但因核素在试验土壤的分布不均匀，土表根系层分布更多，计算的 TF 值偏大，不能真实反映植物的吸收转移能力。

（2）栽种植物的时间。在核素试验研究中，栽种植物有三种方法。一是先栽种植物，待植物成活并生长良好后，进行核素处理。这种方法适用于植物生长期间受放射性尘落物污染的修复研究，不大适合对已经污染土壤的修复研究。因为这种核素处理方法，难以保证核素在所研究土壤中分布的一致性和均匀性，计算的 TF 值偏大。尽管放射性核素在土壤中有迁移作用，但这种迁移作用是很小的。^{137}Cs 在实验土壤中的迁移速度为

0.78~3.1cm/a(刘期凤等，2006)；Squire 等(1966)研究表明，^{137}Cs 6 年向下移动 1~3cm，^{90}Sr 6 年向下移动 3~5cm。二是栽种植物与核素处理几乎同时进行。播种或移栽后立即浇施核素溶液，或核素处理土壤后就播种或移栽植物。这种处理土壤溶液中核素含量高，可以研究核素对植物种子发芽出苗或移栽成活的影响情况，但核素被土壤吸附固定少，不能反映大多核素污染土壤的真实情况。三是核素处理土壤一段时间后(一般是 8 周)，再栽种植物(Massas et al.，2010)，因土壤固相的吸附，减少了土壤溶液中的核素含量，更接近核素污染土壤的情况。第二、三种方法，尤其是第三种方法适用于模仿已受污染的环境，以便筛选修复植物和修复方法。因为修复能力强的植物，在污染土壤中，要能够发芽出苗或移栽成活，第三种方法更为科学合理。在实践中，用第三种方法核素处理土壤后，一般需放在阴凉、避雨、通风干燥处。

（3）栽种植物的数量。在核素试验研究中，大小相同的植物，栽种株数应该相同(移栽或出苗后 1~2 周定苗确定)，以便比较。因为植株大小差异很大的植物如果株数相同，在有限的试验空间内，小株植物能够充分吸收核素和营养，大株植物可能十分拥挤，甚至不能充分生长和吸收核素，这样不能真实反映核素吸收能力的种间差异。因此，大株植物的数量宜少，小株植物的数量宜多，一般以收获时(多在 2~3 个月)能覆盖试验空间的密度来确定栽种植物的株数。但同一试验中有不同种类和不同浓度核素处理时，同种植物在不同种类、不同浓度核素中的植株数量和大小必须相同，水生植物还应该鲜重相同(沉水和微型漂浮植物鲜重相同，挺水和大中型漂浮植物在保证植株数相同的条件下鲜重差异不超过 5%)，这样才有利于比较同种植物对不同核素、不同浓度的抗胁迫能力和核素吸收能力。

3)配制污染液盆栽

目前，配制污染液盆栽的研究较多。有的是石英砂＋污染液，有的是塑料泡沫＋污染液，其中石英砂或塑料泡沫板的作用是为了固定植物。水培环境不同于土壤环境，在水培条件下不能完全说明陆生植物的核素吸收和富集能力，陆生植物水培的结果需要在土培中验证，除非筛选的陆生植物用于修复水体污染。但对水生和湿生植物而言，水培是研究植物吸收和富集核素的主要方法。在施用核素过程中，有植物在营养液里生长一定时间后换成核素处理溶液，有直接用核素处理液栽植物，后者的实际意义较大。

4. 样品清洗与干燥

人们对植物样品的清洗有不同的方法，大致有自来水清洗，蒸馏水清洗，自来水蒸馏水先后冲洗，以及用去离子水洗。不同清洗介质可能对植物核素含量有一定影响，Moyen 等(2010)在对水培玉米苗吸收 Sr 的研究中，用 4℃和 25℃蒸馏水和 10mmol $CaCl_2$清洗根部三次，每次 1 分钟，发现清洗介质的温度对根系核素含量没有影响，而用$CaCl_2$液清洗的一组显著减少了根中 Sr 的含量。

同样，人们干燥植物和土壤样品的方法差异也较大，比如将土壤和植物样品在室温下风干至恒重(Shtangeeva，2010)；将植物晾干后在 105℃烘 16 小时(Lauria，2009)；土壤和植物样品均在 50℃烘干(Tsukadaadeng，2002)；植物样品在 60℃烘至恒重(Roca et al.，1995；Moyen et al.，2010)；植物样品在 70℃中烘干(Massas et al.，2010)；植物样品在 80℃烘 24 小时(Rufyikiri et al.，2006)。

综上所述，样品清洗与干燥的基本要求是：植物样品要清洗干净，先用自来水洗净泥土后，再用蒸馏水、去离子水或超纯水清洗以减少清洗介质中的离子污染；植物样品和土壤样品要风干或烘干至恒重；植物样称干重后，要研磨成粉，保证样品质量的均匀性和代表性；土壤样品研磨成粉，过 2mm 筛，以小于 2mm 的细粒分析(唐永金等，2011)。

1.2.4　植物响应与修复的评价方法

评价植物对核素污染环境的响应与修复能力的指标，可以用响应指数(response index，RI)或生物效应指数(biological effects index，BI)、转移系数 TF(transfer factor)、含量冠根比 T/R(top/root)、单位干物质核素含量、单位面积积累量等指标来评价。

1. 响应指数或生物效应指数

响应指数和生物效应指数的计算方法一样，都是反应植物性状的变化。前者反应植物对核素污染环境的主动变化，后者反应核素对植物产生的影响，其实质都是在核素污染环境中，对植物性状与未污染环境的比较。

植物对核素的响应指数(RI，%)或核素对植物的生物效应指数(BI，%)＝(核素处理某性状值/0 处理该性状值)×100。

植物某性状值可以是植物存活数、经济产量、生物产量或其他性状值。这是以 0 处理对照(CK)为 100，评价核素处理对植物某性状值的增减情况。

植物响应指数是一个相对量，与绝对量相比，可以直观评价不同核素、不同浓度对植物的伤害程度、耐受能力或抗性强弱，可以在核素间、浓度间、植物间进行比较，避免了植物大小、生长季节等的不利影响，对评价核素污染强度和植物抗性强度具有重要意义，也是评价植物修复能力的重要指标。

2. 转移系数

转移系数 TF＝植物干重中某核素含量/土壤干重中该核素含量。

计算放射性核素的 TF，一般指表层 20cm 土壤，草本植物指表层 10cm 土壤(Velasco et al.，2008)

不同学者对转移系数的称呼不同，较常见的有浓集系数、生物富集系数、浓度比。国外尤其是欧洲多称转移系数，以说明核素从环境介质向植物的转移情况。但在水体介质研究中，用浓度比 CR(concentration ratios)、生物富集系数(bio-concentration factors，BCF)的较多，生物富集系数＝生物湿重中某核素含量/水体该核素含量。

由于土壤和水体介质不同，同种植物对土壤和水体元素的吸收转移能力不同，用转移系数表示植物对土壤元素的转移情况，用生物富集系数表示植物对水体元素的吸收转移情况，可以避免相互混淆，便于读者区分，我国相关部门或期刊应该对此进行规范。

不同核素、不同植物的 TF 值不同。Velasco 等(2008)分析了热带、亚热带地区资料的 2708 个 TF 值，发现大多数植物的 Zn 和 Sr 的 TF 值最高，Ra 和 U 较低，Th 最低，Cs 的 TF 值处于中间状态；豆科和叶用蔬菜的 TF 值最高，粒用植物尤其是水稻的 TF 值较低。Vandenhove 等(2009)对 140 份文献的 TF 资料分析，U、Ra、Pu 比 Th、Po 高 10 倍以上；饲料、牧草、草本植物和叶用植物最高，豆科和谷类植物最低，同一作物类群 TF 的几何平均值差异较大。Sheppard 等(2010)对 25 种作物吸收 40 种元素的研究表明，不同作物的 TF 值大小是，叶用作物＞根用作物＞＝果用作物＝籽粒用作物。人们可以用同种元素的稳定性核素的 TF 值来预测相应放射性核素的 TF 值，但水稻和马铃薯对 ^{137}Cs 的 TF 值要高于稳定的 Cs 的 TF 值(Tsukadaa，1999，2002)

　　我国野生植物不同科之间对 Sr 和 Cs 的 TF 值差异很大。韩宝华等(2007)综合分析表明，各科属 ^{90}Sr 的算术平均值是，锦葵科 3.03、苋科 2.72、胡麻科 2.60、菊科 2.49、豆科 2.38、唇形花科 2.37、大戟科 2.27、茄科 2.19、旋花科 1.83、百合科 1.67、藜科 1.66 和禾本科 1.35；^{137}Cs 的算术平均值是藜科 0.90、锦葵科 0.25、唇形花科 0.23、苋科 0.21、胡麻科 0.21、茄科 0.15、豆科 0.14、菊科 0.12、旋花科 0.10、禾本科 0.07 和大戟科 0.07。

　　一般认为，转移系数越大，植物吸收和固定该核素的能力越强。但 Simon 等(2002)认为，简单的 TF 值不能真实反映植物吸收 ^{137}Cs 的情况，土壤核素含量高时常被高估，土壤核素含量低时又可能被低估。Ciuffo 等(2002)认为，TF 似乎与土壤中核素含量无关，它受土壤和植物的影响很大，需谨慎使用。由于试验环境与实地环境元素种类和含量等因素的差异，同种植物、同种核素试验中的转移系数与实地环境中的转移系数可能差异很大。Viehweger 等(2010)研究表明，拟南芥属的一种植物(*Arabidopsis halleri*)在水培介质中 U 的 TF 值比在废弃铀矿土壤中高 10 倍以上，主要原因是水培液中铁的缺乏促进了植物对 U 的吸收，水培中 U 的有效态含量高于土壤也是重要原因。

　　在模拟试验中，TF 的计算方法略有不同，计算公式一般是：TF＝植物干重中某核素含量/土壤中该核素污染量。通常不考虑土壤本底该核素含量。一是本底该核素在形态上与人工污染的不同，对植物吸收的有效性不同；二是土壤实际该核素含量不等于人工污染量加本底含量，通常会小一些。

3. 含量冠根比 T/R

　　含量冠根比(T/R)＝植物地上部干重某核素含量/植物地下部干重该核素含量。

　　国内有学者把含量冠根比称转运系数(敖嘉等，2010)、转移系数(聂小琴等，2010)、迁移系数(唐丽等，2009)。国内学者称的转运系数、转移系数或迁移系数，实际就是核素含量的冠根比。因此，采用核素含量冠根比既直观明了，又避免与国外流行的转移系数混淆。含量冠根比评价核素从植物地下部转运到地上部的能力，含量冠根比越大，植物地下部向地上部转运核素的能力越强。由于地上器官收获方便，在植株核素含量相同的情况下，含量冠根比大的植物用于核素修复的意义更大。

4. 其他评价指标

　　尽管转移系数和含量冠根比在一定程度能够反映植物吸收、固定和转移核素的能力，但它们是一个相对指标。由于不同植物个体大小、生长速度、生长量、冠根比不同，相对指标不能反映植物修复绝对数量的大小。因此，有必要引入单位植物干物质核素含量、单位面积核素积累量指标。

单位植物干物质核素含量（NDW）一般指每千克植物干物质中的某核素的含量，单位是 mg/kgDW 或 Bq/kgDW。DW 是干物质重的英文缩写，一般情况可以不写，只在计算方法中给予说明。NDW 越大，植物富集核素能力越强，但受植物重量、检测时间、土壤核素浓度、核素处理时间以及植物品种等因素的影响。植物中 Cs 含量与生物量显著相关（Broadley et al.，1997）；同种植物一天中不同时间放射性核素含量不同（Shtangeeva，2010）；土壤核素 U 含量越高植物体内 U 的含量也越高，核素处理时间越长植物体内铀含量越高（Singh，2005）；大豆品种间的 ^{99}Tc 含量差异较大（Willey et al.，2010）。

单位植物干物质核素含量分地上器官核素含量、地下器官核素含量和植株核素含量。在植物吸收转移核素研究中，有些学者研究收获粉碎整个植株测定核素，不能得到地上器官和地下器官的含量情况；而有的研究分地上器官和地下器官收获测定，分别得到地上器官和地下器官含量，但不能得到植株含量。如果先计数株数，按整个植株分地上器官和地下器官收获，并测定相应干重，计算单株地上器官干重和地下器官干重，在测定地上器官和地下器官含量后，就可用加权平均法计算植株含量。计算方法如下：

植株核素含量＝〔（植株地上器官干重×地上器官核素含量）＋（植株地下器官干重×地下器官核素含量）〕/（植株地上器官干重＋植株地下器官干重）

单位面积核素积累量（ANC）＝单位面积植物干物质产量（PM）×单位植物干物质核素含量（NDW）。在盆栽研究中，可以计算单株植物的核素积累量，然后根据单位土地面积的种植株数，计算单位面积的核素积累量。另外，考虑人工收获修复植物的方便性，最好用植物地上部分的产量和核素含量来计算核素的积累量。

5. 植物修复能力的评价

植物修复能力是植物耐受、抵抗核素的能力和吸收、富集核素能力的综合表现。田军华等（2007）认为，适合修复的植物最好具有以下特征：①能够超量积累目标污染物，最好是地上部分积累；②对目标污染物有较高的耐受；③生长快，有高生物量；④易收割。其中对污染物的耐受性和植物的超积累能力更重要。唐秀欢等（2008）指出，向日葵、印度芥菜及反枝苋是田间试验使用较多的修复植物，可以作为筛选研究中的参照植物。由于学者、研究地点、方法、核素种类和浓度、植物品种、评价指标、研究结果等不同，对植物的修复能力也有不同的评价。

根据研究资料，以 TF、T/R 和单位植物干物质核素含量三个指标，对植物吸收和富集核素的情况试做以下分类。

1）根据转移系数 TF 分类

不同核素特性不同，植物吸收和富集情况差异很大，转移系数差异也很大。唐秀欢等（2008）研究认为，一些重要核素的超富集植物最低转移系数分别是 ^{137}Cs：0.70、^{90}Sr：0.86、^{60}Co：2.89、^{239}Pu：0.26、^{241}Am：0.21、^{244}Cm：0.12、^{235}U：0.18、^{238}U：0.052，良好的超富集植物，其转移系数应再提高一个数量级。根据植物对核素转移系数的大小，可以把植物分成以下类型：低转移植物，TF<1；中转移植物，TF 为 1~5；高转移植物，TF 为 5~10；超高转移植物，TF>10。

2）根据核素含量冠根比 T/R 分类

根据 T/R 的大小，可以把植物分成以下类型：低冠根比植物，T/R<1；中冠根比植物，T/R 为 1~2；高冠根比植物 T/R 为 2~3；超高冠根比植物 T/R>3。

3）根据单位植物干物质核素含量（NDW）分类

低含量植物，<10mg/kgDW；中含量植物，10~100mg/kgDW；高含量植物，100~1000mg/kgDW；超高含量植物，>1000mg/kgDW。许多研究用比活度表示植物核素含量，其分类标准应有所不同。根据我国现有植物吸收核素的研究资料显示，用比活度分类的参考标准是，低含量植物，<1000Bq/g；中含量植物，>1000~5000Bq/g；高含量植物，>5000~10000Bq/g；超高含量植物>10000Bq/g。

4）植物修复能力的综合评价

在重金属的植物修复研究中，一般认为超富集植物有两个特征：①临界含量高。Zn、Mn，10000mg/kg；Pb、Cu、Ni、Co、As，1000mg/kg；Cd，100mg/kg；Au，1mg/kg。②含量冠根比大于1（周启星等，2006）。同种植物对同一核素的修复能力，不同学者的研究结果差异较大，尤其是国内外学者的结果差异更大，原因也许与土壤、研究方法、施用核素浓度等有关。因此，用一个具体的数值来评判是否是超富集植物是不严谨的，因为这个数值受土壤类型和核素污染浓度影响很大。尽管如此，根据我们的研究结果，提出了 U、Sr、Cs 超富集植物的参考标准，含量分别大于 50、1000、1000mg/kg-DW，TF 分别大于 0.5、10、10，T/R 分别大于 0.2、4、4。用 TF 值评价比用含量评价受土壤污染浓度影响相对较小。

植物的修复能力除了考虑植物核素含量、TF、T/R 外，必须考虑植物响应指数或核素的生物效应指数。生物效应指数大于 100，说明核素对植物性状有正效应，生物效应在 75 以上，表明核素对该性状影响较小。在国外，常把 25% 损伤的效应浓度（effect concentrations，EC_{25}）作为核素的危害浓度（Sheppard et al.，2005）。生物效应指数小，表明核素对植物的损伤大或植物的抗耐性较弱，但不少生物效应指数小的核素含量较高。因此，修复能力强的植物，既要核素含量较高，又要干物重的生物效应指数不太小，一般要求不低于 50。

第2章　核素对植物发芽和烂种烂芽的影响

在核素污染环境的植物修复中，播种植物种子后，种子能否发芽出苗，会不会产生烂种烂芽现象，这是植物修复必须解决的第一个问题。胡劲松等(2009)研究表明，在一定浓度范围内(0~50.0mg/L)，U对蚕豆种子的萌发率和胚根生长有一定促进作用；超过50.0mg/L则起抑制作用。聂小琴等(2010)研究后认为，在U浓度为100~1000μmol/L的U溶液胁迫下，大豆种子的萌发率不受影响，芽长受到抑制作用，低浓度的U溶液对大豆根长有促进作用，高浓度的U溶液抑制主根生长，但促进生根率，大豆的芽重、根重与对照相比均无显著性差异；胁迫不影响玉米种子的萌发率，但抑制其萌发势、生根势和生根率，低浓度的U溶液对玉米的根长和根重有促进作用。在植物修复中，不仅要知道种子本身的发芽能力，还应了解核素污染对植物发芽和烂种烂芽有何影响，以便根据发芽和烂种烂芽情况确定适宜的播种量。

2.1　研究方法

2.1.1　试验材料

实验种子：向日葵(*Helianthus annuus*)，大豆(*Glycine* max)，甘蓝型油菜(*Brassica napus* L.)，玉米(*Zea mays* L.)，黄瓜(*Cucumis sativus* L.)。

实验药品：硝酸锶 [$Sr(NO_3)_2$]，硝酸铯($CsNO_3$)，硝酸铀 [$UO_2(NO_3)_2 6H_2O$]。

2.1.2　试验设计与方法

实验设计：每种核素8种浓度，即 0mmol/L、0.1mmol/L、0.5mmol/L、1.0mmol/L、2.5mmol/L、5.0mmol/L、7.5mmol/L、10.0mmol/L，共计24个药剂处理，三次重复，随机排列。

实验方法：实验于2011年5月29到6月4日在西南科技大学生物修复实验室进行。每种处理一个实验盘(d28.3cm，h3.2cm)，摆放5种植物种子(向日葵种子去壳)各100粒到相应区域。盘内根据种子大小垫2~5层吸湿纸，使5种植物种子表面大体在一个平面上(见图2.1)。根据预备实验，每盘轻轻浇入400mL药液或水(对照)。

图 2.1　核素影响种子发芽实验种子摆放

在 3 天后计数种子发芽势，7 天后分别计数发芽数和烂种烂芽数。发芽的标准是，胚根长度等于或超过种子长度（直径），胚芽等于或超过种子长度一半。烂种烂芽的标准是，种子腐烂或霉烂，胚根和或胚芽变黄变黑死亡。图 2.2、图 2.3、图 2.4 分别显示第 7 天 5mmol/L Sr、Cs、U 种子发芽和霉烂情况。

图 2.2　在 5mmol Sr/L 中种子发芽和霉烂情况

图 2.3　在 5mmol Cs/L 中种子发芽和霉烂情况

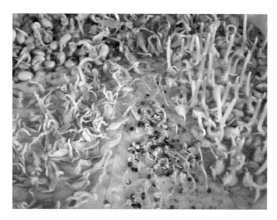

图 2.4　在 5mmolU/L 中种子发芽和霉烂情况

2.2　核素对植物种子发芽势的影响

2.2.1　Sr、Cs、U 对植物种子发芽势的影响

发芽势是指测试种子的发芽速度和整齐度。发芽势和发芽率是反映种子质量优劣的主要指标之一。在发芽率相同时，发芽势高的种子，说明种子生命力强，播种发芽率较高，播种后幼苗出土正常。植物种子发芽率高、发芽势强，预示着出苗快而整齐，苗壮；若发芽率高、发芽势弱，预示着出苗不齐、弱苗多。一般认为，种子发芽是与种子质量有关，但 Sr、Cs、U 等核素污染是否会影响发芽势，目前少见研究。

Sr 污染对不同植物种子发芽势有不同的影响。Sr 污染可以提高大豆发芽势，0.1mmolSr/L 能提高玉米和油菜的发芽势。向日葵、黄瓜发芽势随 Sr 浓度增加而降低，向日葵下降速度较慢，黄瓜在 5.0mmolSr/L 以后下降速度加快(见表 2.1)。

Cs 污染提高大豆发芽势，降低玉米和油菜的发芽势，中高浓度 Cs 污染对向日葵和黄瓜发芽势也有一定降低作用(见表 2.2)。

U 污染降低向日葵、玉米、黄瓜的发芽势。当浓度为 0.5mmol/L 时，黄瓜、玉米、油菜就受到极大的抑制，但到 2.5mg/L 时向日葵才受到极大的抑制。铀对大豆发芽势的影响不明显，在 0.1~2.5mg/L 还有一定提高作用(见表 2.3)。

表 2.1　Sr 对植物种子发芽势的影响　　　　　　　　　　　　(单位：%)

作物	Sr 浓度/(mmol/L)							
	0	0.1	0.5	1.0	2.5	5.0	7.5	10.0
向日葵	84.00	83.00	76.30	71.00	72.70	63.70	69.70	72.70
大豆	26.30	33.70	42.30	34.30	30.00	27.30	28.30	37.00
玉米	37.00	45.00	31.00	32.00	23.00	20.70	28.00	27.30
黄瓜	79.70	78.70	77.70	74.00	76.00	36.00	24.00	11.70
油菜	37.00	50.30	33.70	18.00	13.70	6.00	16.00	12.00

表 2.2　Cs 对植物种子发芽势的影响　　　　　　　　（单位：%）

作物	Cs 浓度/(mmol/L)							
	0	0.1	0.5	1.0	2.5	5.0	7.5	10.0
向日葵	84.00	86.70	84.30	86.70	79.70	82.30	71.70	69.70
大豆	26.30	31.30	34.30	34.00	34.30	41.00	36.00	44.00
玉米	37.00	33.30	26.00	29.70	21.70	21.30	21.70	13.70
黄瓜	79.70	82.00	79.00	76.70	76.70	76.00	76.30	71.70
油菜	37.00	16.70	9.70	17.00	29.70	34.30	30.70	23.30

表 2.3　U 对植物种子发芽势的影响　　　　　　　　（单位：%）

作物	U 浓度/(mmol/L)							
	0	0.1	0.5	1.0	2.5	5.0	7.5	10.0
向日葵	84.00	80.30	81.30	72.30	10.70	6.00	3.00	0.70
大豆	26.30	36.00	38.30	44.00	40.00	24.00	36.70	24.30
玉米	37.00	28.00	18.70	24.00	15.30	7.70	5.70	8.30
黄瓜	79.70	68.00	16.70	6.00	0.00	0.00	0.00	0.00
油菜	37.00	38.70	20.30	8.70	1.00	1.70	0.00	0.70

2.2.2　植物种子发芽势对不同核素的响应

　　同种植物种子发芽势对不同核素有不同的响应特点。图 2.5 显示，向日葵发芽势随 Cs 污染浓度波动变化，随 Sr 污染浓度逐渐降低。但对 U 污染的响应很不相同，在 1.0mmol/L 以前逐渐降低，以后就以塌方式下落，到 2.5mmol/L 又逐渐降低。大豆发芽势对 Sr、Cs、U 污染没有明显的响应规律，多是波动变化（见图 2.6）。玉米发芽势一般随 Sr、Cs、U 浓度增加而下降，下降速度是 Sr>Cs>U（见图 2.7）。黄瓜发芽势随 Cs 浓度而逐渐降低；在 Sr 浓度 2.5mmol/L 之前逐渐降低，以后下落式降低；在 U 浓度 0.1mmol/L 时明显降低，在 0.5mmol/L 就塌方式下落，到 2.5mmol/L 时基本停止发芽（见图 2.8）。油菜发芽势一般随 U 浓度增加而下降，到 U 浓度 2.5mmol/L 后发芽几乎停止；随 Sr 浓度增加呈现升—降—升—降的整体下降趋势；而随 Cs 浓度增加呈现降—升—降的波动变化。

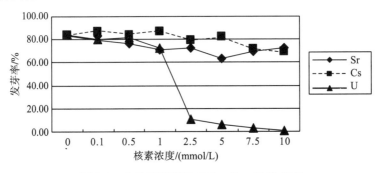

图 2.5　向日葵发芽势对 Sr、Cs、U 的响应

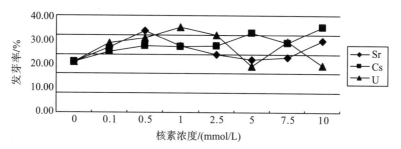

图 2.6　大豆发芽势对 Sr、Cs、U 的响应

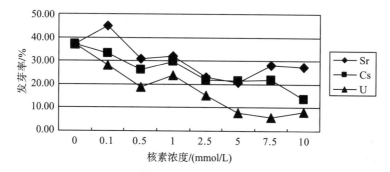

图 2.7　玉米发芽势对 Sr、Cs、U 的响应

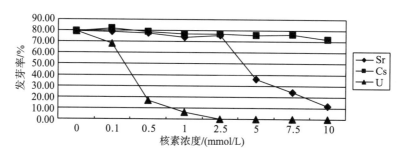

图 2.8　黄瓜发芽势对 Sr、Cs、U 的响应

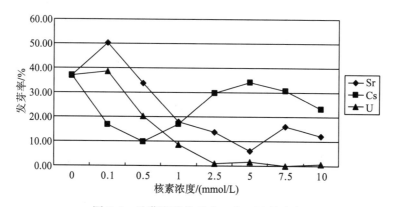

图 2.9　油菜发芽势对 Sr、Cs、U 的响应

2.2.3 小结

发芽势是评价植物种子发芽出苗速度的重要指标。实验表明，Sr 污染对不同植物种子发芽势有不同的影响。Sr 污染可以提高大豆发芽势，但降低向日葵、黄瓜发芽势，中高浓度 Sr 污染降低玉米、油菜的发芽势。Cs 污染提高大豆发芽势，降低玉米和油菜的发芽势，中高浓度 Cs 污染对向日葵和黄瓜发芽势也有一定降低作用。U 污染降低向日葵、玉米、黄瓜的发芽势，但对黄豆发芽势的影响不明显。

同种植物种子发芽势对不同核素有不同的响应特点。向日葵发芽势随 Cs 污染浓度波动变化，随 Sr 污染浓度逐渐降低，但对 U 污染的响应很不相同。大豆发芽势对 Sr、Cs、U 污染没有明显的响应规律。玉米发芽势一般随 Sr、Cs、U 浓度增加而下降，下降速度依次为 Sr>Cs>U。黄瓜发芽势随 Cs 浓度而逐渐降低，但在中高浓度 Sr、U 污染下呈掉落式下降。油菜发芽势一般随 U 浓度增加而下降，随 Sr 浓度增加呈现升—降—升—降的整体下降趋势，随 Cs 浓度增加呈现降—升—降的波动变化。

2.3 核素对植物种子发芽率的影响

2.3.1 Sr、Cs、U 对植物种子发芽率的影响

1. Sr 对植物种子发芽率的影响

Sr 对不同植物种子发芽率的影响不同。0.1~7.5mmol/L 浓度 Sr 促进向日葵发芽；0.1~1.0mmol/L 浓度 Sr 促进大豆发芽，0.5mmol/L 浓度 Sr 促进油菜发芽，Sr 对玉米发芽的影响没有规律，但 Sr 在一定程度上抑制黄瓜发芽(表 2.4)。平均而言，0.1~1.0mmol/L 浓度 Sr 促进植物种子发芽，2.5mmol/L 以上浓度的 Sr 抑制植物种子发芽，浓度越高，影响越大。

表 2.4 Sr 对植物种子发芽率的影响 (单位：%)

植物	Sr 浓度/(mmol/L)							
	0.0	0.1	0.5	1.0	2.5	5.0	7.5	10.0
向日葵	82.7	89.7	90.7	89.3	92.0	95.0	86.7	80.7
大豆	55.3	67.0	56.0	59.0	51.0	52.7	43.3	47.3
油菜	93.7	93.0	94.7	86.0	87.7	89.5	90.7	82.3
玉米	78.0	82.0	78.3	81.0	78.0	75.5	77.7	82.0
黄瓜	95.7	91.3	86.3	93.3	90.7	90.0	85.3	76.3
平均	81.1	84.6	81.2	81.7	79.9	80.5	76.7	73.7

2. Cs 对植物种子发芽率的影响

据表 2.5 显示，0.1~1.0mmol/L 浓度 Cs 促进向日葵发芽，但 2.5mmol/L 以上浓度

的 Cs 有抑制作用；0.1～10.0mmol/L 浓度 Cs 对大豆发芽有促进作用，Cs 对黄瓜种子发芽有较小的抑制影响，对玉米和油菜发芽的影响规律不明显。平均而言，0.1～5.0mmol/L 浓度 Cs 对植物种子发芽有较小的促进作用，而 7.5mmol/L 及其以上浓度的 Cs 有一定抑制作用。

表 2.5　Cs 对植物种子发芽率的影响　　　　　（单位：%）

植物	Cs 浓度/(mmol/L)							
	0.0	0.1	0.5	1.0	2.5	5.0	7.5	10.0
向日葵	82.7	94.3	90.0	91.0	82.0	80.0	78.1	80.7
大豆	55.3	62.7	69.3	69.3	75.3	76.3	67.3	61.0
油菜	93.7	90.7	83.0	89.7	91.7	90.3	91.7	83.3
玉米	78.0	80.7	74.3	81.7	75.3	77.7	76.0	73.3
黄瓜	95.7	93.3	91.0	94.0	87.7	93.7	89.3	87.3
平均	81.1	84.3	81.5	85.1	82.4	83.6	80.5	77.1

3. U 对植物种子发芽率的影响

低浓度 U 对向日葵、大豆、玉米有一定促进作用，中高浓度 U 有抑制影响；在任何浓度下，U 对油菜和黄瓜种子发芽都有抑制作用(见表 2.6)。2.5mmol/L 及其以上浓度的 U 对所有植物种子发芽均有非常明显的抑制作用。平均而言，0.1～0.5mmol/L 浓度 U 有促进作用，1.0mmol/L 及其以上浓度的 U 有抑制作用，浓度越高抑制影响越大。油菜和向日葵表现最明显，具体原因值得研究。

表 2.6　U 对植物种子发芽率的影响　　　　　（单位：%）

植物	U 浓度/(mmol/L)							
	0.0	0.1	0.5	1.0	2.5	5.0	7.5	10.0
向日葵	82.7	85.7	83.0	76.7	29.0	5.3	1.7	0.0
大豆	55.3	79.0	75.3	73.7	56.3	36.7	42.0	42.7
油菜	93.7	92.7	91.3	51.7	6.0	4.0	2.0	2.3
玉米	78.0	85.0	79.0	79.7	74.0	66.7	68.3	67.7
黄瓜	95.7	92.7	84.7	73.0	41.7	32.4	33.0	24.0
平均	81.1	87.0	82.7	70.9	41.4	29.0	29.4	27.3

4. 不同核素对种子发芽率影响的比较

将表 2.4、表 2.5 和表 2.6 中的平均值绘成图 2.10，可以比较不同核素及其浓度对植物种子发芽的影响情况。从图 2.10 可见，在 1.0mmol/L 浓度范围内，Sr、Cs、U 的影响差异不明显，在 2.5mmol/L 及其以上浓度，Sr 和 Cs 也无明显差异，但 U 处理的种子发芽率却大大下降。由此可得，U 对植物种子发芽的影响大于 Sr 或 Cs 的影响。

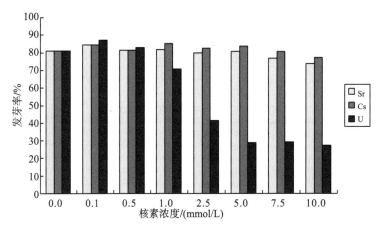

图 2.10　Sr、Cs、U 对植物种子发芽率影响的比较

2.3.2　核素对植物种子发芽影响的显著性分析

1. 试验结果的方差分析

方差分析表明，核素（$F=499.38>F_{0.01}=4.68$）、核素浓度（$F=92.39>F_{0.01}=2.71$）、植物（$F=87.05>F_{0.01}=3.35$）、核素×浓度（$F=61.70>F_{0.01}=2.15$）、核素×植物（$F=73.70>F_{0.01}=2.58$）、核素浓度×植物（$F=7.81>F_{0.01}=1.87$）和核素×浓度×植物（$F=6.33>F_{0.01}=1.60$）对植物种子发芽率均有极显著影响。

2. 不同因素水平间的差异显著性分析

差异显著性分析表明（见表 2.7），Sr、Cs、U 之间对种子发芽率的影响差异显著，U处理的发芽率极显著低于 Sr、Cs 处理；0.1 和 0.5mmol/L 浓度处理的发芽率均高于 0 浓度（CK），0.1mmol/L 浓度处理的发芽率差异达极显著水平；2.5mmol/L 浓度处理的发芽率均极显著低于 CK；黄瓜发芽率显著高于其他植物，大豆发芽率则显著低于其他植物。

表 2.7　不同因素水平间的差异显著性分析

因素	水平	发芽率/%	$P=0.05$	$P=0.01$	LSD
	Cs	82.06	a	A	
核素种类	Sr	79.93	b	A	$LSD_{0.05}=1.80$ $LSD_{0.01}=2.38$
	U	56.01	c	B	
	0.1	85.04	a	A	
核素浓度/(mmol/L)	0.5	81.88	b	AB	$LSD_{0.05}=2.94$ $LSD_{0.01}=3.88$
	0	81.07	b	B	
	1.0	79.27	b	B	

续表

因素	水平	发芽率/%	$P=0.05$	$P=0.01$	LSD
核素浓度 /(mmol/L)	2.5	67.89	c	C	
	5.0	64.40	d	CD	$LSD_{0.05}=2.94$ $LSD_{0.01}=3.88$
	7.5	62.47	d	DE	
	10.0	59.4	e	E	
植物种类	黄瓜	79.78	a	A	
	玉米	76.99	b	AB	
	油菜	73.96	c	BC	$LSD_{0.05}=2.33$ $LSD_{0.01}=3.07$
	向日葵	73.06	c	C	
	大豆	59.56	d	D	

2.3.3　小结

　　Cs 和 Sr 对植物有不同的生物效应。蕨状满江红($A.\ filiculoides$)在含有每升 100mgCs 或 Sr 的营养液中栽培 15 天，鲜重生长率分别降低 27.4% 和 46.3%(Mashkani et al.，2009)。0.1mmol/L Sr^{2+} 促进玉米根系生长，1.0mmol/L 以上抑制根系生长；0.1mmol/L 及其以上浓度的 Sr^{2+} 使玉米叶绿素 a 含量和叶绿素 a/b 比值降低(Moyen et al.，2010)。本研究表明，Sr 对植物种子发芽率的不良影响略大于 Cs；各浓度平均 Cs 处理的种子发芽率比对照高 1.22%，Sr 处理比对照低 1.41%；中高浓度的 Sr 和 Cs 才对种子发芽有一定的抑制作用。因此，在土壤被 Sr 和 Cs 污染并未特别严重时，不会明显抑制植物种子发芽。

　　聂小琴等(2010)的研究表明，1mmol/L 及其以下浓度的 U 溶液不影响玉米和大豆的萌发率。本研究也证实了这点，1mmol/L 及其以下 U 溶液不降低玉米和大豆的发芽率，在 0.1~0.5mmol/L 还有一定的促进作用。但 1mmol/L 及其以上铀溶液会降低油菜、黄瓜和向日葵种子发芽率。当 U 溶液浓度在 2.5mmol/L 以上，将使所有植物发芽率降低，油菜发芽几乎完全被抑制。因此，环境介质被 U 污染过于严重时，就会严重抑制油菜、向日葵、黄瓜种子的发芽，这是植物修复中值得注意的。有研究表明，高浓度 U 会显著降低蚕豆幼芽的 SOD 活性(胡劲松等，2009)，本研究中高浓度 U 降低向日葵、油菜、黄瓜发芽率的主要原因是否与 SOD 活性降低有关，还值得进一步研究。

　　根据以上分析，可得出结论：不同核素对同种植物种子的发芽率的影响不同，U 的影响大于 Sr 和 Cs 的影响。U 浓度大于 1.0mmol/L 会明显降低植物的发芽率，特别是油菜和向日葵(种子去壳)。不同植物的种子发芽率对核素及其浓度有不同的反应。玉米对 Sr、Cs、U 及其浓度变化反应较小，向日葵(种子去壳)、油菜和黄瓜对 Sr、Cs 及其浓度变化的反应也较小，但对 U 浓度的变化反应很大。大豆发芽率对 Sr、Cs、U 及其浓度变化呈现波动变化。核素、核素浓度、植物及其相互作用显著影响种子发芽率。核素浓度与植物种子发芽率有极显著的负相关关系($r=-0.9289^{**}$)，但不同植物和不同核素的相关程度差异很大。小于 0.5mmol/L 的核素能刺激植物种子发芽,大于 1.0mmol/L 常会降低发芽,浓度越高,与对照差异越显著,但 Sr、Cs 和 U 对种子发芽的浓度效应是不同的。在用向日葵(种子去壳)、油菜和黄瓜修复被 1.0mmol/L 及其以上浓度污染的环境介质时,宜用育苗移栽,直接播种将大大降低种子的发芽率。

2.4 核素对植物烂种烂芽的影响

植物根和叶都能吸收核素(Scotti, 1996),有些植物的种子也能吸收核素,如 *Ocimum basilicum*(Chakraborty et al., 2007),植物能够吸收核素,核素也能影响植物生长和后代种子的发芽(Witherspoon et al., 1966)。利用植物来修复被污染介质,植物种子必须保证能够发芽出苗,种子和幼芽不会死亡。前文对发芽的影响进行了分析和讨论,但核素污染种子会不会腐烂,发了芽的种子会不会死芽,目前尚未见报道。而本研究的目的是在 2.3 节研究核素影响种子发芽的基础上,探索 Sr、Cs、U 及其浓度对不同植物烂种烂芽的影响,为植物修复核素污染环境提供相应的方法依据。

2.4.1 核素对植物烂种烂芽影响的方差分析

方差分析表明,核素种类($F=75.48>F_{0.01(2,238)}=4.68$)、核素浓度($F=19.89>F_{0.01(7,238)}=2.71$)、植物种类($F=59.22>F_{0.01(4,238)}=3.35$)、核素×核素浓度($F=11.94>F_{0.01(14,238)}=2.15$)、核素×植物种类($F=42.23>F_{0.01(8,238)}=2.58$)、核素浓度×植物种类($F=9.94>F_{0.01(28,238)}=1.87$)、核素×核素浓度×植物种类($F=6.18>F_{0.01(28,238)}=1.60$),都对植物烂种烂芽有极显著的影响。

不同因素水平间的差异显著性分析表明(表 2.8):U 处理的烂种烂芽率极显著地高于 Sr 或 Cs 处理,Sr 和 Cs 之间差异不显著;浓度 1.0mmol/L 以下的核素处理与 CK(0 浓度)对烂种烂芽的影响没有显著差异,2.5mmol/L 及其以上浓度对烂种烂芽有极显著影响;植物之间对核素的反应差异较大,向日葵烂种烂芽率极显著地高于油菜、大豆和玉米,黄瓜烂种烂芽率极显著地低于其他植物,至于是否与向日葵去壳和黄瓜未去壳有关,还值得进一步研究。

核素种类、核素浓度和植物种类之间对烂种烂芽有显著的交互作用。浓度为 2.5~10mmol U/L 的烂种烂芽率显著或极显著高于其他核素和核素浓度组合,U 和向日葵、油菜组合的烂种烂芽率极显著地高于其他核素与植物组合,5.0mmol/L 以上的核素浓度和向日葵组合的烂种烂芽率极显著高于其他核素浓度与植物组合。

表 2.8 不同因素水平间的差异显著性分析

因素	水平	死亡率/%	$P=0.05$	$P=0.01$	LSD
	U	10.66	a	A	
核素种类	Cs	4.09	b	B	$LSD_{0.05}=1.28$ $LSD_{0.01}=1.68$
	Sr	3.48	b	B	

续表

因素	水平	死亡率/%	$P=0.05$	$P=0.01$	LSD
核素浓度 /(mmol/L)	7.5	10.19	a	A	
	10.0	10.16	a	A	
	5.0	8.67	ab	AB	
	2.5	6.60	b	B	$LSD_{0.05}=2.08$ $LSD_{0.01}=2.75$
	0	3.67	c	C	
	1.0	3.58	c	C	
	0.5	3.13	c	C	
	0.1	2.31	c	C	
植物种类	向日葵	13.64	a	A	
	油菜	5.50	b	B	
	大豆	5.13	b	B	$LSD_{0.05}=1.65$ $LSD_{0.01}=2.17$
	玉米	4.82	b	B	
	黄瓜	1.29	c	C	

2.4.2　同一核素对不同植物烂种烂芽的影响

同一核素对不同植物种子烂种烂芽率有不同的影响。Sr 离子对向日葵的影响较大,在 1.0mmol/L 及其以上浓度,向日葵烂种烂芽率明显增加。但 Sr 离子浓度的增加,基本不会增加黄瓜和油菜的烂种烂芽率(见图 2.11)。Cs 离子对油菜烂种烂芽没有促进作用,1.0mmol/L 及其以下浓度不会导致黄瓜烂种烂芽。但 Cs 离子浓度对向日葵、大豆和玉米的烂种烂芽有一定的波动促进作用(见图 2.12)。U 离子对大豆和黄瓜烂种烂芽没有促进作用,1.0mmol/L 及其以下浓度不会导致油菜烂种烂芽。但 U 离子对向日葵烂种烂芽有非常明显的促进作用,浓度越大,烂种烂芽率越高;2.5mmol/L 及其以上浓度的 U 离子明显地增加油菜烂种烂芽率(见图 2.13)。

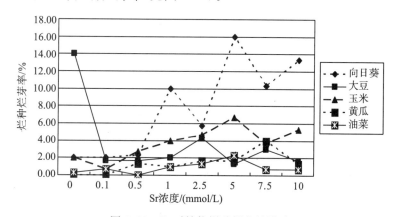

图 2.11　Sr 对植物烂种烂芽的影响

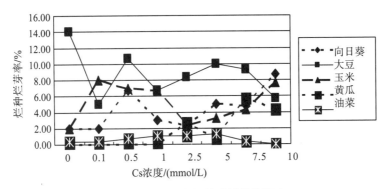

图 2.12　Cs 对植物烂种烂芽的影响

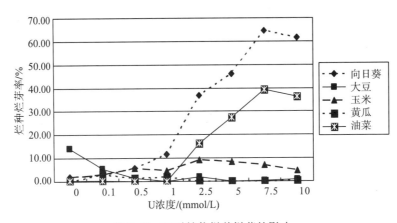

图 2.13　U 对植物烂种烂芽的影响

2.4.3　不同核素对同一植物烂种烂芽的影响

不同核素对同种植物烂种烂芽影响的差异很大。在 1.0mmol/L 以上浓度，U 离子对向日葵烂种烂芽的促进作用大大高于 Sr、Cs(见图 2.14)。对大豆的影响是 Cs>Sr>U(见图 2.15)。三种核素对玉米的影响是波动交叉变化的(见图 2.16)；对黄瓜的影响，在高浓度下，表现为 Sr、Cs>U(见图 2.17)；对油菜的影响则是 U>Sr、Cs(见图 2.18)。

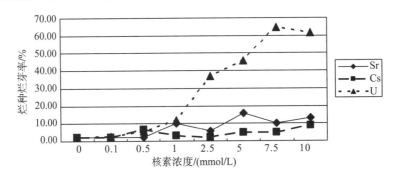

图 2.14　核素对向日葵烂种烂芽的影响

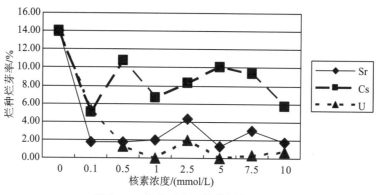

图 2.15　核素对大豆烂种烂芽的影响

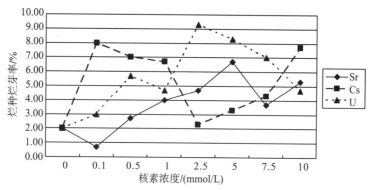

图 2.16　核素对玉米烂种烂芽的影响

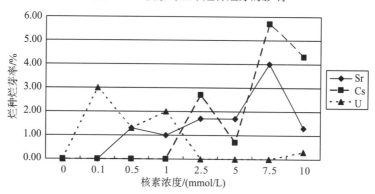

图 2.17　核素对黄瓜烂种烂芽的影响

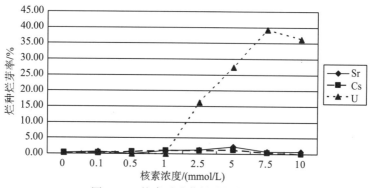

图 2.18　核素对油菜烂种烂芽的影响

2.4.4　小结

本研究表明：①三种核素对植物烂种烂芽率的影响是 U>Cs>Sr。②0.1~10mmol Cs 或 Sr/L 处理种子，不会显著增加植物烂种烂芽率。③U 浓度在 2.5mmol/L 及其以上时，会显著增加植物的烂种烂芽率。④不同植物烂种烂芽对核素的反应不同，向日葵敏感，黄瓜不敏感。

利用植物修复核素污染环境可以直播种子，也可育苗移栽。直播省工，易被采用，但有些环境直播后容易烂种烂芽，不易出苗成活，需要育苗移栽。本研究表明，用大豆、玉米、黄瓜修复 0.1~10mmol Cs 或 Sr 或是 U/L 污染环境，用向日葵（种子去壳）修复 0.1~10mmolCs/L 环境，用油菜修复 0.1~10mmolCs 或 Sr/L 污染环境时，可以直接播种，不会产生明显的烂种烂芽现象。若用向日葵（种子去壳）修复 2.5mmolU/L 以上浓度污染环境，或用油菜修复 5.0mmolU/L 以上的污染环境，适宜育苗移栽，直接播种会导致大量烂种烂芽，甚至多数死亡。

有研究表明，高浓度 U 会显著降低蚕豆幼芽的 SOD 活性（胡劲松等，2009），本文研究结果亦显示，高浓度 U 导致向日葵和油菜烂种烂芽，但主要原因是否与 SOD 活性降低有关，还值得进一步研究。

第3章 植物对中低浓度 U 污染土壤的响应与修复

U 有 10 种放射性同位素，但^{238}U、^{235}U 和^{234}U 丰度最大，分别占 99.72％、0.72％和 0.0055％。人体肾鲜重的 U 含量超过 0.1mg/kg 就会产生化学毒性，而相应辐射危害年辐射剂量为 1mSv。无论是人类还是其他生物，天然 U 的危害都提醒我们要重视 U 的化学毒性(Sheppard et al.，2005)。在 U 污染环境中，中低浓度(200mg/kg 以下)U 污染土壤的有很大比例，研究植物对这类环境的响应与修复，对治理 U 污染土壤有重要的现实意义。

3.1 研究方法

3.1.1 试验材料

1. 试验植物

16 种试验植物包括菊科、豆科、锦葵科、旋花科、苋科、藜科等，如表 3.1 所示。

表 3.1 试验植物

试验植物	拉丁学名
向日葵	*Helianthus annuus*
紫花苜蓿	*Medicago sativa* L.
鬼针草	*Bidens pilosa* L.
美洲商陆	*Phytolacca americana*
黄秋葵	*Hibiscus esulentus* L.
蕹菜	*Waterspinach*
反枝苋	*Amaranthus retroflexus*
菊苣	*Cichorium intybus* L.
四季豆	*Phaseolus vulgaris* L.
铁苋	*Acalypha* L.
红圆叶苋	*Iresineherbstii* 'Aureo-reticulata'
四季牛皮菜	*Beta vulgaris* var. *cicla* L.
大叶菠菜	*Spinacia oleracea* L.
苍耳	*hium sibiricum* Patrin ex Widder
扫帚苗	*Kochia scoparia* (L.) Schrad
苘麻	*Abutilon theophrasti* Medic

2. 试验土壤

试验土壤为壤土，U 含量为 2.26mg/kg，pH7.5，有机质、全氮、全磷、全钾含量分别是 31.6g/kg、2.57g/kg、0.985g/kg，碱解氮、有效磷、速效钾分别是 302mg/kg、33mg/kg、288mg/kg。

3. 试验用铀盐

乙酸双氧铀[$UO_2(CH_3COO)_2 \cdot 2H_2O$]，分析纯。

3.1.2 试验方法

1. 试验设计

本试验包含 16 种植物、5 个 U 浓度，共 80 个处理，每处理设置 5 个重复，共 400 盆（盆规格为 Φ16cm×13cm），每盆 1kg 干土。5 个 U 浓度分别为 0mg/kg、25mg/kg、75mg/kg、125mg/kg、175mg/kg。图 3.1~图 3.16 展示了在 175mg/kg 的植物生长情况。

图 3.1 试验苍耳

图 3.2 试验大叶菠菜

图 3.3 试验鬼针草

图 3.4 试验反枝苋

图 3.5　试验红圆叶苋

图 3.6　试验黄秋葵

图 3.7　试验美洲商陆

图 3.8　试验菊苣

图 3.9　试验牛皮菜

图 3.10　试验苘麻

图 3.11　试验四季豆

图 3.12　试验扫帚苗

图 3.13　试验铁苋

图 3.14　试验蕹菜

图 3.15　试验向日葵

图 3.16　试验紫花苜蓿

2. 处理方法

为了保证核素被土壤充分吸附，一般要求需经核素处理土壤 8 周后才能栽种植物。本试验于 2011 年 5 月 29 日用田间持水量法对土壤进行 U 污染处理，受污染土壤用遮阳网覆盖放置在通风干燥处待用。于 2012 年 3 月 29 日播种，出苗 2 周后定苗，每盆 6 株。每 2~3d 浇水 1 次，保持土壤含水量为田间持水量的 60%~70%。定苗一个月后对盆栽植物进行株高、叶绿素含量、光合作用参数、叶绿素荧光参数的测定，试验植物于 2012 年 6 月 10 日分盆收获，收获后先用清水洗净后再用超纯水清洗 2 次，植物样品经自然风干后在 60℃下烘 8h 至恒重，分地上部器官和地下部器官计重。

3.1.3　样品处理与测量

样品消解与分析。将各处理烘干的植物样品分地上部和地下部分别粉碎。粉碎样品用 Mars-easy PREP 微波消解仪进行消解，消解后样品在西南科技大学分析测试中心用美国安捷伦公司生产的 Agilent 7700x ICP-MS 测定 U 含量。

3.2 植物对中低浓度 U 污染土壤的响应

3.2.1 中低浓度 U 污染土壤的植物学效应

1. 植物种子出苗的响应

不同植物在 U 污染土壤中的出苗情况不同。据表 3.2 显示,平均而言,U 污染土壤对四季豆、四季牛皮菜、黄秋葵、菊苣、向日葵的出苗有促进作用,但对蕹菜、红圆叶苋、紫花苜蓿、鬼针草的出苗有抑制作用。

将所有植物出苗率平均,可以看出,各浓度的 U 污染土壤对植物种子出苗均有抑制作用,平均抑制率在 3% 左右(见表 3.2)。

表 3.2 植物对中低浓度 U 污染土壤种子出苗率的响应指数 (单位:%)

植物	U 污染浓度/(mg/kg)				
	25	75	125	175	平均
向日葵	112.82	112.82	105.13	92.31	105.77
紫花苜蓿	86.67	80.00	84.00	88.93	84.90
鬼针草	83.64	94.55	94.55	103.60	94.09
黄秋葵	86.35	77.47	136.52	122.87	105.80
蕹菜	87.12	61.54	56.35	79.42	71.11
菊苣	104.82	104.82	92.86	121.43	105.98
四季豆	108.00	112.00	116.00	112.00	112.00
红圆叶苋	77.37	90.33	93.42	77.37	84.62
四季牛皮菜	111.99	118.89	119.94	82.91	108.43
平均	95.42	94.71	99.86	97.87	96.97

2. 植株株高的响应

25mg/kg 低浓度 U 污染土壤对植物的株高(苗长)有促进作用,可以增加 5% 左右;175mg/kg 高浓度 U 污染土壤抑制植物生长,平均降低株高 12% 左右(见表 3.3)。表 3.3 还显示,U 污染对不同植物株高的影响不同。平均而言,对紫花苜蓿、大叶菠、苍耳、黄秋葵、美洲商陆有促进作用,对反枝苋、扫帚苗、四季豆、红圆叶苋、苘麻、蕹菜、四季牛皮菜、向日葵、鬼针草有抑制作用。

表 3.3 植物对中低浓度 U 污染土壤株高的响应指数 (单位:%)

植物	U 污染浓度/(mg/kg)				
	25	75	125	175	平均
向日葵	98.87	92.8	97.88	94.51	96.02
紫花苜蓿	118.24	93.10	122.31	105.39	109.76

植物	U 污染浓度/(mg/kg)				
	25	75	125	175	平均
鬼针草	92.61	99.54	105.35	90.78	97.07
美洲商陆	119.76	103.41	95.88	86.24	101.32
黄秋葵	101.66	100.93	117.84	93.67	103.53
蕹菜	97.24	100.15	88.80	94.02	95.05
反枝苋	105.44	93.12	76.12	68.48	85.79
菊苣	106.73	98.65	97.65	96.55	99.90
四季豆	110.51	77.45	85.26	88.60	90.46
红圆叶苋	115.61	88.06	96.00	75.56	93.81
四季牛皮菜	98.93	102.52	93.65	88.30	95.85
大叶菠菜	110.12	98.25	126.92	95.01	107.58
苍耳	117.73	101.45	119.09	79.73	104.50
扫帚苗	89.38	103.02	86.36	72.57	87.83
苘麻	92.78	101.44	95.61	86.78	94.15
平均	105.04	96.93	100.31	87.746	97.51

3. 叶绿素相对含量的响应指数

不同浓度 U 污染对植物叶绿素相对含量的影响是波动变化的，整体平均有所降低（见表 3.4）。但使四季豆、四季牛皮菜、向日葵、苍耳、扫帚苗、苘麻的叶绿素含量有所增加，尤其是四季豆和向日葵，在所有浓度污染下的叶绿素相对含量均有增加。

表 3.4　植物对中低浓度 U 污染土壤叶绿素相对含量的响应指数　　　　（单位:%）

植物	U 污染浓度/(mg/kg)				
	25	75	125	175	平均
向日葵	102.71	100.54	105.74	103.25	103.06
紫花苜蓿	100.82	105.89	108.69	88.40	100.95
鬼针草	86.67	88.83	88.31	88.18	88.00
美洲商陆	103.36	91.67	90.22	84.95	92.55
黄秋葵	92.69	96.85	102.72	93.81	96.52
蕹菜	96.64	100.19	91.43	95.37	95.91
反枝苋	100.23	98.80	88.92	94.40	95.59
菊苣	91.08	96.67	94.58	81.48	90.95
四季豆	105.15	108.30	103.60	114.24	107.82
红圆叶苋	97.16	102.55	93.66	101.91	98.82
四季牛皮菜	105.73	105.22	104.52	105.16	105.16
大叶菠菜	113.58	11.36	131.79	120.94	94.42

续表

植物	U 污染浓度/(mg/kg)				
	25	75	125	175	平均
苍耳	103.19	99.79	105.48	100.28	102.18
扫帚苗	101.24	102.70	98.26	105.90	102.03
苘麻	101.15	97.24	103.45	104.30	101.54
平均	100.09	93.77	100.76	98.84	98.37

4. 生物产量的响应指数

1)植株生物产量的响应指数

植物生物产量是评价植物抗 U 性最重要的指标。表 3.5 表明，125mg/kg 以上浓度的 U 污染，平均使植物生物产量降低 20%左右，但大叶菠菜却增加 40%左右，四季豆增加 10%左右，向日葵和苍耳也有所增加，说明这些植物对 U 污染土壤的抗性或耐性很强。铁苋、扫帚苗、美洲商陆的生物产量降低 20%~30%，抗性则相对较弱。

表 3.5 植物对中低浓度 U 污染土壤生物产量的响应指数　　　　（单位：%）

植物	U 污染浓度/(mg/kg)				
	25	75	125	175	平均
向日葵	105.20	101.05	109.01	97.92	103.30
紫花苜蓿	100.00	100.41	67.96	51.24	79.90
鬼针草	77.15	101.00	94.50	79.86	88.13
美洲商陆	94.55	100.62	37.83	66.39	74.85
黄秋葵	77.99	100.90	101.97	86.73	91.90
蕹菜	79.24	100.83	66.97	102.77	87.45
反枝苋	111.50	100.94	65.50	57.99	83.98
菊苣	85.33	100.91	84.65	73.72	86.15
四季豆	123.78	100.92	112.85	101.63	109.79
铁苋	87.61	100.64	51.67	47.55	71.86
红圆叶苋	115.05	100.93	78.82	61.08	88.97
四季牛皮菜	107.31	101.01	85.41	104.90	99.66
大叶菠菜	142.29	101.34	171.04	149.45	141.03
苍耳	122.92	101.06	120.10	69.18	103.31
扫帚苗	75.41	100.95	73.70	63.24	78.33
苘麻	86.50	100.94	86.74	72.95	86.78
平均	99.49	100.90	88.04	80.41	92.21

2)地上器官生物产量的响应指数

U 污染土壤降低植物地上器官的生物产量，U 污染浓度越大，降低越严重（见表3.6）。不同植物表现不同，铁苋、紫花苜蓿和美洲商陆降低了 30%~40%，但大叶菠菜、四季豆、向日葵、苍耳却有不同程度的增加。

表 3.6　植物对中低浓度 U 污染土壤地上器官生物产量的响应指数　　（单位:%）

植物	U 污染浓度/(mg/kg)				
	25	75	125	175	平均
向日葵	105.62	105.13	109.68	98.34	104.69
紫花苜蓿	98.98	41.6	65.65	46.78	63.25
鬼针草	76.14	97.37	92.48	77.77	85.94
美洲商陆	94.42	63.24	40.04	64.57	65.57
黄秋葵	77.91	90	97.83	81.04	86.70
蕹菜	83.06	91.61	66.98	104.74	86.60
反枝苋	110.92	95.11	66.38	59.88	83.07
菊苣	94.34	83.25	86.07	74.67	84.58
四季豆	124.15	93.15	112.92	103.91	108.53
铁苋	85.72	62.95	50.72	44.03	60.86
红圆叶苋	115.46	93.97	76.78	57.61	85.96
四季牛皮菜	99.13	92.84	76.84	95.79	91.15
大叶菠菜	140.47	136.65	170.97	151.78	149.97
苍耳	124.30	104.41	121.41	68.94	104.77
扫帚苗	76.78	96.02	74.92	63.77	77.87
苘麻	86.73	93.78	86.3	72.37	84.80
平均	99.63	90.07	87.25	79.12	89.02

3）地下器官生物产量的响应指数

不同浓度 U 污染土壤均使植物地下器官生物产量降低，175mg/kg 浓度 U 污染的降低最多（见表 3.7）。美洲商陆、菊苣、扫帚苗降低最多，大叶菠菜和四季牛皮菜则增加最多。

表 3.7　植物对中低浓度 U 污染土壤地下器官生物产量的响应指数　　（单位:%）

植物	U 污染浓度/(mg/kg)				
	25	75	125	175	平均
向日葵	99.31	99.54	99.54	91.94	97.58
紫花苜蓿	105.12	40.47	79.53	73.95	74.77
鬼针草	83.65	114.48	107.51	93.3	99.74
美洲商陆	94.91	59.53	31.95	71.24	64.41
黄秋葵	78.39	88.97	123.91	116.78	102.01
蕹菜	72.22	68.52	66.95	99.15	76.71
反枝苋	115.03	90.17	60.12	46.53	77.96
菊苣	48.26	80.38	78.82	69.79	69.31
四季豆	118.57	74.76	111.9	70	93.81
铁苋	107.26	72.65	61.54	84.19	81.41

续表

植物	U 污染浓度/(mg/kg)				
	25	75	125	175	平均
红圆叶苋	112.07	87.68	93.6	86.21	94.89
四季牛皮菜	137.01	132.33	116.47	137.92	130.93
大叶菠菜	157.89	108.42	171.58	129.47	141.84
苍耳	111.11	118.95	107.82	71.24	102.28
扫帚苗	64.32	91.72	63.78	58.92	69.69
苘麻	82.95	103.1	94.31	81.78	90.54
平均	99.25	89.48	91.83	86.40	91.74

3.2.2 中低浓度 U 污染土壤的植物光合系统变化

1. 光合作用的变化

1)净光合速率的变化

净光合速率反映单位时间、单位叶面积同化的 CO_2 减去呼吸消耗的 CO_2 之差,净光合速率高,植物积累的光合产物多。净光合速率大小与植物有关,也与环境条件有关。植物在受到胁迫的环境中,净光合速率会降低。如表 3.8 显示,与无污染相比,在 25~175mgU/kg 污染中,四季豆、蕹菜、鬼针草的净光合速率均受到抑制,尤其是四季豆平均降低 45%左右。但菊苣、大叶菠菜、红圆叶苋、美洲商陆、向日葵、苘麻,四个污染浓度均使它们净光合速率增加,尤其是菊苣增加 103%。由此可见,土壤 U 污染对不同植物净光合速率的影响不同,不同植物光合生理的抗性也不同。

表 3.8 植物在中低浓度 U 污染土壤中净光合速率的响应指数   （单位:%）

植物	U 污染浓度/(mg/kg)				
	25	75	125	175	平均
向日葵	98.20	99.41	107.14	115.56	105.08
鬼针草	99.33	97.72	95.19	93.92	96.54
美洲商陆	104.81	132.06	108.35	102.73	111.99
黄秋葵	104.08	93.14	103.27	94.46	98.74
蕹菜	95.94	95.63	75.92	86.92	88.60
反枝苋	106.39	103.69	106.75	98.89	103.93
菊苣	183.74	216.75	205.95	208.80	203.81
四季豆	35.60	57.22	40.25	87.05	55.03
红圆叶苋	126.88	133.50	112.31	116.76	122.36
四季牛皮菜	102.52	98.19	94.74	108.37	100.95
大叶菠菜	163.43	147.43	178.11	163.71	163.17

植物	U 污染浓度/(mg/kg)				
	25	75	125	175	平均
苍耳	97.64	108.25	105.44	97.70	102.26
苘麻	106.42	105.01	105.30	108.12	106.21
平均	109.61	114.46	110.67	114.08	112.21

2)气孔导度的变化

气孔是植物叶片与外界进行气体交换的主要通道,气孔开度大小影响植物吸收 CO_2 和蒸腾作用。在 U 污染土壤中,四季豆的气孔导度受到严重抑制,比对照减少 70% 左右,这也许是四季豆光合速率严重降低的直接原因(见表 3.9)。但表 3.9 显示,本试验的 U 污染对绝大多数植物的气孔导度均有增加作用,尤其是菊苣增加达 3 倍多,直接原因可能是由于菊苣光合速率明显增加。

表 3.9 植物在中低浓度 U 污染土壤中气孔导度的响应指数 （单位:%）

植物	U 污染浓度/(mg/kg)				
	25	75	125	175	平均
向日葵	117.20	151.39	180.86	176.87	156.58
鬼针草	125.35	138.60	125.02	130.30	129.82
美洲商陆	131.36	179.70	183.00	175.86	167.48
黄秋葵	132.08	110.46	136.82	120.07	124.86
蕹菜	116.64	121.29	85.27	102.38	106.40
反枝苋	98.99	108.51	124.83	96.14	107.12
菊苣	391.96	368.37	387.37	477.42	406.28
四季豆	18.23	33.81	23.00	51.76	31.70
红圆叶苋	140.44	161.49	117.62	132.26	137.95
四季牛皮菜	132.74	82.42	111.81	114.54	110.38
大叶菠菜	159.67	122.01	182.91	126.71	147.82
苍耳	77.73	156.34	165.01	145.41	136.13
苘麻	110.09	118.32	116.92	142.56	121.97
平均	134.81	142.52	149.26	153.25	144.96

3)胞间 CO_2 浓度的变化

CO_2 是植物光合作用的原料,细胞胞间 CO_2 浓度的变化会影响光合作用。如表 3.10 表明,在 U 污染田间下,四季豆叶片胞间 CO_2 浓度均明显降低,平均减少近 40%,这与气孔导度降低有密切的关系。在不同浓度 U 污染土壤中,大叶菠菜、反枝苋的胞间 CO_2 浓度有不同的变化,而其他植物多有增加作用。

表 3.10　植物在中低浓度 U 污染土壤中胞间 CO_2 浓度的响应指数　（单位：%）

植物	U 污染浓度/(mg/kg)				
	25	75	125	175	平均
向日葵	109.18	119.63	120.84	116.39	116.51
鬼针草	108.19	110.60	106.82	108.25	108.46
美洲商陆	156.67	159.53	194.74	193.21	176.04
黄秋葵	113.09	109.12	114.50	112.95	112.42
蕹菜	107.90	109.56	104.53	106.77	107.19
反枝苋	52.89	112.64	136.16	73.55	93.81
菊苣	166.82	148.37	158.95	168.81	160.74
四季豆	56.05	70.15	60.17	58.76	61.28
红圆叶苋	162.59	220.45	176.19	203.05	190.57
四季牛皮菜	106.17	86.91	108.45	102.07	100.90
大叶菠菜	96.78	93.72	100.18	92.44	95.78
苍耳	84.11	120.05	120.22	116.64	110.26
苘麻	102.83	108.22	106.39	115.73	108.29
平均	109.48	120.69	123.70	120.66	118.63

4) 蒸腾速率的变化

蒸腾作用是水分从植物地上部以气态水形式向外界散失的过程，它受植物生理活动所控制，受气孔和非气孔因素调节。如表 3.11 显示，在 U 污染土壤中，菊苣蒸腾速率大大降低，平均降低 57% 左右，这与气孔导度减少密切相关。但 U 污染土壤对绝大多数植物的蒸腾速率有增加作用，菊苣增加最多，这与前面的气孔导度增加、净光合速率增加的变化相吻合。

表 3.11　植物在中低浓度 U 污染土壤中蒸腾速率的响应指数　（单位：%）

植物	U 污染浓度/(mg/kg)				
	25	75	125	175	平均
向日葵	120.05	151.98	169.67	173.86	153.89
鬼针草	126.87	144.04	141.06	148.55	140.13
美洲商陆	129.07	175.34	187.51	189.19	170.28
黄秋葵	118.22	109.23	131.29	125.89	121.16
蕹菜	114.87	119.20	94.60	112.52	110.30
反枝苋	105.14	124.83	143.16	125.08	124.55
菊苣	284.47	267.28	282.62	100.00	233.59
四季豆	23.78	47.05	32.68	68.89	43.10
红圆叶苋	139.89	161.18	89.11	121.48	127.92
四季牛皮菜	125.39	92.62	96.04	106.40	105.11
大叶菠菜	131.81	121.19	126.84	115.31	123.79

植物	U 污染浓度/(mg/kg)				
	25	75	125	175	平均
苍耳	102.01	183.56	192.88	182.74	165.30
苘麻	108.55	114.27	114.39	128.90	116.53
平均	125.39	139.37	138.60	130.68	133.51

2. 叶绿素荧光参数的变化

在植物光合作用的光化学反应中，有两个反应中心色素分子，即 P700 和 P680，P700 属于光合系统 I（photosystem I，简写 PS I），P680 属于光合系统 II（photosystem II，简写 PS II）。PS I 的变化一般用净光合速率等指标来衡量，PS II 的变化则一般用叶绿素荧光参数的变化来衡量。

叶绿素荧光参数是一组用于描述植物光合作用机理和光合生理状况的变量或常数值，由于其反映了植物"内在性"的特点，被视为是研究植物光合作用与环境关系的内在探针。而常用的荧光参数有以下几种：

F_0：固定荧光，初始荧光（minimal fluorescence）。也称基础荧光，0 水平荧光，是 PS II 反应中心处于完全开放时的荧光产量，它与叶片叶绿素浓度有关。F_0 增加，表示植物受到胁迫。

F_m：最大荧光产量（maximal fluorescence），是 PS II 反应中心处于完全关闭时的荧光产量。可反映经过 PS II 的电子传递情况。通常叶片经暗适应 20min 后测得。F_m 降低，表示植物受到胁迫。

$F_v = F_m - F_0$：为可变荧光（variable fluorescence），反映了 QA 的还原情况。

F_v/F_m：是 PS II 最大光化学量子产量（optimal/maximal photochemical efficiency of PS II in the dark）或（optimal/maximalquantum yield of PS II），反映 PS II 反应中心内禀光能转换效率（intrinsic PS II efficiency）或称最大 PS II 的光能转换效率（optimal/maximal PS II efficiency），叶暗适应 20min 后测得。非胁迫条件下该参数的变化极小，不受物种和生长条件的影响，胁迫条件下该参数明显下降。

1）F_0、F_m 和 F_v/F_m 变化

如表 3.12、表 3.13 和表 3.14 显示，在铀污染土壤中，菊苣、黄秋葵、苍耳、向日葵等植物的 F_0 增加，四季牛皮菜、红圆叶苋的 F_m 下降，菊苣、鬼针草、黄秋葵、苍耳等的 F_v/F_m 下降，表明这些植物的相应光合生理特性受到不同程度的铀胁迫影响。

表 3.12　植物在中低浓度 U 污染土壤中 F_0 响应指数　　　　　　（单位：%）

植物	U 污染浓度/(mg/kg)				
	25	75	125	175	平均
向日葵	94.9	129.8	107.6	94.5	106.7
鬼针草	106.7	87.2	93.3	97.3	96.1
美洲商陆	97.6	118.7	115.2	99.4	107.7

植物	U 污染浓度/(mg/kg)				
	25	75	125	175	平均
黄秋葵	133.4	126.0	127.8	139.2	131.6
蕹菜	100.6	86.0	76.1	88.6	87.8
反枝苋	110.2	81.2	103.2	102.4	99.3
菊苣	125.6	141.3	129.8	137.7	133.6
四季豆	94.9	129.8	107.6	94.5	106.7
红圆叶苋	88.8	88.7	97.0	96.5	92.8
四季牛皮菜	95.0	96.5	95.2	97.2	96.0
大叶菠菜	90.7	99.8	93.6	91.0	93.8
苍耳	149.2	97.1	98.2	130.4	118.7
苘麻	100.2	107.1	106.1	97.1	102.6
平均	106.7	106.9	103.9	105.1	105.6

表 3.13　植物在中低浓度 U 污染土壤中 F_m 响应指数 （单位:%）

植物	U 污染浓度/(mg/kg)				
	25	75	125	175	平均
向日葵	100.9	101.7	102.1	108.1	103.2
鬼针草	102.9	99.3	97.4	100.9	100.1
美洲商陆	93.8	115.0	123.0	121.4	113.3
黄秋葵	103.0	103.5	101.8	102.4	102.7
蕹菜	93.7	98.1	99.5	99.2	97.6
反枝苋	100.7	99.4	102.0	101.7	101.0
菊苣	97.1	127.0	121.8	129.7	118.9
四季豆	105.5	119.1	114.6	110.8	112.5
红圆叶苋	90.2	93.1	95.1	91.7	92.5
四季牛皮菜	56.5	97.3	98.2	96.3	87.1
大叶菠菜	136.3	140.1	138.23	148.8	140.9
苍耳	105.7	99.4	98.9	102.1	101.5
苘麻	98.7	100.0	99.3	98.0	99.0
平均	98.8	107.2	107.1	108.5	105.4

表 3.14 植物在中低浓度 U 污染土壤中 F_v/F_m 的响应指数 （单位:%）

植物	U 污染浓度/(mg/kg)				
	25	75	125	175	平均
向日葵	102.5	103.1	102.9	103.0	102.9
鬼针草	97.4	99.6	98.2	99.4	98.7
美洲商陆	98.8	99.0	102.0	105.6	101.4
黄秋葵	95.	96.4	95.8	94.1	95.3
蕹菜	96.6	105.7	110.9	104.9	104.5
反枝苋	97.4	105.1	99.7	99.8	100.5
菊苣	90.6	96.4	97.9	97.8	95.7
四季豆	102.5	97.1	101.4	103.7	101.2
红圆叶苋	100.6	101.9	99.3	98.0	100.0
四季牛皮菜	97.8	100.9	100.6	99.8	99.8
大叶菠菜	101.8	100.3	101.5	103.6	101.8
苍耳	92.3	100.4	100.1	94.8	96.9
苘麻	99.7	98.6	98.7	100.2	99.3
平均	97.9	100.3	100.7	100.4	99.8

3.2.3 U 影响植物响应的机理

1. U 影响植物的酶活性

U 胁迫对植物光合参数、叶绿素荧光参数和植物干物质影响，可能与酶活性的变化有关。在环境胁迫下，植物会发生相应的氧化应激反应。细胞质膜的 NADPH 氧化酶可能是氧化突发期间的一种活性氧源(ROS)，在植物防御反应活动中，特定 NADPH 氧化酶的转录激活是一个重要的中间步骤(Dat et al.，2000；Mittler et al.，2004)。脂质过氧化作用的可能原因是增加了脂肪氧化酶(LOX)的活性，从而启动形成氧脂类化合物(Porta and Rocha-Sosa，2002)。LOXs 在 Cd 引起拟南芥的氧化应激中就显示了作用(Smeets et al.，2008)。

Vanhoudt 等(2011)在 $0.1 \sim 100mmol/L$ U 浓度胁迫下 1 天、3 天和 7 天，在细胞水平研究了拟南芥的氧化应激反应。在蛋白质水平分析了抗氧防御系统的相关酶的含量变化(见图 3.17)。结果表明，在 $100mmol/L$ 下 1 天，就增强了脂氧合酶(LOX1)和呼吸爆发氧化酶同系物(RBOHD)的转录水平。防御的第 1 道防线是超氧化物歧化酶(SOD)，第 1 天也触发了。在蛋白质水平观测，增强的 SOD 容量相当于质体铁超氧化物歧化酶(FSD1)的增强表达。就过氧化氢(H_2O_2)而言，在后来的过氧化物酶能力增强期间，观测到抗氧化酶(CAT1)转录水平的增强。虽然抗坏血酸过氧化物酶能力和基因表达增加，但抗坏血酸/脱氢氧化还原平衡被彻底打乱，并转变为氧化形式。

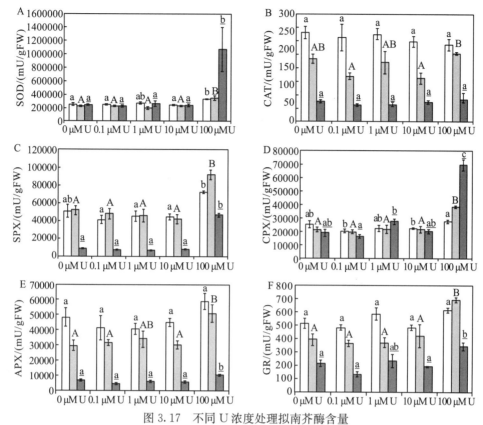

图 3.17　不同 U 浓度处理拟南芥酶含量

1 天(白色)、3 天(浅灰色)和 7 天(暗灰色)的 ROS-消除酶(SOD，CAT，PX)及与抗坏血酸谷胱甘肽途径相关酶的含量。(mU 是酶剂量单位，FW 表示鲜重，a、b 或 A、B 是统计上 0.05 水平或 0.01 水平差异显著性)

2.　辐射环境中 U 的生物效应机理

在铀尾矿环境中，^{235}U、^{238}U 对植物的影响，不是单纯的化学影响，还包括辐射影响。在核事故或核武器使用产生的核污染环境，植物也同时受到受到核素的化学危害和辐射危害。Vanhoudt 等(2010)研究表明，拟南芥在 U+伽马辐射的环境中，U 和伽马辐射单独处理和混合处理对茎叶鲜重没有显著影响，但根系鲜重差异显著(见图 3.18)。如图 3.18 显示，伽马辐射比 CK 增加根系鲜重，甚至可以减轻 U 对根系的降低作用。一个重要原因是，在 U+伽马辐射中，伽马辐射减少了植物对 U 的吸收(与只有 U 相比，见表 3.15)。

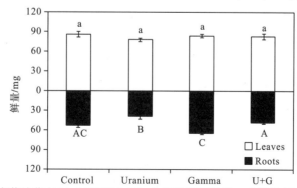

图 3.18　18 天龄拟南芥幼苗在 10μM U 和 3.5Gy 伽马胁迫下的根、叶鲜重(Vanhoudt et al.，2010)

表 3.15 18 天龄拟南芥幼苗在 10μM U 和 3.5Gy 伽马辐射胁迫下的根和叶元素含量(Vanhoudt et al.，2010)

元素	单位	根				叶			
		CK	U	伽马辐射	U+伽马辐射	CK	U	伽马辐射	U+伽马辐射
Ca		7.0	8.1	5.1	7.2	41.6	37.4	40.2	37.9
K	(mg/g)	12.5	4.6	15.4	18.8	30.7	31.9	33.1	31.0
Mg		2.2	2.0	1.8	2.9	9.1	8.5	8.8	8.4
Cu		15.0	10.0	16.0	11.0	10.0	5.0	8.0	7.0
Fe		1127	1093	997	682	—	—	—	—
Mn	(ug/g)	217	178	224	110	135.0	114.0	118.0	116.0
Zn		77	93	81	137	31.0	26.0	29.0	25.0
U		11	7270	12	4509	—	2.0	—	3.0

注：原文叶无 Fe 和部分 U 资料。

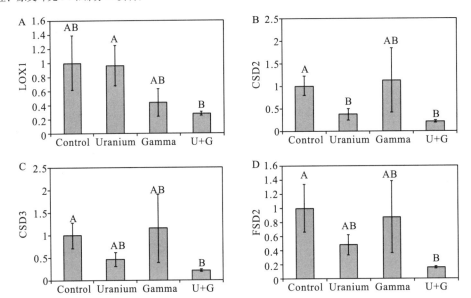

图 3.19 18 天龄拟南芥幼苗在 10uM U 和 3.5Gy 伽马胁迫下的 ROS 产生的脂氧合酶(LOX1)和超氧
化物清除酶(CSD：铜锌超氧化物歧化酶；FSD：铁超氧化物歧化酶)的变化(Vanhoudt et al.，2010)

从图 3.19 可见，U 无论单独处理还是与伽马辐射混合处理，拟南芥的的超氧化物清除酶都降低。因此，在 U 处理中，U 增加了脂氧合酶(LOX1)活性，降低了超氧化物清除酶的活性，使植物细胞内超氧化物积累，对植物产生危害。而在 U 和伽马射线复合处理中，伽马射线可以降低脂氧合酶，增加超氧化物清除酶，从而降低了 U 对植物的危害。

3.2.4 小结

不同植物出苗率对 U 污染土壤有不同的响应，可能出现有些植物增加，有些植物降低，植物平均略有降低的情况。植物株高在低浓度 U 污染土壤中会增加，但在高浓度 U 污染土壤中降低。在 U 污染土壤中，植株生物产量有所降低，U 污染浓度越大，产量降低越多。但不同植物有不同的响应特点，大叶菠菜、四季豆等会增加，而铁苋、扫帚苗、美洲商陆等会明显降低。植物光合作用参数、叶绿素荧光参数与植物生物产量的响应特点不同，其原因值得进一步研究。

3.3　植物对中低浓度 U 污染土壤的修复

3.3.1　植物对 U 的吸收

1. 植物 U 含量

1)植物地上器官的 U 含量

植物地上器官包括茎、叶和果实，是易于收获的器官。在本研究收获时，除菊苣、红圆叶苋和大叶菠菜地上器官为叶外，其他植物植物包括茎和叶。表 3.16 显示，在无污染土壤中，除扫帚苗和大叶菠菜地上器官测出 U 含量外，其他植物均未检测出 U 含量；在 25mg/kg U 污染条件下，扫帚苗、大叶菠菜、紫花苜蓿地上器官 U 含量较高，而向日葵、美洲商陆、黄秋葵、蕹菜、反枝苋、红圆叶苋、四季牛皮菜、苍耳和苘麻地上器官没有检测到 U 含量；在 75mg/kg U 污染条件下，紫花苜蓿、大叶菠菜、四季豆的 U 含量较高，向日葵地上器官未检测出 U 含量；在 125mg/kg U 污染条件下，紫花苜蓿、美洲商陆的 U 含量较高，苘麻和向日葵的 U 含量较低；在 175mg/kg U 污染条件下，紫花苜蓿、菊苣、大叶菠菜、四季豆、扫帚苗、铁苋的 U 含量较高，苍耳、向日葵、苘麻的 U 含量较低；平均而言，在本研究的 U 污染浓度范围内，紫花苜蓿地上器官含量最高，是良好的提取修复植物；在 25~75mg/kg U 污染土壤中，大叶菠菜也可以作为提取修复植物。虽然向日葵根际过滤 U 能力强(Chernobyl, 1996)，但本研究表明，在 25~175mg/kg U 污染土壤中，向日葵的 U 提取能力最低，不适宜做 U 污染土壤的提取修复植物。

表 3.16　植物在中低浓度 U 污染土壤中地上器官铀含量　　　（单位：mg/kg）

植物	U 污染浓度/(mg/kg)					
	0	25	75	125	175	平均
向日葵	0.000	0.000	0.000	1.644	2.551	0.839
紫花苜蓿	0.000	1.773	30.892	29.125	32.393	18.837
鬼针草	0.000	0.695	2.134	7.283	10.558	4.134
美洲商陆	0.000	0.000	3.347	11.954	8.899	4.840
黄秋葵	0.000	0.000	0.913	1.617	4.573	1.421
蕹菜	0.000	0.000	2.409	4.901	6.793	2.821
反枝苋	0.000	0.000	0.668	2.247	10.556	2.694
菊苣	0.000	0.215	2.645	3.013	22.939	5.762

续表

植物	U 污染浓度/(mg/kg)					
	0	25	75	125	175	平均
四季豆	0.000	0.571	5.423	6.273	19.373	6.328
铁苋	0.000	0.303	2.728	6.184	15.445	4.932
红圆叶苋	0.000	0.000	0.706	5.176	6.789	2.534
四季牛皮菜	0.000	0.000	1.215	4.042	4.848	2.021
大叶菠菜	0.403	1.999	9.970	6.724	19.077	7.635
苍耳	0.000	0.000	1.272	1.961	1.754	0.997
扫帚苗	0.436	2.149	1.987	5.748	16.844	5.433
苘麻	0.000	0.000	0.179	0.386	2.914	0.696
平均	0.052	0.482	4.156	6.142	11.644	4.495

2)植物地下器官的 U 含量

植物地下器官指植物根系及地下茎，在本研究中，主要是指植物的根系。植物根系可以将土壤中一定深度范围的核素吸收富集到根系层，减少非根系层土壤的核素含量，具有一定固持修复作用。如表 3.17 显示，在无污染土壤中，苘麻、扫帚苗根系 U 含量高，向日葵、紫花苜蓿、蕹菜、反枝苋、菊苣、红圆叶苋、四季牛皮菜的根系未检测出 U 含量；在 25mg/kg U 污染土壤中，铁苋 U 含量最高，鬼针草、大叶菠菜也较高，美洲商陆、四季牛皮菜、红圆叶苋、反枝苋根系含量很低；在 75～125mg/kg U 污染土壤中，铁苋根系含量最高，紫花苜蓿、鬼针草含量较高；在 175mg/kg U 污染土壤中，铁苋含量最高、鬼针草、黄秋葵、菊苣、苍耳根系含量较高；平均而言，在本研究的 U 污染范围内，植物根系 U 含量铁苋最高，是良好的固持修复植物。

表 3.17　植物在中低浓度 U 污染土壤中地下器官铀含量　　（单位：mg/kg）

植物	U 污染浓度/(mg/kg)					
	0	25	75	125	175	平均
向日葵	0.000	20.099	90.809	126.77	251.760	97.887
紫花苜蓿	0.000	30.420	219.293	259.85	223.592	146.631
鬼针草	0.316	64.429	176.735	287.19	447.626	195.260
美洲商陆	0.000	1.099	5.763	13.166	6.925	5.391
黄秋葵	0.126	41.486	129.518	199.37	388.159	151.731
蕹菜	0.000	18.782	91.126	120.85	134.128	72.978
反枝苋	0.000	4.832	30.331	47.22	144.186	45.314
菊苣	0.000	28.254	65.960	90.79	366.688	110.337
四季豆	1.180	40.139	183.671	244.75	279.957	149.940
铁苋	1.197	119.220	325.361	735.27	1245.285	485.267
红圆叶苋	0.000	4.648	13.039	40.20	41.609	19.899
四季牛皮菜	0.000	2.904	12.427	25.06	42.895	16.657

植物	U 污染浓度/(mg/kg)					
	0	25	75	125	175	平均
大叶菠菜	0.381	56.754	94.455	85.17	124.222	72.197
苍耳	1.206	22.311	104.424	148.30	338.995	123.048
扫帚苗	6.967	19.085	46.293	105.52	224.926	80.558
苘麻	7.352	25.815	78.224	135.67	218.942	93.200
平均	1.170	31.267	104.214	166.571	279.993	116.643

3)植株 U 含量

植株 U 含量是整个植株的 U 含量，反映整个植物修复能力的大小。由于测定时分地上器官和地下器官测定，植株 U 含量是植物地上器官 U 含量和地下器官 U 含量的加权平均值。

如表 3.18 显示，在 25mg/kg U 污染土壤中，植株 U 含量以铁苋最高，鬼针草次之；在 75mg/kg U 污染土壤中，紫花苜蓿 U 含量最高，铁苋次之；在 125mg/kg U 污染土壤中，铁苋最高、紫花苜蓿次之，鬼针草、蕹菜和黄秋葵也较高；在 175mg/kg U 污染土壤中，铁苋 U 含量最高，黄秋葵、菊苣次之，鬼针草和紫花苜蓿也较高；平均而言，铁苋 U 含量最高，紫花苜蓿次之，鬼针草和黄秋葵也较高。

表 3.18　植物在中低浓度 U 污染土壤中植株 U 含量　　（单位：mg/kg）

植物	U 污染浓度/(mg/kg)					
	0	25	75	125	175	平均
向日葵	0.000	2.187	5.680	9.165	17.953	6.997
紫花苜蓿	0.000	6.283	61.529	74.061	78.315	44.038
鬼针草	0.043	10.306	29.176	50.223	79.413	33.832
美洲商陆	0.000	1.027	3.976	12.233	8.322	5.112
黄秋葵	0.020	7.472	21.169	39.834	86.724	31.044
蕹菜	0.000	6.720	28.116	45.815	50.152	26.160
反枝苋	0.000	1.558	4.666	8.072	25.686	7.996
菊苣	0.000	4.024	13.616	18.997	86.590	24.645
四季豆	0.079	3.531	15.154	22.145	31.419	14.465
铁苋	0.105	13.694	34.916	82.263	206.215	67.438
红圆叶苋	0.000	1.432	2.115	10.227	12.757	5.306
四季牛皮菜	0.000	1.525	4.378	10.236	15.659	6.360
大叶菠菜	0.401	7.628	17.138	14.958	28.607	13.746
苍耳	0.126	3.008	13.345	15.782	37.952	14.042
扫帚苗	1.150	2.855	6.571	15.189	38.041	12.761
苘麻	0.452	2.462	5.417	9.335	17.791	7.091
平均	0.148	4.732	16.685	27.408	51.350	20.065

2. 植物 U 含量冠根比

植物 U 含量冠根比(T/R)反映植物将吸收的 U 从根部转移到地上器官的情况,T/R 越大,表明植物从根系转移到茎叶的能力越强,这对提取修复十分有利。表 3.19 显示,在试验 U 污染浓度范围内,只有在 175mg/kg U 污染土壤中,美洲商陆的 T/R 大于 1,其他浓度和其他植物的 T/R 均小于 1,说明绝大多数植物将 U 从根系转移到茎叶的能力较低,远远低于 Sr、Cs 等核素及其他重金属的转移能力。

表 3.19　植物在中低浓度 U 污染土壤中植株 U 含量冠根比(T/R)

植物	U 污染浓度/(mg/kg)				
	25	75	125	175	平均
向日葵	0.000	0.000	0.013	0.010	0.006
紫花苜蓿	0.058	0.141	0.112	0.145	0.114
鬼针草	0.011	0.012	0.025	0.024	0.018
美洲商陆	0.000	0.581	0.908	1.285	0.693
黄秋葵	0.000	0.007	0.008	0.012	0.007
蕹菜	0.000	0.026	0.041	0.051	0.029
反枝苋	0.000	0.022	0.048	0.073	0.036
菊苣	0.008	0.040	0.033	0.063	0.036
四季豆	0.014	0.030	0.026	0.069	0.035
铁苋	0.003	0.008	0.008	0.012	0.008
红圆叶苋	0.000	0.054	0.129	0.163	0.087
四季牛皮菜	0.000	0.098	0.161	0.113	0.093
大叶菠菜	0.035	0.106	0.079	0.154	0.093
苍耳	0.000	0.012	0.013	0.005	0.008
扫帚苗	0.113	0.043	0.054	0.075	0.071
苘麻	0.000	0.002	0.003	0.013	0.005
平均	0.015	0.074	0.104	0.142	0.084

3.3.2　植物对 U 的转移与积累

1. TF 值

TF 值反映植物将土壤 U 转移到植物体内的能力。在重金属修复中,一般要求超富集植物的 TF 值要大于 1。如表 3.20 显示,在试验浓度范围内,16 种植物对 U 的 TF 值均小于 1,只有铁苋在高浓度下例外,说明植物对 U 从土壤转移到植物体内的能力比转移其他重金属的能力弱。相比之下铁苋、紫花苜蓿和鬼针草的 TF 值较大,与植物 U 含量变化相似。

表 3.20　植物在中低浓度 U 污染土壤中的铀转移系数(TF)

植物	U 污染浓度/(mg/kg)				
	25	75	125	175	平均
向日葵	0.087	0.076	0.073	0.103	0.085
紫花苜蓿	0.251	0.820	0.592	0.448	0.528
鬼针草	0.412	0.389	0.402	0.454	0.414
美洲商陆	0.041	0.053	0.098	0.048	0.060
黄秋葵	0.299	0.282	0.319	0.496	0.349
蕹菜	0.269	0.375	0.367	0.287	0.324
反枝苋	0.062	0.062	0.065	0.147	0.084
菊苣	0.161	0.182	0.152	0.495	0.247
四季豆	0.141	0.202	0.177	0.180	0.175
铁苋	0.548	0.466	0.658	1.178	0.712
红圆叶苋	0.057	0.028	0.082	0.073	0.060
四季牛皮菜	0.061	0.058	0.082	0.089	0.073
大叶菠菜	0.305	0.229	0.120	0.163	0.204
苍耳	0.120	0.178	0.126	0.217	0.160
扫帚苗	0.114	0.088	0.122	0.217	0.135
苘麻	0.098	0.072	0.075	0.102	0.087
平均	0.189	0.222	0.219	0.293	0.231

2. 植物 U 积累量

植物 U 积累量是植物 U 含量与生物产量(干物质重量)的乘积。由于植物 U 含量反映植物吸收富集 U 的能力,生物产量反映植物对 U 的贮藏能力和抗胁迫能力,因而植物 U 积累能力可以综合反映植物对 U 的清除能力。

1)盆积累量

如表 3.21 显示,本试验的每盆(213.72cm²)植物 U 积累量,在各种 U 污染浓度下,均以铁苋最大;在中低浓度下,鬼针草第二,黄秋葵第三;在高浓度下黄秋葵第二,菊苣第三,向日葵第四、蕹菜第五。紫花苜蓿因生物产量较低,使其单位面积 U 积累量较少。

表 3.21　植物在中低浓度 U 污染土壤中的 U 积累量　　　　　　　　(单位：μg/盆)

植物	U 污染浓度/(mg/kg)				
	25	75	125	175	平均
向日葵	86.625	392.295	658.694	1159.036	574.163
紫花苜蓿	87.649	329.181	650.254	518.448	396.383
鬼针草	213.681	804.381	1312.817	1754.223	1021.275
美洲商陆	8.814	76.783	143.612	171.436	100.161

续表

植物	U污染浓度/(mg/kg)				
	25	75	125	175	平均
黄秋葵	141.467	520.134	1110.960	2057.088	957.412
蕹菜	95.225	466.718	610.251	1025.101	549.324
反枝苋	19.231	108.013	129.637	365.251	155.533
菊苣	83.351	363.823	473.599	1879.877	700.162
四季豆	120.639	435.815	781.928	999.120	584.375
铁苋	305.572	594.961	1135.224	2618.936	1163.673
红圆叶苋	21.148	65.904	269.479	260.501	154.258
四季牛皮菜	26.339	135.943	267.764	503.135	233.295
大叶菠菜	107.960	208.055	232.292	388.203	234.128
苍耳	75.857	415.032	556.464	770.809	454.541
扫帚苗	47.575	106.061	189.406	407.040	187.521
苘麻	55.244	214.693	340.089	545.104	288.783
平均	93.524	327.362	553.904	963.957	484.687

2)盆地上器官积累量

单位面积地上器官 U 积累量反映可以方便收获的 U 清除量。从表 3.22 可见，在 25~75mgU/g 污染土壤中，单位面积地上器官 U 积累量紫花苜蓿最大；在 125mgU/kg 污染土壤中，单位面积地上器官 U 积累量以四季豆最大；在 175mgU/kg 污染土壤中，单位面积地上器官 U 积累量四季豆最大，菊苣次之。

表 3.22　植物在中低浓度 U 污染土壤中地上器官的 U 积累量　　　（单位：μg/盆）

植物	U污染浓度/(mg/kg)				
	25	75	125	175	平均
向日葵	0.000	0.000	111.052	154.514	66.392
紫花苜蓿	18.900	26.876	205.914	162.937	103.657
鬼针草	12.663	9.112	161.173	196.484	94.858
美洲商陆	0.000	16.835	108.064	129.747	63.662
黄秋葵	0.000	3.533	36.383	85.241	31.289
蕹菜	0.000	11.587	42.247	91.570	36.351
反枝苋	0.000	2.084	31.413	133.111	41.652
菊苣	4.805	12.246	61.435	405.791	121.069
四季豆	20.693	8.514	206.758	587.583	205.887
铁苋	6.330	4.638	76.434	165.725	63.282
红圆叶苋	0.000	2.513	116.719	114.870	58.526
四季牛皮菜	0.000	10.643	74.575	111.504	49.181
大叶菠菜	22.829	10.269	93.464	235.410	90.493

植物	U 污染浓度/(mg/kg)				
	25	75	125	175	平均
苍耳	0.000	4.630	62.615	31.800	24.761
扫帚苗	24.864	3.318	64.895	161.871	63.737
苘麻	0.000	0.476	13.132	83.136	24.186
平均	6.943	7.955	91.642	178.206	71.186

3.3.3 修复能力评价

用于修复重金属污染的植物一般应具有以下特性：①积累速率快，积累浓度高；②生物产量较高、生长速度较快；③抗耐胁迫能力强；④易于种植，便于收获。由于不同重金属性质和植物吸收特点不同，对不同重金属超积累植物含量临界值要求不同。对于 Cd 的超积累植物，要求地上器官的含量高于 100mg/kg；对于 Ni、Pb、Cu、Co、Cr、As、Se 的超积累植物，要求地上器官的含量高于 1000mg/kg；对于 Zn 和 Mn 的超级累植物，要求地上器官的含量高于 10000mg/kg(乔玉辉等，2008)。

U 在土壤中的含量低，植物吸收转移难度较大。根据《中国土壤元素背景值》资料显示，在全国表层土壤(0~20cm)中，13 种常见污染元素含量算术平均值分别是：Sr167mg/kg、Cs8.24mg/kg、U3.03mg/kg、Co12.7mg/kg、As11.2mg/kg、Cd0.097mg/kg、Cr61.0mg/kg、Cu22.6mg/kg、Hg0.065mg/kg、Mn583mg/kg、Ni26.9mg/kg、Pb26.0mg/kg、Zn74.2mg/kg，含量很高的是 Mn、Sr 和 Zn，含量很低的是 Hg、Cd、U。在本试验中，土壤 Cd 含量为 4.49mg/kg，U 含量为 2.26mg/kg。因此，本试验以植物含量超过 50mg/kg，或植物地上器官 U 含量超过 10mg/kg 作为超积累植物的临界值。据此，在 25mg/kg U 污染土壤，没有超积累植物；在 75~175mg/kg U 污染土壤，紫花苜蓿是超积累植物；在 125mg/kg U 污染土壤，鬼针草、铁苋、美洲商陆是超积累植物，在 175mg/kg U 污染土壤，黄秋葵、菊苣、蕹菜、四季豆、大叶菠菜、扫帚苗、铁苋、鬼针草、反枝苋是超积累植物。

3.3.4 植物吸收土壤 U 的机理

1. U 在土壤中的可用度

土壤 U 的可用度高度依赖于土壤化学性质。许多吸附机制涉及土壤 U 的动态。U 同土壤基质的组成成分，如黏土矿物、铝和铁的氧化物、有机质、微生物发生作用。在土壤溶液中，U 以 UO_2^{2+} 或氢氧化物、碳酸盐、磷酸盐、硫酸盐复合。二价 U 离子被吸附到带负电荷的黏土矿物、倍半氧化物和有机化合物的表面。随着 pH 增加，由于质子的释放，矿物表面更多负电荷结合点可以利用。另一方面，随着 pH 增加，碳酸盐浓度有增加的趋势，碳酸盐是 U 的最重要络合剂。在 pH6 以上，被碳酸盐络合 U 的部分增加，这倾向于提高 U 在土壤中的流动性(Koch-Steindl et al.，2001)。有机质通过形成可溶于水的复合物、固定覆盖土壤矿物表面、集聚和活化凝胶相，也对 U 的环境流动性和生物可利用性有显著影响(Sowder et al.，2003)。例如，在较低 pH 范围内，添加腐殖酸增加 U 的吸附，而在高 pH 下几乎没有效果(Payne et al.，1996；Lenhart and Honeyman，1999)。

土壤中 U 的形态影响植物吸收。在水培吸收研究中，豌豆吸收铀酰离子比羟基和碳酸铀络合物容易(Ebbs et al.，1998)。另一方面，在土培试验中，Shahandeh 和 Hossner(2002)研究得到，向日葵在石灰性土壤中根和地上器官 U 吸收较多，土壤 U 离子与碳酸盐络合，形成流动性很强的阴离子，在大范围的 pH($4.7\sim8.1$)、黏粒含量($6\sim63\%$)、碳酸钙含量($0\%\sim27\%$)草酸提取铁($23\sim67mg/kg$)的研究中，没有发现传统选择回收 U [$Ca(NO_3)_2$，$NaCH_3COOH$，pH 5]与植物 U 的吸收有任何好的相关。Punshon 等(2003)也没有发现受污染河岸沉积物中 U 与植物吸收有确定的关系。

2. 丛枝真菌对植物吸收和积累 U 的影响

1)丛枝菌根菌丝体和根对 U 吸收、移动和固定的作用

丛枝菌根既影响植物根系对 U 的吸收和运输，也影响根系对 U 的固定。Rufyikiri 等(2003)研究表明，在 2 周内，无菌根的根系吸收 8%的 U，有菌根根系吸收了 26%的 U。根外生物质中 U 含量比菌根根系含量高 5.5 倍，比无菌根根系含量高 9.7 倍。

有菌根根系和无菌根根系可以转移 50%和 15%所吸收和吸附的 U，但 AM 菌丝转移率可高达 70%。根系和 AM 真菌固定 U 的差异，可能是真菌菌丝具有较高的阳离子交换能力(CEC)。

Rufyikiri 等(2003)认为，与吸附相比，固定等其他机制涉及 Ca^{2+} 和 Mg^{2+} 阳离子与 UO_2^{2+} 在真菌和根系结合点的竞争。

2)根毛和 AM 真菌在植物获取 U 中的作用

具有细密根系的植物，一般具有长的根毛，很少依赖菌丝真菌来获取 P(Schweiger et al.，1995；Baon et al.，1994；Baylis，1975)。与少或短根毛相比，它们对菌丝的依赖程度很低。这个低的依赖性减少了通过 AM 真菌所获取的 P，一般会抑制植物生长(Khaliq and Sanders，2000；Fay et al.，1996；Plenchette and Morel，1996)。

Chen 等(2005)研究了内球囊霉(G. intraradices)和根毛在 U 污染磷矿中，野生型和突变型大麦对 U 吸收的影响。在无菌根植物对 U 的吸收中，野生型大于突变型，有菌根突变型大麦的 U 吸收大于无菌根突变型大麦。由此可见，根毛和菌丝提供了较大的吸收面积，似乎决定了植物对 U 的积累量，菌丝则可能起着根毛的作用。实际上，根毛对 U 和其他元素的吸收，可能被共生的菌丝所妨碍。例如，与内球囊霉共生，不能提高野生型大麦对 P 的吸收和大麦的生长。这可能意味着野生型大麦不依赖菌丝的协作来获取营养。因此，在 U 的吸收当中，菌丝的参与对野生型大麦的作用是有限的。但突变型大麦对 P 的吸收依赖性很明显，有菌丝的大麦吸收量明显更多。

因此，在植物修复选择植物中，既要考虑菌根状态对没有根毛或根毛不发达植物的重要性，还要考虑这些植物对菌根的依赖性和生物产量(Chen et al.，2005)。

U 主要积累在根系，地上器官含量相对较低。但未接菌丝的突变大麦比接种菌丝的突变大麦有显著高的 U 冠根比，这说明 AM 菌丝会减少地上器官 U 的积累。接种菌丝突

变大麦根系 U 含量高于未接种根系，可能原因是 U 被菌丝吸收转移到根内菌丝中被固定。根系在植物积累 U 的过程中主要机制是根系吸收，植物菌丝状态影响 U 从根系向地上器官转移。

3）U 形态和离子作用

Rufyikiri 等（2002）认为，在一定 pH 条件下，AM 对 U 的吸收、转移、固定有重要作用，但其他一些研究（Bago and Azcon-Aguilar，1997；Bago et al.，1996）表明，根际和菌圈层 pH 变化，主要是由于根系和 AM 真菌的离子吸收排除活动所致。Rufyikiriet 等（2003）研究表明，AM 真菌根外菌丝活动使 pH 增加，从 5.5 增加到 6～6.5。但根系活动（无论有无菌根），均使 pH 下降。而实际上，不仅 pH 影响 U 的形态，溶液组成也会影响 U 的形态（Grenthe et al.，1992）。AM 真菌和根系的分泌物和排出物非常复杂，也影响 U 的生物活性。例如，球囊霉素（*glomalin*）尽管它主要被束缚在 AM 菌丝中也可能参与介质中 U 的固定。

此外，U 和其他阳离子间如 Ca^{2+}、Mg^{2+} 或 K^+ 也可能出现竞争，它们可能会竞争吸附区域、竞争离子吸收输送系统，竞争与多磷酸盐络合，或竞争真菌结构，如囊泡固定。

4）pH 的影响

Rufyikiri 等（2002）的研究显示，内球囊霉能够吸收、固定 U，并转移给宿主。现已证实，这种微生物可以通过与根外菌丝的接触，改变 U 的形态、种类和组成，而这些过程受 pH 的影响。在 pH 为 4、5.5 和 8 的条件下，U 的吸附和吸收分别是 2.2%、1.4% 和 0.9%，而这些 U 分别有 12%、12% 和 25% 被转移到根部。因此，U 阳离子和铀酰硫酸（pH 为 4）被吸收并转运的程度比磷酸双氧铀离子（pH 为 5.5）高。碳酸双氧铀离子（pH 为 8）的转移程度与 U 阳离子和铀酰硫酸相似，但其吸收是非常有限的。

U 形态对根吸收和根向茎叶转移的影响，在豌豆营养液试验中也可观察到。在 pH 5 溶液中吸收和转移 U 离子比在 pH 8 溶液中吸收和转移羟基铀和碳酸铀容易得多（Ebbs et al.，1998）。

关于微生物固定 U 的机理，Rufyikiri 等（2002）认为，固定可能是 U 在细胞内被形成磷酸盐，或由于真菌其表面带负电荷，使 U 被吸附（Joner et al.，2000）。在分离与 *Arthrobacter ilicis* 密切相关的格革兰氏阳性细菌中，观察到磷酸盐固定 U 的情况（Suzuki and Banfield，2004）。不过，应该指出的是，这个磷酸盐并不是完全固定的，因为在 P 也许还有其他元素从 AM 真菌根外菌丝转移到内部结构中，有磷酸盐的参与（Dupre'de Boulois et al.，2008）。也有可能，U 被根外菌丝产生的糖蛋白（包括球囊霉素）固定，因为有研究表明，这些蛋白可以吸附几种金属阳离子（González-Chávezet al.，2004）。

5）P 的影响

在酸性土中，可移动 P 以 $H_2PO_4^{-1}$ 负电荷存在，在碱性土中，以 $H_2PO_4^{-2}$ 负电荷存在。这些阴离子与 U 反应形成难溶的铀磷酸盐或在多数地质化学条件下稳定的沉积物（Jerden and Sinha，2003；Sandino and Bruno，1992）。

因此，P 可以减少 U 的移动性和生物活性。有关根系吸收 U 的报道证实了这一假说，并且指出，P 在土壤中的重要作用是以磷酸铀盐复合物的形式对 U 进行化学固定（Rufyikiri et al.，2006；Ebbs et al.，1998）。因而，有人建议通过利用丛枝菌根真菌，由菌根植物改良 P 营养，也许能影响根系 U 向地上器官的转移(Chen et al., 2005)。Chen 等(2005)观察到，低 P 水平(20mgP/kg)增加根系 U 积累，高 U 水平(60mgP/kg)降低根系 U 积累。

3. 植物吸收 U 在体内的分布

不同植物对 U 的吸收积累不同，在植物体内的移动分布也不相同。Straczek 等(2010)研究了玉米、小麦、豌豆和印度芥菜所吸收 U 在根系和茎叶分布。他们将上述样品在 U 浓度为 100mmol/L 下处理 7 天后，通过化学提取来观察 U 的分布。实验结果表明，双子叶植物根系 U 浓度高于单子叶植物；U 最容易分布在单子叶植物根系的质外体中，而在双子叶植物中，U 最容易分布在共质体中；CECR(阳离子交换能力)或共质体和质外体间 U 分布，对 U 向茎叶的转运影响不显著；印度芥菜比玉米有较多的纵向和横向运输 U 的情况。根尖 U 含量最高，无论是双子叶还是单子叶植物，无论是鲜重还是干重，从根尖到芽尖，距根尖越远，U 含量越低(见图 3.20)。

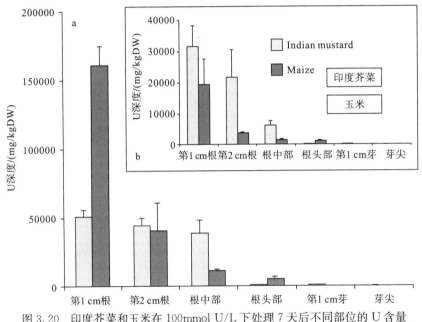

图 3.20 印度芥菜和玉米在 100mmol U/L 下处理 7 天后不同部位的 U 含量

[a 图是干重(DW)含量，b 图是鲜重(FW)含量，从根尖开始测量]

3.3.5 小结

植物对土壤 U 的吸收有不同特点，有些植物在低浓度 U 污染中吸收能力较强，有的植物在中高浓度 U 污染中吸收能力较强。本研究铁苋 U 含量最高，紫花苜蓿次之，鬼针草和黄秋葵也相对较高。在植物修复中，植物地上器官收获方便，地上器官 U 含量高有利于快速去除 U 污染。但不同植物将根系 U 转移到地上器官的能力不同，有些植物转移较少，有些植物转移较多。本研究浓度平均，紫花苜蓿地上器官含量最高，是良好的提取修复植物；而在 25~75mg/kg U 污染土壤中，大叶菠菜也可以作为提取修复植物。

第4章 植物对高浓度核素污染土壤的响应与修复

核素污染土壤的浓度有低也有高，国内研究采用的 Sr、Cs、U 污染的浓度较低，处理时间较短，主要进行酶活性等生理机制研究，对植物性状没有多大影响。而研究植物对高浓度 Sr、Cs、U 胁迫的响应和富集作用，评价不同植物修复能力，筛选修复植物，可为高浓度 Sr、Cs、U 污染土壤的修复治理提供方法。

4.1 研究方法

4.1.1 试验材料

试验药品分别是 $Sr(NO_3)_2$、$CsNO_3$ 和 $UO_2(CH_3CO_2)_2 \cdot 2H_2O$，均为分析纯。

我国野生植物对 ^{90}Sr 的 TF 较高的有锦葵科、苋科、菊科等；对 ^{137}Cs 的 TF 较高的有藜科、锦葵科、苋科等(韩宝华等，2007)；向日葵被认为是良好的 U 污染修复植物 (Dushenkov et al.，1997)，本试验包括菊科的向日葵(*Helianthus annuus*)和菊苣(*Cichorium intybus* L.)，苋科的柳叶苋(*Amaranth*)、红圆叶苋(*Iresine herbstii* 'Aureo-reticulata')、千日红(*Gomphrena globosa*)和空心莲子草[*Alternanthera philoxeroides* (Mart.)Griseb.]，藜科的灰灰菜(*Chenopodium album* L.)，锦葵科的黄秋葵(*Hibiscus esculentus*)，脂麻科的芝麻(*Sesamum indicum*)，落葵科的木耳菜[*Gynura cusimbua*(D. Don)S. Moore]，葫芦科的西葫芦(*Cucurbita pepo* L.)，禾本科的高粱(*Sorghum bicolor* (L.)Moench)，豆科的四季豆(*Phaseolus vulgaris* var. *humilis* Alef.)，旋花科的蕹菜 (*Waterspinach*)，共计 10 科 14 种植物。图 4.1 到图 4.8 显示了灰灰菜和菊苣在不同处理下的生长情况。

图 4.1 CK－灰灰菜

图 4.2 Sr 处理－灰灰菜

62　　　　　　　　　　　　　　　　　　　核素污染环境的植物响应与修复

图4.3　Cs处理—灰灰菜

图4.4　U处理—灰灰菜

图4.5　CK处理—菊苣

图4.6　Sr处理—菊苣

图4.7　Cs处理—菊苣

图4.8　U处理—菊苣

试验土壤为农田紫色壤土，Sr、Cs、U含量分别为47.96mg/kg、11.14mg/kg、2.26mg/kg，pH7.5(土：水=1：1)，有机质含量31.6g/kg，全氮、磷、钾依次为2.57g/kg、0.985g/kg、17.9g/kg，碱解氮、有效磷和速效钾分别为302mg/kg、33mg/kg、288mg/kg。

4.1.2　试验方法

每千克干土施用500mg Sr、500mg Cs、500mg U，以0浓度为对照(CK)，每处理5次重复。盆栽，1盆1kg干土。塑料盆口直径165mm，高130mm。试验在西南科技大学核素生物效应试验场通风透光的塑料避雨棚中进行。

土壤过 1.4cm 筛、装盆，于 2011 年 3 月 5 日根据预备试验和设计 U 用量，每盆浇施 340mL 铀盐[$UO_2(CH_3CO_2)_2 \cdot 2H_2O$]溶液或清水（CK），使土壤刚好达到田间持水量，以便试验土壤受到均匀污染。

经核素处理的土壤在阴凉处放置 8 周，经土壤吸附后于 5 月 1 日播种。每盆 3 穴，小粒种子每穴 6 粒，大粒种子每穴 3 粒（空心莲子草播种地下茎，每盆三段，每段三节）。播后 2 周按重复计数出苗数，定苗 6 株/盆，每 1~2 天浇水 1 次，保持土壤湿度在田间持水量的 60%~70%，各处理一致。播种后 70 天收获，收获前 1 周按重复测定叶绿素含量，收获时按重复测定成活株数、苗高（苗长）和绿叶数。收获时按处理分地上和地下部分，先用自来水洗净泥土后，用超纯水清洗，然后用吸湿纸吸去植株表面水分。植物样品在 70℃中烘至恒重，按地上部和地下部分分别称重计算生物产量。

4.1.3　测定方法

叶绿素相对含量使用日本产 SPAD-520 叶绿素仪测定。

用德国产 Dual-PAM-100 荧光仪，测定叶片 PSII 的最小荧光（F_0）、暗下最大荧光（F_m）、最大光化学效率（F_v/F_m）、半饱和光强（I_k）、快速光曲线的初始斜率（α）和相对最大电子传递速率（ETR_{max}）。暗处理 20min 后测定，测定植物倒三展开叶，重复 3 次。

植物干物质分地上和地下部分粉碎成细小粉末后，在西南科技大学分析测试中心用意大利 MILESTONE 公司产 ETHOS ONE 微波消解炉消解，定容后用美国产 AA700 原子吸收光谱仪测定 Sr 和 Cs 含量，用美国 Agilent 7700x ICP-MS 测定植物 U 含量。

4.2　植物对高浓度核素污染土壤的响应

4.2.1　植物对高浓度 Sr 污染土壤的响应

1. 植物学性状变化

因千日红种子未出苗，这里只分析其他 13 种植物对高浓度 Sr 污染土壤的响应。以 0 处理植物性状值为 100%，不同植物不同性状对高浓度 Sr 胁迫有不同的响应（见表 4.1）。在高浓度 Sr 胁迫下，柳叶苋和四季豆的出苗数、存活数、叶绿素含量、苗高、主茎绿叶数和生物产量各性状值均低于对照。发芽出苗和存活生长是修复植物必须的前提条件。本研究表明，土壤受 500mg/kg 的 Sr 污染，将明显抑制柳叶苋、红圆叶苋和蕹菜种子发芽出苗和植株成活生长。

人们常用酶活性的变化来评价植物对核素胁迫的反应（闻方平等，2009；敖嘉等，2010），但在植物修复研究中，生物产量应是评价植物抗胁迫能力的综合指标。据表 4.1 显示，在高浓度 Sr 的胁迫下，芝麻、向日葵和红圆叶苋的生物产量呈增加的正向反应；其他植物呈减少的负向反应。13 种植物对高浓度 Sr 抗胁迫能力强弱是芝麻>向日葵>红圆叶苋>菊苣>空心莲子草>西葫芦>蕹菜>黄秋葵>高粱>木耳菜>柳叶苋>四季豆>灰灰菜。

表 4.1　植物性状对 Sr 胁迫的响应指数(RI)　　　　　　(单位:%)

植物种类	出苗数	存活数	叶绿素含量	苗高	主茎绿叶数	盆干重
柳叶苋	70.4	39.1	87.7	88.1	94.3	71.6
红圆叶苋	46.7	43.9	92.6	110.5	118.9	100.9
空心莲子草	100.0	100.0	102.4	90.0	100.9	95.7
木耳菜	100.0	100.0	99.8	84.5	100.0	72.7
菊苣	70.9	100.0	100.4	107.5	112.9	98.6
黄秋葵	100.0	75.0	111.3	92.5	157.9	86.9
芝麻	97.9	175.0	104.9	92.4	83.2	181.3
灰灰菜	100.0	88.0	90.7	84.6	92.7	67.7
西葫芦	100.0	90.0	107.1	112.8	100.0	90.6
高粱	100.0	85.7	101.1	94.0	96.0	81.6
四季豆	94.7	88.9	98.4	91.5	17.2	69.5
蕹菜	71.4	66.7	100.1	101.0	100.0	87.8
向日葵	100.0	95.0	49.3	112.0	129.4	121.0

2. 叶绿素荧光参数变化

在 13 种植物中,测定了空心莲子草、菊苣、木耳菜、黄秋葵和灰灰菜 5 种植物一些叶绿素荧光参数对高浓度 Sr、Cs、U 胁迫的响应情况。

1)植物叶绿素荧光 F_0、F_m 和 F_v/F_m 的变化

具体变化为:①F_0 和 F_m 的变化。F_0 表示植物最小荧光强度,F_m 表示暗下植物最大荧光强度。据表 4.2 显示,高浓度 Sr 处理对植物 F_0 有不同影响,平均 F_0 比 CK 低 2.86%,主要是使空心莲子草 F_0 降低所致。②F_v/F_m 的变化。F_v/F_m 表示最大光化学效率,反映植物 PSⅡ 光合中心内禀光能转换效率(李涵茂等,2009),是评价植物遭受胁迫的最重要指标。植物在高浓度 Sr 处理下,F_v/F_m 略有下降(见表 4.2),平均下降幅度分别为 0.60%;但 Sr 处理木耳菜 F_v/F_m 略有提高,其他植物 F_v/F_m 降低。

表 4.2　高浓度 Sr 或 Cs 胁迫对植物叶绿素荧光 F_0、F_m 值和 F_v/F_m 的影响

植物种类	F_0			F_m			F_v/F_m		
	Sr	Cs	CK	Sr	Cs	CK	Sr	Cs	CK
空心莲子草	0.129	0.184	0.173	0.678	1.094	1.034	0.814	0.832	0.833
菊苣	0.176	0.220	0.172	1.031	0.868	1.029	0.829	0.753	0.832
木耳菜	0.176	0.194	0.178	1.133	1.176	1.109	0.845	0.834	0.840
黄秋葵	0.200	0.206	0.192	1.070	0.933	1.038	0.812	0.780	0.815
灰灰菜	0.171	0.182	0.162	1.022	1.070	1.017	0.833	0.830	0.841
平均	0.170[b]	0.197[a]	0.175[ab]	0.987[a]	1.028[a]	1.045[a]	0.827[A]	0.806[B]	0.832[A]

2)植物快速光曲线拟合参数的变化

α 是快速光曲线的初始斜率，可以评价植物的光能利用效率。在高浓度 Sr 处理下，植物初始斜率 α，略有降低，平均降低 0.72%（见表 4.3）。

表 4.3　高浓度 Sr 或 Cs 胁迫对植物快速光曲线拟合参数影响

植物种类	α			I_k			ETR_{max}		
	Sr	Cs	CK	Sr	Cs	CK	Sr	Cs	CK
空心莲子草	0.231	0.247	0.269	144.03	183.07	134.07	36.57	44.17	35.63
菊苣	0.274	0.249	0.277	87.63	125.57	108.4	24.13	28.93	29.83
木耳菜	0.305	0.288	0.287	117.87	130.73	144.6	35.67	37.50	41.27
黄秋葵	0.305	0.247	0.287	109.87	192.3	88.27	33.53	47.53	25.17
灰灰菜	0.262	0.241	0.267	192.07	268.7	273.83	49.60	64.00	73.07
平均	0.275	0.254	0.277	130.29	180.07	149.83	35.90	44.43	40.99

I_k 表示植物光合作用的半饱和光强，反映植物对光强的耐受能力。在高浓度 Sr 处理下，5 种植物的 I_k 都发生了变化（见表 4.3），植物 I_k 平均降低 13.04%。不同植物 I_k 表现不同，空心莲子草和黄秋葵增加，其他植物降低。

ETR_{max} 表示最大相对电子传递速率，可以评价植物的光合电子传递能力。从表 4.3 可见，经高浓度 Sr 处理的空心莲子草和黄秋葵增加 ETR_{max}，其他植物降低；平均而言，Sr 处理对植物的光合电子传递能力有降低作用。

4.2.2　植物对高浓度 Cs 污染土壤的响应

1. 植物学性状变化

在高浓度 Cs 污染的土壤中，千日红未出苗，红圆叶苋和菊苣的出苗数、存活数、叶绿素含量、苗高、主茎绿叶数和生物产量各性状值均低于对照（见表 4.4）。菊苣、柳叶苋、红圆叶苋和高粱植株的存活受到严重威胁，在选用这些植物来修复高浓度 Cs 污染的土壤时，应予注意。

表 4.4 说明，在高浓度 Cs 胁迫下，芝麻和蕹菜生物产量增加，其他植物的生物产量均比 0 处理（CK）减少。13 种植物对高浓度 Cs 抗胁迫能力强弱是芝麻>蕹菜>四季豆>空心莲子草>西葫芦>黄秋葵>向日葵>柳叶苋>红圆叶苋>灰灰菜>木耳菜>高粱>菊苣。

表 4.4　植物性状对 Cs 胁迫的响应指数（RI）　　　　　　（单位：%）

植物种类	出苗数	存活数	叶绿素含量	苗高	主茎绿叶数	盆干重
柳叶苋	100.0	30.4	88.7	61.2	70.2	29.6
红圆叶苋	85.0	41.5	77.4	59.2	77.8	26.9
空心莲子草	100.0	100.0	108.2	85.7	93.2	79.1
木耳菜	100.0	100.0	129.9	56.2	74.4	23.2
菊苣	82.1	28.0	93.3	58.2	96.8	7.1

植物种类	出苗数	存活数	叶绿素含量	苗高	主茎绿叶数	盆干重
黄秋葵	100.0	100.0	88.4	72.6	136.8	47.3
芝麻	87.2	125.0	89.8	52.5	68.8	119.8
灰灰菜	100.0	100.0	79.7	68.6	96.1	25.3
西葫芦	95.0	100.0	100.4	81.3	0.0	47.7
高粱	78.6	64.3	101.1	55.4	84.0	13.8
四季豆	100.0	100.0	105.9	93.5	84.5	96.2
蕹菜	82.9	96.7	107.2	116.2	111.8	115.0
向日葵	100.0	100.0	100.9	33.1	8.8	35.8

2. 植物叶绿素荧光参数变化

Cs 处理平均 F_0 比 CK 高 12.57%，使 5 种植物都有提高；F_m 均有不同程度降低，平均降低 1.63%，主要是菊苣、黄秋葵、灰灰菜降低所致；5 种植物的 F_v/F_m 都有降低，菊苣降幅最大，达到了 9.50%，空心莲子草的 F_v/F_m 影响不明显（见表 4.2）。

表 4.3 显示，高浓度 Cs 处理使植物平均初始斜率 α 降低 8.30%，但木耳菜基本不受影响；植物 I_k 则平均提高 20.18%，说明高浓度 Cs 处理可增加植物在强光下的光合作用，主要使空心莲子草、黄秋葵、菊苣增加；空心莲子草和黄秋葵增加 ETR_{max}，其他植物降低，平均而言，Cs 处理对植物的光合电子传递能力有增加作用。

4.2.3　植物对高浓度 U 污染土壤的响应

1. 植物学性状变化

表 4.5 显示，高浓度 U 污染土壤不影响木耳菜、灰灰菜和四季豆的种子出苗，但严重影响黄秋葵种子出苗；不影响空心莲子草、灰灰菜和四季豆植株成活，却严重影响芝麻、柳叶苋和红圆叶苋植株成活，尤其是芝麻，在出苗后 1 个月内全部死亡；高浓度 U 污染土壤使木耳菜、红圆叶苋、向日葵、西葫芦和四季豆的叶绿素含量增加，其他植物的叶绿素含量降低；除千日红外，所有植物的苗高或苗长降低，柳叶苋和红圆叶苋降低幅度最大；使所有植物的生物产量减少，柳叶苋减少近 99%，但四季豆减少不到 10%。

根据生物产量评价，植物抗高浓度 U 污染土壤胁迫能力的大小是四季豆>西葫芦>高粱>蕹菜>向日葵>灰灰菜>空心莲子草>千日红>黄秋葵>木耳菜>菊苣>红圆叶苋>柳叶苋>芝麻。

表 4.5　植物性状对 U 胁迫的响应指数（RI）　　　　　　　　　　（单位：%）

植物种类	出苗数	植株存活数	叶绿素含量	苗高（长）	主茎绿叶数	盆干重
柳叶苋	62.96	20.00	86.35	9.61	14.63	1.05
红圆叶苋	75.00	22.86	108.24	21.54	24.24	1.36

续表

植物种类	出苗数	植株存活数	叶绿素含量	苗高(长)	主茎绿叶数	盆干重
空心莲子草	66.67	100.00	95.51	70.78	81.82	49.25
木耳菜	100.00	90.00	139.67	68.19	65.22	9.76
菊苣	82.72	78.00	78.34	50.35	82.61	4.14
黄秋葵	33.33	75.00	96.57	83.20	112.50	22.23
芝麻	80.85	0.00	—	—	—	—
灰灰菜	100.00	100.00	95.77	87.59	104.35	50.13
千日红	77.77	83.33	92.09	101.89	157.69	43.06
向日葵	87.5	84.62	106.76	78.08	111.76	52.46
蕹菜	80.55	70.83	96.44	72.94	61.76	55.00
高粱	96.42	96.23	96.20	94.16	80.00	57.49
西葫芦	95.00	54.55	106.96	93.39	46.15	66.15
四季豆	100.00	100.00	106.39	93.49	71.01	92.21

2. 植物叶绿素荧光参数的变化

1)植物叶绿素荧光 F_0、F_m 和 F_v/F_m 的变化

具体变化为：①F_0、F_m 的变化。高浓度 U 处理对植物 F_0 平均提高 16.57%，但对空心链子草具有降低作用；高浓度 U 处理对植物 F_m 平均降低 2.20%，但对黄秋葵和灰灰菜有所增加。方差分析表明，U 处理对 F_0 的影响极显著($F=12.14>F_{0.01}=8.28$)，但对 F_m 没有显著影响($F=0.93<F_{0.05}=4.42$)，不同植物、核素和植物的互作对 F_0 影响极显著($F=11.02>F_{0.01}=4.58$，$F=5.15>F_{0.01}=4.58$)，对 F_m 也有极显著影响($F=5.61>F_{0.01}=4.58$，$F=5.45>F_{0.01}=4.58$)。差异显著性分析表明，黄秋葵与其他植物之间的 F_0 差异极显著，其他植物之间差异不显著；空心莲子草的 F_m 极显低于黄秋葵和灰灰菜。②F_v/F_m 的变化。植物在高浓度 U 处理下，F_v/F_m 平均下降 3.73%(见表 4.6)，但使灰灰菜略有提高。方差分析表明，U 处理、不同植物对 F_v/F_m 影响极显著($F=18.38>F_{0.01}=8.28$，$F=7.04>F_{0.01}=4.58$)，但核素和植物的互作没有显著影响($F=2.34<F_{0.05}=2.93$)。差异显著性分析表明，黄秋葵的 F_v/F_m 极显著低于其他植物。

表 4.6　高浓度 U 胁迫对植物叶绿素荧光 F_0、F_m 值和 F_v/F_m 的影响

植物种类	F_0		F_m		F_v/F_m	
	U	CK	U	CK	U	CK
空心莲子草	0.156B	0.173	0.855	1.034	0.818	0.833
菊苣	0.203B	0.172	0.950	1.029	0.786	0.832
木耳菜	0.200B	0.178	1.031	1.109	0.805	0.840
黄秋葵	0.287A	0.192	1.176	1.038	0.755	0.815
灰灰菜	0.172B	0.162	1.096	1.017	0.843	0.841
平均	0.204	0.175	1.022	1.045	0.801	0.832

2)植物快速光曲线拟合参数的变化

具体变化为：①快速光曲线的初始斜率 α 的变化。在高浓度 U 处理下，植物平均初始斜率 α 降低 7.58%，但空心莲子草却增加 25.28%（见表 4.7）。方差分析表明，U 处理对 α 影响接近显著（$F=4.34<F_{0.05}=4.42$），植物对 α 影响显著（$F=4.57>F_{0.05}=2.93$），互作影响极显著（$F=6.17>F_{0.01}=4.58$）。差异显著性分析表明，空心莲子草的 α 极显著高于菊苣和黄秋葵。②植物半饱和光强 I_k 的变化。在高浓度 U 处理下，5 种植物的 I_k 都发生了变化（表 4.7），黄秋葵提高，其他植物降低，5 种植物 I_k 平均降低 13.90%。说明高浓度 U 处理将导致植物在强光下的光合作用减弱，但黄秋葵例外。方差分析表明，核素处理对 I_k 没有显著影响（$F=3.53<F_{0.05}=4.42$），植物影响极显著（$F=24.24>F_{0.01}=4.58$）、互作影响不显著（$F=2.09<F_{0.05}=2.93$）。差异显著性分析表明，灰灰菜极显著高于其他植物，其他植物间差异不显著。③植物最大相对电子传递速率 ETR_{max} 的变化在高浓度 U 处理下，5 种植物 ETR_{max} 均有降低，平均降低 22.25%（表 4.7）。U 处理和植物对 ETR_{max} 均有极显著的影响（$F=17.65>F_{0.01}=8.28$，$F=42.56>F_{0.01}=4.58$），但互作影响不显著（$F=1.69<F_{0.05}=2.93$）。差异显著性分析表明，灰灰菜极显著高于其他植物，黄秋葵极显著低于其他植物。

表 4.7 高浓度 U 胁迫对植物快速光曲线拟合参数的影响

植物种类	α		I_k		ETR_{max}	
	U	CK	U	CK	U	CK
空心莲子草	0.337	0.269	78.97	134.07	26.10	35.63
菊苣	0.213	0.277	121.97	108.4	25.70	29.83
木耳菜	0.274	0.287	118.70	144.6	32.33	41.27
黄秋葵	0.208	0.287	106.87	88.27	21.50	25.17
灰灰菜	0.249	0.267	218.5	273.83	53.70	73.07
平均	0.256	0.277	129.00	149.83	31.87	40.99

4.2.4 植物对 Sr、Cs、U 污染土壤的响应差异

Sr、Cs、U 是核污染常见的元素，人们有时会误认为，植物对核素污染的响应大同小异，适合一种核素修复的植物，也适合另一种核素污染环境的修复。但本研究认为，不同植物在这三种核素同量污染环境中，抗胁迫能力存在明显的差异。

高浓度 Sr 污染土壤将明显抑制千日红、柳叶苋、红圆叶苋和蕹菜种子发芽出苗和植株成活生长；高浓度 Cs 污染使菊苣、柳叶苋、红圆叶苋和高粱植株的存活受到严重威胁；高浓度 U 污染土壤严重影响黄秋葵种子出苗，严重影响芝麻、柳叶苋和红圆叶苋植株成活，尤其是芝麻在出苗后 1 个月内全部死亡。

高浓度 Sr 胁迫使芝麻、向日葵和红圆叶苋生物产量呈增加的正向反应，其他植物呈减少的负向反应，抗 Sr 胁迫能力强弱是芝麻>向日葵>红圆叶苋>菊苣>空心莲子草>西葫芦>蕹菜>黄秋葵>高粱>木耳菜>柳叶苋>四季豆>灰灰菜。高浓度 Cs 胁迫使芝麻

和蕹菜生物产量增加，其他植物生物产量均比 CK 减少，抗 Cs 胁迫能力强弱是芝麻＞蕹菜＞四季豆＞空心莲子草＞西葫芦＞黄秋葵＞向日葵＞柳叶苋＞红圆叶苋＞灰灰菜＞木耳菜＞高粱＞菊苣。高浓度 U 胁迫使所有植物的生物产量减少，柳叶苋减少近 99%，但四季豆减少不到 10%，抗高浓度 U 污染土壤胁迫能力的大小是四季豆＞西葫芦＞高粱＞蕹菜＞向日葵＞灰灰菜＞空心莲子草＞千日红＞黄秋葵＞木耳菜＞菊苣＞红圆叶苋＞柳叶苋＞芝麻。

因此，以生物产量的响应评价，抗 Sr 胁迫能力最强的三种植物是芝麻、向日葵和红圆叶苋；抗 Cs 胁迫能力最强的三种植物是芝麻、蕹菜和四季豆；抗 U 胁迫能力最强的三种植物是四季豆、西葫芦和高粱。芝麻抗 Sr 或 Cs 胁迫能力最强，但抗 U 胁迫能力最弱；四季豆抗 U 或 Cs 的能力强，但抗 Sr 的能力很弱；向日葵抗 Sr 的能力强，但抗 Cs 或 U 的能力中等。

另外，综合表 4.1、表 4.2 和表 4.5，在同量高浓度污染下，U 对植物的不利影响大于 Cs，Cs 大于 Sr，这可能与不同元素的污染程度有关。本试验土壤背景值 Sr、Cs、U 分别为 47.96mg/kg、11.14mg/kg、2.26mg/kg，在同样 500mg/kg 土的污染下，Sr 污染量是土壤背景值的 10.43 倍，Cs 污染量是土壤背景值的 44.88 倍，U 污染量是土壤背景值的 221.24 倍。因此，在外源相同浓度污染下，U 污染程度远大于 Cs 和 Sr，Cs 污染程度又比 Sr 大得多。

4.2.5 小结

植物对核素胁迫的响应可表现在种子萌发、幼苗生长和酶活性上，也表现在叶绿素含量、植株体积大小等方面。本研究表明，植物对高浓度核素污染土壤胁迫的响应还表现在出苗率、存活率和生物产量等方面。

在高浓度核素污染环境中，根据植物生物产量对核素的反应情况，对高浓度 Sr 抗胁迫能力强弱是芝麻＞向日葵＞红圆叶苋＞菊苣＞空心莲子草＞西葫芦＞蕹菜＞黄秋葵＞高粱＞木耳菜＞柳叶苋＞四季豆＞灰灰菜；对高浓度 Cs 抗胁迫能力强弱是芝麻＞蕹菜＞四季豆＞空心莲子草＞西葫芦＞黄秋葵＞向日葵＞柳叶苋＞红圆叶苋＞灰灰菜＞木耳菜＞高粱＞菊苣；植物抗高浓度铀污染土壤胁迫能力的大小是四季豆＞西葫芦＞高粱＞蕹菜＞向日葵＞灰灰菜＞空心莲子草＞千日红＞黄秋葵＞木耳菜＞菊苣＞红圆叶苋＞柳叶苋＞芝麻。

4.3 植物对高浓度核素污染土壤的修复

4.3.1 植物对高浓度 Sr 污染土壤的修复

植物核素含量是评价植物修复能力的重要指标。在高浓度 Sr 污染的土壤中，不同植物 Sr 的含量不同，同种植物 Sr 的含量也不同（见表 4.8）。Sr 含量西葫芦最高，灰灰菜最低。

植物核素含量冠根比(T/R)反映植物将吸收的核素从地下器官(根系)转移到地上器官

的能力。13 种植物对 Sr 的 T/R 值为 1.42～9.43,菊苣最大,西葫芦最小(见表 4.8)。

　　TF 值表示把土壤中的核素转移到植物体内的能力。本研究表明,在土壤核素污染量相同的条件下,植物间对同一核素 TF 值的变化趋势与植物核素含量的变化趋势相同。13 种植物对 Sr 的 TF 转移系数为 2.93～26.59,葫芦科的西葫芦、豆科的四季豆、锦葵科的黄秋葵、旋花科的蕹菜和脂麻科的芝麻对 Sr 的 TF 较大(见表 4.8)。

　　植物积累核素的能力主要表现在单位面积上植物积累核素的数量,尤其是容易收获的地上部器官积累的数量。从表 4.8 可见,每盆(213.72cm²)植物 Sr 积累量为 26.05～101.47mg,以西葫芦最大,灰灰菜最小;地上积累量在 24.29～98.64mg,以西葫芦最大,蕹菜最小。

表 4.8　植物对 Sr 的吸收、转移与积累

植物种类	地上部含量 /(mg/kgDW)	地下部含量 /(mg/kgDW)	T/R	植物含量 /(mg/kgDW)	植株积累 /(mg/盆)	地上积累 /(mg/盆)	转移系数 (TF)
柳叶苋	3299.7	646.2	5.11	2835.45	27.89	27.59	5.67
红圆叶苋	2712.0	814.6	3.33	2423.69	37.83	33.81	4.85
空心莲子草	4431.9	1760.4	2.52	3259.87	33.51	25.57	6.52
木耳菜	5285.9	600.8	8.79	4976.99	58.88	58.41	9.95
菊苣	4363.1	462.9	9.43	3747.03	62.39	61.17	7.49
黄秋葵	7351.4	1202.9	6.11	6902.30	54.80	54.11	13.80
芝麻	6814.6	1659.9	4.11	6496.24	49.44	48.66	12.99
灰灰菜	1574.0	497.3	3.17	1463.31	26.05	25.14	2.93
西葫芦	13456.88	9453.48	1.42	13299.39	101.47	98.64	26.59
高粱	3748.03	1090.35	3.44	3320.44	47.88	45.35	6.64
四季豆	9621.05	4875.68	1.97	9201.52	46.84	44.64	18.40
蕹菜	7476.44	4278.63	1.75	6851.13	27.68	24.29	13.70
向日葵	4764.70	2143.47	2.21	4602.39	49.79	48.36	9.20

4.3.2　植物对高浓度 Cs 污染土壤的修复

　　表 4.9 说明,在高浓度 Cs 污染的土壤中,不同植物 Cs 含量不同,菊苣 Cs 含量最高,芝麻最低;植物对 Cs 的 T/R 值为 0.36～2.70,空心莲子草最大,芝麻最小;Cs 的 TF 为 6.50～31.44,菊科的菊苣和向日葵、藜科的灰灰菜、葫芦科的西葫芦对 Cs 的 TF 较大;每盆(213.72cm²)植物 Cs 积累量为 10.25～82.98mg,地上积累量为 8.07～78.81mg,以灰灰菜最大,高粱最小。

　　在植物修复研究中,田军华等(2007)认为,适合修复的植物对污染物的耐受性和植物的超积累能力更为重要。唐永金等(2011)认为,核素含量冠根比(T/R)、单位面积核素积累量和生物效益指数也是评价植物吸收和富集能力的重要指标。本研究表明,有些植物的抗胁迫能力强(植物响应指数 RI>1),但生物产量不高,地上部核素含量较低,单位面积可收获的核素积累量不高,如高浓度 Cs 污染土壤中的芝麻;有些植物 TF 值很大，地上部器官核素含量很高，但抗胁迫能力很差，单位面积可收获的核素积累量不高，如高浓度 Cs 污染土壤中的菊苣；有些植物抗胁迫能力不很强，RI 值为 0.7~1.0，但生物产量较高，核素含量较高，单位面积可收获的核素积累量高，如高浓度 Cs 污染土壤中的空心莲子草。因此，抗胁迫能力较强、适宜收获的地上器官生物量较大、地上器官核素含量较高、单位面积易收获器官核素积累量大、收获后后续处理的工作量较小，应是评价和筛选修复植物的重要指标。

表 4.9　植物对 Cs 的吸收、转移与积累

植物种类	地上部含量/(mg/kgDW)	地下部含量/(mg/kgDW)	T/R	植物含量/(mg/kgDW)	植株积累/(mg/盆)	地上积累/(mg/盆)	转移系数(TF)
柳叶苋	4836.8	3339.5	1.45	4643.5	18.34	16.64	9.29
红圆叶苋	7858.1	7065.6	1.11	7763.1	32.37	28.83	15.53
空心莲子草	9186.5	3398.1	2.70	6786.6	57.62	45.66	13.57
木耳菜	4190.0	5874.2	0.71	4323.9	16.34	13.99	8.65
菊苣	15745.9	15604.4	1.01	15719.7	18.71	15.27	31.44
黄秋葵	4598.9	8990.3	0.51	4975.0	21.49	18.17	9.95
芝麻	3108.7	8623.6	0.36	3251.2	16.35	15.23	6.50
灰灰菜	13026.8	7063.5	1.84	12496.9	82.98	78.81	24.99
西葫芦	10665.14	—	—	10665.14	42.87	—	21.30
高粱	4386.55	3687.54	1.19	4216.83	10.25	8.07	8.43
四季豆	5510.06	7072.60	0.78	5732.01	40.35	33.28	11.46
蕹菜	5635.73	5741.63	0.98	5657.15	29.93	10.88	11.31
向日葵	14440.84	11873.22	1.21	14216.17	45.49	42.17	28.43

4.3.3　植物对高浓度 U 污染土壤的修复

在无 U 污染和高浓度 U 污染的土壤中，不同植物 U 含量不同(表 4.10，表 4.11)。在无污染的土壤中，植物 U 含量变幅为 0.0193~2.2493mg/kgDW，千日红最高，灰灰菜最低，相差 115 倍以上；在高浓度 U 污染土壤中，U 含量变幅在 75.87~728.70mg/kgDW，相差 9 倍，菊苣最高，千日红最低。

在无污染的土壤中，14 种植物对 U 的 T/R 值以千日红、菊苣、向日葵较高，在 0.36 以上，灰灰菜和高粱最低，未检测出茎叶的铀含量，T/R 值为 0(表 4.10)。在高浓度 U 污染土壤中，只有蕹菜的 T/R 在 0.3 以上(见表 4.10)。

以 U 污染量 500mg/kg 为土壤含量计算的 TF，13 种植物(芝麻因死亡未计算)对 U 的 TF 转移系数为 0.152~1.457，菊苣最高，千日红最低(见表 4.11)，变化趋势与植物铀含量相同。

在无铀污染的土壤中，每盆(213.72cm²)植物 U 积累量为 0.2300~13.6429ug，西葫芦最大，蕹菜最小；地上积累量为 0.0000~7.0893ug，西葫芦最大，灰灰菜和高粱最小；在高浓度铀污染的土壤中，每盆(213.72cm²)植物 U 积累量为 50.736~2271.776ug，高

粱最大，红圆叶苋最小；地上积累量为 29.526～914.16ug，以灰灰菜最大，空心莲子草最小(见表 4.11)。

表 4.10   植物对无污染土壤中 U 的吸收、转移与积累

植物种类	地上部含量/(mg/kgDW)	地下部含量/(mg/kgDW)	T/R	植物含量/(mg/kgDW)	植株积累/(mg/盆)	地上积累/(mg/盆)
柳叶苋	0.1281	0.5836	0.2195	0.1728	2.3772	1.5410
红圆叶苋	0.0560	0.4346	0.1289	0.0900	1.3914	0.0788
空心莲子草	0.0545	0.1893	0.2879	0.1039	1.1159	0.3706
木耳菜	0.0312	1.2481	0.0251	0.1097	1.7859	0.4752
菊苣	0.1054	0.2899	0.3637	0.1480	2.4997	0.1369
黄秋葵	0.0312	4.9078	0.0006	0.4799	4.3815	0.2586
芝麻	0.0474	2.5908	0.0183	0.2533	1.0639	0.1830
灰灰菜	0.0000	0.1760	0.0000	0.0193	0.5078	0.0000
千日红	2.2063	4.6231	0.4772	2.2493	6.2305	6.0894
向日葵	0.1641	0.4533	0.3620	0.1851	1.6548	1.3604
蕹菜	0.0092	0.1970	0.0467	0.0500	0.2300	0.0331
高粱	0.0000	1.2560	0.0000	0.1720	3.0392	0.0000
西葫芦	0.8656	28.4946	0.0304	1.6203	13.6429	7.0893
四季豆	0.1720	1.2113	0.1419	0.2472	1.8095	1.1679

表 4.11   植物对高浓度 U 污染土壤 U 的吸收、转移与积累

植物种类	地上部含量/(mg/kgDW)	地下部含量/(mg/kgDW)	T/R	植物含量/(mg/kgDW)	植株积累/(mg/盆)	地上积累/(mg/盆)	转移系数(TF)
柳叶苋	—	413.80*	—	413.80	57.932	57.932	0.837
红圆叶苋	—	241.60*	—	241.60	50.736	50.736	0.483
空心莲子草	11.10	238.80	0.0465	124.30	657.547	29.526	0.249
木耳菜	42.30	1233.20	0.0343	259.50	412.605	54.990	0.519
菊苣	412.80	1794.70	0.2300	728.70	510.090	222.912	1.457
黄秋葵	104.50	715.20	0.1461	194.80	395.444	180.785	0.390
芝麻	—	—	—	—	—	—	—
灰灰菜	78.00	297.70	0.26260	102.49	1354.843	914.16	0.205
千日红	41.9	315.9	0.1326	75.87	91.803	44.414	0.152
向日葵	69.00	1159.00	0.0595	134.10	628.929	304.29	0.268
蕹菜	231.60	678.40	0.3414	337.60	854.128	446.988	0.675
高粱	29.40	1286.10	0.0229	223.60	2271.776	252.546	0.447
西葫芦	78.90	693.10	0.1138	103.20	574.824	422.115	0.206
四季豆	121.00	664.00	0.1822	169.30	1142.775	744.15	0.339

* 因生物产量太少，没有分地上和地下测 U 含量。

4.3.4　植物对 Sr、Cs、U 污染土壤修复能力的比较

1. 根据转移系数 TF 比较

在高浓度核素污染土壤中，植物对 Sr 的转移系数 TF 变化为 2.93～26.59，灰灰菜最小，西葫芦最大；对 Cs 的 TF 变化为 6.50～28.43，芝麻最小，向日葵最大；对 U 的 TF 变化为 0.152～1.457，千日红最小，菊苣最大。一般而言，植物对 Sr 和 Cs 污染的修复能力较强，对 U 的修复能力较弱。

同种植物对锶和铯的转移系数（TF）不同。芝麻、黄秋葵、木耳菜、西葫芦、四季豆和蕹菜对 Sr 的 TF 值大于对 Cs 的 TF 值，而菊苣、灰灰菜、红圆叶苋、空心莲子草、柳叶苋、高粱和向日葵对 Cs 的 TF 值大于对 Sr 的 TF 值。

2. 根据盆积累量比较

盆积累量是生物产量与核素含量的乘积，是植物抗核素胁迫能力和吸收核素能力的综合反映。盆积累 Sr 量是西葫芦>菊苣>木耳菜>向日葵>芝麻>高粱>四季豆>红圆叶苋>空心莲子草>柳叶苋>蕹菜>灰灰菜；盆积累 Cs 量是灰灰菜>空心莲子草>向日葵>西葫芦>四季豆>红圆叶苋>蕹菜>黄秋葵>菊苣>柳叶苋>芝麻>木耳菜>高粱；盆积累 U 量是高粱>灰灰菜>四季豆>蕹菜>空心莲子草>向日葵>西葫芦>菊苣>木耳菜>黄秋葵>千日红>柳叶苋>红圆叶苋。据此，西葫芦、菊苣和木耳菜是良好的高浓度 Sr 污染土壤修复植物；灰灰菜、空心莲子草和向日葵良好的高浓度 Cs 污染土壤修复植物；高粱、灰灰菜和四季豆是良好的高浓度 U 污染土壤修复植物。

3. 根据盆地上器官积累量比较

茎叶等地上器官便于收获，在植物修复中具有实际意义。地上器官盆积累 Sr 量是西葫芦>菊苣>木耳菜>黄秋葵>向日葵>芝麻>高粱>四季豆>红圆叶苋>柳叶苋>空心莲子草>灰灰菜>蕹菜；地上器官盆积累 Cs 量是灰灰菜>空心莲子草>向日葵>四季豆>红圆叶苋>柳叶苋>菊苣芝麻>木耳菜>蕹菜>高粱；地上器官盆积累 U 量是灰灰菜>四季豆>蕹菜>西葫芦>向日葵>高粱>菊苣>黄秋葵>柳叶苋>木耳菜>红圆叶苋>千日红>空心莲子草。据此，西葫芦、菊苣和木耳菜是良好的高浓度 Sr 污染土壤提取修复植物；灰灰菜、空心莲子草和向日葵是良好的高浓度 Cs 污染土壤提取修复植物；灰灰菜、四季豆和蕹菜是良好的高浓度 U 污染土壤提取修复植物。

4.3.5　影响土壤 Sr 和 Cs 向植物转移的因素分析

在研究土壤 Sr 和 Cs 向植物的转移过程中，人们用得最多的一个评价参数就是 TF。TF 是一个经验数字，在过去几十年，通过对大量长寿命核素积累的观测可知，土壤向植物的转系数变化很大，可以超过 3 个数量级（Coughtrey et al.，1985；Frissel，1992）。

就农业土壤中的放射性 Cs 的吸收而言，个别土壤组合转移系数差异达到 3 个数量级 (Nisbet et al.，2000)。这种极大的变异说明，土壤和植物间放射性 Cs 浓度几乎没有相关关系(Wirth et al.，1994)，与重金属也没有相关关系(Zhang et al.，1995)。

TF 的有效性也受到了 McGee 等(1996)质疑。他们发现，在爱尔兰样地的灯芯草 (*Juncus squarrosus*)、帚石楠(*Calluna vulgaris*)[137]Cs 的浓度，以及来自瑞典的欧洲越桔和葡萄的[137]Cs 的浓度，都与土壤浓度没有相关。

Ehlken 等(2002)认为，放射性 Sr 和 Cs 的 TF 值变化很大，与土壤核素浓度没有必然关系，主要受离子竞争、土壤内的相互作用、向根系运输、根系吸收和运转、时间等多种因素影响。

1. 竞争离子

TF 评价中最重要的限制是没有考虑离子之间的竞争。土壤-植物 TF 评价是最常用的方法即是评价核素物质转移，而这些核素物质在土壤-植物系统中的行为取决于存在的大量营养元素。例如，土壤溶液中 $1Bq=1$ of ^{90}Sr 或^{137}Cs 的活性浓度，大约等于 2×10^{-15} mol/L，而土壤中 Ca、K、Mg 的平均浓度是 1mmol/L(Robson et al.，1983)。土壤中存在的大量元素影响植物对放射性核素和重金属的吸收，这种影响并不总是有利的 (Wallace，1989；Desmet，1991；Lorenz 等，1994)。对放射性 Cs 和 Sr 而言，这些竞争影响形成了核事故后土壤-植物水平对策的基础(Howard et al.，1993)。因此，植物中核素积累的浓度也许并不主要取决于土壤-植物的绝对浓度，而是取决于它与其他微量和大量营养元素的比率。

2. 土壤内的相互作用

1)生物利用度的概念

一种核素在根区存在的大部分可能被固定到土壤成分中，因此，有人提出土壤中核素生物利用度的概念(Desmet et al.，1991；Schnoor，1996)。在 TF 值计算公式中，用土壤中核素生物可利用部分代替总浓度，会在很大程度减少变异性。不过，这也没有考虑所研究核素与其他微量或大量元素的竞争。但是，要决定土壤中核素的生物可利用部分并非易事。

2)土壤/土壤溶液的相互作用

在大多数土壤中，土壤溶液离子的浓度由同具竞争性的土壤基质的离子交换反应决定。而且，其他过程，如共沉淀也取决于溶液中竞争性物质的浓度。大多数土壤中放射性 Sr 的吸附，被与同交换剂上存在的主要离子(主要是 Ca^{2+})进行可逆交换所控制。在无机物中，Sr 的交换优先于 Ca，但在有机质中，Ca 的交换优先于 Sr(Valcke，1993)。Cs 的土壤化学更复杂。根据 *Cremers* 等阐述，土壤中放射性 Cs 的命运由位于风化云母中的少量交换位点所控制。风化云母只与弱水合阳离子接近，对 Ca^{2+}、K^+、NH^+ 具有高的选择性。此外，放射性 Cs 有一个慢的、几乎不可逆的被吸附到黏土矿物的过程(Comans et al.，1992)。

3)根际效应

决定放射性核素或重金属植物可利用部分的一个潜在限制是，它们与土体中核素的化学性质相关,而忽视了根际对它有效性的影响。根系分泌大量物质,包括有机酸、糖类、氨基酸、H^+、HCO_3^-(Russell,1973;Marschner et al.,1986),从而产生与有效性相关的微环境,这些微环境也许与土体环境相差很大(Courchesne et al.,1997)。有机根系分泌物增加了通过形成可溶的有机金属络合物而增加了金属的溶解性(Merckx et al.,1983;Naidu et al.,1998),尽管这个过程在活化营养中的效率还存在争议(Jones et al.,1998)。

通过释放 H^+ 或 HCO_3^-,根系积极影响介质环境的 pH,从而分别增加了 K 和 P 的可用性(Jungk et al.,1986)。在有 K 的情况下,根引起固定在黏土矿物夹层的非交换性 K 被活化,可以显著增加植物的 K 营养(Jungk et al.,1986;Mitsios et al.,1987)。去除 K 的结果,黏土矿物被转化。这些过程对放射性 Cs 的影响似乎是复杂的。根诱导蛭石降解,可再活化固定的 Cs(Thiry,1997;Delvaux et al.,2000),也增加矿物对铯的吸附(Guivarch et al.,1999)。

与大部分土壤比较,根际具有大量的微生物,主要是细菌和菌根真菌(Richards,1987)。根际细菌的主要营养来源是有机根系分泌物和与之结合的根组织,它们同细菌生物质一起,降低了低溶液浓度中离子对植物的有效性。但是,也有证据显示,土壤细菌能够活化营养和非营养微量元素(Richards,1987),主要是通过提高根际 CO_2 的产量、释放络合物配体(Treeby et al.,1989)、崩解复合物(Barber et al.,1974)、降解矿物、分解有机物。关于土壤真菌积累放射性同位素的资料很少,但有证据显示,在高地有机质土和森林土中,土壤真菌有机质具有固定显著部分放射性 Cs 的潜力(Clint et al.,1991;Dighton et al.,1991)。Nikolova 等(2000)也表明,在森林土壤中,土壤真菌里存在相当部分放射性铯。

总之,局部土壤中根系和根际微生物的组合效应,产生的生物可利用性与大量土壤生物可利用性完全不同。对放射性核素来说,现有知识还不能定量地进行区别。

3. 向根系运输

溶质通过质流和扩散转运到根系(Barber,1962)。质流是因为响应蒸腾作用的根系吸水产生水的对流。可是,如果根系对溶质的吸收速率超过质流速率,根-土壤界面的溶质亏缺就容易产生浓度梯度,从而启动增加溶质向根系的扩散运输。结果导致,围绕吸收根周围的亏缺区扩大,长时间降低了溶质的吸收速率(Nye et al.,1977)。

对 K 而言,假设植物引起可交换性 K 亏缺,就分泌 H^+,作用于黏土矿物夹层非交换性 K 和 Cs 的释放(Tributh et al.,1987;Hinsinger et al.,1993;Thiry,1997)。根际内一种养分的亏缺可以影响许多被植物吸收的营养元素和微量物质。这个影响也许在养分缺乏的土壤中是很重要的(Delvaux et al.,2000)。

土壤湿度的变化以复杂方式影响溶质向根系转运,因为湿度减少降低了扩散和质流,但湿度的增加又提高了土壤溶液中可交换阳离子的浓度(Nye et al.,1977)。在短期实验室的溶质转运主要受扩散控制实验中,观测到因降低水的含量而使吸收减少(Nye et al.,1977),而当扩散运输低时吸收增加(Shalhevet,1973)。在自然条件下,湿度变化对植物吸收过程的影响也许更复杂,因为水分的变化还会影响根系的生理和形态特征(Russell,

1973；Smucker et al.，1992)。Ehlken 等(1996)在三年的田间试验中观测到，生长在不同土壤的草本植物^{90}Sr 和^{137}Cs 的浓度，与土壤湿度负相关。他们解释，在田间条件下，溶质浓度随土壤水分降低而增加，对这两种核素根系吸收率最为重要。

4. 根系吸收和运转

1）细胞运输机制

矿物质以离子形式从土壤溶液吸收转运到木质部。离子先进入根组织的非原质体，再进入内皮层，从内皮层进入共质体，因为疏水凯氏带的质外体防止离子直接进入中柱。这个途径对 Ca^{2+} 起支配作用(Clarkson，1988)。对多数离子而言，在共质体中运输更为重要：离子穿过表皮或皮层细胞的质膜，进入细胞质，或通过与邻近细胞相连的胞间连丝进入细胞质。离子通过皮层和木质部薄壁细胞质膜的机制包括，离子泵(Cowan et al.，1993；Michelet et al.，1995)、载体(Tanner et al.，1996)和离子通道(Maathuis et al.，1997)。

在碱性元素和碱土性元素中，竞争性和抑制性的相互作用在根吸收中发挥重要作用(Epstein et al.，1952；Epstein et al.，1954)，具有相似离子半径基本离子的重金属也是这样(Kawasaki et al.，1987)。经电子生理学和分子技术实验显示，K 以高亲和力(低浓度)穿过根细胞质膜是以载体为媒介的(Schachtman et al.，1994；Rubio et al.，1995)。而在高 K 浓度(低亲和力范围)是通过 K^+ 通道进行的(Maathuis et al.，1995)。质膜运输碱性离子的选择性顺序与营养液试验中完整根系的选择性相关(Maathuis et al.，1995)。对双价阳离子而言，按 Sr^{2+}、Ba^{2+}、Co^{2+}、Ni^{2+}、Cu^{2+} 的顺序通过所谓的介钙通道，穿过植物根细胞质膜(Rivetta et al.，1997；White，1998)，可渗透的单价阳离子也是这样(White，1998)。

2）菌根的影响

大多数植物的根与菌根真菌有关。这种共生对寄主植物主要的好处是，菌根的感染常常能增强营养的获取。相关机制包括增加了接触土壤的表面积，因为真菌外部菌丝改变了感染根的形态和寿命，也改变了胞间连丝周围皮层细胞质膜(Richards et al.，1992；Benabdellah et al.，2000)。

然而，这种反应并不普遍。Kothari 等(1990)指出，菌根对根系形态的影响以及对根际微生物的影响，也许会减少某些养分的吸收。此外，由于真菌菌根生物质的储存或固定，会影响养分和微量物质的获取和运输(Richards，1987；Turnau et al.，1993；Marschner et al.，1996)。各种机制的变异性也许可以解释菌根对植物根系吸收重金属(Killham et al.，1983；Dixon et al.，1988)和放射性微量物质(Haselwandter et al.，1994；Brunner et al.，1996)的影响不能一概而论。因此，在解释根吸收研究中，应该考虑菌根对植物养分和微量物质有效性的影响。

5. 时间因素

放射性 Cs 和 Sr 在蒸渗仪和田间试验的转移系数，被观测到随土壤污染年份增加而降低(Squire et al.，1966；Noordijk et al.，1992；Nisbet et al.，1994)。通常，这个时间依赖于放射性核素被土壤基质的缓慢的、不可逆的固定(IAEA，1994)。按照 Cremers

等（1988）研究，植物吸收放射性 Cs 的长期降低，最常见的原因是被黏土矿物吸附和固定（Cremers et al.，1988；Preter，1990）。在放射性 Sr 和 Cs 的土壤环境中，TF 随时间的变化与根区土壤放射性核素再分配有关（见图 4.9）。这个再分配与土壤有机质有关，有机质高的土壤，黏土矿物少，被吸附和固定的相对较少。这个再分配也与植物根系分布有关，对深根植物如树来说，土壤剖面内污染物的再分配甚至可以引起转移系数随时间而增加（Belli et al.，1996）。

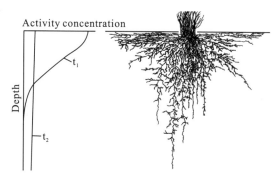

图 4.9　核素活性浓度与土壤深度的关系

非均匀性根系密度和微量物质浓度对根系吸收的影响（见图 4.10）。该图预测了泥炭土沉积后 30 年内 ^{137}Cs 活性再分配，以及引起牧草植物时间依赖根系吸收的再分配。显然，在 30 年内根系吸收剧烈降低是 Cs 转移到土柱的结果。降低根系密度对根系吸收 ^{137}Cs

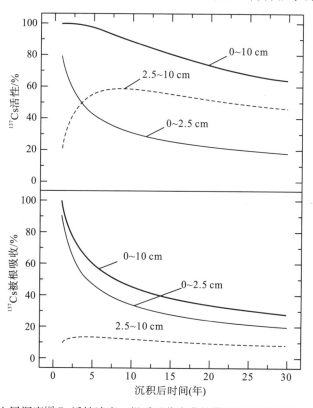

图 4.10　不同土层深度 ^{137}Cs 活性浓度、根系吸收变化的模拟预测（据 Ehlken et al.，1996）

的影响也可从图 4.10 看出。在所考虑的整个时间期间,大多数 ^{137} Cs 被植物吸收发生在 2.5cm 表土,尽管在只有 3.5 年后大多数活性已经进入较深层土壤。这说明,在一个根区内,基于 TF 计算公式,简单地使用一种污染物的平均浓度,不仅引起偏差(因为吸收主要发生在小得多的土层),而且丢失了根系吸收过程的长期动态信息。这一结论主要适用于未开垦的土壤,而对栽培土壤,根据 Meisel 等(1991)记录,放射性核素的深度再分配也可能高度不一致。

4.3.6 小结

不同植物对 Sr 或 Cs 的吸收富集能力不同。Sr 含量西葫芦最高,灰灰菜最低;Cs 含量菊苣最高,芝麻最低。西葫芦、四季豆、黄秋葵、蕹菜和芝麻对 Sr 的 TF 较大;菊苣、向日葵、灰灰菜、西葫芦对 Cs 的 TF 较大。综合植物抗胁迫能力和富集核素能力,西葫芦、菊苣、木耳菜和黄秋葵可作修复高浓度 Sr 污染土壤的植物,灰灰菜、空心莲子草和向日葵可作修复高浓度 Cs 污染土壤的植物。

植物在无 U 污染和高浓度 U 污染土壤中对铀的吸收富集能力不同。在无 U 污染土壤中 U 含量高的植物是千日红、西葫芦和黄秋葵,而在高浓度 U 污染土壤中 U 含量高的是菊苣、柳叶苋和蕹菜。四季豆和蕹菜茎叶 U 含量较大、提取作用较强、生物产量较大,易于收获处理,单位面积 U 清除量较大,是良好的提取修复植物。高粱、向日葵和空心莲子草地下器官 U 含量高、固持作用较强,单位面积 U 固定量较大,可以作为固持修复植物。

植物修复能力是植物抗 U 胁迫能力、生物产量和吸收富集 U 能力的综合表现。本研究表明,高粱、灰灰菜、四季豆、蕹菜、空心莲子草和向日葵,具有较强的 U 修复能力。根据植物特性,可将这些植物分成固持修复植物和提取修复植物。高粱、向日葵和空心莲子草因强大的根系和根系 U 含量较高,可使土壤中的 U 大量固定集中在根系层,是固持修复植物。灰灰菜 U 含量不高,因生物产量高而提高了单位面积 U 的清除量;四季豆和蕹菜因茎叶 U 含量较高、生物产量较大而使单位面积 U 提取量较大,它们都是提取修复植物。本研究同时表明,菊苣和柳叶苋虽然 U 含量高,但因抗胁迫能力弱、生物产量很低而不宜作为高浓度 U 污染土壤的修复植物。良好的修复植物既要便于收获,又要减少收获器官的处理量,因为收获器官的产量越大,后续处理的成本越大。因此,高 U 含量和较高的生物产量应是良好修复植物的重要条件。据此,本研究认为,就高浓度 U 污染土壤而言,四季豆和蕹菜是良好的 U 修复植物。

第 5 章　影响植物修复 U 污染土壤的因素研究

影响植物吸收、转移、积累 U 的因素很多，除了植物种类和品种外，土壤类型、质地、结构、pH、矿质元素种类和数量、有机质含量、有机酸种类和数量、土壤微生物种类和数量等土壤因素影响植物吸收和转移 U(Evangelou et al.，2007)，人们向土壤施用的各种外源物质如化学肥料、微量元素、石灰、石膏、有机肥、有机酸、无机酸等，影响植物干物质生产能力和对 U 的积累，从而影响植物修复效果。

5.1　影响植物修复 U 污染土壤的因素及其机理

5.1.1　土壤 pH

U 在土壤中的行为是复杂的，与众多的矿物质和硫酸盐、磷酸盐、碳酸盐、氧化物、氢氧化物和黏土矿物相关联。U 的可用性依赖于 pH 的变化，因为这影响它在溶液中的形态和电荷。在低 pH 下，其中双氧铀阳离子 UO_2^{2+} 占优势(Ebbs et al.，1998)，吸附较弱。接近中性的条件下，可能存在氢氧化物和磷酸盐 U 络合物(Langmuir，1978)。而在高 pH 下，高度可溶的碳酸铀占优势(Gobran et al.，2001)。

1. 酸性土和碱性土对土壤特性的影响

Duquene 等(2006)分析了 U 污染的酸性土(pH4.6)和碱性土(pH7.2)土壤特性的差异。结果表明，酸性土比碱性土阳离子交换量低 10 倍，P 含量低 5 倍，黏粒低 3 倍，Fe 含量高 2 倍(见表 5.1)。

表 5.1　酸性土和碱性土的 U 含量与土壤特性

土壤特性	单位	酸性土	碱性土
阳离子交换量(CEC)	cmol/kg	4	3.5
有机质含量	%	2.7	4.1
非晶性铁	mg/kg	2310	955
质地颗粒(>50um)	%	73.6	62.3
质地颗粒(20~50um)	%	14.5	12.5
质地颗粒(10~20um)	%	3.2	3.1
质地颗粒(2~10um)	%	3.2	4.4
质地颗粒(<2um)	%	5.5	17.7

续表

土壤特性	单位	酸性土	碱性土
有效 P	mg/kg	100	71
总 P	mg/kg	977	752
总^{238}U	mg/kg	23.8	24.5

2. 种植植物对土壤特性的影响

不同植物吸收元素不同、根系分泌物不同、共生微生物不同，对根际土壤特性有不同的影响。Duquene 等(2006)研究表明，在种植玉米、印度芥菜、小麦和豌豆 7 周以及种植黑麦 10 周后，土壤特性发生了不同的变化。种植植物后，酸性土 pH 略有增加，碱性土略有下降。酸性土中硫酸的浓度显著下降。在酸性土中，土壤溶液磷酸盐浓度增加 32%～77%，而碱性土磷酸盐浓度低于检测下限，仅印度芥菜例外(见表 5.2)。

所有处理土壤溶液中阳离子(Ca^{2+}、Mg^{2+} 和 K^+)含量下降，酸性土降低更显著。种植植物之前，碱性土溶液 U 浓度比酸性土高 6 倍，可交换形态浓度高 8 倍。种植植物后，各处理两种土壤溶液中 U 浓度强烈增加。在酸性土增加 22～148 倍，碱性土增加 9～53 倍。小麦在两种土壤溶液中 U 浓度最高，其次是酸性土的豌豆和碱性土的黑麦。

在 5 种植物中，玉米和黑麦在两种土壤溶液的 U 浓度变化最大。在碱性土，玉米高 3.1 倍，黑麦高 2.8 倍。种植印度芥菜和豌豆两种双子叶植物的两种土壤之间，U 浓度没有显著差异。种植单子叶植物后，碱性土溶液中 U 浓度仍然较高。种植植物后，碱性土溶液中可交换 U 降低(降低 11%～20%)，但酸性土增加 5%～29%。

种植植物后，即使分别考虑两种土壤类型，土壤溶液 U 浓度与所测的土壤参数也没有显著关系，两种土壤可交换态 U 与土壤参数亦不相关。可是，在酸性土，可交换态 U 与可交换 Mg^{2+}($R^2=0.77$)和 Ca^{2+}($R^2=0.78$)相关(Duquene et al.，2006)。

表 5.2　种植植物前后不同土壤 pH 和离子浓度变化(Duquene et al.，2006)

参数	单位	土壤	种植物前	种植物后				
				玉米	印度芥菜	小麦	豌豆	黑麦
pH		酸性土	4.6	4.7	4.8	4.9	4.7	4.9
		碱性土	7.2	6.9	6.9	7.0	6.9	7.0
土壤溶液中 U	Bq/L	酸性土	0.1	2.2	5.6	14.8	8.5	4.9
		碱性土	0.6	6.9	5.5	31.7	6.5	13.6
可交换性 U	Bq/L	酸性土	21	26	22	23	25	27
		碱性土	174	155	151	150	149	140
NO_3^-	mmol/L	酸性土	60	0.5	1.3	0.5	3.2	0.2
		碱性土	56.7	20.8	7.8	6.3	12.9	0.2
SO_4^{2-}	mmol/L	酸性土	0.23	0.03	0.03	0.01	0.03	0.04
		碱性土	0.44	0.30	0.12	0.08	0.18	0.05

续表

参数	单位	土壤	种植物前	种植物后				
				玉米	印度芥菜	小麦	豌豆	黑麦
HPO_4^{2-}	μmol/L	酸性土	95	153	168	164	126	169
		碱性土	20	<5	14	<5	<5	<5
土壤溶液 Ca^{2+}	mmol/L	酸性土	16	1	1	1	1	1
		碱性土	23	9	4	4	6	2
土壤溶液 Mg^{2+}	mmol/L	酸性土	5	0	0	0	0	0
		碱性土	2	1	0	0	0	0
土壤溶液 K^+	mmol/L	酸性土	13	0	1	1	1	0
		碱性土	2	0	0	0	0	0
可交换性 Ca^{2+}	cmol/kg	酸性土	2.2	2.2	1.6	1.9	2.0	2.7
		碱性土	32.4	38.1	38.5	38.7	38.6	39.0
可交换性 Mg^{2+}	cmol/kg	酸性土	0.4	0.3	0.2	0.2	0.3	0.3
		碱性土	0.9	0.9	0.8	0.8	0.8	0.8
可交换性 K^+	cmol/kg	酸性土	0.8	0.2	0.2	0.4	0.4	0.3
		碱性土	0.8	0.5	0.6	0.5	0.6	0.5

注：黑麦草是种植 10 周收获，其余是种植 7 周收获。

3. 酸性土和碱性土对植物修复的影响

不同植物在酸性土和碱性土的生物产量、U 含量和 U 清除量不同。在酸性土中，小麦茎叶干重最大，豌豆茎叶干重最小；印度芥菜茎叶 U 含量最高，玉米 U 含量最低；印度芥菜茎叶每盆的清除量最大，玉米和黑麦最小。在碱性土中，玉米茎叶干重最大，印度芥菜茎叶干重最小；印度芥菜 U 含量最高，豌豆含量最低；每盆印度芥菜茎叶输出 U 最大，玉米最小（见表 5.3）。

表 5.3　酸性土和碱性土对植物富集 U 的影响（Duquene et al.，2006）

植物器官	参数	土壤	玉米	印度芥菜	小麦	豌豆	黑麦
茎叶	干重/(g/盆)	酸性土	14.5	9.3	6.9	5.6	4.3
		碱性土	11.7	6.3	7.6	6.6	5.8
	U 含量/(mg/kg)	酸性土	0.01	0.50	0.16	0.13	0.04
		碱性土	0.16	4.46	1.08	0.42	1.70
	U 输出/(μg/盆)	酸性土	0.18	4.73	1.12	0.73	0.18
		碱性土	1.89	28.12	8.07	2.71	10.41
根系	干重/(g/盆)	酸性土	1	0.8	2.0	0.5	0.9
	U 含量/(mg/kg)	酸性土	13.3	13.9	16.2	27.6	33.1
	U 输出/(μg/盆)	酸性土	12.8	11.4	31.9	14.4	28.2

注：黑麦草是种植 10 周收获，其余是种植 7 周收获。

4. 土壤溶液中 U 形态与 TF 的关系

在酸性土中，U 的主要形态是水溶性磷酸双氧铀（UO_2HPO_4），其次是自由双氧铀离子 UO_2^{2+}。酸性土壤溶液 P 含量高是磷酸双氧铀为主要形态的原因。相反，碱性土 U 的主要形态是带负电荷的双氧铀碳酸络合物（Duquene et al.，2006）。

Vandenhove 等认为，UO_2^{2+} 和 $UO_2PO_4^-$ 是根系吸收并转运到地上器官的优先形态。Duquene 等（2006）发现，两种土壤地上器官的 TF 与 UO_2^{2+} 和 $UO_2PO_4^-$ 浓度的比例显著相关（$R^2 = 0.69$）；当把地上器官的 TF 与 UO_2^{2+} 浓度比较时，这个关系表现更强。如果仅考虑 U 形态，UO_2^{2+} 浓度和碳酸铀酰复合物在碱性土和酸性土的 TF 差异从 3.8 到 31.1。这说明 U 形态在控制 U 吸收中具有重要作用，这与他人的研究一致（Ebbs et al.，1998；Tyler et al.，2001）。Guenther 等（2003）也观测到羽扇豆 U TF（基于鲜重）从 pH 3 的 0.3 到 pH 6 的 0.06，其中吸收 U 的优势形态是自由双氧铀离子 UO_2^{2+} 和带正电的铀羟基配合物。Shahandeh 等（2002）发现，种植在碳酸盐含量高的土壤，印度芥菜 U 的含量高，主要归于高度可溶性碳酸铀酰复合物的存在。

5.1.2 有机物

天然有机物含有能与金属形成络合物的官能基团，这些络合物能影响金属（Langmuir，1997；Christensen et al.，1999；Nierop et al.，2002）或放射性核素（Pacheco et al.，2001）的物理化学特性。络合影响金属和核素移动性、土壤吸附和生物可用度（Zhang et al.，1997；Morton et al.，2002）。天然 U 矿场的无机反应，可以产生 +IV 和 +VI 的氧化还原状态，有着显著不同的地球化学性质（Langmuir，1997；Casas et al.，1998）。

U(+IV) 通常以不溶的氧化物形式存在。可是，在天然水中，U(+IV) 能以铀酰离子 UO_2^{2+} 的形态溶解于水，而且具有与无机和有机成分进行广泛的络合化学特性（Czerwinski et al.，1994；Lenhart et al.，2000；Jackson et al.，2005），从而影响它在土壤的移动和被植物吸收（Ebbs et al.，1998；Read et al.，1998）。UO_2^{2+} 与天然有机物的络合，会进一步改变 U 的移动性，取决于这些次生化合物与土壤的相互作用情况（Abdelouas et al.，1998；Jackson et al.，2005）。

Lauria 等（2009）用磷酸盐肥料（常规管理）和牛粪施肥（有机管理）种植蔬菜，并在无机营养液（水培）分析和比较了莴苣、胡萝卜和菜豆中 ^{238}U、^{226}Ra 和 ^{228}Ra 的含量。结果表明，水培莴苣放射性核素含量较低，分别是 $0.51^{226}Ra$，$0.55^{228}Ra$ 和 $0.24^{238}U$ Bq/kg 干重。有机和常规种植方式的蔬菜中，镭和铀的浓度无显著差异。

植物 U 含量与土壤交换性 Ca 和 Mg 有一定关系。但蔬菜中的 Ra 与土壤的阳离子交换能力呈负相关。因此，Lauria 等认为，向土壤施用碳酸酯、阳离子和石灰可能会增加植物对 U 的吸收，减少对 Ra 的吸收。土壤向植物转移 ^{238}U 从 10^{-4} 到 10^{-2}，转移 ^{228}Ra 从 10^{-2} 到 10^{-1}。

万芹方等（2011）研究表明，粪肥、海藻肥等有机物质对不同植物吸收 U 有不同的影响。施用鸡粪肥后，增加了四季豆和艾蒿根系 U 富集浓度，四季豆根系 U 浓度从 363mg/kg 增加到 1.17×10^3 mg/kg，艾蒿的增幅很小。但麦冬和吊兰的根系 U 浓度下降，特别是吊兰从 618mg/kg 下降到 492mg/kg，麦冬的下降幅度较小。说明有机肥对植物吸收 U 的影响因植物而异。

地上器官的 U 含量的变化与根系不全相同。鸡粪降低了吊兰、麦冬和四季豆地上部 U 的浓度，但艾蒿变化不大，说明鸡粪对植物地上器官 U 的富集起抑制作用。海藻肥使四季豆、麦冬和艾蒿的地上部 U 含量均有提高，尤其是麦冬地上器官 U 含量从 84.0mg/kg 上升到 144mg/kg。说明海藻肥与鸡粪肥不同，能够适当地促进 U 从根部向地上部的转移(万芹方等，2011)。

5.1.3 增加土壤营养元素

1. P 肥的影响

Rufyikiri 等(2006)在来自铀尾矿渣的土壤上施用磷酸盐，种植三叶草和大麦进行原位修复。P 的使用量为 0~500mg/kg。在矿物废渣中增加 P，在 pH 为 7 和 5 的条件下，水溶性 U 和乙酸铵提取 U 显著下降。对两种植物来说，P 肥在很大程度上增加了根和茎叶的干物质。而土壤-植物的 U 转运随土壤 P 含量增加而又规律的降低。

施 P 肥引起植物吸收 U 减少的原因可能是：①U 与氧化铁表面的 PO_4^{3-} 强力结合。由于碳酸盐的存在，铁氧化物-U(+Ⅵ)碳酸根络合物可能是未改良矿渣 U 吸收的重要结构。随着 P 肥的增加，较高的 U 被吸附与氧化铁表面的 PO_4^{3-} 强力结合有关，因为氧化铁是矿渣的代表(Thiry 等，2005)。②可溶性 P 也可以与 U 反应以形成双氧铀磷酸盐沉淀。Arey 等(1999)等认为，加入含 P 矿物可能螯合部分在次生 Al/Fe 磷酸盐相中的部分 U，但其他稳定形成沉淀主要是钙铀云母矿物组分。因此，施 P 肥后，土壤中碳酸氢铵提取 P 大大增加，水溶性 U、乙酸铵提取 U 含量均大大降低，草酸铵提取 U 的变化不稳定(见表 5.4)。因此，在铀尾矿土壤中施用 P 肥，可以降低 U 污染危害植物和水体的风险。

表 5.4 土壤施 P 肥后 pH、U 和 P 含量的变化

参数	P 施用量/(mg/kg 土壤)				
	0	10	50	100	500
pH	7.57	7.49	7.46	7.42	7.23
水溶性 U/(μg/kg)	3.46	2.96	0.70	0.29	0.51
乙酸铵提取 U，pH=7/(mg/kg)	3.81	3.15	2.86	2.01	0.79
乙酸铵提取 U，pH=5/(mg/kg)	12.4	11.0	12.4	10.3	7.6
草酸铵提取 U，pH=3/(mg/kg)	22.8	23.7	25.9	25.1	23.0
碳酸氢铵提取 P/(mg/kg)	0.68	2.53	10.55	22.39	229.6

2. N、P、K、菌肥和石灰的影响

肥料、微生物和石灰等影响土壤 pH、有毒金属的活性状态和养分供应状态，从而影响植物生长和对核素的吸收。Willscher 等(2013)采用施肥处理(NPK)，肥料加菌根、链霉素的微生物(NPK+MS)，基质加石灰(MIX)，混合种植小黑麦、向日葵和芥菜，研究这些措施对植物吸收重金属(HM)和放射性核素(R)的影响情况，以及重金属和核素的活化淋溶情况。结果表明：①不同处理的生理化学参数和潜在毒性元素的生物活性不同(表 5.5)。从表 5.5 可见，添加石灰使土壤 pH 增加，阳离子交换量增加 3 倍以上，U 等所研究的金属生物可利用度降低。添加微生物提高了 Al、U、La 的生物可利用性，降低了 Co、Ni 和 Zn 的生物可利用性。②不同植物在不同处理条件下富集重金属种类和潜力不同。在 NPK+微生物的处理中，向日葵茎叶 Al 和 U 含量最高，分别是 333mg/kg 和 0.09mg/kg。芥菜在基质加石灰中 Zn 的含量最高，131mg/kg；在 NPK+微生物处理中 Ni 含量最高，为 38mg/kg。小黑麦金属含量要低得多，但单位面积的生物产量显著地比其他植物高得多，单位面积提取重金属的总量最多。例如，在小黑麦单位面积提取 U 的量就远大于向日葵和芥菜，尤其是在基质加石灰的处理(见图 5.1)。

表 5.5　不同改良剂处理土壤参数的变化(Willscher et al.，2013)

土壤参数	NPK 肥	NPK+微生物	基质+石灰
pH	4.4	4.4	6.7
D 导电性/(ms/cm)	1.32	0.86	1.05
阳离子交换量/(mmol/kg)	17	20	64
有机质含量/%	4	5	10
生物可用 Al/(mg/kg)	8.3	16.6	0.25
生物可用 Co/(mg/kg)	1.27	1.23	0.10
生物可用 Ni/(mg/kg)	9.8	7.7	1.42
生物可用 Zn/(mg/kg)	3.34	2.5	1.5
生物可用 U/(mg/kg)	0.83	0.88	0.42
生物可用 La/(mg/kg)	0.17	0.22	0.13

Neagoea 等(2009)研究了德国铀尾矿土的两种生物修复方法的效果。第一种方法是表土和污染土(CK)混合。第二种方法是将污染土与膨化黏土、菌根真菌和链霉菌混合。与 CK 土壤相比，改良土壤淋溶和植物输出的金属量较高，主要原因是液体导性较高、植物生物产量大。CK 土壤接种菌根真菌降低了淋溶，但植物对金属吸收的影响取决于金属种类和植物种类。外源接种链霉菌增加了许多金属的淋溶，在许多情况下也增加了植物的吸收。用膨化黏土处理植物积累输出和淋溶 Mg、Mn、Ca、Ni 和 Pb 较多，植物输出和淋溶 U 和 Cu 较少，Cr 没有差异。Cu、Cr 和 Pb，某种程度还有 U，倾向于积累在表土土壤。对这些元素来说，在总输出中，植物输出比淋溶具有更重要的作用。而其他元素，表土土壤浓度显著降低，主要在于中-高量的输出由淋溶控制。

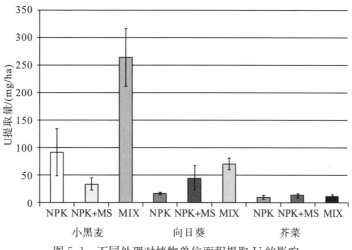

图 5.1　不同处理对植物单位面积提取 U 的影响

5.1.4　增加土壤络合剂

梁丽丽等(2011)研究了用 0.2mol/L 柠檬酸/柠檬酸钠(摩尔比为 1∶1)复合淋洗剂对污染土壤中 Cr 的淋洗效果，淋洗过程中 Cr(＋Ⅵ)和 Cr(＋Ⅲ)以及弱酸可提取态的含量随淋洗时间的变化，污染土壤取自沈阳市沈北新区铬渣堆放场地污染土壤。结果表明，在该复合淋洗剂的解吸附与络合的双重作用下，总 Cr 在短时间内去除效率较高，淋洗 8h 和 24h 的去除率分别为 33.6% 和 36.0%，其中淋洗 24h 时 Cr(＋Ⅵ)和 Cr(＋Ⅲ)的去除率分别达到 38.5% 和 30.0%。淋洗过程中土壤中 Cr 的形态发生了重新分配，弱酸可提取态占总铬比例增加，从而有利于 Cr 在土壤中的迁移。大量研究表明，增施络合剂影响土壤和水体重金属和核素的有效态，也影响植物修复效果。

1. 合成 APCAS(氨基酸)

1)EDTA(乙二胺四乙酸)

包括 EDTA 在内的合成螯合剂用于土壤和水培为植物提供微量养分已有 50 多年了。在 1980 年代后期和 1990 年代初期，EDTA 被用作帮助植物提取过程的螯合剂(Michael et al.，2007)。

在众多盆栽试验中，EDTA 提高植物积累重金属的影响从无影响到提高 100 倍以上(Grcman et al.，2001)，变化较为明显。而这些变化与土壤中金属种类、金属浓度、土壤特性和 EDTA 的用量有关。从表 5.6 可见，添加 EDTA 能够活化土壤重金属并增加植物对重金属的吸收，但土壤中活化量远高于吸收量，同时许多研究也证实了这一点。

表 5.6　EDTA 对重金属活化和吸收的影响(Michael et al.，2007)

添加量 /(mmol/kg)	重金属	土壤中植物可吸收量(CK 的倍数)	重金属吸收量(CK 的倍数)	植物	负作用	文献来源
3	Pb	23	26	印度芥菜 (B. a juncea)	无	Epstein et al. (1999)

续表

添加量/(mmol/kg)	重金属	土壤中植物可吸收量(CK 的倍数)	重金属吸收量(CK 的倍数)	植物	负作用	文献来源
1.6	Zn	来自活化部分只有2.2%的Zn、0.8%的Cu丨、7.3%的Ni被吸收	1.5	向日葵(H. annuus)	无毒害现象	Meers et al. (2005)
	Cu		1.5			
	Cd		2			
	Ni		1.8			
	Zn	6.3	不显著			
	Pb	50	15			
0.13	Cd	400	2	印度芥菜(B. a juncea)	生物量降低	Jiang et al. (2003)
40	Pb	3500	59.7	中国甘蓝(B. rapa)	生物量减少、坏死和失绿	Grcman et al. (2003)
	Cd	4000	3			
	Zn	50	3			
3	Cu	30	2.6	印度芥菜(B. a juncea)	无毒害现象	Wu et al. (2004)
	Zn	1.3	不显著			
	Pb	5.7	2.8			
	Cd	不显著	不显著			
5	Pb	107	48	白芥(S. alba)	未提及	Kos et al. (2003)

EDTA 提高植物吸收重金属的机制有以下两种解释:①增加了土壤溶液重金属浓度和提高了植物转运效率。Huang 等(1997)研究表明,EDTA 增加了 Pb 从土壤的解吸,并增加了土壤溶液 Pb 浓度。同时,也增加了通过木质部从根系向地上器官的运输,提高了转运效率。但转运效率的提高取决于金属种类和植物种类。芸薹属(Brassicacae)的许多种能从污染土壤中吸收重金属并转运到地上器官,甘蓝、绿豆、小麦有不同的转运效率。使用 EDTA 后,可提高 Cd 和 Ni 从根系向茎叶的转运效率,但不能提高 Cr 的转运效率。②形成金属-EDTA 络合物提高转运速度。水培研究表明,EDTA 络合植物外部的 Pb,然后将这个可溶的 Pb-EDTA 复合物通过植物转运并积累到叶中。Wenzel 等(2003)认为,在土壤中,自由的、质子化的 EDTA 进入根系,然后形成金属复合物,这种金属复合物能提高金属从根系转运到茎叶的能力。Sarret 等(2001)指出,在植物的吸收作用下,土壤中高度稳定的金属-EDTA 络合物能够整体(Zn)或部分(Pb)分离,通过对蚕豆进行扩展 X 射线吸收精细结构分析证实了这一点。

虽然 EDTA 对提高植物提取是有效的,但 EDTA 和 EDTA-重金属络合物对土壤微生物是有毒的,并会严重降低试验植物茎叶生物产量。由于它的低生物降解特性,即使土壤清理后,EDTA 仍可被土壤粒子吸附。它长期存在于土壤和非选择性,极大地增加了重金属和 Ca、Mg 碱土金属淋失的风险,也增加了地下水被污染的风险。

2）其他合成 APCAs

人们研究了许多合成 APCAs 如 HEDTA、DTPA、CDTA、EGTA、EDDHA、HEIDA、HBED 的效应，它们引起金属从土壤解吸和提高提取的效果依金属和植物不同而不同。这些合成螯合剂既没有对重金属的专一性，也没有对一种特定重金属的专一性，并受土壤中存在浓度高得多的他阳离子的大量干扰，降低了对特定重金属的吸收效率。

Huang 等（1997）报道，螯合剂增加豌豆和玉米 Pb 积累效率顺序是 EDTA＞HEDTA＞DTPA＞EGTA＞EDDHA。增加植物 Pb 积累的效率与从土壤解吸的效率一致。使用螯合剂增加吸收的效果不仅取决于螯合剂和重金属，还取决于植物。Sekhar 等（2005）证实了这些结果，并进行了补充，EDTA 和 HEDTA 增加了超富集植物印度菝葜（*Hemidesmus indicus*）从土壤中吸收 Pb 的能力，但 CDTA 和 DTPA 阻碍了积累，导致较低 Pb 的积累量。Shen 等（2002）认为，促进甘蓝茎叶 Pb 积累的顺序是 EDTA＞HEDTA＞DTPA。Wu 等（1999）观察到，在 EDTA-Pb，HEDTA-Pb 和 DTPA-Pb 处理之间，茎叶和根系中 Pb 积累没有显著差异。

HBED 处理显著增加根系 Pb 含量，但不增加茎叶含量。在用玉米的研究中，与 EDTA 相比，HBED 增加 Fe、Cu、Zn、Mn 的吸收效率没有显著差异。添加 EDTA 和 HEDTA 并不增加向日葵茎叶 Cr 含量。就 Cd 和 Ni 而言，EDTA 和 HEDTA 相似，与对照相比，茎叶金属含量较高。EDTA 和 HEDTA 的高毒性导致总金属积累量降低（Chen et al.，2001）。印度芥菜 Cd 的吸收因使用 EGTA（10g/kg）而提高，但 DTPA，CDTA、和 EDTA 几乎没有效果（Blaylock et al.，1997）。

Wu 等（1999）分析了螯合剂的亲脂性影响效果。在正常植物生理条件下，凯氏带护卫途径通过根系的水流占 99％以上，而螯合－诱导植物提取则不一定。亲水性化合物青睐质外体途径，而亲脂性化合物青睐共质体途径。因此，一种化合物的根系吸收率与木质部稳定状态浓度，依赖于化合物的亲脂性。尽管高度亲水性的 EDTA 在溶解土壤绑定的 Pb 比 HBED 好，而 HBED 高度的亲脂性，导致根系吸收 Pb 的量较大。金属转运在植物、螯合剂、金属之间差异很大。

2．天然 APCAs

1）EDDS（乙二胺琥珀）

目前有不少研究证实，EDDS 对提高几种金属的吸收是有效的（见表 5.7）。EDDS 是生物降解螯合剂，但不同文献报道降解时间变化很大。Meers 等（2005）观察，EDDS 处理 30 天后，金属活化量降低，这种降低与这种物质的相对生物降解性相关联。在盆栽试验中，由于较高的土壤温度和微生物活动，同植物的配位效应停止。盆栽试验中，配位效应的半衰期是 4.2～6.6d，取决于 EDDS 的使用量（Meers et al.，2005）。然而，Hauser 等（2005）的研究显示，生物降解较低，使用 EDDS（20mmol/kg）7 天后，通过生物降解损失率为 18％～42％。

表 5.7　使用 EDDS 对活化和吸收重金属的效果（Michael et al.，2007）

添加量/(mmol/kg)	重金属	土壤中植物可利用量(是 CK 的倍数)	重金属吸收(是 CK 的倍数)	作物	副作用	文献
5	Cu	190	45	玉米(Z. mays)	植物生长降低到 CK 的 53%	Luo et al. (2005)
	Pb	20	9			
	Zn	7	2.3			
	Cd	3	1.5	夏枯草(P. ulgaris)	降低到 CK 的 61%，有萎黄和坏斑的现象	
	Cu		13.5			
	Pb		42			
	Zn		4.5			
	Cd		1.5			
1.6	Zn		1.7	向日葵(H. annuus)	无毒害现象	Meers et al. (2005)
	Cu		4.1			
	Cd		1.3			
	Ni		2.8			
40	Pb	250	10.3	中国甘蓝(B. rapa)	生物量减少、坏斑和失绿	Grcman et al. (2003)
	Cd	5000	3			
	Zn	4	3			

2）NTA（三乙酸）

NTA 是一种可生物降解的螯合剂，在过去几十年主要用于洗涤剂，很少作为配位体用于帮助植物提取重金属。但近些年的研究表明，它能促进一些植物对 Zn、Cu、Cd 等重金属的吸收（见表 5.8）。

表 5.8　添加 NTA 对重金属的活化和吸收的影响（Michael et al.，2007）

添加量/(mmol/kg)	重金属	土壤中植物可利用量(是 CK 的倍数)	重金属吸收(是 CK 的倍数)	作物	副作用	文献
4.2 和 8.4	Cd	78	2~3	印度芥菜(B. juncea)	无毒害现象	Kayser et al. (2000)
	Zn	37		烟草(N. tabacum)		
	Cu	9		玉米(Z. mays)		
10	Cd	8	2	印度芥菜(B. juncea)	无毒害现象	Quartacci et al. (2005)
20		14	3.3			
20	Zn		1.5	玉米(Z. mays)	生物量降低	Chiu et al. (2005)
		300	37	香根草(V. zizanoides)		

续表

添加量/(mmol/kg)	重金属	土壤中植物可利用量(是 CK 的倍数)	重金属吸收(是 CK 的倍数)	作物	副作用	文献
2.7	Cd	无显著变化	1.5		生物产量降低 5%~15%	
	Zn	无显著变化	1.5			
9.3	Cd	15	2	生菜($L.\,sativa$);多花黑麦草($L.\,perenne$)	生物产量降低 15%~20%	Kulli et al. (1999)
	Zn	30	2			
26.6	Cd	70	低于 CK		生物产量降低 90%~97%	
	Zn	220				
0.5	Zn	100	1.5~2.5	玉米($Z.\,mays$)	无毒害现象	Wenger et al. (2002)
	Cu	20				

3. 天然低分子有机酸(NLMWOA)

众所周知,根系排泄的有机复合物间接或直接影响必需离子和有毒离子的溶解性。间接影响包括对微生物活动、根际物理特性和根际生长动力的影响。直接影响包括在根际的酸化、络合、沉淀、氧化还原反应(Marschner et al.,1995;Uren et al.,1988)。它们的性质、数量、来源、持久性随根尖纵横向距离而变化。但植物处于 Fe 胁迫、低浓度 Ca、P 和许多其他因素作用时,这些有机复合物的释放就增强。在这些复合物中,NLMWOA,如柠檬酸、草酸、苹果酸由于它们络合特性显得特别重要,在重金属溶解和矿质元素活化中起着显著的作用,甚至被认为比土壤 pH 还重要。

此外,早前研究认为 NLMWOA 还能通过与胞内重金属结合产生脱毒功能(Lee et al.,1977)。在胁迫下,许多有机酸都能从根系大量释放。据预测,这些根系释放的有机酸,99%都留在根的 1mm 以内。尽管这会根据根系生长速率、土壤特性和流出速率而变化。

Gramss 等(2004)用中国甘蓝($B.\,chinesis$ L.)试验观测到,83mmol/kg 的高浓度柠檬酸可以破坏控制根系摄取溶质的生理屏障(Vassil et al.,1998)。柠檬酸可以破坏由 Ca^{2+} 和 Zn^{2+} 离子稳定的质膜(Pasternak,1987;Kaszuba et al.,1990),并与土壤溶液中的金属随机络合,进入根木质部,通过蒸腾流运送到地上器官(Vassil et al,1998),形成植物枯斑。

Evangelou 等(2006)用烟草试验观测到,125mmol/kg 以上浓度的柠檬酸,酒石酸及草酸使烟草生物产量降低,如表 5.9 就列举了添加 NLMWOA 对重金属活化和吸收的影响。

柠檬酸作为络合剂用来帮助植物提取重金属是有优势的,因为它能生物降解并快速降解成二氧化碳和水。Meers 等(2005)试验显示,用 55mmol/kg 或 220mmol/kg 柠檬酸-NH_4 处理含重金属的土壤,收获 2 周后,土壤溶液中的柠檬酸浓度与 CK 相当。

表 5.9 添加柠檬酸对重金属活化和吸收的影响（Michael et al.，2007）

添加量 /(mmol/kg)	重金属	土壤中植物可利用量(是 CK 的倍数)	重金属吸收 (是 CK 的倍数)	作物	副作用	文献
10	Cd	无显著变化	1.5	印度芥菜 (B. juncea)	无毒害现象	Quartacci et al. (2005)
20		1.5	3			
20	U	200	1000	印度芥菜 (B. juncea)	无毒害现象	Huang et al. (1998)
			900	中国甘蓝 (B. chinesis)		
			700	中国芥菜 (B. narinosa)		
			20	豇豆 (P. sativum)		
			3	夏枯草 (P. vulgaris)		
			3	玉米(Z. mays)		
3	Cu	无显著变化	无显著变化	印度芥菜 (B. juncea)	无毒害现象	Wu et al. (2004
	Zn		无显著变化			
	Pb		2.2			
	Cd		无显著变化			

4. 腐殖酸（HS）

HS 来自动植物残体的分解，主要包括腐植酸（HA）、富里酸（FA）和胡敏素。HA 是在酸性条件下不溶于水的部分，但在较高 pH 下可溶、可提取。HA 主要含有酸性基团，它们如羧基、酚—OH 官能基团，具有不同的化学和生物学稳定性（Hofrichter et al.，2001）。这使它们能够与金属离子相互作用形成水溶性和水不溶性络合物（Schnitzer，1978；Stevenson，1994）。因此，这些有机大分子在重金属的运输、生物可用性和溶解性中均起着重要作用。

Schnitzer 等（1972）认为，HS 是具有醌和苯酚特点的大分子，具有从几百到几百万的相对分子量。HS 与小分子结合形成超分子结构（Piccolo，2001）。Wershaw（1999）认为，具有两亲特点的 HS，能在矿物表面形成膜状聚合体，并在溶液中形成胶囊状聚合体。

从现有文献看，只有很少文章认为能通过添加 HA 提高金属溶解性，从而增加金属的提取量。Evangelou 等（2004）研究显示，尽管没有改变 Cd 的理论生物利用度（由 DT-PA 决定），20g/kg HA 仍可显著增加烟草对 Cd 的吸收达 65%。Halim 等（2003）指出，用外源腐殖酸的土壤改良剂可以加速污染土壤重金属的植物修复，同时防止重金属的流动。添加 2%HA 降低了金属的可溶形态和可交换形态（Halim et al.，2003）。这个效果与添加 HA 的数量和老化时间增加有关。相反，田间用 DTPA，植物吸收－可潜在利用金属的浓度，随着外源性 HA 溶液的增加而增加，同时也跟随土壤和金属而出现变化。Cd、Cu、Pb 和 Zn 浓度显著增加，但 Ni 浓度没有变化。原因归结于形成了金属-腐殖酸络合物，这个络合物保证了金属临时的生物可用性，同时防止了金属迅速转变成不溶性物质。HA 和 FA 能增加植物对金属的吸收，但在田间应用是不可行的，会导致使用量过高。

5. 不同螯合剂强化植物吸收效果的比较

Liu 等(2008b)在盆栽条件下比较了合成螯合剂和低分子有机酸(LMWOA)对不同生态型景天(*Sedum alfredii*)在多种重金属污染土壤中提取的影响经对比发现，超富集生态型(HE)比非超富集生态型(NHE)耐毒性强。EDTA 对 Pb，EDDS 对 Cu，DTPA 对 Cu 和 Cd 更能提高景天地上器官的积累。与合成螯合剂相比，LMWOA 促进植物提取能力较弱(见表 5.10)。

表 5.10　合成螯合剂和低分子有机酸对不同生态型景天茎叶和根系重金属含量的影响

重金属	处理	超富集型/(mg/kgDw)		非超富集型/(mg/kgDw)	
		茎叶	根系	茎叶	根系
Pb	CK	80.9	582.2	50.7	351.4
	EDTA	218.2	356.2	145.1	615.9
	DTPA	97.2	441.9	35.3	334.8
	EDDS	102.8	613.4	104.8	374.7
	CA	112.4	1373.4	58.3	815.0
	OA	108.4	1010.8	62.7	1242.6
	TA	61.0	1353.7	45.5	759.6
Zn	CK	11238.2	1374.2	11844.5	893.9
	EDTA	10014.5	1377.4	1092.6	984.9
	DTPA	10838.7	1087.8	750.3	575.6
	EDDS	11734.7	1642.5	1174.9	931.8
	CA	13627.5	3263.0	892.0	2581.1
	OA	12520.5	2804.6	902.6	2543.0
	TA	8009.0	3143.3	873.8	244.15
Cu	CK	20.5	869.0	95.3	576.8
	EDTA	62.8	1003.4	310.7	951.4
	DTPA	78.3	711.9	176.4	468.0
	EDDS	157.3	799.1	420.9	512.9
	CA	68.0	2785.1	97.6	1840.3
	OA	42.8	2181.6	104.9	2048.1
	TA	30.4	2249.9	78.8	1948.8

续表

重金属	处理	超富集型/(mg/kgDw)		非超富集型/(mg/kgDw)	
		茎叶	根系	茎叶	根系
Cd	CK	193.1	27.2	18.7	8.0
	EDTA	238.0	29.7	14.3	7.0
	DTPA	357.4	27.6	11.4	3.5
	EDDS	455.4	30.1	14.1	10.0
	CA	267.5	87.4	12.6	15.6
	OA	282.5	31.3	14.3	22.2
	TA	18.09	48.5	11.9	17.0

6. 利用螯合剂的问题

植物修复具有成本低的特点。Russel 等(1991)估计，常规修复或清理污染土壤的成本是每公顷 10 万~100 万美元，而植物修复的成本 6 万~10 万美元(Salt et al.，1995)。迄今，植物修复已经在美国、加拿大、欧洲和其他一些国家应用。但植物修复的商业化运行依旧很少。

为了提高植物修复效果，强化植物修复能力，添加螯合剂是很常用的方法。但螯合剂的使用目前有以下几个争议问题：

(1)温室盆栽试验和野外实地试验效果不一致。Kayser 等(2000)发现，温室研究植物提取重金属浓度(Cd、Zn 和 Cu)比自然条件高得多。Anderson 等(2005)用玉米和印度芥菜对金的提取研究也证实，实地研究和温室研究的效率是相关的。Moreno 等(2005)用印度芥菜对汞的挥发研究表明，汞的植物挥发技术是一个有效的、经济的技术，每小时汞的最大提取量可达 25g。Jiang 等(2004)研究表明，海州香薷在温室盆栽条件下，地上器官 Cu 的含量只有 10mg/kg，而在田间条件下高达 250mg/kg。不过要想评价这种差异的原因很困难，因为温室条件与田间条件不同，所有植物对这些条件都没有相似的反应。

(2)螯合剂在活化了土壤金属，增加植物吸收的同时，也增加了金属淋溶的风险。Madrid 等(2003)报道，在种植和没有种植大麦的行中，通过 EDTA 处理土壤(0.5/kg)，尽管根系延缓 Cd、Fe、Mn、Ni、Pb 和 Zn 的移动 1 天(Cd)~5 天(Fe)，从使用 EDTA 土壤排除的水中，Cd、Fe、Mn、Pb 浓度仍超过饮水标准的 1.3 倍、500 倍、620 倍和 8.6 倍。Chiu 等(2005)的研究也说明，使用 NTA 和 HEIDA 有引起金属淋失的环境潜在风险，Cooper 等(1999)也表达了 CDTA 和 DTPA 可能引起金属淋溶的担心。

Wenzel 等(2003)认为，因金属活化而污染地下水的风险使螯合剂帮助植物提取受到限制。因此，进一步的实验应该集中在应用高生物量的多年生植物，如杨树和柳树，不使用螯合剂的天然、连续的技术。这些高生物量的植物随后可以作为生物能生产。Robinson 等(2003)支持这种观点，强调螯合剂的应用显著增加了污染物淋溶的风险，将无助于提高植物提取能力的提高以满足当前法规的要求。

7. 络合剂强化植物修复铀能力的机理

在土壤中，U 主要和 Fe、Mn 结合在一起。在此情况下，Fe 可能会通过结合柠檬酸（CA）形成络合物，限制 CA 促进提取 U 的效率，因为土壤中 Fe 比 U 明显偏多，且 Fe 与柠檬酸还有较高的稳定常数。不过，这些元素是植物的营养元素，尤其是双子叶植物利用排泄的有机酸（尤其是 CA）能够确保 Fe、P 营养。CA 的作用除了活化土壤溶液中的 Fe 外，其还能确保通过它将 Fe 在木质部匀速到地上器官（Tiffin，1966；Briat et al.，2007）。相对 Fe 而言，CA 也能诱导 U 的提取导致 U 较多地转运到地上器官（Huang et al.，1998）。但是 CA 转运 U 的确切作用尚不清楚。为此，Mihalik 等（2012）使用 Rhiziplan 技术，研究了添加 CA 对根系−土壤界面离子运动过程，了解土壤溶液中金属离子的补充、向根系扩散和吸收情况以及生物可用度。他的研究方法值得借鉴，因此笔者在这里做一简单介绍。

1）研究方法

（1）Rhizoplan 装置。RHIZO 试验设计是一种新工具，它可以在根系和土壤分离的条件下允许所有根际活动进行（Bravin et al.，2010）。这个工具的主要优势在于，通过具有少量土层的致密根垫，能最大地显示根的效果和简化无土根的能力（见图 5.2）。

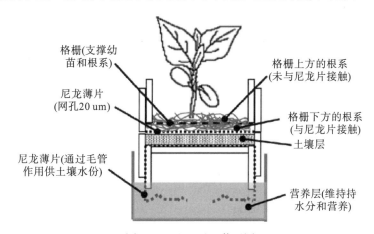

图 5.2　Rhizoplan 装置图

这个装置能从物理上把土壤和根系分开，而能保证植物−土壤通过分隔膜进行交换（吸收与排泄）。它由两部分组成：底部承接土壤层，上部是放在尼龙薄片上供很系发育的根垫。尼龙薄片允许根系和土壤接触，它的孔径 20um，允许水和溶质在两厢间流动。这个薄片只允许极细极短的根毛进入土壤。由于生长的幼芽把种皮向上推进的这种发芽模式，根系在承接种子的支撑格栅两边发展。可是，只有"格栅下边"的根系直接与底部尼龙薄片接触，根毛穿过薄片接触土壤，从而参与根系活动和根系吸收。相反，"格栅上方"的根系，可能只通过扩散或转移来获取元素。

试验要求一个先预栽培步骤，对植物进行水培。种子放在格栅上之前，先在营养液中暗泡 24 小时，然后放在该装置上部金属格栅上大致 1mm 间距。

Rhizoplan 装置底部装入 3~4mmU 污染土壤（相应干重为 13g）。这个土壤通过毛细管流动与营养液连接(见图 5.2)。在这样的结构中，U 污染土壤在 CA 处理前含水量为干重的 20%被湿润。然后施加不同 CA 处理到土壤，使土壤含水量达 35%(w/w)。

(2)处理方法。CK，不加 CA；低剂量（LD），注入 2mL0.03mol/LCA，使其 4.6mmol/kgDW；低剂量(2LD)重复：第 1 次剂量使用如前述，第 2 次剂量在 2 天后使用；高剂(HD)量：注入 2mL0.06mol/L CA，使其 9.2mmol/kgDW。

在 CA 处理后，立即把 Rhizoplan 上部 3 周龄的向日葵幼苗转移到有土的底部。在 2LD 条件下，在第 1 次剂量使用后就转移。所有植物在转移到土壤 5 天后收获。

2)不同 CA 浓度处理对土壤 U 和 Fe 形态的影响

与 LD 相比，土壤中 HD 引起 Fe 浓度增加比 U 相对要高。添加 CA 影响土壤 U 的形态，主要是形成了 U-CA 络合物：

在 LD pH3.55 的条件下，72%的 UO_2Cit^-，19.5%的 $UO_2(OH)Cit^{2-}$，3.9%的 $UO_2HCit(aq)$，3.6%的 $(UO_2)_2Cit_2^{2-}$，只有 0.1%的 UO_2^{2+}；

在 HD pH2.85 的条件下，65.9%的 UO_2Cit^-，18.7%的 $UO_2HCit(aq)$，5.6%的 $UO_2H_2Cit^+$，3.8%的 $(UO_2)_2Cit_2^{2-}$，3.4%的 $UO_2(OH)Cit^{2-}$ 和 2.5% of UO_2^{2+}。

铁在土壤溶液中假设以+Ⅱ氧化态存在，加入 CA 后，在 pH>3 的条件下导致柠檬酸 Fe 复合物显著增加：

在 LD 条件下，27.9%的 Fe^{2+}，48.1%的 $FeHCit(aq)$，14.4%的 $FeCit^-$ 和 8.9%的 FeH_2Cit^+。

在 HD 条件下，59.4%的 Fe^{2+}，20.0%的 $FeHCit(aq)$ 和 19.4%的 FeH_2Cit^+。

与 HD 相比，添加低剂量的 CA 引起 pH 的适度降低，导致较低的自由 Fe^{2+} 浓度和较高的柠檬酸 U 的复合物。

CA 处理导致所有器官重量降低，三个 CA 处理间没有显著差异。

3)CA 处理对 U、Fe 和 Zn 的生物积累影响

CA 处理显著增加植物 U 积累总量，2LD 和 HD 的增加大致相同。CK U 含量在重复间变化较大，平均 12.8 ± 9.5mg/kgDW。LD、2LD、HD 处理的植物 U 含量分别是 CK 的 16 倍、20 倍和 23 倍，变化很小。

图 5.3 显示，C(CK)的 Fe 主要积累在网格下的根系，CA 处理引起 Fe 的再分配。CK 根系有大约 76%，而 CA 处理大约 90%的 Fe 在茎叶，处理间变化很小。因此，U、Fe 分布对 CA 的反应相似。

相反，CA 处理仅使根系的 Zn 含量增加，而茎叶没有增加。在 CK，根系 Zn 占 44%，CA 处理，根系 Zn 占 80%，不同 CA 处理变化很小。

无论什么条件，至少 80%的 U 与根系相关，茎总是最少。格栅上方的根系和茎中 U 的转运机制不同，前者是通过根系的扩散，后者通过木质部。

无论什么器官，与 CK 相比，施加 CA 使根、叶、茎和非接触根系的 U 增加 460 倍、80~150 倍和 25~40 倍。CA 的效率体现在将 U 转运到格栅上方的器官。被 CA 活化的 U 通过植物体主要转运到叶中(占植物体总 U 的 12%~17%)。CA 处理间没有显著差异。

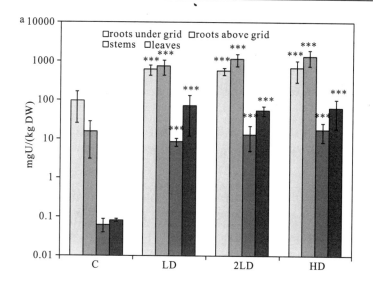

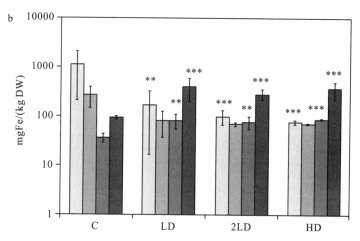

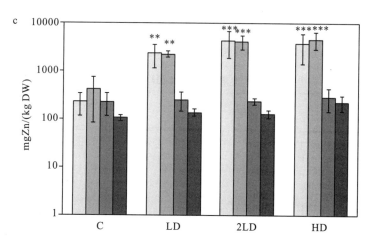

图 5.3　不同浓度 CA 处理植物 U(a)、Fe(b)、Zn(c)含量(Mihalik et al.，2012)

(灰色是格栅下方根系，白色是格栅上方根系，浅灰色是茎，暗灰色是叶)

在土壤中，Fe：U 比率是 10~30。在 CK，器官 Fe：U 比率是 52(格栅下的根系)~4900(叶)。LD 处理使这个比率降低到 1.2(格栅的根系)~24(叶)；2LD 或 HD 处理使这个比率变到 0.5(格栅下的根系)~26(叶)。在 CA 存在下，植物积累 U 优先于 Fe。

在 CK，格栅上方根系的 Zn：U 比率为 111、茎为 13063，叶为 4800，远高于下方的根系(9)和溶液(5)。

在 CA 存在下，根中的 Zn：U 比率稍有增加，叶和茎的这个比率降低，茎总是有最高的 Zn：U 比率。与 Fe 相反，根系和茎叶的比率较低，等于土壤溶液的比率，小于 1，在 CA 存在下为 0.3~0.4。

因此，Mihalik 等(2012)认为，在 U、Fe 和 Zn 的植物分布中，严重受到 CA 处理的影响。两种剂量的 CA 增加了根系向茎叶的转运，Fe 的转运增加更加令人惊奇，因为正常情况下，植物中 Fe 库受到严密调控。这说明，U 干扰了 Fe 的代谢(柠檬酸起着分泌物和木质部运输载体的作用)。就植物提取目的来说，在 U 污染土壤中添加低剂量 CA 是最有效的，因为既能增加 U 的吸收和向叶的运输，还能限制发生植物毒害现象。较高剂量的 CA 或重复使用 CA 不会带来额外的优势。

5.2 土壤、N、P、K 和 U 浓度对植物修复 U 污染土壤的影响

适当施用 N、P、K 肥料能使蚕豆的生物量增加，提高蚕豆对铀镉复合胁迫的抗性(徐长合等，2010)。Mkandawire 在水培 U 污染下条件下施加 P 和 N 观察对浮萍的影响，发现水溶液中 PO_4^{3-} 质量浓度最大(40.0mg/L)时浮萍积累的 U 最多。向言词等(2010)研究发现，在铀尾渣污染土壤中施用磷能显著增加油菜干重、株高、根长和叶绿素含量，增强油菜在铀尾渣污染胁迫下的抗性，同时 U 与 P 可结合生成磷酸双氧铀形成沉淀，降低其生物有效性。

Rufyikiri 等(2006)试验，在矿物废渣中施用 P 肥(P 肥的使用量为 0~500mg/kg)，在 pH=7 和 pH=5 的条件下，水溶性 U 和 NH_4-Ac(乙酸铵)可交换 U 显著下降(见表 5.11)，P 肥增加了植物根和茎叶的干物质，100mg/kg 的干物质最大。但土壤-植物的 U 转运随土壤 P 含量增加而又规律的降低。

表 5.11 土壤施用 P 肥后对土壤 pH、铀形态和有效 P 影响

参数	P 施用量/(mg/kg)				
	0	10	50	100	500
pH	7.57	7.49	7.46	7.42	7.23
水溶性 U/(µg/kg)	3.46	2.96	0.70	0.29	0.51
乙酸铵提取 U，pH=7/(mg/kg)	3.81	3.15	2.86	2.01	0.79
乙酸铵提取 U，pH=5/(mg/kg)	11.24	11.0	12.4	10.3	7.6
草酸铵提取 U，pH=3/(mg/kg)	22.8	23.7	25.9	25.1	23.0
碳酸氢铵提取 P/(mg/kg)	0.68	2.53	10.55	22.39	229.6

目前，人们研究 N、P、K 对植物吸收 U 的影响多是在单一条件下进行的，而实践中常常遇到不同土壤和不同的 U 污染浓度。因此，在不同土壤和 U 污染的条件下，研究

不同浓度 N、P、K 对植物富集 U 的影响，可以明确这些因素的互作关系，为强化植物修复 U 污染土壤提供参考。

5.2.1　研究方法

1. 试验材料

试验植物：菊苣。

试验土壤：农田壤土，U 含量为 2.26mg/kg，pH 为 7.5(土 : 水=1 : 1)，有机质含量 31.6g/kg，全氮、全磷、全钾依次为 2.57g/kg、0.985g/kg、17.9g/kg，碱解氮、有效磷和速效钾分别为 302mg/kg、33mg/kg、288mg/kg。

试验材料：硝酸双氧铀($UO_2(NO_3)_2 \cdot 6H_2O$)，尿素(含 N 46.67%)，重过磷酸钙 [$Ca(H_2PO_4)_2 \cdot H_2O$]，含 P 17%)，氯化钾(含 K 52.45%)。

2. 试验设计

五因子(1/2 实施)二次回归正交旋转组合设计。各试验因素及其水平见表 5.12。在表 5.12 中，以壤土为中间水平(0 水平)，砂土为最高水平，黏土为最低水平；U 和 P 浓度以 150mg/kg 为中间水平，增减 75mg/kg 为增减一个水平；N 以 600mg/kg 为中间水平，增减 300mg/kg 为增减一个水平；K 以 500mg/kg 为中间水平，增减 250mg/kg 为增减一个水平。各处理组合设计见表 5.13。表 5.13 中同时列出了菊苣地上器官铀含量。

表 5.12　试验因素及水平表　　　　　　　　(单位：mg/kg)

因素	变化区间 (Δj)/(mg/kg)	水平编码 $\gamma=2.000$				
		2	1	0	−1	−2
土壤(X_1)		砂土	砂壤土	壤土	壤黏土	黏土
铀浓度(X_2)	75	300	225	150	75	0
N(X_3)	300	1200	900	600	300	0
P(X_4)	75	300	225	150	75	0
K(X_5)	250	1000	750	500	250	0

表 5.13　五因子(1/2 实施)二次回归正交旋转组合设计实施及菊苣地上器官 U 含量表

试验号	X_1(土壤)	X_2(U 浓度)	X_3(N 肥)	X_4(P 肥)	X_5(K 肥)	U 含量/(mg/kg)
1	1	1	1	1	1	20.746
2	1	1	1	−1	−1	49.376
3	1	1	−1	1	−1	20.881
4	1	1	−1	−1	1	75.744
5	1	−1	1	1	−1	8.997
6	1	−1	1	−1	1	16.429

试验号	X_1(土壤)	X_2(U浓度)	X_3(N肥)	X_4(P肥)	X_5(K肥)	U含量/(mg/kg)
7	1	−1	−1	1	1	19.535
8	1	−1	−1	−1	−1	21.915
9	−1	1	1	1	−1	6.147
10	−1	1	1	−1	1	11.032
11	−1	1	−1	1	1	21.264
12	−1	1	−1	−1	−1	46.884
13	−1	−1	1	1	1	4.144
14	−1	−1	1	−1	−1	5.729
15	−1	−1	−1	1	−1	5.432
16	−1	−1	−1	−1	1	3.901
17	−2.000	0	0	0	0	3.514
18	2.000	0	0	0	0	31.065
19	0	−2.000	0	0	0	1.117
20	0	2.000	0	0	0	29.460
21	0	0	−2.000	0	0	10.456
22	0	0	2.000	0	0	12.097
23	0	0	0	−2.000	0	36.012
24	0	0	0	2.000	0	14.182
25	0	0	0	0	−2.000	4.973
26	0	0	0	0	2.000	15.781
27	0	0	0	0	0	12.635
28	0	0	0	0	0	17.748
29	0	0	0	0	0	11.028
30	0	0	0	0	0	19.605
31	0	0	0	0	0	10.028
32	0	0	0	0	0	17.172
33	0	0	0	0	0	17.084
34	0	0	0	0	0	15.044
35	0	0	0	0	0	14.463
36	0	0	0	0	0	21.287

3. 处理过程

盆栽试验，每盆 5kg 土壤。

(1)土壤准备。2011 年 12 月初准备土壤，每种处理的土壤为 15kg 干土，分成 15 盆。预先测砂土、壤土和黏土的含水量，计算每 kg 干土的湿重。砂壤土是 50% 沙土和 50% 壤土混合，黏壤土是 50% 的壤土和 50% 的黏土混合。

(2)2011 年 12 月 18 日处理 U。为了保证土壤 U 污染的均匀性，将每种处理 15kg 土壤分装成 15 小盆，每小盆 1kg，根据设计用量，将相同铀用量的处理放在一块，用田间持水量法处理。

(3)2012 年 3 月 15 日处理肥料。为了保证肥料处理的均匀性，根据设计用量，将每处理的三种肥料与进行了 U 处理的土壤(15kg)进行拌合处理，然后分装成 3 盆，每盆 5kg 土。

(4)播种与管理。在 3 月 29 日播种，每盆播种 3 窝，每窝 8 粒，2 周后每窝定苗 3 株。播种后用遮阳网遮盖 7 天，出苗后揭开。每 2～3 天浇 1 次水保证土壤田间持水量的 70％左右。菊苣地上器官与 6 月 25 日收获。按第 4 章的方法消解和测定 U 含量。

5.2.2　土壤、N、P、K 和 U 浓度对植物吸收和转移 U 影响

菊苣地上器官 U 含量见表 5.12。根据 U 含量得多元回归方程(5.1)如下：

$$Y = 15.03107 + 7.67467X_1 + 9.27825X_2 - 3.73642X_3 - 6.98017X_4 + 1.21042X_5$$
$$+ 1.28752X_1{}^2 + 0.78727X_2{}^2 - 0.2157_3X_3{}^2 + 3.23940X_4{}^2 - 0.44060X_5{}^2 + 2.10938X_1X_2$$
$$+ 0.49388X_1X_3 - 3.92162X_1X_4 + 3.44600X_1X_5 - 3.87425X_2X_3 - 6.50825X_2X_4$$
$$+ 0.22262X_2X_5 + 2.42500X_3X_4 - 2.70188X_3X_5 + 2.56438X_4X_5 \tag{5.1}$$

对回归方程进行方差分析结果见表 5.14。从表 5.14 可见，土壤、U 浓度、N 肥、P 肥一次项对菊苣 U 含量影响极显著，P 肥二次项影响极显著，土壤和 P 互作项影响显著，U 浓度和 P、U 浓度和 N 互作影响极显著。

表 5.14　正交旋转回归方程方差分析

变异来源	平方和	自由度	均方	偏相关	F 值	p 值
X_1	1413.612	1	1413.612	0.845	37.4372	0
X_2	2066.062	1	2066.062	0.8859	54.7163	0
X_3	335.0594	1	335.0594	−0.6097	8.8735	0.0094
X_4	1169.345	1	1169.345	−0.8208	30.9682	0.0001
X_5	35.1626	1	35.1626	0.2418	0.9312	0.3498
$X_1{}^2$	53.0467	1	53.0467	0.2926	1.4049	0.2544
$X_2{}^2$	19.8335	1	19.8335	0.1839	0.5253	0.4798
$X_3{}^2$	1.4893	1	1.4893	−0.0512	0.0394	0.8452
$X_4{}^2$	335.7979	1	335.7979	0.6101	8.8931	0.0093
$X_5{}^2$	6.2122	1	6.2122	−0.1042	0.1645	0.6908
X_1X_2	71.1914	1	71.1914	0.3342	1.8854	0.1899
X_1X_3	3.9026	1	3.9026	0.0827	0.1034	0.7523
X_1X_4	246.0663	1	246.0663	−0.5503	6.5167	0.0221
X_1X_5	189.9986	1	189.9986	0.5012	5.0318	0.0404
X_2X_3	240.157	1	240.157	−0.5457	6.3602	0.0235

变异来源	平方和	自由度	均方	偏相关	F 值	p 值
X_2X_4	677.7171	1	677.7171	-0.7381	17.9482	0.0007
X_2X_5	0.793	1	0.793	0.0374	0.021	0.8867
X_3X_4	94.09	1	94.09	0.3774	2.4918	0.1353
X_3X_5	116.8021	1	116.8021	-0.4135	3.0933	0.099
X_4X_5	105.2163	1	105.2163	0.3958	2.7865	0.1158
回归	7181.556	20	359.0778	$F_2=9.50958$	0	—
剩余	566.3935	15	37.7596	—	—	—
失拟	446.3815	6	74.3969	$F_1=5.57921$	0.0114	—
误差	120.012	9	13.3347	—	—	—
总和	7747.949	35				

在 0.05 水平上,剔除式(5.1)中不显著项后得式(5.2)。

$$Y=15.03107+7.67467X_1+9.27825X_2-3.73642X_3-6.98017X_4+3.23940X_4{}^2$$
$$-3.92162X_1X_4+3.44600X_1X_5-3.87425X_2X_3-6.50825X_2X_4 \qquad (5.2)$$

从(5.2)式可见,在各因素处于 0 水平(中间水平)时,菊苣 U 含量是 15.03mg/kg;土壤增加一个水平(即从壤土变成砂壤土),将增加植物 7.67mg/kg 的 U 含量,降低一个水平(即从壤土变成黏壤土)将减少 7.67mg/kg 的 U 含量;U 污染浓度增减一个水平,植物 U 含量将增减 9.28mg/kg;增加一个水平的 P 肥,将减少植物 6.98mg/kg 的 U 含量。同时,土壤与 P、土壤与 K、U 浓度与 N、U 浓度与 P 存在互作关系。

在其他因子处于 0 水平时的单因子效应见表 5.15。表 5.15 显示,土壤因素中,沙土具有最大的正效应,黏土具有最大的负效应;在 U 浓度因素中,U 污染浓度越大,植物 U 含量越高;在 N 或 P 因素中,施 N 或 P 量越少,植物 U 含量越高;K 肥对植物 U 含量没有影响。但是,两种因素相互作用对植物 U 含量的影响并不是加法效应,这受因素和水平的影响(见表 5.15～5.25),有些效应低的因素和水平,在与其他因素和水平的相互作用后,效应值会发生很大的变化。

表 5.15　单因子效应　　　　　　　　　　　　　　(单位：mg/kg)

水平	X_1	X_2	X_3	X_4	X_5
-2	-0.318	-3.525	22.504	41.949	15.031
-1.5	3.519	1.114	20.636	32.79	15.031
-1	7.356	5.753	18.767	25.251	15.031
-0.5	11.194	10.392	16.899	19.331	15.031
0	15.031	15.031	15.031	15.031	15.031
0.5	18.868	19.67	13.163	12.351	15.031
1	22.706	24.309	11.295	11.29	15.031
1.5	26.543	28.948	9.426	11.849	15.031
2	30.38	33.588	7.558	14.028	15.031

表 5.16　$X_1 X_2$ 互作效应　　　　　　（单位：mg/kg）

	−2	−1.5	−1	−0.5	0	0.5	1	1.5	2
−2	11.82	16.46	21.10	25.74	30.38	35.02	39.66	44.30	48.94
−1.5	7.99	12.63	17.26	21.90	26.54	31.18	35.82	40.46	45.10
−1	4.15	8.79	13.43	18.07	22.71	27.34	31.98	36.62	41.26
−0.5	0.31	4.95	9.59	14.23	18.87	23.51	28.15	32.79	37.42
0	−3.53	1.11	5.75	10.39	15.03	19.67	24.31	28.95	33.59
0.5	−7.36	−2.72	1.92	6.55	11.19	15.83	20.47	25.11	29.75
1	−11.20	−6.56	−1.92	2.72	7.36	12.00	16.63	21.27	25.91
1.5	−15.04	−10.40	−5.76	−1.12	3.52	8.16	12.80	17.44	22.08
2	−18.87	−14.24	−9.60	−4.96	−0.32	4.32	8.96	13.60	18.24

表 5.17　$X_1 X_3$ 互作效应　　　　　　（单位：mg/kg）

	−2	−1.5	−1	−0.5	0	0.5	1	1.5	2
−2	37.85	35.99	34.12	32.25	30.38	28.51	26.64	24.78	22.91
−1.5	34.02	32.15	30.28	28.41	26.54	24.67	22.81	20.94	19.07
−1	30.18	28.31	26.44	24.57	22.71	20.84	18.97	17.10	15.23
−0.5	26.34	24.47	22.60	20.74	18.87	17.00	15.13	13.26	11.40
0	22.50	20.64	18.77	16.90	15.03	13.16	11.29	9.43	7.56
0.5	18.67	16.80	14.93	13.06	11.19	9.33	7.46	5.59	3.72
1	14.83	12.96	11.09	9.22	7.36	5.49	3.62	1.75	−0.12
1.5	10.99	9.12	7.26	5.39	3.52	1.65	−0.22	−2.09	−3.95
2	7.15	5.29	3.42	1.55	−0.32	−2.19	−4.05	−5.92	−7.79

表 5.18　$X_1 X_4$ 互作效应　　　　　　（单位：mg/kg）

	−2	−1.5	−1	−0.5	0	0.5	1	1.5	2
−2	72.98	59.90	48.44	38.60	30.38	23.78	18.80	15.43	13.69
−1.5	65.23	53.13	42.65	33.78	26.54	20.92	16.92	14.54	13.78
−1	57.47	46.35	36.85	28.97	22.71	18.06	15.04	13.64	13.86
−0.5	49.71	39.57	31.05	24.15	18.87	15.21	13.17	12.75	13.94
0	41.95	32.79	25.25	19.33	15.03	12.35	11.29	11.85	14.03
0.5	34.19	26.01	19.45	14.51	11.19	9.49	9.41	10.95	14.11
1	26.43	19.23	13.65	9.70	7.36	6.64	7.54	10.06	14.20
1.5	18.67	12.45	7.86	4.88	3.52	3.78	5.66	9.16	14.28
2	10.91	5.68	2.06	0.06	−0.32	0.92	3.78	8.27	14.37

表 5.19 $X_1 X_5$ 互作效应 （单位：mg/kg）

	−2	−1.5	−1	−0.5	0	0.5	1	1.5	2
−2	16.60	20.04	23.49	26.93	30.38	33.83	37.27	40.72	44.16
−1.5	16.21	18.79	21.37	23.96	26.54	29.13	31.71	34.30	36.88
−1	15.81	17.54	19.26	20.98	22.71	24.43	26.15	27.87	29.60
−0.5	15.42	16.28	17.15	18.01	18.87	19.73	20.59	21.45	22.31
0	15.03	15.03	15.03	15.03	15.03	15.03	15.03	15.03	15.03
0.5	14.64	13.78	12.92	12.06	11.19	10.33	9.47	8.61	7.75
1	14.25	12.53	10.80	9.08	7.36	5.63	3.91	2.19	0.46
1.5	13.86	11.27	8.69	6.10	3.52	0.93	−1.65	−4.23	−6.82
2	13.47	10.02	6.57	3.13	−0.32	−3.76	−7.21	−10.66	−14.10

表 5.20 $X_2 X_3$ 互作效应 （单位：mg/kg）

	−2	−1.5	−1	−0.5	0	0.5	1	1.5	2
−2	56.56	50.81	45.07	39.33	33.59	27.85	22.10	16.36	10.62
−1.5	48.04	43.27	38.50	33.72	28.95	24.17	19.40	14.63	9.85
−1	39.53	35.73	31.92	28.11	24.31	20.50	16.70	12.89	9.09
−0.5	31.02	28.18	25.34	22.51	19.67	16.83	14.00	11.16	8.32
0	22.50	20.64	18.77	16.90	15.03	13.16	11.29	9.43	7.56
0.5	13.99	13.09	12.19	11.29	10.39	9.49	8.59	7.69	6.79
1	5.48	5.55	5.62	5.68	5.75	5.82	5.89	5.96	6.03
1.5	−3.04	−2.00	−0.96	0.08	1.11	2.15	3.19	4.23	5.26
2	−11.55	−9.54	−7.54	−5.53	−3.53	−1.52	0.49	2.49	4.50

表 5.21 $X_2 X_4$ 互作效应 （单位：mg/kg）

	−2	−1.5	−1	−0.5	0	0.5	1	1.5	2
−2	86.54	70.87	56.82	44.40	33.59	24.40	16.83	10.88	6.55
−1.5	75.39	61.35	48.93	38.13	28.95	21.39	15.45	11.12	8.42
−1	64.24	51.83	41.04	31.86	24.31	18.38	14.06	11.37	10.29
−0.5	53.10	42.31	33.14	25.60	19.67	15.36	12.68	11.61	12.16
0	41.95	32.79	25.25	19.33	15.03	12.35	11.29	11.85	14.03
0.5	30.80	23.27	17.36	13.06	10.39	9.34	9.91	12.09	15.90
1	19.65	13.75	9.46	6.80	5.75	6.33	8.52	12.33	17.77
1.5	8.51	4.23	1.57	0.53	1.11	3.31	7.14	12.58	19.64
2	−2.64	−5.29	−6.32	−5.73	−3.53	0.30	5.75	12.82	21.50

表 5.22　X_2X_5 互作效应　　　　　　　　　　（单位：mg/kg）

	−2	−1.5	−1	−0.5	0	0.5	1	1.5	2
−2	33.59	33.59	33.59	33.59	33.59	33.59	33.59	33.59	33.59
−1.5	28.95	28.95	28.95	28.95	28.95	28.95	28.95	28.95	28.95
−1	24.31	24.31	24.31	24.31	24.31	24.31	24.31	24.31	24.31
−0.5	19.67	19.67	19.67	19.67	19.67	19.67	19.67	19.67	19.67
0	15.03	15.03	15.03	15.03	15.03	15.03	15.03	15.03	15.03
0.5	10.39	10.39	10.39	10.39	10.39	10.39	10.39	10.39	10.39
1	5.75	5.75	5.75	5.75	5.75	5.75	5.75	5.75	5.75
1.5	1.11	1.11	1.11	1.11	1.11	1.11	1.11	1.11	1.11
2	−3.53	−3.53	−3.53	−3.53	−3.53	−3.53	−3.53	−3.53	−3.53

表 5.23　X_3X_4 互作效应　　　　　　　　　　（单位：mg/kg）

	−2	−1.5	−1	−0.5	0	0.5	1	1.5	2
−2	34.48	25.32	17.78	11.86	7.56	4.88	3.82	4.38	6.56
−1.5	36.34	27.19	19.65	13.73	9.43	6.75	5.69	6.24	8.42
−1	38.21	29.05	21.51	15.59	11.29	8.61	7.55	8.11	10.29
−0.5	40.08	30.92	23.38	17.46	13.16	10.48	9.42	9.98	12.16
0	41.95	32.79	25.25	19.33	15.03	12.35	11.29	11.85	14.03
0.5	43.82	34.66	27.12	21.20	16.90	14.22	13.16	13.72	15.90
1	45.69	36.53	28.99	23.07	18.77	16.09	15.03	15.59	17.76
1.5	47.55	38.39	30.86	24.94	20.64	17.96	16.89	17.45	19.63
2	49.42	40.26	32.72	26.80	22.50	19.82	18.76	19.32	21.50

表 5.24　X_3X_5 互作效应　　　　　　　　　　（单位：mg/kg）

	−2	−1.5	−1	−0.5	0	0.5	1	1.5	2
−2	7.56	7.56	7.56	7.56	7.56	7.56	7.56	7.56	7.56
−1.5	9.43	9.43	9.43	9.43	9.43	9.43	9.43	9.43	9.43
−1	11.29	11.29	11.29	11.29	11.29	11.29	11.29	11.29	11.29
−0.5	13.16	13.16	13.16	13.16	13.16	13.16	13.16	13.16	13.16
0	15.03	15.03	15.03	15.03	15.03	15.03	15.03	15.03	15.03
0.5	16.90	16.90	16.90	16.90	16.90	16.90	16.90	16.90	16.90
1	18.77	18.77	18.77	18.77	18.77	18.77	18.77	18.77	18.77
1.5	20.64	20.64	20.64	20.64	20.64	20.64	20.64	20.64	20.64
2	22.50	22.50	22.50	22.50	22.50	22.50	22.50	22.50	22.50

表 5.25　X_4X_5 互作效应　　　　　　　　　　（单位：mg/kg）

	−2	−1.5	−1	−0.5	0	0.5	1	1.5	2
−2	14.03	14.03	14.03	14.03	14.03	14.03	14.03	14.03	14.03

续表

	−2	−1.5	−1	−0.5	0	0.5	1	1.5	2
−1.5	11.85	11.85	11.85	11.85	11.85	11.85	11.85	11.85	11.85
−1	11.29	11.29	11.29	11.29	11.29	11.29	11.29	11.29	11.29
−0.5	12.35	12.35	12.35	12.35	12.35	12.35	12.35	12.35	12.35
0	15.03	15.03	15.03	15.03	15.03	15.03	15.03	15.03	15.03
0.5	19.33	19.33	19.33	19.33	19.33	19.33	19.33	19.33	19.33
1	25.25	25.25	25.25	25.25	25.25	25.25	25.25	25.25	25.25
1.5	32.79	32.79	32.79	32.79	32.79	32.79	32.79	32.79	32.79
2	41.95	41.95	41.95	41.95	41.95	41.95	41.95	41.95	41.95

5.2.3　小结

土壤、U浓度、N肥、P肥对菊苣地上器官U含量影响极显著。砂土有利于植物对U的吸收，黏土不利于植物对U的吸收。施N或P量越少，植物U含量越高；K肥对植物U含量没有显著影响。土壤与P、土壤与K、U浓度与N、U浓度与P存在互作关系。土壤和P互作影响显著，U浓度和P、U浓度和N互作影响极显著。P肥降低植物吸收U的结论与Rufyikiri等（2006）的结果相似。

我们2016年用湖南某铀尾矿库污染农田土壤（含U13.4mg/kg）盆栽苜蓿试验也进一步证实，P抑制土壤U向植物转移，但不同P肥的抑制效果不同。纳米羟基磷矿粉降低TF35%，过磷酸钙降低TF11%，磷酸二氢钾降低TF40%。

5.3　微量元素对植物修复U污染土壤的影响

微量元素能促进植物生长和提高作物产量。某些中量和微量元素可以促进植物对U的吸收。祁芳芳等（2012）研究发现，在水培U浓度为50mg/L下，施用Ca^{2+}、Fe^{2+}、Zn^{2+}，榨菜地上部吸收U能力随Ca^{2+}、Fe^{2+}、Zn^{2+}浓度增加先增强后减弱；榨菜根在Ca^{2+}、Zn^{2+}低浓度时对U吸收表现促进作用，高浓度时表现抑制作用，而Fe^{2+}则表现为抑制作用。施用微肥是作物栽培常用的增产措施。但在植物修复中，不同微量元素对植物吸收富集土壤U有何影响，国内外研究很少。因此，研究不同种类和用量的微量元素对植物富集U的影响，可以为强化植物修复U污染土壤提供理论和方法依据。

5.3.1　研究方法

1. 试验材料

本试验选用一次和二次修复筛选出对U具有较好耐性（高浓度U污染除外）、生长速度快、富集能力较强，且具有再生能力的菊苣。

试验所用U为$UO_2(NO_3)_2 \cdot 6H_2O$，含量为99.0%，微量元素分别用$MnCl_2 \cdot 4H_2O$

（含量 99.0%）、$ZnCl_2$（含量 99.6%）、$CuCl_2 \cdot 2H_2O$（99.0%）、$MoCl_5$（含量 99.6%）、H_3BO_3（含量 99.5%），均为分析纯。

2. 试验土壤

试验土壤为农田紫色壤土，2.26mgU/kg 土，土壤容重 1.39g/cm³，pH 为 7.5（土：水＝1：1），有机质含量 31.6g/kg，全氮、全磷、全钾依次为 2.57g/kg、0.985g/kg、17.9g/kg，碱解氮、有效磷和速效钾分别为 302mg/kg、33mg/kg、288mg/kg。

3. 试验方法

1）试验设计

采用裂区试验设计，主区 U 的处理浓度分别为 0mg/kg、50mg/kg、100mg/kg、150mg/kg 土壤；裂区为 5 种微量元素，再裂区为两种微量元素的浓度，第一个微量元素浓度为试验所用土壤背景值的 1 倍（简称为低浓度），Mn、Zn、Cu、Mo、B 元素浓度分别为 700mg/kg、100mg/kg、40mg/kg、1mg/kg、50mg/kg，第二个浓度为第一个浓度的 5 倍（简称为高浓度），5 种微量元素浓度分别为 3500mg/kg、500mg/kg、200mg/kg、5mg/kg、250mg/kg。采用直播，盆栽，盆直径为 350mm，每盆 2kg 土壤（干重），施用清水为对照，每个处理重复三次。

2）试验处理方法

土壤过 1.4cm 筛、装盆，于 2012 年 12 月 16 日根据预备试验和设计 U 和微量元素用量，每盆（2kg 干土）浇施 680ml（U＋某一微量元素）混合液或清水（CK），使土壤刚好达到田间持水量，以便试验土壤受到均匀污染。处理好的土壤在遮光、阴凉处放置 8 周左右，使 U 和微量元素被土壤充分吸附。

3）栽培管理与收获烘干

2013 年 3 月 18 日进行播种，出苗后定苗，每穴 3 株。生长期间每 1～2 天浇一次水，保持土壤水分在土壤持水量的 60%～70%。收获前 1～2 周测定叶绿素相对含量、光合作用参数和叶绿素荧光参数。2013 年 6 月 5 日，收获实生苗植株，保留一穴植株（3 苗）1cm 茬，以便再生。

收获植物用自来水洗净后，再用超纯水清洗 2 次。然后将植物器官按地上部分、根系分开，分别干燥计重、碾磨粉碎。再生苗于 2013 年 8 月 21 日收获，收获方式同实生苗。

5.3.2　U 和微量元素互作对植物性状的影响

由于 3500mg/kg Mn 和 250mg/kg B 处理的菊苣死亡，以下的所有分析不包括这这两个处理。方差分析也不包括 Mn 和 B 两种微量元素。

1. 对菊苣株高和叶绿素相对含量的影响

1）对实生苗的影响

U 污染土壤会降低菊苣实生苗株高（苗高），即使施用微量元素，也不能改变这种不

利影响(见表 5.26)。方差分析表明,不同 U 浓度对菊苣实生苗株高影响达到极显著($P<$
0.01),Zn、Cu、Mo 三种微量元素对菊苣实生苗株高影响达到显著($P<0.05$),微量元
素浓度对菊苣实生苗株高影响不显著($P>0.05$)。

　　从表 5.26 还可看出,U 污染土壤也降低植物叶绿素相对含量,但在不同浓度 U 污
染土壤下,不同微量元素及其浓度对叶绿素相对含量增减效应不同。在低浓度 U 污染
下,高浓度 Mo 和 B 有减少效应,其他元素和浓度有增加效应,100mg/kg Zn 增加效应
最大;在中浓度 U 污染下,Zn、B 和高浓度 Mo 有减少效应,其他元素及其浓度有增加效
应;在高浓度 U 污染下,Mo 有增加效应,其他元素有减少效应。方差分析表明,不同 U
浓度、三种微量元素、两种微量元素浓度均对菊苣实生苗叶绿素相对含量影响达到显著水
平($P<0.05$)。

表 5.26　微量元素对 U 胁迫下菊苣实生苗株高和叶绿素相对含量的影响

微量元素	浓度/(mg/kg)	株高/(cm)				叶绿素相对含量(SPAD)			
		U 污染浓度(mg/kg)				U 污染浓度(mg/kg)			
		0	50	100	150	0	50	100	150
CK	0	28.16	24.99	27.01	27.38	37.43	23.45	23.62	23.62
Mn	700	28.48	25.32	26.62	27.04	36.70	23.50	23.85	23.30
	3500	—	—	—	—				
Zn	100	29.00	26.26	27.18	25.06	35.83	25.67	22.27	22.05
	500	33.87	28.20	28.49	27.06	37.33	24.50	21.77	22.02
Cu	40	29.78	27.53	26.49	26.42	37.83	23.62	25.02	21.80
	200	29.01	25.98	27.96	27.66	36.57	24.23	24.00	22.33
Mo	1	29.03	26.27	27.37	25.47	37.10	23.82	23.93	24.85
	5	28.37	24.96	26.51	25.62	36.17	22.53	22.00	25.00
B	50	27.70	26.40	29.34	25.17	34.23	21.52	21.13	21.00
	250	—	—	—	—				

　　2)对再生苗的影响

　　表 5.27 显示,U 胁迫对菊苣再生苗株高影响不明显,在不同浓度 U 污染下,施用 B
肥都会降低株高。在低、中浓度 U 污染下,Mo 肥降低株高;在中、高浓度 U 污染下,
Zn 肥降低株高;在高浓度 U 污染下,Cu 肥降低株高。方差分析表明,不同 U 浓度、三
种微量元素、两种微量元素浓度对菊苣再生苗株高影响均不显著($P>0.05$)。

　　在没有 U 污染下,微量元素能够提高菊苣再生苗的叶绿素含量(见表 5.27)。在低浓
度 U 污染下,高浓度 Zn 和低浓度 Cu 降低含量,其他元素含量和浓度增加,B 的增加作
用最大;在中浓度 U 污染下,Mn、Mo、低浓度 Zn 和高浓度 Cu 降低含量,其他元素含
量和浓度增加,B 的增加作用最大;在高浓度 U 污染下,低浓度 Zn 降低含量,其他元
素含量和浓度增加,也是 B 的增加作用最大。由此可见,B 肥可以增加菊苣再生苗的叶
绿素含量。方差分析表明,不同 U 浓度对菊苣再生苗叶绿素相对含量影响显著($P<$
0.05),两种微量元素浓度对菊苣再生苗叶绿素相对含量影响极显著($P<0.01$),三种微

量元素对菊苣再生苗叶绿素相对含量影响不显著（$P>0.05$），但不同 U 浓度×三种微量元素×两种微量元素浓度达到极显著（$P<0.01$）。

表 5.27　微量元素对 U 胁迫下菊苣再生苗株高和叶绿素相对含量的影响

微量元素	浓度 /(mg/kg)	再生苗株高				再生苗叶绿素相对含量(SPAD)			
		U 污染浓度/(mg/kg)				U 污染浓度/(mg/kg)			
		0	50	100	150	0	50	100	150
CK	0	23.10	23.45	23.62	23.62	30.03	30.60	32.17	29.60
Mn	700	19.23	23.50	23.85	23.3	30.47	32.80	25.40	33.20
	3500	—							
Zn	100	23.40	25.67	22.27	22.05	33.07	31.77	29.63	26.40
	500	23.85	24.5	21.77	22.02	35.17	28.97	37.63	34.57
Cu	40	23.95	23.62	25.02	21.8	30.80	27.93	35.07	34.57
	200	21.72	24.23	24.00	22.33	33.37	31.47	29.63	32.10
Mo	1	21.32	23.82	23.93	24.85	30.50	32.47	28.10	34.03
	5	23.55	22.53	22.00	25.00	32.97	32.63	31.40	36.83
B	50	22.87	21.52	21.13	21.00	41.37	40.45	43.93	46.97
	250	—							

注：Zn 和 B 高浓度处理植株死亡。

2. 对干物重的影响

1）微量元素对菊苣实生苗干重的影响

U 污染对菊苣实生苗根系干重有增加作用，对地上器官的干重有降低作用。表 5.28 显示，在没有 U 污染下，B 肥会降低根系干重、叶干重，从而降低植株干重；其他微量元素增加根系干重，而对地上器官有不同的影响，Mn、高浓度 Zn 和低浓度 Cu 有增加作用，其他元素和浓度有降低作用。在各种浓度 U 污染下，B 和 Mn 都降低植物干重。在低浓度 U 污染下，Zn 和高浓度 B 有增加干重的作用，Mo 无影响。在中浓度 U 污染下，低浓度 Zn 可以增加植株干重，但其他元素和浓度均有降低作用。在高浓度 U 污染下，Cu 肥有增加作用，其他元素有降低作用。方差分析表明，不同 U 浓度对菊苣实生苗平均单株干重影响显著（$P<0.05$），三种微量元素、两种微量元素浓度对菊苣实生苗平均单株干重影响不显著（$P>0.05$）。

表 5.28　微量元素对 U 胁迫下菊苣实生苗干重的影响

微量元素	浓度 /(mg/kg)	单株干重/g				根干重/g				叶干重/g			
		U 污染浓度/(mg/kg)				U 污染浓度/(mg/kg)				U 污染浓度/(mg/kg)			
		0	50	100	150	0	50	100	150	0	50	100	150
CK	0	1.21	1.13	1.24	1.04	0.44	0.52	0.58	0.48	0.77	0.61	0.65	0.57
Mn	700	1.31	0.92	1.04	0.98	0.48	0.38	0.41	0.41	0.83	0.54	0.63	0.58
	3500	—	—	—	—	—	—	—	—	—	—	—	—

续表

微量元素	浓度/(mg/kg)	单株干重/g U污染浓度/(mg/kg)				根干重/g U污染浓度/(mg/kg)				叶干重/g U污染浓度/(mg/kg)			
		0	50	100	150	0	50	100	150	0	50	100	150
Zn	100	1.25	1.23	1.51	0.95	0.52	0.56	0.72	0.42	0.73	0.68	0.78	0.53
	500	1.31	1.16	0.91	1.04	0.45	0.48	0.23	0.38	0.86	0.68	0.67	0.66
Cu	40	1.33	1.09	1.03	1.16	0.48	0.49	0.49	0.52	0.85	0.60	0.54	0.64
	200	1.21	1.21	1.03	1.01	0.48	0.60	0.49	0.44	0.73	0.61	0.54	0.57
Mo	1	1.31	1.13	1.07	0.91	0.56	0.48	0.43	0.40	0.75	0.65	0.64	0.51
	5	1.37	1.13	1.03	1.08	0.63	0.47	0.47	0.48	0.74	0.66	0.56	0.61
B	50	0.75	0.47	0.72	0.47	0.18	0.12	0.12	0.07	0.57	0.35	0.60	0.40
	250	—	—	—	—	—	—	—	—	—	—	—	—

注：Mn 和 B 高浓度处理植株死亡。

2)微量元素对菊苣再生苗干重的影响

不同微量元素对植物再生苗干重的影响不同(见表 5.29)。Mn 和 B 使菊苣再生苗干重降低，Zn、Cu、Mo 可增加菊苣干重，Zn 或 Mo 浓度越大，增加越多。植株干重增加的原因主要是根干重增加所致。在 U 污染土壤中，微量元素多使菊苣再生苗干重下降，但在 100mg/kg U 污染土壤中，Zn 和 Mn 却增加了干重。

方差分析表明，不同 U 浓度对菊苣再生苗平均单株干重影响显著($P<0.05$)，三种微量元素对菊苣再生苗平均单株干重影响极显著($P<0.01$)，两种微量元素浓度对菊苣再生苗平均单株干重影响不显著($P>0.05$)。

表 5.29　微量元素对 U 胁迫下菊苣再生苗干重的影响

微量元素	浓度/(mg/kg)	平均单株干重/g U浓度/(mg/kg)				根干重/g U浓度/(mg/kg)				叶干重/g U浓度/(mg/kg)			
		0	50	100	150	0	50	100	150	0	50	100	150
CK	0	1.32	1.68	1.65	1.71	0.62	0.90	0.78	0.89	0.70	0.78	0.87	0.82
Mn	700	1.10	1.58	1.71	1.57	0.65	0.86	0.98	0.88	0.46	0.73	0.73	0.69
	3500	—	—	—	—	—	—	—	—	—	—	—	—
Zn	100	1.41	1.63	1.84	1.55	0.73	0.89	0.88	0.86	0.68	0.74	0.70	0.69
	500	1.45	1.69	2.27	1.71	0.80	0.90	1.44	1.01	0.65	0.79	0.83	0.70
Cu	40	1.40	1.56	1.64	1.46	0.85	0.79	0.85	0.77	0.70	0.77	0.78	0.68
	200	1.38	1.66	1.63	1.59	0.73	1.01	0.90	0.93	0.65	0.66	0.73	0.67
Mo	1	1.39	1.59	1.67	1.67	0.73	0.81	0.95	0.86	0.66	0.78	0.72	0.81
	5	1.50	1.60	1.44	1.58	0.77	0.86	0.77	0.83	0.73	0.73	0.67	0.75
B	50	1.05	1.48	1.19	1.44	0.34	0.43	0.45	0.61	0.71	0.56	0.74	0.84
	250	—	—	—	—	—	—	—	—	—	—	—	—

注：Mn 和 B 高浓度处理植株死亡。

3. 对光合作用的影响

1)对菊苣实生苗的影响

在 U 污染土壤中,五种微量元素菊苣实生苗 Pn(净光合速率)和 Gs(气孔导度)均高于或等于 CK,而 Ci(胞间 CO_2 浓度)低于 CK,Cu 的 200mg/kg 处理除外(见表 5.30)。方差分析表明,Zn、Cu、Mo 三种微量元素对菊苣实生苗 Pn、Gs、Ci 影响显著($P<0.05$),不同 U 浓度、两种微量元素浓度对菊苣实生苗 Pn、Gs、Ci 影响均不显著($P>0.05$)。

表 5.30　微量元素对 U 胁迫下菊苣实生苗光合作用参数的影响

微量元素	浓度/(mg/kg)	Pn/[μmolCO₂/(m²·s)]				Gs/[molH₂O/(m²·s)]				Ci/(μmolCO₂/mol)			
		U 浓度/(mg/kg)				U 浓度/(mg/kg)				U 浓度/(mg/kg)			
		0	50	100	150	0	50	100	150	0	50	100	150
CK	0	9.66	9.60	9.95	11.81	0.16	0.18	0.16	0.30	259.48	265.08	235.98	273.67
Mn	700	11.39	10.86	11.18	11.66	0.17	0.20	0.31	0.22	244.66	257.17	281.10	249.69
	3500	—	—	—	—								
Zn	100	10.60	11.71	10.85	10.57	0.19	0.34	0.16	0.21	248.82	269.08	229.33	250.39
	500	10.48	9.31	12.82	11.76	0.16	0.18	0.18	0.20	228.51	254.15	216.15	241.85
Cu	40	11.37	11.49	11.11	11.80	0.21	0.29	0.18	0.19	254.39	275.40	235.89	234.88
	200	10.35	11.17	11.13	11.16	0.22	0.21	0.16	0.15	264.87	246.79	226.83	213.79
Mo	1	9.84	11.50	10.48	9.54	0.18	0.22	0.18	0.14	248.77	258.39	241.97	230.87
	5	10.73	10.93	10.28	9.19	0.16	0.22	0.18	0.14	229.57	263.71	249.59	235.41
B	50	10.94	13.62	15.16	14.07	0.16	0.23	0.46	0.26	233.48	240.76	285.52	250.05
	250	—	—	—	—								

注:Mn 和 B 高浓度处理植株死亡。

2)对菊苣再生苗的影响

在 U 污染土壤中,不同微量元素对菊苣再生苗光合参数影响不同,B 和高浓度 Cu 使 Pn、Gs 增加,其他元素使其下降(见表 5.31)。方差分析表明,不同 U 浓度、三种微量元素、两种微量元素浓度对菊苣再生苗 Pn、Gs、Ci 影响均不显著($P>0.05$)。

表 5.31　微量元素对 U 胁迫下菊苣再生苗光合作用参数的影响

微量元素	浓度/(mg/kg)	Pn/[μmolCO₂/(m²·s)]				Gs/[molH₂O/(m²·s)]				Ci/(μmolCO₂/mol)			
		U 浓度(mg/kg)				U 浓度(mg/kg)				U 浓度(mg/kg)			
		0	50	100	150	0	50	100	150	0	50	100	150
CK	0	9.59	9.91	11.04	8.25	0.23	0.18	0.21	0.17	294.90	254.29	272.24	259.69
Mn	700	8.00	7.78	8.34	7.53	0.14	0.16	0.15	0.15	258.04	269.11	260.00	250.27
	3500	—	—	—	—								

续表

微量元素	浓度/(mg/kg)	Pn/[μmolCO₂/(m²·s)] U浓度(mg/kg)				Gs/[molH₂O/(m²·s)] U浓度(mg/kg)				Ci/(μmolCO₂/mol) U浓度(mg/kg)			
		0	50	100	150	0	50	100	150	0	50	100	150
Zn	100	9.15	6.79	8.81	8.10	0.16	0.14	0.17	0.14	261.66	261.25	256.53	242.43
	500	9.23	8.45	8.14	9.12	0.16	0.17	0.17	0.19	268.63	257.99	232.55	259.13
Cu	40	8.34	7.92	10.57	9.64	0.22	0.14	0.20	0.19	272.43	247.77	252.41	256.07
	200	8.37	10.23	10.11	11.03	0.24	0.24	0.21	0.21	293.47	276.77	278.71	275.76
Mo	1	6.79	9.56	8.54	11.46	0.15	0.19	0.16	0.27	288.36	266.11	265.81	277.03
	5	7.21	9.87	10.47	9.24	0.15	0.19	0.22	0.19	274.16	265.26	273.23	280.38
B	50	11.32	11.13	12.52	15.86	0.24	0.21	0.30	0.33	274.59	276.71	293.88	285.03
	250	—											

注：Mn 和 B 高浓度处理植株死亡。

4. 对叶绿素荧光参数的影响

在不施微量元素(CK)的条件下，菊苣实生苗和再生苗 F_0、F_m、F_v/F_m 随 U 浓度而表现不同的变化(见表 5.32，表 5.33)。在 U 胁迫下，微量元素多使 F_0 和 F_m 降低，F_v/F_m 变化很小。由于 F_0 增加或 F_m 降低都表示受到胁迫，$F_v = F_m - F_0$，因此，在 U 污染土壤中，施用微量元素对菊苣实生苗和再生苗 PSⅡ没有明显影响。

表 5.32　微量元素对 U 胁迫下菊苣实生苗 F_0、F_m、F_v/F_m 的影响

微量元素	浓度/(mg/kg)	F_0 U浓度/(mg/kg)				F_m U浓度/(mg/kg)				F_v/F_m U浓度/(mg/kg)			
		0	50	100	150	0	50	100	150	0	50	100	150
CK	0	0.415	0.393	0.420	0.408	2.090	2.043	1.997	2.113	0.801	0.808	0.790	0.807
Mn	700	0.416	0.410	0.381	0.415	2.103	2.120	1.863	2.067	0.802	0.806	0.806	0.799
	3500	—											
Zn	100	0.423	0.399	0.402	0.415	2.096	1.894	1.695	1.950	0.798	0.789	0.768	0.788
	500	0.412	0.373	0.378	0.407	2.059	1.959	1.870	1.960	0.799	0.809	0.806	0.793
Cu	40	0.426	0.382	0.412	0.399	2.197	1.909	1.995	2.089	0.806	0.800	0.802	0.809
	200	0.408	0.396	0.379	0.413	2.070	2.034	1.896	2.073	0.803	0.805	0.800	0.801
Mo	1	0.423	0.375	0.371	0.417	2.195	1.897	1.901	2.052	0.807	0.803	0.805	0.797
	5	0.417	0.427	0.395	0.453	2.111	2.138	2.000	2.113	0.802	0.801	0.802	0.784
B	50	0.391	0.391	0.385	0.383	1.903	1.885	1.917	1.873	0.794	0.793	0.799	0.795
	250	—											

注：Mn 和 B 高浓度处理植株死亡。

表 5.33　微量元素对 U 胁迫下菊苣再生苗 F_0、F_m、F_v/F_m 的影响

微量元素	浓度 /(mg/kg)	F_0				F_m				F_v/F_m			
		U 浓度/(mg/kg)				U 浓度/(mg/kg)				U 浓度/(mg/kg)			
		0	50	100	150	0	50	100	150	0	50	100	150
CK	0	0.437	0.412	0.430	0.427	2.155	1.901	1.944	2.112	0.797	0.784	0.778	0.786
Mn	700	0.400	0.403	0.423	0.432	1.985	1.796	2.086	2.073	0.798	0.775	0.796	0.791
	3500	—	—	—	—								
Zn	100	0.419	0.415	0.391	0.415	1.993	1.852	1.746	1.890	0.790	0.776	0.774	0.779
	500	0.459	0.417	0.466	0.442	2.064	1.905	2.239	2.022	0.778	0.780	0.792	0.790
Cu	40	0.402	0.408	0.458	0.394	1.807	1.809	2.012	1.751	0.776	0.774	0.773	0.781
	200	0.414	0.379	0.460	0.452	1.949	1.867	2.083	2.239	0.785	0.796	0.779	0.797
Mn	1	0.440	0.432	0.421	0.416	2.070	2.000	2.060	1.981	0.788	0.784	0.795	0.788
	5	0.415	0.390	0.446	0.418	1.916	1.787	2.073	2.052	0.780	0.779	0.784	0.795
B	50	0.384	0.409	0.451	0.477	1.757	1.906	2.185	2.193	0.778	0.784	0.782	0.782
	250	—	—	—	—								

注：Mn 和 B 高浓度处理植株死亡。

5.3.3　微量元素对植物吸收和转移 U 的影响

1. 微量元素对菊苣实生苗 U 吸收和转移的影响

1)对 U 含量的影响

在无 U 污染土壤，Mn、Zn、Cu、Mo 不能促进植物吸收 U，但 B 能促进根系吸收 U(见表 5.34)。从表 5.34 可见，在 50mg/kg U 胁迫下，Mn700mg/kg、Zn500mg/kg、Mo1mg/kg 和 B50mg/kg 处理能增加菊苣实生苗根吸收 U，其他微量元素处理菊苣实生苗根吸收土壤中 U 均少于 CK；在 100mg/kg U 胁迫下，只有 Mo1mg/kg 处理菊苣实生苗根 U 含量高于 CK；在 150mg/kg U 胁迫下，只有 Mo1mg/kg 处理能增加菊苣实生苗根对 U 的吸收。总的来看，B50mg/kg 处理能大幅增加菊苣实生苗根对 U 的吸收，但是在高浓度 U 胁迫下对 U 吸收减少。

在 50mg/kg U 胁迫下，所有微量元素处理均增加菊苣实生苗叶对 U 的富集，且在 B50mg/kg 处理下达到最高，较 CK 增加 998.52%；在 100mg/kg U 胁迫下，只有 Mn700mg/kg 处理增加菊苣实生苗叶对 U 的积累；在 150mg/kg U 胁迫下，Mn700mg/kg、Cu200mg/kg、Mo1mg/kg 和 B50mg/kg 处理能增加菊苣实生苗叶积累 U，其余处理相对 CK 都有所降低。

就植株含量而言，在中低浓度 U 污染土壤中，施用适量的 B 和 Mn 可以促进植物对 U 的积累，B 的效果十分显著；在高浓度 U 污染土壤，施用少量的 Mo，也可增加菊苣实生苗植株对 U 的积累；其他元素和浓度会减少植物对 U 的积累。

表 5.34 微量元素对 U 胁迫下菊苣实生苗根、叶及单株 U 含量的影响

微量元素	浓度/(mg/kg)	根 U 含量/(mg/kg) U 浓度/(mg/kg)				叶 U 含量/(mg/kg) U 浓度/(mg/kg)				单株 U 含量/(mg/kg) U 浓度/(mg/kg)			
		0	50	100	150	0	50	100	150	0	50	100	150
CK	0	0.00	23.39	69.84	187.92	0.00	0.88	6.64	6.89	0.00	12.54	40.03	99.55
Mn	700	0.00	28.36	105.31	179.36	0.00	2.06	9.69	11.60	0.00	15.45	58.14	96.18
	3500	—	—	—	—	—	—	—	—	—	—	—	—
Zn	100	0.00	17.39	54.01	123.76	0.00	2.77	2.31	4.94	0.00	10.48	29.03	66.98
	500	0.00	27.21	59.01	130.97	0.00	2.39	2.36	4.00	0.00	15.38	31.68	70.11
Cu	40	0.00	17.50	68.10	89.66	0.00	1.83	4.86	4.57	0.00	10.04	37.00	48.91
	200	0.00	19.16	71.67	160.86	0.00	3.71	4.25	7.04	0.00	11.66	38.95	86.68
Mo	1	0.00	25.58	46.23	215.33	0.00	1.12	2.85	20.22	0.00	13.85	25.38	116.29
	5	0.00	23.08	39.68	175.77	0.00	0.43	2.03	6.05	0.00	11.75	21.36	94.50
B	50	2.39	61.05	155.81	146.81	0.00	9.68	4.93	8.25	1.27	35.94	84.88	77.51
	250	—	—	—	—	—	—	—	—	—	—	—	—

注：Mn 和 B 高浓度处理植株死亡。

2）对 U 转移的影响

微量元素对土壤 U 向植物转移的影响与对植物 U 含量的影响相同，适量的 B 和 Mn 促进土壤 U 向植物转移，其他元素降低转移（见表 5.35）。在低 U 污染土壤中，B、Cu、Zn 促进根系 U 向地上器官转移，其他元素降低转移；在中浓度 U 浓度污染土壤中，微量元素降低根系 U 向地上器官转移；在高浓度 U 污染土壤中，适量 Mn 和 B 促进根系 U 向地上器官转移，其他元素降低转移。

表 5.35 微量元素处理对 U 胁迫下菊苣实生苗 TF 和 U 含量冠根比的影响

微量元素	浓度/(mg/kg)	TF U 浓度/(mg/kg)				U 含量 T/R U 浓度/(mg/kg)			
		0	50	100	150	0	50	100	150
CK	0	0.00	0.25	0.40	0.66	0.00	0.04	0.10	0.04
Mn	700	0.00	0.31	0.58	0.64	0.00	0.07	0.09	0.06
	3500	—	—	—	—	—	—	—	—
Zn	100	0.00	0.21	0.29	0.45	0.00	0.16	0.04	0.04
	500	0.00	0.31	0.32	0.47	0.00	0.09	0.04	0.03
Cu	40	0.00	0.20	0.37	0.33	0.00	0.10	0.07	0.05
	200	0.00	0.23	0.39	0.58	0.00	0.19	0.06	0.04
Mo	1	0.00	0.28	0.25	0.78	0.00	0.04	0.06	0.09
	5	0.00	0.23	0.21	0.63	0.00	0.02	0.05	0.03

续表

微量元素	浓度/(mg/kg)	TF				U 含量 T/R			
		U 浓度/(mg/kg)				U 浓度/(mg/kg)			
		0	50	100	150	0	50	100	150
B	50	0.00	0.72	0.85	0.52	0.00	0.16	0.03	0.06
	250	—				—			

注：Mn 和 B 高浓度处理植株死亡。

2. 微量元素对菊苣再生苗吸收和转移 U 的影响

在低浓度 U 污染土壤，Zn 及低浓度 B、Mn 和 Cu 增加菊苣再生苗根系和植株 U 含量，低浓度 B 的增加效果最明显，使植株含量增加 80.73%；Mo 和高浓度 Cu 降低根系和植株 U 含量（见表 5.36）。表 5.37 显示，微量元素对土壤 U 向植物转移的影响与对植株含量的影响相同；在低浓度 U 污染土壤中，所有微量元素都促进根系 U 向地上器官转移；在中浓度 U 污染土壤，Zn 和低浓度 Mo 促进根系 U 向地上器官转移；在高浓度 U 污染土壤，Zn 和低浓度 B 促进根系 U 向地上器官转移。

因此，利用再生植物修复低浓度 U 污染土壤，施用适量硼肥，既可促进土壤 U 向根系转移，又可促进根系 U 向地上器官转移。

表 5.36 微量元素处理对菊苣再生苗根、叶及单株 U 含量的影响

微量元素	浓度/(mg/kg)	根 U 含量/(mg/kg)				叶 U 含量/(mg/kg)				植株 U 含量/(mg/kg)			
		U 浓度/(mg/kg)				U 浓度/(mg/kg)				U 浓度/(mg/kg)			
		0	50	100	150	0	50	100	150	0	50	100	150
CK	0	0.16	33.79	143.91	178.56	0.13	1.97	35.06	13.13	0.14	17.96	89.56	95.95
Mn	700	0.1	34.17	88.61	180.93	0.11	12.92	10.6	7.44	0.11	23.62	50.26	94.41
	3500	—											
Zn	100	0.09	37.75	53.95	144.97	0.09	7.81	15	10.89	0.09	23.17	34.46	77.74
	500	0.06	39.93	48.86	162.21	0.02	13.27	20.32	24.77	0.04	26.58	34.66	93.93
Cu	40	0.14	38.32	94.19	169.44	0.09	7.8	7.21	7.77	0.12	23.09	51.11	88.87
	200	0.08	22.39	99.15	152.1	0.03	7.55	7.46	10.91	0.04	14.98	53.96	81.16
Mo	1	0.14	20.46	54.24	158.29	0.14	7.27	20.02	11.52	0.14	13.97	37.28	84.66
	5	0.06	28.61	68.57	220.59	0.05	3.26	9.97	8.91	0.06	15.99	39.15	113.39
B	50	1.54	48.36	107.88	141.51	0.4	16.37	14.24	11.75	0.97	32.46	61.32	77.32
	250	—											

注：Mn 和 B 高浓度处理植株死亡。

表 5.37 微量元素对 U 胁迫下菊苣再生苗 TF 和 U 含量冠根比的影响

微量元素	浓度/(mg/kg)	TF			U 含量 T/R			
		U 浓度/(mg/kg)			U 浓度/(mg/kg)			
		50	100	150	0	50	100	150
CK	0	0.36	0.90	0.64	0.81	0.06	0.24	0.07
Mn	700	0.47	0.50	0.63	1.10	0.38	0.12	0.04
	3500	—	—	—	—	—	—	—
Zn	100	0.46	0.34	0.52	1.00	0.21	0.28	0.08
	500	0.53	0.35	0.63	0.33	0.33	0.42	0.15
Cu	40	0.46	0.51	0.59	0.64	0.20	0.08	0.05
	200	0.30	0.54	0.54	0.38	0.34	0.08	0.07
Mo	1	0.28	0.37	0.56	1.00	0.36	0.37	0.07
	5	0.32	0.39	0.76	0.83	0.11	0.15	0.04
B	50	0.65	0.61	0.52	0.26	0.34	0.13	0.08
	250	—	—	—	—	—	—	—

注：Mn 和 B 高浓度处理植株死亡。

5.3.4 小结

U 污染土壤会降低菊苣实生苗株高（苗高），即使施用微量元素，也不能改变这种不利影响。U 污染土壤也降低植物叶绿素相对含量，但在不同浓度 U 污染土壤下，不同微量元素及其浓度对叶绿素相对含量增减效应不同。U 胁迫对菊苣再生苗株高影响不明显，在不同浓度 U 污染下，施用 B 肥都会降低株高，但可增加菊苣再生苗的叶绿素含量。U 污染对菊苣实生苗根系干重有增加作用，对地上器官的干重有降低作用。在各种浓度 U 污染下，B 和 Mn 都降低植物干重。Mn 和 B 使菊苣再生苗干重降低，Zn、Cu、Mo 可增加菊苣干重。在 U 污染土壤中，微量元素多使菊苣再生苗干重下降。

在无 U 污染土壤，Mn、Zn、Cu、Mo 不能促进植物吸收 U，但 B 能促进根系吸收 U。在中低浓度 U 污染土壤中，施用适量的 B 和 Mn 可以促进植物对 U 的吸收，B 的效果十分显著；在高浓度 U 污染土壤，施用少量的 Mo，也可增加菊苣实生苗植株对 U 的吸收；其他元素和浓度会减少植物对 U 的吸收。微量元素对土壤 U 向植物转移的影响与对植物 U 含量的影响相同，适量的 B 和 Mn 促进土壤 U 向植物转移，抑制其他元素转移。因此，利用再生植物修复低浓度 U 污染土壤，施用适量 B 肥，既可促进土壤 U 向根系转移，又可促进根系 U 向地上器官转移。

我们 2015～2016 年湖南某铀尾矿库污染农田（含 U13.4mg/kg）修复示范表明，施 B（硼酸）土壤比 CK 的有效态 U 高 67.42%，可交换态 U 增加 56.34%，苜蓿 U 的 TF 提高 56.13%。

5.4　土壤添加剂对植物修复 U 污染土壤的影响

土壤添加剂包括改良土壤酸碱性和土壤结构的物质，也包括活化土壤重金属、增加重金属生物利用性的的螯合剂，以及固化土壤重金属、减少重金属生物利用性的物质。Willscher 等(2013)研究表明，酸性土表层施用石灰，显著减少了 U、Ni、Zn、Co 等重金属和放射性核素的生物有效性，减少了植物吸收。原因是增加了 pH(pH4.4→pH 6.7)、有机质含量(4%→10%)和阳离子交换能力 CEC(17mmol/kg→64mmol/kg)。在添加剂中，螯合剂是人们研究最多的土壤添加剂。

5.4.1　研究方法

1. 试验材料

(1)试验植物为菊苣。

(2)试验土壤。试验土壤为壤土，pH 为 7.5，有机质、全氮、全磷、全钾分别是 32.4g/kg、2.46g/kg、0.992g/kg、16.7g/kg，碱解氮、有效磷、速效钾分别是 287mg/kg、35mg/kg、293mg/kg。

(3)试验用铀盐。乙酸双氧铀[$UO_2(CH_3COO)_2 \cdot 2H_2O$]，分析纯。

2. 试验设计

本试验包含 3 种 U 浓度，3 种添加剂。3 种 U 浓度分别为 40mg/kg(低浓度)、120mg/kg(中浓度)、200mg/kg(高浓度)。3 种添加剂分别是乙二胺四乙酸(EDTA)、稀硫酸(H_2SO_4)、柠檬酸($C_6H_8O_7$)。每种添加剂 3 种浓度，3 种浓度的 pH 值分别是 4.5、5.5、6.5(pH4.5 以下严重影响植物成活，故以 pH4.5 为低限)。由于这三种添加剂属酸性，pH 值越低表示施用浓度越大。每种处理 4 个重复，每种 U 浓度下设立 1 组对照(施清水不用添加剂)。盆栽试验(盆规格为 Φ16cm×13cm)，每盆 1kg 干土。

3. 处理方法

本试验于 2012 年 12 月 15 日用田间持水量法对土壤进行 U 污染处理，受污染土壤用遮阳网覆盖放置在通风干燥处待用。2013 年 3 月 23 日播种，每盆播菊苣种子 20 粒，细土覆盖，出苗 2 周后定苗，每盆 6 株。每 2~3 天浇水 1 次，保持土壤含水量为饱和持水量的 60%~70%。待植物生长稳定后于 2013 年 5 月 22 日进行添加剂施用处理。各添加剂溶液用量为 180mL(土壤田间持水量的一半)，根据设计 pH 值进行溶液配制和施用处理(按预备试验事先测定 100mL 溶液设计 pH 值的各添加剂用量，据此确定 180mL 溶液的用量)。施用 3 周后测定植物株高、光合作用参数、叶绿素荧光参数。施用添加剂 1 个月后，于 2013 年 6 月 23 日分盆收获，收获后先用清水洗净再用超纯水清洗 2 次，植物样品经自然风干后在 60℃下烘 8h 至恒重，分地上部和地下部记重，并按处理分地上器官和地下器官测定 U 含量。

5.4.2　植物对 U 和添加剂互作的响应

1. 植物学性状的响应

在低浓度 U 污染土壤中施用各添加剂均使植物株高明显增加，增加幅度在 15%～25%，但在高浓度 U 污染土壤，EDTA 降低植物株高，当 EDTA 的 pH＝4.5 时还导致两个 U 处理浓度的植物死亡(见表 5.38)。施用添加剂后，植物叶绿素相对含量有所增加(见表 5.39)。在低浓度 U 污染土壤，除施用高浓度 EDTA(pH＝4.5)降低植物地上器官干重外，各浓度添加剂均可提高植物地上器官干重，增加幅度在 15%～50%，但在中高浓度 U 污染土壤，添加剂多降低植物地上器官干重(表 5.40)。在 U 污染土壤中，植物地下器官干重和植株干重对添加剂的响应与地上器官响应特点基本相同(见表 5.41，5.42)。

表 5.38　植物株高对 U 和添加剂互作的响应指数　　(单位:%)

U 浓度/(mg/kg)	EDTA(pH)			柠檬酸(pH)			稀硫酸(pH)		
	4.5	5.5	6.5	4.5	5.5	6.5	4.5	5.5	6.5
40	—	120.45	122.30	117.26	124.69	121.88	115.24	119.65	121.77
120	19.92	100.87	108.06	103.59	100.36	103.85	113.19	107.19	109.86
200	—	95.98	98.81	104.13	98.71	96.49	98.04	105.42	103.35
平均	6.64	105.76	109.73	108.33	107.92	107.41	108.82	110.75	111.66

注：各添加剂施用药液 pH 相同，以便比较。

表 5.39　植物叶绿素相对含量对 U 和添加剂互作的响应指数　　(单位:%)

U 浓度/(mg/kg)	EDTA(pH)			柠檬酸(pH)			稀硫酸(pH)		
	4.5	5.5	6.5	4.5	5.5	6.5	4.5	5.5	6.5
40	—	104.92	81.24	98.39	103.06	100.56	97.55	99.44	108.12
120	28.95	110.64	101.89	97.09	101.13	99.92	107.86	100.27	96.01
200	—	117.06	112.22	110.38	119.10	114.84	103.47	105.40	119.90
平均	9.65	110.87	98.45	101.95	107.76	105.10	102.96	101.70	108.01

注：各添加剂施用药液 pH 相同，以便比较。

表 5.40　植物地上器官干重对 U 和添加剂互作的响应指数　　(单位:%)

U 浓度/(mg/kg)	EDTA(pH)			柠檬酸(pH)			稀硫酸(pH)			平均
	4.5	5.5	6.5	4.5	5.5	6.5	6.5	4.5	5.5	
40	38.29	152.51	120.21	116.58	120.61	138.29	124.67	129.29	121.71	118.02
120	26.40	94.09	97.71	87.27	89.24	105.40	100.39	91.53	102.36	88.27
200	59.96	85.33	90.64	88.93	89.94	91.33	82.10	95.39	88.24	85.76
平均	41.55	110.64	102.85	97.59	99.93	111.67	102.39	105.40	104.11	97.35

注：各添加剂施用药液 pH 相同，以便比较。

表 5.41　植物地下器官干重对 U 和添加剂互作的响应指数　　（单位：%）

U 浓度 /(mg/kg)	EDTA(pH)			柠檬酸(pH)			稀硫酸(pH)			平均
	4.5	5.5	6.5	4.5	5.5	6.5	6.5	4.5	5.5	
40	8.20	100.94	95.00	109.84	114.88	119.47	110.86	92.75	105.53	95.27
120	17.67	97.35	107.81	89.30	98.28	107.91	109.91	99.67	102.79	92.30
200	8.45	87.32	89.46	89.01	91.15	104.79	87.49	105.24	75.94	82.10
平均	11.44	95.21	97.43	96.05	101.44	110.72	102.75	99.22	94.76	89.89

注：各添加剂施用药液 pH 相同，以便比较。

表 5.42　植物干重对 U 和添加剂互作的响应指数　　（单位：%）

U 浓度 /(mg/kg)	EDTA(pH)			柠檬酸(pH)			稀硫酸(pH)			平均
	4.5	5.5	6.5	4.5	5.5	6.5	6.5	4.5	5.5	
40	5.89	127.19	107.84	113.27	117.80	129.06	117.90	118.60	113.77	105.70
120	5.61	95.56	102.35	88.20	93.39	106.55	104.74	95.24	102.56	88.24
200	9.21	86.23	90.11	88.97	90.49	97.39	84.53	100.25	82.68	81.09
平均	6.90	102.99	100.10	96.81	100.56	111.00	102.39	104.70	99.67	91.68

注：各添加剂施用药液 pH 相同，以便比较。

2. 植物对 U 和添加剂互作的光合作用响应

在中低浓度 U 污染土壤中，EDTA 处理降低植物净光合速率，增加植物气孔导度、胞间 CO_2 浓度和植物蒸腾速率（见表 5.43～表 5.46）。柠檬酸和稀硫酸的影响不同，中 U 污染土壤多降低净光合率，而低或高 U 污染土壤提高净光合速率；中低浓度 U 污染土壤可提高植物气孔导度和胞间 CO_2，但高浓度 U 污染土壤可降低植物气孔导度和胞间 CO_2；而各 U 污染土壤均可提高植物蒸腾速率。

表 5.43　植物净光合速率对 U 和添加剂互作的响应指数　　（单位：%）

U 浓度 /(mg/kg)	EDTA(pH)			柠檬酸(pH)			稀硫酸(pH)			平均
	4.5	5.5	6.5	4.5	5.5	6.5	6.5	4.5	5.5	
40	—	97.60	94.81	115.61	110.94	101.07	102.01	94.91	105.69	91.41
120	104.87	83.24	81.31	97.55	104.90	95.93	91.22	97.45	104.48	95.66
200	—	102.94	115.08	101.78	126.46	105.46	107.03	99.45	114.70	96.99
平均	34.96	94.59	97.06	104.98	114.10	100.82	100.09	97.27	108.29	94.69

注：各添加剂施用药液 pH 相同，以便比较。

表 5.44　植物气孔导度对 U 和添加剂互作的响应指数　　（单位：%）

U 浓度 /(mg/kg)	EDTA(pH)			柠檬酸(pH)			稀硫酸(pH)			平均
	4.5	5.5	6.5	4.5	5.5	6.5	6.5	4.5	5.5	
40	—	119.67	106.00	162.00	133.00	147.00	164.33	139.67	149.33	124.56
120	68.28	118.94	111.45	127.75	151.10	161.23	120.26	138.77	144.93	126.97

续表

U浓度/(mg/kg)	EDTA(pH)			柠檬酸(pH)			稀硫酸(pH)			平均
	4.5	5.5	6.5	4.5	5.5	6.5	6.5	4.5	5.5	
200	—	64.33	84.83	32.58	108.71	61.24	88.48	62.08	67.13	63.26
平均	22.76	100.98	100.76	107.45	130.94	123.16	124.36	113.50	120.47	104.93

注：各添加剂施用药液 pH 相同，以便比较。

表 5.45 植物胞间 CO_2 浓度对 U 和添加剂互作的响应指数 （单位：%）

U浓度/(mg/kg)	EDTA(pH)			柠檬酸(pH)			稀硫酸(pH)			平均
	4.5	5.5	6.5	4.5	5.5	6.5	6.5	4.5	5.5	
40	—	103.20	100.33	101.77	99.13	103.02	97.81	96.80	93.61	88.41
120	88.63	112.19	110.84	110.79	111.77	116.34	106.64	112.46	112.49	109.13
200		91.46	95.95	68.26	91.59	81.25	91.25	85.29	83.20	76.47
平均	29.54	102.29	102.37	93.61	100.83	100.20	98.57	98.19	96.43	91.34

注：各添加剂施用药液 pH 相同，以便比较。

表 5.46 植物蒸腾速率对 U 和添加剂互作的响应指数 （单位：%）

U浓度/(mg/kg)	EDTA(pH)			柠檬酸(pH)			稀硫酸(pH)			平均
	4.5	5.5	6.5	4.5	5.5	6.5	6.5	4.5	5.5	
40	—	115.92	108.74	151.19	141.90	160.70	106.68	144.26	173.97	122.59
120	78.76	117.68	114.25	145.58	136.76	144.15	112.78	128.52	130.67	123.24
200	—	89.87	108.80	56.39	128.32	106.18	170.18	144.10	147.87	105.75
平均	26.25	107.83	110.60	117.72	135.66	137.01	129.88	138.96	150.84	117.19

注：各添加剂施用药液 pH 相同，以便比较。

3. 植物叶绿素荧光参数对 U 和添加剂互作的响应

在 U 污染土壤施用不同种类和不同浓度添加剂，植物叶绿素荧光参数 F_0 和 F_m 降低。但 F_v/F_m 有不同的响应特点（见表 5.47～表 5.49），低浓度 U 污染土壤可提高 F_v/F_m；中浓度 U 污染土壤，EDTA 降低 F_v/F_m，中低浓度柠檬酸和稀硫酸提高 F_v/F_m；在高浓度 U 污染土壤，中低浓度 EDTA 和稀硫酸可提高 F_v/F_m。

表 5.47 F_0 对 U 和添加剂互作的响应指数 （单位：%）

U浓度/(mg/kg)	EDTA(pH)			柠檬酸(pH)			稀硫酸(pH)			平均
	4.5	5.5	6.5	4.5	5.5	6.5	6.5	4.5	5.5	
40	—	96.45	101.42	90.48	93.41	93.41	98.48	91.29	91.09	84.00
120	113.24	101.04	99.27	100.94	89.99	92.81	100.94	93.12	92.91	98.25
200	—	96.53	87.35	93.37	90.41	96.43	91.53	98.67	97.24	83.50
平均	37.75	98.01	96.01	94.93	91.27	94.22	96.98	94.36	93.75	88.59

注：各添加剂施用药液 pH 相同，以便比较。

表 5.48 F_m 对 U 和添加剂互作的响应指数 （单位：%）

U 浓度 /(mg/kg)	EDTA(pH)			柠檬酸(pH)			稀硫酸(pH)			平均
	4.5	5.5	6.5	4.5	5.5	6.5	6.5	4.5	5.5	
40	—	100.58	102.76	96.61	95.34	94.78	100.42	95.69	93.57	86.64
120	83.01	98.95	96.12	92.77	93.55	94.68	96.52	93.57	96.28	93.94
200	—	98.76	88.68	90.74	93.82	91.72	89.62	98.99	103.97	84.03
平均	27.67	99.43	95.85	93.37	94.23	93.72	95.52	96.08	97.94	88.20

注：各添加剂施用药液 pH 相同，以便比较。

表 5.49 F_v/F_m 对 U 和添加剂互作的响应指数 （单位：%）

U 浓度 /(mg/kg)	EDTA(pH)			柠檬酸(pH)			稀硫酸(pH)			平均
	4.5	5.5	6.5	4.5	5.5	6.5	6.5	4.5	5.5	
40	0.00	101.33	100.67	101.92	100.92	100.67	100.79	101.42	100.92	89.85
120	92.21	99.64	99.39	98.18	100.85	100.49	99.03	100.12	100.73	98.96
200	0.00	100.49	100.37	99.26	100.86	98.77	99.51	100.00	101.47	88.97
平均	30.74	100.49	100.14	99.78	100.88	99.98	99.78	100.51	101.04	92.59

注：各添加剂施用药液 pH 相同，以便比较。

5.4.3 添加剂对植物吸收和转移 U 的影响

表 5.50、表 5.51、表 5.52 显示，在低 U 污染土壤，各添加剂均降低植物地上器官 U 含量，EDTA 降低根系 U 含量，柠檬酸和稀硫酸多增加根系 U 含量，对植株 U 含量多有降低作用。在中 U 污染土壤，各添加剂均降低植物地上器官、地下器官和植株 U 含量。在高浓度 U 污染土壤，EDTA 各浓度均降低地上器官、地下器官和植株 U 含量，而柠檬酸和稀硫酸对 U 含量的影响与浓度有关。施用 pH6.5 的柠檬酸可以提高植株 10.6% 的 U 含量，施用 pH6.5 的稀硫酸可以提高植株 41.26% 的 U 含量。

添加剂对土壤 U 向植物转移的影响特点与植物 U 含量相同（见表 5.53）。在中、高浓度 U 污染土壤，pH4.5 的稀硫酸可以提高根系 U 向地上器官的转运量（见表 5.54）。

表 5.50 添加剂处理植物地上器官的 U 含量 （单位：mg/kg）

U 浓度 /(mg/kg)	CK	EDTA(pH)		柠檬酸(pH)			稀硫酸(pH)			平均
		5.5	6.5	4.5	5.5	6.5	6.5	4.5	5.5	
40	3.140	2.598	2.482	0.606	2.585	2.684	2.809	2.542	0.898	2.151
120	7.459	3.837	4.840	5.559	4.871	7.833	5.984	3.809	4.005	5.092
200	13.945	11.034	8.486	16.740	12.370	13.220	26.845	13.657	21.412	15.471
平均	8.181	5.823	5.269	7.635	6.609	7.912	11.879	6.669	8.772	7.571

注：EDTA(pH=4.5)处理干物质太少未测定。

表 5.51 添加剂处理植物地下器官的 U 含量 （单位：mg/kg）

U 浓度/(mg/kg)	CK	EDTA(pH)		柠檬酸(pH)			稀硫酸(pH)			平均
		5.5	6.5	4.5	5.5	6.5	6.5	4.5	5.5	
40	15.840	12.540	11.867	17.006	13.914	17.424	15.968	15.834	18.712	15.408
120	84.321	69.552	56.129	69.030	66.132	80.905	56.669	64.032	62.351	65.600
200	178.934	139.675	142.699	177.571	158.834	187.386	142.937	160.429	271.117	172.581
平均	93.032	73.922	70.232	87.869	79.627	95.238	71.858	80.098	117.393	84.530

注：EDTA(pH=4.5)处理干物质太少未测定。

表 5.52 添加剂处理植株的 U 含量 （单位：mg/kg）

U 浓度/(mg/kg)	CK	EDTA(pH)		柠檬酸(pH)			稀硫酸(pH)			平均
		5.5	6.5	4.5	5.5	6.5	6.5	4.5	5.5	
40	9.372	6.469	6.538	8.409	8.005	9.379	8.881	8.453	9.006	8.143
120	42.733	34.531	29.616	35.030	34.435	41.773	30.371	32.707	30.826	33.661
200	88.227	69.679	68.461	89.189	78.777	97.582	80.928	83.313	124.626	86.569
平均	46.777	36.893	34.872	44.209	40.406	49.578	40.060	41.491	54.819	42.791

注：EDTA(pH=4.5)处理干物质太少未测定。

表 5.53 添加剂处理 TF 值

U 浓度/(mg/kg)	CK	EDTA(pH)		柠檬酸(pH)			稀硫酸(pH)			平均
		5.5	6.5	4.5	5.5	6.5	6.5	4.5	5.5	
40	0.234	0.162	0.163	0.21	0.2	0.234	0.222	0.211	0.225	0.203
120	0.356	0.288	0.247	0.292	0.287	0.348	0.253	0.273	0.257	0.281
200	0.441	0.348	0.342	0.446	0.394	0.488	0.405	0.417	0.623	0.433
平均	0.344	0.266	0.251	0.316	0.294	0.357	0.293	0.300	0.368	0.306

注：EDTA(pH=4.5)处理干物质太少未测定。

表 5.54 添加剂处理 T/R 值

U 浓度/(mg/kg)	CK	EDTA(pH)		柠檬酸(pH)			稀硫酸(pH)			平均
		5.5	6.5	4.5	5.5	6.5	6.5	4.5	5.5	
40	0.198	0.207	0.209	0.036	0.186	0.154	0.176	0.161	0.048	0.147
120	0.089	0.055	0.086	0.081	0.074	0.097	0.106	0.059	0.064	0.078
200	0.078	0.079	0.059	0.094	0.078	0.071	0.188	0.085	0.079	0.092
平均	0.122	0.114	0.118	0.070	0.113	0.107	0.157	0.102	0.064	0.106

注：EDTA(pH=4.5)处理干物质太少未测定。

5.4.4　小结

U 污染浓度影响添加剂的生物学效应。在低浓度 U 污染土壤施用各添加剂均使植物株高明显增加，地上器官、地下器官和植株干重增加，但在中高浓度 U 污染土壤，添加剂多降低植物地上器官、地下器官和植株干重。高浓度 EDTA 对植物有严重危害作用，EDTA 溶液 pH 在 4.5 及其以下会导致植物死亡。钟钼芝等(2011)认为，"EDTA 在整个试验中都表现出了对植物较大的生物毒性"。本研究说明植物对不同种类添加剂有不同的响应特点。在不同浓度 U 污染土壤中，植物光合作用参数和叶绿素荧光参数对 EDTA 的响应与对柠檬酸和稀硫酸的响应不同。

李凤玉等(2011)研究表明，适宜 EDTA 浓度处理能分别提高商陆及胭脂草地上部、地下部和整株 Mn 的含量，增强胭脂草地上部、地下部和整株富集 Mn 的能力，促进胭脂草中 Mn 从地下部向地上部转移。Michael 等(2007)认为，EDTA 可以提高植物对 Pb、Zn、Cd、Cu 等重金属的含量。本研究表明，EDTA 等添加剂对植物吸收和转移 U 的影响与 U 的污染浓度、添加剂种类和用量有关。在各种 U 污染浓度中，EDTA 各浓度均降低地上器官、地下器官和植株 U 含量，降低土壤 U 向植物转移，也降低根系 U 向地上器官转移。EDTA 降低植物吸收和转移 U 的结论与万芹方等(2011b)的研究结果相似，但与 Shahandeh 等(2002a)和 Chang 等(2005)的结论不同，因此 EDTA 是否与 U 污染浓度、植物种类等有关还值得进一步探讨。在低、中浓度 U 污染土壤，柠檬酸和稀硫酸对植株 U 含量多铀降低作用，但在高浓度 U 污染土壤，柠檬酸和稀硫酸的影响与浓度有关，施用 pH6.5 的柠檬酸可以提高植株 10.6% 的铀含量，施用 pH6.5 的稀硫酸可以提高植株 41.26% 的 U 含量。在中、高浓度 U 污染土壤，pH4.5 的稀硫酸可以提高根系 U 向地上器官的转运。

第6章 N、P、K肥对植物修复Sr
或Cs污染土壤的影响

Sr、Cs作为U的裂变产物对环境有很大的危害，核电站中核泄漏中的Sr、Cs污染事件也屡见不鲜，这给人们的生活带来了很大的威胁。重庆铜梁、大足等地境内濑溪河、淮远河、小安溪河、琼江和涪江均受到了不同程度的锶矿污染，沿江流域土壤也相应受到灌溉水源的Sr污染，对农业生产和周边人民的生活构成潜在威胁。

我们的前期研究表明，菊苣、向日葵、反枝苋、红圆叶苋等植物具有较强的Sr、Cs富集能力，可以用来修复Sr、Cs污染的土壤。在利用植物修复重金属污染的土壤中，许多研究表明，可以使用添加剂或栽培管理措施来提高植物修复效率。廖晓勇等(2007)认为，合理施肥及农艺措施可以使植物修复效率成倍增加。杨启良等(2015)认为，在植物修复中，水肥调控是解决生物量小、生长缓慢等问题的重要措施。Kulikowska等(2015)研究表明，在重金属污染土壤中，利用堆肥中的腐殖质可以提高Pb、Cd、Cu、Ni、Pb、Zn的去除效率。因此，研究农业生产上常用的N、P、K三大肥料元素对植物吸收Sr、Cs的影响，可以为提高Sr、Cs污染的修复效率提供施肥依据。

6.1 研究方法

6.1.1 试验材料

(1)试验植物为菊苣。

(2)药剂为分析纯的氯化铯($CsCl$)和氯化锶($SrCl_2$)。

(3)肥料分别为尿素[$CO(NH_2)_2$，含N 46.67%]，重过磷酸钙[又称磷酸二氢钙$Ca(H_2PO_4)_2 \cdot H_2O$，含P 17%]，氯化钾(KCl，含K 52.45%)。

(4)试验土壤为农田壤土，Sr含量为47.96mg/kg，Cs含量为11.14mg/kg，pH为7.6，有机质含量22.8g/kg，全氮、全磷、全钾依次为1.50g/kg、0.562g/kg、25.4g/kg，碱解氮、有效磷和速效钾分别为109mg/kg、9mg/kg、131mg/kg。

6.1.2 试验设计

设计土壤核素Sr、Cs污染量分别为50mg/kg、150mg/kg、250mg/kg三个浓度梯度。在每种核素浓度下，每千克土壤分别施用N、P、K(均用50mg/kg、150mg/kg、250mg/kg三个浓度)，以每个核素浓度下施肥量为0的处理为对照，三次重复。Sr、Cs

污染土壤在播种前 3 个月完成，以便土壤充分吸收固定。试验采用盆栽法在避雨塑料大棚中进行，每盆 2kg 土壤(干土)。

6.1.3　处理方法

土壤打碎过 1.4cm 筛，测水分后每盆称取 2kg 干土。2013 年 12 月 25 日进行 Sr、Cs 污染土壤处理。将 Sr 每个浓度所需药品(药品数量根据药品 Sr 含量和纯度计算)溶解在 3L 的水中，每盆取溶液 100mL，稀释成 720mL(田间持水量)溶液倒入盆中。Cs 处理方法同 Sr。

2014 年 3 月 15 日进行 N、P、K 肥处理。按照设计将 N 肥(N 肥用量根据尿素含 N 量计算)施入相应试验盆；P 或 K 的方法同 N 肥。

6.1.4　播种及管理

2014 年 3 月 30 日播种，播种时每盆 3 窝，每窝播种 12 粒，出苗后每窝留 4 株。每 2~3 天进行一次水分管理，保持土壤含水量在 60%~70%，各处理管理一致。在 2 个月后，测定株高、绿叶数测定、叶绿素含量、光合作用、叶绿素荧光等。2014 年 6 月 15 日第一次收获(实生苗)。收获时，每盆一窝全收，其余 2 窝只收地上部分(留茬 2cm)。收获后，先用自来水洗净，再用超纯水清洗二遍。随后于自然状态下晾干，转于烘箱下 60℃下烘至恒重，烘干后，分地上和地下器官分别计干重和测定核素含量，测定核素含量按处理进行。2014 年 8 月 15 日第二次收获(一次再生苗)，收获前 1~2 周完成各项指标测定。收获时，第二窝全收，第三窝只收地上部分(留茬 2cm)，收获方法同前。2014 年 10 月 25 日第三次收获(二次再生苗)，收获前 1~2 周完成各项指标测定。收获时，第三窝全收，收获、清洗、测量方法同前。

6.2　N、P、K 肥对植物修复 Sr 污染土壤的影响

6.2.1　N、P、K 肥对菊苣实生苗修复 Sr 污染土壤的影响

1. 在 Sr 污染土壤中 N、P、K 对菊苣实生苗的生物效应

1)对叶绿素荧光参数的影响

在低浓度 Sr 污染土壤，施用 N 肥对 F_v/F_m 略有提高作用，P、K 肥多有降低作用；在中浓度 Sr 污染土壤，施用 N、P、K 肥对 F_v/F_m 基本没有影响；在高浓度 Sr 污染土壤，施用 N 肥对 F_v/F_m 略有提高作用，K 肥有降低作用，低浓度 P 肥有增加作用，高浓度 P 肥有降低作用(见表 6.1)。

表 6.1 在 Sr 污染土壤中 N、P、K 对菊苣实生苗叶绿素荧光参数的影响

Sr 污染浓度 /(mg/kg)	肥料种类	肥料用量 /(mg/kg)	F_0	是 CK 的%	F_m	是 CK 的%	F_v/F_m	是 CK 的%
50	CK	0	7094	100.00	43982	100.00	0.839	100.00
	N	50	6969	98.24	44015	100.08	0.842	100.36
		150	7232	101.95	46484	105.69	0.845	100.72
		250	7146	100.73	48221	109.64	0.852	101.55
	P	50	6793	95.76	43470	98.84	0.844	100.60
		150	7106	100.16	43124	98.05	0.834	99.40
		250	7223	101.82	44541	101.27	0.838	99.88
	K	50	7306	102.98	44890	102.06	0.837	99.76
		150	6888	97.10	41200	93.67	0.833	99.28
		250	7108	100.20	45299	102.99	0.843	100.48
150	CK	0	6881	100.00	40746	100.00	0.831	100.00
	N	50	6759	98.23	42200	103.57	0.839	100.96
		150	7331	106.54	44783	109.91	0.836	100.60
		250	6875	99.91	44117	108.27	0.844	101.56
	P	50	7063	102.64	41780	102.54	0.831	100.00
		150	7283	105.84	46523	141.18	0.843	101.44
		250	7072	102.78	42230	103.64	0.832	100.12
	K	50	7280	105.80	45967	112.81	0.841	101.20
		150	7224	104.99	44970	110.37	0.839	100.96
		250	7050	102.46	41604	102.11	0.829	99.76
250	CK	0	7380	100.00	45007	100.00	0.836	100.00
	N	50	7358	99.70	46244	102.75	0.841	100.60
		150	7213	97.74	45878	101.94	0.843	100.84
		250	7170	97.15	44169	98.14	0.838	100.24
	P	50	6960	94.32	43074	95.71	0.838	100.24
		150	6701	90.80	40885	90.84	0.836	100.00
		250	6942	94.07	42060	93.45	0.834	99.76
	K	50	7234	98.03	41452	92.10	0.825	98.68
		150	7113	96.39	40937	90.96	0.825	98.68
		250	7152	96.92	43502	96.66	0.835	99.88

2)对单株干重的影响

在锶污染土壤中，肥料对植株干重的影响不同于对叶绿素荧光的影响。在低浓度锶污染土壤，以施用 250mgN/kg 的植株干重最大，比 CK 增加 66.59%，以施用 250mgK/

kg 的植株干重最低，比 CK 降低 3.03％。在中浓度 Sr 污染土壤，以施用 150mgN/kg 的植株干重最大，比 CK 增加 58.76％，以施用 50mgP/kg 的植株干重最低，比 CK 降低 4.72％。在高浓度 Sr 污染土壤，以施用 150mgN/kg 的植株干重最大，比 CK 增加 63.08％，以施用 250mgK/kg 的植株干重增加最少，比 CK 增加 18.64％（见表 6.2）。

归类分析表明，在不同浓度 Sr 污染土壤，施用 N、P、K 肥均可提高菊苣植株干重（见表 6.3），以施用 N 肥的作用最大，增加 51.30％，P 的作用次之，增加 24.65％，K 的作用较小，增加 7.94％。说明在 Sr 污染土壤分别施用 N、P、K 肥，均可提高植株干重，不会增加植株胁迫。

表 6.2　在 Sr 污染土壤中 N、P、K 对菊苣干重的影响

Sr 污染浓度 /(mg/kg)	肥料种类	肥料用量 /(mg/kg)	茎叶干重 /(g/株)	是 CK 的％	根系干重 /(g/株)	是 CK 的％	植株干重 /(g/株)	是 CK 的％
50	CK	0	0.587	100.00	0.239	100.00	0.826	100.00
	N	50	0.918	156.39	0.246	102.93	1.164	140.92
		150	1.082	184.33	0.238	99.58	1.321	159.93
		250	1.235	210.39	0.14	58.58	1.376	166.59
	P	50	0.625	106.47	0.31	129.71	0.934	113.08
		150	0.621	105.79	0.387	161.92	1.008	122.03
		250	0.692	117.89	0.355	148.54	1.048	126.88
	K	50	0.642	109.37	0.265	110.88	0.907	109.81
		150	0.572	97.44	0.296	123.85	0.868	105.08
		250	0.545	92.84	0.255	106.69	0.801	96.97
150	CK	0	0.615	100.00	0.254	100.00	0.868	100.00
	N	50	1.001	162.76	0.233	91.73	1.234	142.17
		150	1.155	187.80	0.223	87.80	1.378	158.76
		250	1.075	174.80	0.107	42.13	1.182	136.18
	P	50	0.523	85.04	0.303	119.29	0.827	95.28
		150	0.635	103.25	0.382	150.39	1.018	117.28
		250	0.647	105.20	0.427	168.11	1.074	123.73
	K	50	0.627	101.95	0.264	103.94	0.89	102.53
		150	0.601	97.72	0.271	106.69	0.872	100.46
		250	0.659	107.15	0.28	110.24	0.939	108.18
250	CK	0	0.605	100.00	0.232	100.00	0.837	100.00
	N	50	0.924	152.73	0.267	115.09	1.192	142.41
		150	1.108	183.14	0.257	110.78	1.365	163.08
		250	1.161	191.90	0.122	52.59	1.283	153.29

续表

Sr污染浓度/(mg/kg)	肥料种类	肥料用量/(mg/kg)	茎叶干重/(g/株)	是CK的%	根系干重/(g/株)	是CK的%	植株干重/(g/株)	是CK的%
250	P	50	0.703	116.20	0.383	165.09	1.086	129.75
		150	0.761	125.79	0.466	200.86	1.227	146.59
		250	0.768	126.94	0.48	206.90	1.248	149.10
	K	50	0.693	114.55	0.4	172.41	1.093	130.59
		150	0.72	119.01	0.386	166.38	1.106	132.14
		250	0.645	106.61	0.348	150.00	0.993	118.64

表 6.3　在 Sr 污染土壤中 N、P、K 对菊苣干重影响归类分析

肥料种类	肥料用量/(mg/kg)	根系干重/g Sr浓度/(mg/kg)			茎叶干重/g Sr浓度/(mg/kg)			植株干重/g Sr浓度/(mg/kg)		
		50	150	250	50	150	250	50	150	250
CK	0	0.587	0.615	0.605	0.239	0.254	0.232	0.826	0.868	0.837
N	50	0.918	1.001	0.924	0.246	0.233	0.267	1.164	1.234	1.192
	150	1.082	1.155	1.108	0.238	0.223	0.257	1.321	1.378	1.365
	250	1.235	1.075	1.161	0.140	0.107	0.122	1.376	1.182	1.283
	平均	1.079	1.077	1.065	0.208	0.188	0.215	1.287	1.265	1.280
P	50	0.625	0.523	0.703	0.310	0.303	0.383	0.934	0.827	1.086
	150	0.621	0.635	0.761	0.387	0.382	0.466	1.008	1.018	1.227
	250	0.692	0.647	0.768	0.355	0.427	0.480	1.048	1.074	1.248
	平均	0.646	0.602	0.744	0.350	0.371	0.443	0.996	0.973	1.187
K	50	0.642	0.627	0.693	0.265	0.264	0.400	0.907	0.890	1.093
	150	0.572	0.601	0.720	0.296	0.271	0.386	0.868	0.872	1.106
	250	0.545	0.659	0.645	0.255	0.280	0.348	0.801	0.939	0.993
	平均	0.586	0.629	0.686	0.272	0.272	0.378	0.858	0.900	1.064

2. N、P、K 对菊苣实生苗吸收转移 Sr 的影响

表 6.4 显示，低浓度和中浓度 Sr 污染土壤，施用 N 肥可以明显提高菊苣植株 Sr 含量和 TF 值，施用低浓度 P 和中高浓度 K 也能提高菊苣植株 Sr 含量和 TF 值；在高浓度 Sr 污染土壤，低浓度 N 和 K 肥能提高菊苣植株 Sr 含量和 TF。植株 Sr 含量 T/R 随 Sr 污染浓度增加而增加，但不同肥料及其浓度有不同的影响。

归类分析表明（见表 6.5、表 6.6），在不同浓度 Sr 污染土壤，施用 N 肥均能提高植株 Sr 含量和转移系数，但对根系 Sr 向地上器官的转移有波动影响；低浓度 P 肥能促进菊苣吸收转移 Sr，但中高浓度 P 肥有降低作用；中低浓度 Sr 污染土壤 K 肥能促进菊苣吸收转移 Sr，但在高浓度 Sr 污染土壤 K 肥有降低作用。

表 6.4 N、P、K 对菊苣实生苗吸收转移 Sr 的影响

Sr 污染浓度 /(mg/kg)	肥料种类	肥料用量 /(mg/kg)	茎叶含量 /(mg/kg)	根系含量 /(mg/kg)	植株含量 /(mg/kg)	冠根比(T/R)	转移系数(TF)
50	CK	0	252.27	78.56	201.97	3.21	4.04
	N	50	251.9	100.77	219.96	2.50	4.40
		150	249.08	99.65	222.10	2.50	4.44
		250	264.82	79.25	245.88	3.34	4.92
	P	50	292.36	120.3	235.34	2.43	4.71
		150	222.77	68.96	163.73	3.23	3.27
		250	244.89	85.77	190.95	2.86	3.82
	K	50	244.38	90.40	199.39	2.70	3.99
		150	286.86	101.68	223.67	2.82	4.47
		250	248.43	111.58	204.78	2.23	4.10
150	CK	0	535.76	105.44	409.96	5.08	2.73
	N	50	530.15	91.01	447.39	5.83	2.98
		150	514.47	92.90	446.19	5.54	2.97
		250	545.26	135.05	508.05	4.04	3.39
	P	50	586.65	114.05	413.26	5.14	2.76
		150	511.18	126.28	366.56	4.05	2.44
		250	539.66	92.03	361.79	5.86	2.41
	K	50	526.21	121.28	406.24	4.34	2.71
		150	610.75	112.04	455.74	5.45	3.04
		250	644.14	138.45	493.33	4.65	3.29
250	CK	0	949.75	115.04	718.24	8.26	2.87
	N	50	1061.98	100.2	846.13	10.60	3.38
		150	744.80	119.84	627.18	6.22	2.51
		250	964.2	139.28	886.04	6.92	3.54
	P	50	1080.94	124.35	743.64	8.69	2.97
		150	1059.22	102.1	695.47	10.37	2.78
		250	1045.47	136.84	695.93	7.64	2.78
	K	50	1035.89	132.01	704.80	7.85	2.82
		150	1028.31	103.35	705.65	9.95	2.82
		250	800.30	107.74	557.72	7.43	2.23

表 6.5　在 Sr 污染土壤中 N、P、K 对菊苣吸收 Sr 影响的归类分析

肥料种类	肥料用量/(mg/kg)	茎叶含量/(mg/kg)			根系含量/(mg/kg)			植株含量/(mg/kg)		
		Sr 浓度/(mg/kg)			Sr 浓度/(mg/kg)			Sr 浓度/(mg/kg)		
		50	150	250	50	150	250	50	150	250
CK	0	252.27	535.76	949.75	78.56	105.44	115.04	201.97	409.96	718.24
N	50	251.90	530.15	1061.98	100.77	91.01	100.20	219.96	447.39	846.13
	150	249.08	514.47	744.80	99.65	92.90	119.84	222.10	446.19	627.18
	250	264.82	545.26	964.20	79.25	135.05	139.28	245.88	508.05	886.04
	平均	255.27	529.96	923.66	93.22	106.32	119.77	229.31	467.21	786.45
P	50	292.36	586.65	1080.94	120.30	114.05	124.35	235.34	413.26	743.64
	150	222.77	511.18	1059.22	68.96	126.28	102.10	163.73	366.56	695.47
	250	244.89	539.66	1045.47	85.77	92.03	136.84	190.95	361.79	695.93
	平均	253.34	545.83	1061.88	91.68	110.79	121.10	196.67	380.54	711.68
K	50	244.38	526.21	1035.89	90.40	121.28	132.01	199.39	406.24	704.80
	150	286.86	610.75	1028.31	101.68	112.04	103.35	223.67	455.74	705.65
	250	248.43	644.14	800.30	111.58	138.45	107.74	204.78	493.33	557.72
	平均	259.89	593.70	954.83	101.22	123.92	114.37	209.28	451.77	656.06

表 6.6　在 Sr 污染土壤中 N、P、K 对菊苣转移 Sr 影响的归类分析

肥料种类	肥料用量/(mg/kg)	T/R			TF		
		Sr 浓度/(mg/kg)			Sr 浓度/(mg/kg)		
		50	150	250	50	150	250
CK	0	3.21	5.08	8.26	4.04	2.73	2.87
N	50	2.50	5.83	10.60	4.40	2.98	3.38
	150	2.50	5.54	6.22	4.44	2.97	2.51
	250	3.34	4.04	6.92	4.92	3.39	3.54
	平均	2.89	5.12	8.00	4.45	3.02	3.08
P	50	2.43	5.14	8.69	4.71	2.76	2.97
	150	3.23	4.05	10.37	3.27	2.44	2.78
	250	2.86	5.86	7.64	3.82	2.41	2.78
	平均	2.84	5.02	8.90	3.93	2.54	2.85
K	50	2.70	4.34	7.85	3.99	2.71	2.82
	150	2.82	5.45	9.95	4.47	3.04	2.82
	250	2.226	4.652	7.428	4.096	3.289	2.231
	平均	2.58	4.81	8.41	4.19	3.01	2.62

6.2.2　N、P、K 对菊苣一次再生苗修复 Sr 污染土壤的影响

1. 在 Sr 污染土壤中 N、P、K 对菊苣一次再生苗的生物效应

1)对叶绿素荧光参数的影响

在低浓度 Sr 污染土壤，除高量 K 降低 F_v/F_m 外，其余肥料及其用量基本没有降低 F_v/F_m 的作用，即对菊苣 PSⅡ 没有胁迫作用；在中高浓度 Sr 污染土壤，各用量 K 肥和中高量 P 肥对菊苣 PSⅡ 有胁迫作用；在中高浓度 Sr 污染土壤，中高量 N 肥对菊苣 PSⅡ 有胁迫作用(见表 6.7)。因此，受 Sr 污染程度、肥料种类和用量对植物 PSⅡ 有不同的影响。

表 6.7　在 Sr 污染土壤中 N、P、K 对菊苣一次再生苗叶绿素荧光参数的影响

Sr 污染浓度 /(mg/kg)	肥料种类	肥料用量 /(mg/kg)	F_0	是 CK 的%	F_m	是 CK 的%	F_v/F_m	是 CK 的%
50	CK	0	6432	100.00	40863	100.00	0.84	100.00
	N	50	6432	100.00	40863	100.00	0.84	100.00
		150	7146	111.11	46806	114.54	0.85	100.47
		250	7556	117.48	51125	125.11	0.85	101.07
	P	50	7125	110.77	45595	111.58	0.84	100.12
		150	7071	109.93	45245	110.72	0.84	100.12
		250	6523	101.41	41808	102.31	0.84	100.12
	K	50	7038	109.42	43652	106.83	0.84	99.53
		150	6704	104.22	43554	106.59	0.85	100.36
		250	5276	82.03	33134	81.08	0.83	98.58
150	CK	0	6403	100.00	41665	100.00	0.85	100.00
	N	50	6799	106.19	41334	99.21	0.84	98.82
		150	6944	108.45	43404	104.17	0.84	99.17
		250	6848	106.95	45775	109.87	0.85	100.47
	P	50	7072	110.46	46581	111.80	0.85	100.24
		150	7192	112.33	43885	105.33	0.84	98.82
		250	6883	107.51	42474	101.94	0.84	98.94
	K	50	7191	112.32	43009	103.23	0.83	98.46
		150	6930	108.24	43091	103.42	0.84	99.17
		250	7183	112.19	42406	101.78	0.83	98.11

Sr 污染浓度 /(mg/kg)	肥料种类	肥料用量 /(mg/kg)	F_0	是 CK 的%	F_m	是 CK 的%	F_v/F_m	是 CK 的%
250	CK	0	6700	100.00	42034	100.00	0.84	100.00
	N	50	6753	100.80	42361	100.78	0.84	100.00
		150	6667	99.50	39080	92.97	0.83	98.69
		250	7494	111.85	46190	109.89	0.84	99.76
	P	50	6959	103.87	43457	103.39	0.84	100.00
		150	6441	96.13	39528	94.04	0.84	99.52
		250	6649	99.24	40116	95.44	0.83	99.29
	K	50	7223	107.81	44383	105.59	0.84	99.64
		150	6772	101.07	40304	95.89	0.83	99.05
		250	6727	100.40	39413	93.76	0.83	98.57

2)对光合作用的影响

在低浓度 Sr 污染土壤中,肥料可增加气孔导度、胞间 CO_2 浓度,但使净光合率降低,但在中浓度 Sr 污染土壤中,情况恰好相反。在高浓度 Sr 污染土壤中,不同用量 N 肥均会降低净光合率,高用量 K 也降低净光合率(见表 6.8)。

表 6.8 在 Sr 污染土壤中 N、P、K 对菊苣一次再生苗光合作用参数的影响

Sr 污染浓度 /(mg/kg)	肥料 种类	肥料用量 /(mg/kg)	气孔导度 Gs/[molH₂O /(m² · s)]	是 CK 的%	胞间 CO_2 浓度 Ci /(μmolCO₂/mol)	是 CK 的%	净光合速率 Pn/[μmolCO₂ /(m² · s)]	是 CK 的%
50	CK	0	363.82	100.00	312.25	100.00	11.93	100.00
	N	50	453.19	124.57	329.15	105.41	10.90	91.38
		150	469.92	129.16	331.03	106.01	10.57	88.58
		250	518.94	142.64	329.90	105.65	12.51	104.82
	P	50	511.06	140.47	331.64	106.21	11.56	96.85
		150	558.84	153.61	338.17	108.30	10.51	88.05
		250	507.69	139.55	339.49	108.72	9.43	79.03
	K	50	458.35	125.98	337.49	108.08	9.02	75.61
		150	478.82	131.61	333.99	106.96	9.87	82.75
		250	435.32	119.65	333.40	106.77	9.41	78.87

续表

Sr 污染浓度 /(mg/kg)	肥料种类	肥料用量 /(mg/kg)	气孔导度 Gs/[molH₂O /(m²·s)]	是 CK 的%	胞间 CO₂ 浓度 Ci /(μmolCO₂/mol)	是 CK 的%	净光合速率 Pn/[μmolCO₂ /(m²·s)]	是 CK 的%
150	CK	0	519.75	100.00	340.22	100.00	9.38	100.00
	N	50	471.53	90.72	337.39	99.17	9.13	97.39
		150	495.68	95.37	327.77	96.34	12.23	130.45
		250	546.29	105.10	330.50	97.14	12.49	133.27
	P	50	542.11	104.30	340.44	100.06	9.96	106.27
		150	469.61	90.35	330.69	97.20	11.04	117.73
		250	446.21	85.85	330.72	97.21	10.38	110.70
	K	50	571.30	109.92	339.03	99.65	10.52	112.22
		150	436.29	83.94	332.20	97.64	10.40	110.91
		250	496.88	95.60	334.59	98.34	10.35	110.41
250	CK	0	216.81	100.00	295.44	100.00	9.72	100.00
	N	50	224.80	103.69	306.84	103.86	8.81	90.69
		150	315.90	145.71	320.09	108.34	8.53	87.80
		250	178.81	82.47	276.09	93.45	8.99	92.55
	P	50	334.17	154.13	316.01	106.96	8.98	92.45
		150	285.07	131.48	322.80	109.26	6.61	67.98
		250	418.24	192.91	318.65	107.86	10.78	110.92
	K	50	391.79	180.71	313.89	106.24	11.36	116.91
		150	373.77	172.40	316.92	107.27	10.11	104.07
		250	315.58	145.56	313.26	106.03	9.23	95.02

3）对单株干重的影响

在各浓度 Sr 污染土壤，施用 N 肥可增加菊苣植株干重，施用 K 肥降低菊苣植株干重；在中浓度 Sr 污染土壤，施用 P 肥可增加菊苣植株干重，而在低或高浓度 Sr 污染土壤施用 P 肥则降低菊苣植株干重（见表 6.9）。

归类分析表明，在各浓度 Sr 污染土壤，N 肥可以增加植物根系干重、茎叶干重和植株干重，增加植株干重达 20%～50%。在中浓度 Sr 污染土壤，P 肥可以增加植物根系、茎叶和植株干重，但在低或高农地 Sr 污染土壤 P 肥降低植株干重。在中浓度 Sr 污染土壤，K 肥可以增加植物根系和植株干重。

Sr 污染土壤中施用 N、P、K 肥料对菊苣一次再生苗植株干重的影响与对叶绿素荧光参数和光合作用指标比较有所不同。因此，光合系统是否受到胁迫与最后的生物产量没有必然的关系，其原因值得进一步研究。

表 6.9　在 Sr 污染土壤中 N、P、K 对菊苣一次再生苗干重的影响

Sr 污染浓度/(mg/kg)	肥料种类	肥料用量/(mg/kg)	茎叶干重/(g/株)	是 CK 的%	根系干重/(g/株)	是 CK 的%	植株干重/(g/株)	是 CK 的%
50	CK	0	0.511	100.00	0.498	100.00	1.009	100.00
	N	50	0.396	77.50	0.415	83.33	0.811	80.38
		150	0.635	124.27	0.672	134.94	1.307	129.53
		250	0.79	154.60	0.965	193.78	1.755	173.93
	P	50	0.375	73.39	0.415	83.33	0.790	78.30
		150	0.521	101.96	0.445	89.36	0.967	95.84
		250	0.455	89.04	0.500	100.40	0.955	94.65
	K	50	0.425	83.17	0.417	83.73	0.841	83.35
		150	0.406	79.45	0.480	96.39	0.886	87.81
		250	0.366	71.62	0.448	89.96	0.814	80.67
150	CK	0	0.414	100.00	0.450	100.00	0.864	100.00
	N	50	0.456	110.14	0.516	114.67	0.973	112.62
		150	0.682	164.73	0.865	192.22	1.547	179.05
		250	0.565	136.47	1.067	237.11	1.633	189.00
	P	50	0.508	122.71	0.764	169.78	1.272	147.22
		150	0.535	129.23	0.521	115.78	1.056	122.22
		250	0.570	137.68	0.482	107.11	1.052	121.76
	K	50	2.722	657.49	0.407	90.44	3.129	362.15
		150	0.352	85.02	0.486	108.00	0.838	96.99
		250	0.389	93.96	0.360	80.00	0.749	86.69
250	CK	0	0.419	100.00	0.510	100.00	0.928	100.00
	N	50	0.452	107.88	0.440	86.27	0.892	96.12
		150	0.680	162.29	0.630	123.53	1.310	141.16
		250	0.798	190.45	0.820	160.78	1.618	174.35
	P	50	0.391	93.32	0.408	80.00	0.799	86.10
		150	0.419	100.00	0.365	71.57	0.784	84.48
		250	0.414	98.81	0.339	66.47	0.752	81.03
	K	50	0.550	131.26	0.342	67.06	0.893	96.23
		150	0.373	89.02	0.337	66.08	0.710	76.51
		250	0.374	89.26	0.330	64.71	0.704	75.86

表 6.10　在 Sr 污染土壤中 N、P、K 对菊苣一次再生苗干重影响归类分析

肥料种类	肥料用量/(mg/kg)	根系干重/g			茎叶干重/g			植株干重/g		
		Sr 浓度/(mg/kg)			Sr 浓度/(mg/kg)			Sr 浓度/(mg/kg)		
		50	150	250	50	150	250	50	150	250
CK	0	0.498	0.450	0.510	0.511	0.414	0.419	1.009	0.864	0.928
N	50	0.415	0.516	0.440	0.396	0.456	0.452	0.811	0.973	0.892
	150	0.672	0.865	0.630	0.635	0.682	0.680	1.307	1.547	1.310
	250	0.965	1.067	0.820	0.790	0.565	0.798	1.755	1.633	1.618
	平均	0.684	0.816	0.630	0.607	0.568	0.643	1.291	1.384	1.273
P	50	0.415	0.764	0.408	0.375	0.508	0.391	0.790	1.272	0.799
	150	0.445	0.521	0.365	0.521	0.535	0.419	0.967	1.056	0.784
	250	0.500	0.482	0.339	0.455	0.570	0.414	0.955	1.052	0.752
	平均	0.453	0.589	0.371	0.450	0.538	0.408	0.904	1.127	0.778
K	50	0.417	0.407	0.342	0.425	2.722	0.550	0.841	3.129	0.893
	150	0.480	0.486	0.337	0.406	0.352	0.373	0.886	0.838	0.710
	250	0.448	0.360	0.330	0.366	0.389	0.374	0.814	0.749	0.704
	平均	0.448	0.418	0.336	0.399	1.154	0.432	0.847	1.572	0.769

2. N、P、K 对菊苣一次再生苗吸收转移 Sr 的影响

N、P、K 及其浓度对对菊苣一次再生苗吸收转移 Sr 有不同影响。表 6.11 显示，在低浓度 Sr 污染土壤，N 肥增加植株 Sr 含量，P 和中高用量 K 降低植株 Sr 含量；在中浓度 Sr 污染土壤，中低用量 N、高用量 P 或 K 增加植株 Sr 含量；N、P、K 均可增加植株 Sr 含量和 TF 值。

归类分析表明（见表 6.12，表 6.13），N 肥在不同浓度 Sr 污染土壤均能提高植株 Sr 含量和 TF 值，P、K 肥在高浓度 Sr 污染土壤能提高植株 Sr 含量。

表 6.11　N、P、K 对菊苣一次再生苗吸收转移 Sr 的影响

Sr 污染浓度/(mg/kg)	肥料种类	肥料用量/(mg/kg)	茎叶含量/(mg/kg)	根系含量/(mg/kg)	植株含量/(mg/kg)	冠根比(T/R)	转移系数(TF)
	CK	0	273.36	40.56	158.41	6.74	3.17
50	N	50	312.91	50.37	178.66	6.21	3.57
		150	317.36	57.19	183.54	5.55	3.67
		250	316.36	63.94	177.50	4.95	3.55

续表

Sr 污染浓度 /(mg/kg)	肥料种类	肥料用量 /(mg/kg)	茎叶含量 /(mg/kg)	根系含量 /(mg/kg)	植株含量 /(mg/kg)	冠根比(T/R)	转移系数(TF)
		50	244.02	67.81	151.46	3.60	3.03
	P	150	246.77	27.92	145.96	8.84	2.92
		250	235.41	36.56	131.24	6.44	2.63
50		50	275.71	40.20	159.02	6.86	3.18
	K	150	223.02	49.32	128.93	4.52	2.58
		250	233.20	61.94	138.93	3.77	2.78
	CK	0	701.02	62.97	368.90	11.13	2.46
		50	748.51	74.94	390.83	9.99	2.61
	N	150	881.40	82.45	434.83	10.69	2.90
		250	743.20	84.90	312.89	8.75	2.09
		50	736.49	98.87	353.64	7.45	2.36
150	P	150	656.75	70.87	367.84	9.27	2.45
		250	702.35	61.99	409.09	11.33	2.73
		50	579.44	76.26	328.02	7.60	2.19
	K	150	725.63	69.43	344.86	10.45	2.30
		250	693.03	86.25	401.44	8.04	2.68
	CK	0	1032.72	85.01	512.38	12.15	2.05
		50	1267.29	121.65	702.54	10.42	2.81
	N	150	1266.02	121.87	715.44	10.39	2.86
		250	1380.03	102.99	732.75	13.40	2.93
		50	1148.54	113.23	619.87	10.14	2.48
250	P	150	993.58	90.36	572.89	11.00	2.29
		250	1059.23	113.72	633.39	9.31	2.53
		50	1190.19	81.24	764.88	14.65	3.06
	K	150	1050.93	88.38	593.66	11.89	2.38
		250	1184.47	104.68	678.65	11.32	2.72

表 6.12　在 Sr 污染土壤中 N、P、K 对菊苣一次再生苗吸收 Sr 影响的归类分析

肥料种类	肥料用量 /(mg/kg)	根系含量/(mg/kg) Sr 浓度/(mg/kg)			茎叶含量/(mg/kg) Sr 浓度/(mg/kg)			植株含量/(mg/kg) Sr 浓度/(mg/kg)		
		50	150	250	50	150	250	50	150	250
CK	0	40.56	62.97	85.01	273.36	701.02	1032.71	158.41	368.90	512.38

续表

肥料种类	肥料用量/(mg/kg)	根系含量/(mg/kg) Sr 浓度/(mg/kg)			茎叶含量/(mg/kg) Sr 浓度/(mg/kg)			植株含量/(mg/kg) Sr 浓度/(mg/kg)		
		50	150	250	50	150	250	50	150	250
N	50	50.37	74.94	121.65	312.91	748.51	1267.29	178.66	390.83	702.54
	150	57.19	82.45	121.87	317.36	881.40	1266.02	183.54	434.83	715.44
	250	63.94	84.90	102.99	316.36	743.20	1380.03	177.50	312.89	732.75
	平均	57.17	80.76	115.51	315.54	791.04	1304.45	179.90	379.52	716.91
P	50	67.81	98.87	113.23	244.02	736.49	1148.54	151.46	353.64	619.87
	150	27.92	70.87	90.36	246.77	656.75	993.58	145.96	367.84	572.89
	250	36.56	61.99	113.72	235.41	702.35	1059.23	131.24	409.09	633.39
	平均	44.10	77.24	105.77	242.06	698.53	1067.12	142.89	376.86	608.72
K	50	40.20	76.26	81.24	275.70	579.44	1190.19	159.02	328.02	764.88
	150	49.32	69.43	88.38	223.02	725.63	1050.93	128.93	344.86	593.66
	250	61.94	86.25	104.68	233.20	693.03	1184.47	138.93	401.44	678.65
	平均	50.49	77.31	91.43	243.98	666.03	1141.86	142.29	358.11	679.06

表 6.13　在 Sr 污染土壤中 N、P、K 对菊苣一次再生苗转移 Sr 影响的归类分析

肥料种类	肥料用量/(mg/kg)	T/R Sr 浓度/(mg/kg)			TF Sr 浓度/(mg/kg)		
		50	150	250	50	150	250
CK	0	6.74	11.13	12.15	3.17	2.46	2.05
N	50	6.21	9.99	10.42	3.57	2.61	2.81
	150	5.55	10.69	10.39	3.67	2.90	2.86
	250	4.95	8.75	13.40	3.55	2.09	2.93
	平均	5.57	9.81	11.40	3.60	2.53	2.87
P	50	3.60	7.45	10.14	3.03	2.36	2.48
	150	8.84	9.27	11.00	2.92	2.45	2.29
	250	6.44	11.33	9.31	2.62	2.73	2.53
	平均	6.29	9.35	10.15	2.86	2.51	2.43
K	50	6.86	7.60	14.65	3.18	2.19	3.06
	150	4.52	10.45	11.89	2.58	2.30	2.37
	250	3.76	8.03	11.31	2.78	2.68	2.71
	平均	5.05	8.69	12.62	2.85	2.39	2.72

6.2.3 N、P、K 对菊苣二次再生苗修复 Sr 污染土壤的影响

1. 在 Sr 污染土壤中 N、P、K 对菊苣二次再生苗的生物效应

1)对叶绿素荧光参数的影响

在不同浓度 Sr 污染土壤,不同 N、P、K 对菊苣二次再生苗叶绿素荧光参数的影响不同(见表 6.14)。在 50mgSr/kg 或 150mgSr/kg 污染土壤,N、P、K 使 F_0、F_m 多有降低的作用,但 F_v/F_m 变化很小;在 250mgSr/kg 污染土壤,N、P、K 使 F_0、F_m 多有增加作用(高用量 K 除外),但对 F_v/F_m 的影响没有这个特点。

表 6.14 在 Sr 污染土壤中 N、P、K 对菊苣二次再生苗叶绿素荧光参数的影响

Sr 污染浓度 /(mg/kg)	肥料种类	肥料用量 /(mg/kg)	F_0	是 CK 的%	F_m	是 CK 的%	F_v/F_m	是 CK 的%
50	CK	0	8502	100.00	51251	100.00	0.83	100.00
	N	50	7476	87.92	47737	93.14	0.84	101.08
		150	8226	96.75	49172	95.94	0.83	99.84
		250	7575	89.09	47201	92.10	0.84	100.60
	P	50	7260	85.38	45518	88.81	0.84	100.80
		150	7747	91.11	48521	94.67	0.84	100.80
		250	7468	87.83	45674	89.12	0.84	100.32
	K	50	7713	90.72	48469	94.57	0.84	100.76
		150	7650	89.98	47475	92.63	0.84	100.56
		250	7657	90.06	48023	93.70	0.84	100.80
150	CK	0	7774	100.00	49272	100.00	0.84	100.00
	N	50	7394	95.12	47012	94.84	0.84	100.12
		150	7809	100.45	47579	95.98	0.84	99.29
		250	7575	97.45	51448	103.78	0.85	101.31
	P	50	7360	94.68	47610	96.04	0.85	100.44
		150	7592	97.66	51060	103.00	0.85	101.19
		250	7678	98.77	47369	95.56	0.84	99.60
	K	50	7640	98.28	48674	98.19	0.84	100.16
		150	7529	96.86	47092	95.00	0.84	99.80
		250	6543	84.17	42338	85.41	0.85	100.44

续表

Sr 污染浓度/(mg/kg)	肥料种类	肥料用量/(mg/kg)	F_0	是 CK 的%	F_m	是 CK 的%	F_v/F_m	是 CK 的%
250	CK	0	7225	100.00	45549	100.00	0.84	100.00
	N	50	7366	101.95	45530	99.96	0.84	99.52
		150	7489	103.66	48739	107.00	0.85	100.55
		250	7592	105.09	49894	109.54	0.85	100.75
	P	50	7459	103.24	48249	105.93	0.85	100.40
		150	8034	111.20	45581	100.07	0.82	97.90
		250	6929	95.91	42929	94.25	0.84	99.68
	K	50	6998	96.86	45907	100.79	0.85	100.67
		150	8070	111.70	48502	106.48	0.83	99.05
		250	6986	96.70	44721	98.18	0.84	100.28

2）对单株干重的影响

在 50mgSr/kg 污染土壤，N、P、K 均能增加菊苣二次再生苗的植株干重，高用量 N 增加最多（61.44%），中用量 K 增加次之（45.50%）；在 150mgSr/kg 污染土壤，N、P、K 多降低菊苣二次再生苗的植株干重（高用量 N 除外）；在 250mgSr/kg 污染土壤，N、P、K 多增加菊苣二次再生苗的植株干重（中用量 K 除外）。因此，N、P、K 对植物二次再生苗植株干重的影响与 Sr 污染程度和肥料种类及用量有关（见表 6.15）。

归类分析表明，在低浓度 Sr 污染土壤中，施肥增加植株干重的作用是 N＞P＞K；在高浓度 Sr 污染土壤中，施肥增加植株干重的作用是 P＞N＞K（见表 6.16）。平均而言，在 Sr 污染土壤施 N 增加植株干重 16.2%，施 P 增加干重 17.1%，施 K 增加 4.4%。

表 6.15　在 Sr 污染土壤中 N、P、K 对菊苣二次再生苗干重的影响

Sr 污染浓度/(mg/kg)	肥料种类	肥料用量/(mg/kg)	茎叶干重/(g/株)	是 CK 的%	根系干重/(g/株)	是 CK 的%	植株干重/(g/株)	是 CK 的%
50	CK	0	0.687	100.00	0.581	100.00	1.268	100.00
	N	50	0.837	121.83	0.843	145.09	1.68	132.49
		150	0.762	110.92	0.856	147.33	1.617	127.52
		250	1.141	166.08	0.906	155.94	2.047	161.44
	P	50	0.833	121.25	0.841	144.75	1.673	131.94
		150	0.852	124.02	0.828	142.51	1.681	132.57
		250	0.987	143.67	0.704	121.17	1.691	133.36
	K	50	0.778	113.25	0.701	120.65	1.479	116.64
		150	0.943	137.26	0.902	155.25	1.845	145.50
		250	0.767	111.64	0.711	122.38	1.478	116.56

续表

Sr 污染浓度/(mg/kg)	肥料种类	肥料用量/(mg/kg)	茎叶干重/(g/株)	是 CK 的%	根系干重/(g/株)	是 CK 的%	植株干重/(g/株)	是 CK 的%
150	CK	0	0.738	100.00	0.869	100.00	1.607	100.00
	N	50	0.708	95.93	0.58	66.74	1.288	80.15
		150	0.836	113.28	0.74	85.16	1.576	98.07
		250	0.796	107.86	0.836	96.20	1.633	101.62
	P	50	0.883	119.65	0.686	78.94	1.568	97.57
		150	0.856	115.99	0.722	83.08	1.578	98.20
		250	0.861	116.67	0.708	81.47	1.57	97.70
	K	50	0.752	101.90	0.633	72.84	1.385	86.19
		150	0.657	89.02	0.594	68.35	1.251	77.85
		250	0.821	111.25	0.732	84.23	1.553	96.64
250	CK	0	0.726	100.00	0.818	100.00	1.545	100.00
	N	50	0.93	128.10	0.918	112.22	1.848	119.61
		150	0.787	108.40	0.791	96.70	1.577	102.07
		250	1.036	142.70	1.106	135.21	2.142	138.64
	P	50	0.819	112.81	0.925	113.08	1.743	112.82
		150	0.942	129.75	1.129	138.02	2.071	134.05
		250	1.068	147.11	0.878	107.33	1.946	125.95
	K	50	0.791	108.95	0.954	116.63	1.745	112.94
		150	0.73	100.55	0.703	85.94	1.433	92.75
		250	0.895	123.28	0.776	94.87	1.672	108.22

表 6.16　在 Sr 污染土壤中 N、P、K 对菊苣二次再生苗干重影响归类分析

肥料种类	肥料用量/(mg/kg)	根系干重/g			茎叶干重/g			植株干重/g		
		Sr 浓度/(mg/kg)			Sr 浓度/(mg/kg)			Sr 浓度/(mg/kg)		
		50	150	250	50	150	250	50	150	250
CK	0	0.581	0.869	0.818	0.687	0.738	0.726	1.268	1.607	1.545
N	50	0.843	0.58	0.918	0.837	0.708	0.93	1.68	1.288	1.848
	150	0.856	0.74	0.791	0.762	0.836	0.787	1.617	1.576	1.577
	250	0.906	0.836	1.106	1.141	0.796	1.036	2.047	1.633	2.142
	平均	0.868	0.719	0.938	0.913	0.780	0.918	1.781	1.499	1.856
P	50	0.841	0.686	0.925	0.833	0.883	0.819	1.673	1.568	1.743
	150	0.828	0.722	1.129	0.852	0.856	0.942	1.681	1.578	2.071
	250	0.704	0.708	0.878	0.987	0.861	1.068	1.691	1.570	1.946
	平均	0.791	0.705	0.977	0.891	0.867	0.943	1.682	1.572	1.920

续表

肥料种类	肥料用量/(mg/kg)	根系干重/g			茎叶干重/g			植株干重/g		
		Sr 浓度/(mg/kg)			Sr 浓度/(mg/kg)			Sr 浓度/(mg/kg)		
		50	150	250	50	150	250	50	150	250
K	50	0.701	0.633	0.954	0.778	0.752	0.791	1.479	1.385	1.745
	150	0.902	0.594	0.703	0.943	0.657	0.730	1.845	1.251	1.433
	250	0.711	0.732	0.776	0.767	0.821	0.895	1.478	1.553	1.672
	平均	0.771	0.653	0.811	0.829	0.743	0.805	1.601	1.396	1.617

2. N、P、K 对菊苣二次再生苗吸收转移 Sr 的影响

在 50mgSr/kg 污染土壤，N、中低用量 P 和中用量 K 可提高菊苣二次再生苗的 Sr 含量和 TF，低用量 K 的 T/R 最大；在 150mgSr/kg 污染土壤，N、K 和低用量 P 可提高菊苣二次再生苗的 Sr 含量和 TF，低用量 N 的 T/R 最大；在 250mgSr/kg 污染土壤，N、低用量 P 和中用量 K 可提高菊苣二次再生苗的 Sr 含量和 TF，低用量 P 的 T/R 最大。

归类分析表明，在低浓度 Sr 污染土壤，N 肥可提高植株 Sr 含量，P、K 肥降低植株 Sr 含量；在中浓度 Sr 污染土壤，N、P、K 均可提高植株 Sr 含量，提高效果是 N>K>P；在高浓度 Sr 污染土壤，N 肥提高植株 Sr 含量，P、K 肥降低植株 Sr 含量（见表 6.18）。平均而言，N 肥提高植株 Sr 含量 13.98%，P 肥降低植株 Sr 含量 1.3%，K 肥提高植株 Sr 含量 0.4%。由此可见，在 Sr 污染土壤，施用 N 肥可提高植株 Sr 含量，但 P、K 肥几乎没有多大效果。

表 6.17　N、P、K 对菊苣二次再生苗吸收转移 Sr 的影响

Sr 污染浓度/(mg/kg)	肥料种类	肥料用量/(mg/kg)	茎叶含量/(mg/kg)	根系含量/(mg/kg)	植株含量/(mg/kg)	冠根比(T/R)	转移系数(TF)
50	CK	0	200.110	42.016	127.690	4.763	2.554
	N	50	234.790	41.464	137.807	5.663	2.756
		150	242.754	41.484	136.264	5.852	2.725
		250	218.327	44.880	141.580	4.865	2.832
	P	50	223.360	36.327	129.415	6.149	2.588
		150	232.253	36.348	135.699	6.390	2.714
		250	166.453	35.852	112.074	4.643	2.241
	K	50	234.509	36.034	140.432	6.508	2.809
		150	192.679	38.383	117.250	5.020	2.345
		250	177.344	36.569	109.634	4.850	2.193

Sr 污染浓度 /(mg/kg)	肥料种类	肥料用量 /(mg/kg)	茎叶含量 /(mg/kg)	根系含量 /(mg/kg)	植株含量 /(mg/kg)	冠根比(T/R)	转移系数(TF)
	CK	0	547.651	57.525	282.577	9.520	1.884
	N	50	613.363	69.681	368.678	8.802	2.458
		150	600.570	69.310	350.981	8.665	2.340
		250	708.022	119.748	406.680	5.913	2.711
150	P	50	512.071	70.393	318.985	7.274	2.127
		150	412.505	64.777	253.345	6.368	1.689
		250	475.559	73.073	293.919	6.508	1.959
	K	50	636.885	74.690	379.784	8.527	2.532
		150	504.824	65.591	296.186	7.697	1.975
		250	500.928	67.912	296.749	7.376	1.978
	CK	0	983.563	86.648	508.365	11.351	2.033
	N	50	953.588	73.589	516.287	12.958	2.065
		150	1042.352	96.353	568.153	10.818	2.273
		250	935.492	120.601	514.858	7.757	2.059
250	P	50	1121.726	69.420	563.666	16.159	2.255
		150	888.205	67.495	440.789	13.160	1.763
		250	805.999	68.019	472.996	11.850	1.892
	K	50	968.912	70.220	477.741	13.798	1.911
		150	963.723	76.399	528.454	12.614	2.114
		250	721.730	70.657	419.402	10.215	1.678

表 6.18　在 Sr 污染土壤中 N、P、K 对菊苣二次再生苗 Sr 含量影响的归类分析

肥料种类	肥料用量 /(mg/kg)	根系含量/(mg/kg) Sr 浓度/(mg/kg)			茎叶含量/(mg/kg) Sr 浓度/(mg/kg)			植株含量/(mg/kg) Sr 浓度/(mg/kg)		
		50	150	250	50	150	250	50	150	250
CK	0	42.02	57.53	86.65	200.11	547.65	983.56	127.69	282.58	508.37
N	50	41.46	69.68	73.59	234.79	613.36	953.59	137.81	368.68	516.29
	150	41.48	69.31	96.35	242.75	600.57	1042.35	136.26	350.98	568.15
	250	44.88	119.75	120.60	218.33	708.02	935.49	141.58	406.68	514.86
	平均	42.61	86.25	96.85	231.96	640.65	977.14	138.55	375.45	533.10

续表

肥料种类	肥料用量/(mg/kg)	根系含量/(mg/kg)			茎叶含量/(mg/kg)			植株含量/(mg/kg)		
		Sr 浓度/(mg/kg)			Sr 浓度/(mg/kg)			Sr 浓度/(mg/kg)		
		50	150	250	50	150	250	50	150	250
P	50	36.33	70.39	69.42	223.36	512.07	1121.73	129.42	318.99	563.67
	150	36.35	64.78	67.50	232.25	412.51	888.21	135.70	253.35	440.79
	250	35.85	73.07	68.02	166.45	475.56	806.00	112.07	293.92	473.00
	平均	36.18	69.41	68.31	207.36	466.71	938.64	125.73	288.75	492.48
K	50	36.03	74.69	70.22	234.51	636.89	968.91	140.43	379.78	477.74
	150	38.38	65.59	76.40	192.68	504.82	963.72	117.25	296.19	528.45
	250	36.57	67.91	70.66	177.34	500.93	721.73	109.63	296.75	419.40
	平均	37.00	69.40	72.43	201.51	547.55	884.79	122.44	324.24	475.20

6.2.4　小结

在 Sr 污染土壤分别施用 N、P、K 肥，均可提高植物实生苗和再生苗干重。N 肥对各浓度 Sr 污染土壤均可增加实生苗、一次再生苗和二次再生苗的植株干重，但 P、K 肥对植物干重的作用受 Sr 污染浓度和植株生活型的影响。

N、P、K 对植物吸收 Sr 有不同的影响。在不同浓度 Sr 污染土壤，施用 N 肥均能提高实生苗植株 Sr 含量；低浓度 P 肥能促进菊苣吸收转移 Sr，但中高浓度 P 肥有降低作用；在中低浓度 Sr 污染土壤 K 肥能促进菊苣吸收转移 Sr，但在高浓度 Sr 污染土壤 K 肥有降低作用。N 肥在不同浓度 Sr 污染土壤均能提高一次再生苗植株 Sr 含量和 TF 值，P、K 肥在高浓度 Sr 污染土壤能提高植株 Sr 含量。在 Sr 污染土壤，施用 N 肥可提高二次再生苗植株 Sr 含量，但 P、K 肥几乎没有多大效果。

6.3　N、P、K 肥对植物修复 Cs 污染土壤的影响

6.3.1　N、P、K 肥对菊苣实生苗修复 Cs 污染土壤的影响

1. 在 Cs 污染土壤中 N、P、K 对菊苣实生苗的生物效应

1)对叶绿素荧光参数的影响

在 50mgCs/kg 污染土壤，中高浓度 P 对菊苣实生苗的 F_v/F_m 略有降低作用；在 150mgCs/kg 和 250mgCs/kg 污染土壤，N、P、K 对菊苣实生苗的 F_v/F_m 多有增加作用（见表 6.19）。说明在 Cs 污染土壤，施 N、K 肥对植物 PSⅡ没有胁迫作用，P 肥的影响与 Cs 污染浓度有关。

表 6.19　在 Cs 污染土壤中 N、P、K 对菊苣叶绿素荧光参数的影响

Cs 污染浓度 /(mg/kg)	肥料种类	肥料用量 /(mg/kg)	F_0	是 CK 的 %	F_m	是 CK 的 %	F_v/F_m	是 CK 的 %
50	CK	0	7177	100.00	43742	100.00	0.836	100.00
	N	50	7284	101.48	44530	101.80	0.836	100.00
		150	7260	101.16	44723	102.24	0.837	100.12
		250	7055	98.29	44971	102.81	0.842	100.72
	P	50	7045	98.16	44713	102.22	0.842	100.72
		150	7321	102.00	44108	100.84	0.834	99.76
		250	7623	106.20	43075	98.48	0.822	98.33
	K	50	7145	99.54	42667	97.54	0.832	99.52
		150	7131	99.35	44138	100.91	0.839	100.36
		250	6935	96.62	43623	99.73	0.841	100.60
150	CK	0	7786	100.00	46312	100.00	0.832	100.00
	N	50	7477	96.03	42668	92.13	0.824	99.04
		150	7317	93.98	46909	101.29	0.844	101.44
		250	6842	87.87	43250	93.39	0.842	101.20
	P	50	6720	86.31	42922	92.68	0.843	101.32
		150	7266	93.32	45449	98.14	0.84	100.96
		250	7279	93.49	43130	93.13	0.831	99.88
	K	50	7033	90.32	42573	91.93	0.833	100.12
		150	6988	89.75	43035	92.92	0.838	100.72
		250	6735	86.50	42528	91.83	0.841	101.08
250	CK	0	7369	100.00	42104	100.00	0.823	100.00
	N	50	6994	94.91	41731	99.11	0.832	101.09
		150	7122	96.65	44553	105.82	0.84	102.07
		250	7710	104.64	44450	105.57	0.826	100.36
	P	50	6794	92.20	41447	98.44	0.836	101.58
		150	6768	91.84	42042	99.85	0.839	101.94
		250	7160	97.17	42958	102.03	0.832	101.09
	K	50	6865	93.16	42271	100.40	0.837	101.70
		150	6745	91.54	40872	97.07	0.835	101.46
		250	6765	91.81	41667	98.96	0.838	101.82

　　2)对光合作用的影响

　　据表 6.20 显示，在中低浓度 Cs 污染土壤，施用 N、P、K 肥，多能提高菊苣实生苗气孔导度和净光合速率净光合速率，胞间 CO_2 浓度有不同的变化；在高浓度 Cs 污染土

壤，N、P、K 使这三个光合参数下降(除 N 可提高净光合速率外)。因而在高浓度 Cs 污染土壤，P、K 肥可能加剧环境对植物光合系统 I 的胁迫。

表 6.20　在 Cs 污染土壤中 N、P、K 对菊苣光合作用参数的影响

Cs 污染浓度 /(mg/kg)	肥料种类	肥料用量 /(mg/kg)	气孔导度 Gs/[molH$_2$O /(m^2·s)]	是 CK 的%	胞间 CO$_2$ 浓度 Ci /(μmolCO$_2$/mol)	是 CK 的%	净光合速率 Pn/[μmolCO$_2$ /(m^2·s)]	是 CK 的%
50	CK	0	323.538	100.00	317.030	100.00	10.916	100.00
	N	50	375.800	116.15	307.833	97.10	12.963	118.75
		150	388.213	119.99	289.582	91.34	17.058	156.27
		250	434.922	134.43	290.460	91.62	18.869	172.86
	P	50	271.057	83.78	301.450	95.09	10.132	92.82
		150	565.675	174.84	337.208	106.36	11.455	104.94
		250	522.988	161.65	334.272	105.44	10.917	100.01
	K	50	619.742	191.55	339.653	107.14	11.810	108.19
		150	504.852	156.04	329.417	103.91	11.609	106.35
		250	545.852	168.71	333.774	105.28	10.776	98.72
150	CK	0	636.219	100.00	342.962	100.00	10.294	100.00
	N	50	820.22	128.92	335.815	97.92	15.715	152.66
		150	639.799	100.56	312.657	91.16	19.991	194.20
		250	523.815	82.33	309.886	90.36	18.415	178.89
	P	50	525.950	82.67	330.711	96.43	13.169	127.93
		150	402.152	63.21	325.562	94.93	11.677	113.44
		250	447.896	70.40	324.675	94.67	10.272	99.79
	K	50	963.518	151.44	355.304	103.60	10.606	103.03
		150	997.621	156.80	348.176	101.52	13.723	133.31
		250	824.444	129.58	357.454	104.23	10.535	102.34
250	CK	0	1069.389	100.00	351.667	100.00	14.776	100.00
	N	50	1055.220	98.68	345.517	98.25	17.210	116.47
		150	974.855	91.16	339.509	96.54	18.966	128.36
		250	874.088	81.74	340.654	96.87	16.561	112.08
	P	50	948.414	88.69	351.633	99.99	13.196	89.31
		150	850.664	79.55	353.591	100.55	11.694	79.14
		250	923.991	86.40	348.517	99.10	14.826	100.34
	K	50	793.553	74.21	351.576	99.97	10.778	72.94
		150	572.266	53.51	338.163	96.16	10.060	68.08
		250	665.270	62.21	345.822	98.34	10.237	69.28

3)对单株干重的影响

在低、中、高浓度 Cs 污染土壤，N 肥可增加植株干重，尤其显著增加茎叶干重(见表 6.21)；P、K 肥在低浓度 Cs 污染土壤均降低植株干重，但在中高浓度 Cs 污染土壤均增加植株干重，原因值得进一步研究。

归类分析表明，在 Cs 污染土壤，N、P、K 肥都能增加菊苣实生苗植株干重(见表 6.22)，分别增加 50.1%、28.1%、24.3%，增加效果是 N>P>K。

表 6.21   在 Cs 污染土壤中 N、P、K 对菊苣实生苗干重的影响

Cs 污染浓度 /(mg/kg)	肥料种类	肥料用量 /(mg/kg)	茎叶干重 /(g/株)	是 CK 的%	根系干重 /(g/株)	是 CK 的%	植株干重 /(g/株)	是 CK 的%
50	CK	0	0.674	100.00	0.369	100.00	1.043	100.00
	N	50	0.758	112.46	0.368	99.73	1.126	107.96
		150	1.1	163.20	0.387	104.88	1.486	142.47
		250	1.12	166.17	0.227	61.52	1.347	129.15
	P	50	0.623	92.43	0.412	111.65	1.035	99.23
		150	0.553	82.05	0.416	112.74	0.969	92.91
		250	0.609	90.36	0.422	114.36	1.031	98.85
	K	50	0.529	78.49	0.328	88.89	0.857	82.17
		150	0.616	91.39	0.282	76.42	0.898	86.10
		250	0.657	97.48	0.343	92.95	1.000	95.88
150	CK	0	0.553	100.00	0.264	100.00	0.817	100.00
	N	50	0.756	136.71	0.261	98.86	1.018	124.60
		150	0.954	172.51	0.197	74.62	1.15	140.76
		250	0.783	141.59	0.148	56.06	0.931	113.95
	P	50	0.649	117.36	0.345	130.68	0.995	121.79
		150	0.71	128.39	0.43	162.88	1.139	139.41
		250	0.791	143.04	0.401	151.89	1.192	145.90
	K	50	0.801	144.85	0.36	136.36	1.162	142.23
		150	0.69	124.77	0.286	108.33	0.976	119.46
		250	0.718	129.84	0.39	147.73	1.107	135.50
250	CK	0	0.331	100.00	0.129	100.00	0.46	100.00
	N	50	0.729	220.24	0.247	191.47	0.976	212.17
		150	0.788	238.07	0.228	176.74	1.016	220.87
		250	0.813	245.62	0.18	139.53	0.993	215.87
	P	50	0.444	134.14	0.232	179.84	0.676	146.96
		150	0.688	207.85	0.411	318.60	1.1	239.13
		250	0.524	158.31	0.253	196.12	0.777	168.91
	K	50	0.569	171.90	0.318	246.51	0.888	193.04
		150	0.582	175.83	0.323	250.39	0.905	196.74
		250	0.552	166.77	0.302	234.11	0.854	185.65

表 6.22　在 Cs 污染土壤中 N、P、K 对菊苣实生苗干重影响归类分析

| 肥料种类 | 肥料用量 /(mg/kg) | 根系干重/g | | | 茎叶干重/g | | | 植株干重/g | | |
| | | Cs 浓度/(mg/kg) | | | Cs 浓度/(mg/kg) | | | Cs 浓度/(mg/kg) | | |
		50	150	250	50	150	250	50	150	250
CK	0	0.369	0.264	0.129	0.254	0.553	0.331	1.043	0.817	0.460
N	50	0.368	0.261	0.247	0.292	0.756	0.729	1.126	1.018	0.976
	150	0.387	0.197	0.228	0.271	0.954	0.788	1.486	1.150	1.016
	250	0.227	0.148	0.180	0.185	0.783	0.813	1.347	0.931	0.993
	平均	0.327	0.202	0.219	0.249	0.831	0.776	1.320	1.033	0.995
P	50	0.412	0.345	0.232	0.330	0.649	0.444	1.035	0.995	0.676
	150	0.416	0.430	0.411	0.419	0.710	0.688	0.969	1.139	1.100
	250	0.422	0.401	0.253	0.359	0.791	0.524	1.031	1.192	0.777
	平均	0.417	0.392	0.299	0.369	0.716	0.552	1.012	1.109	0.851
K	50	0.328	0.360	0.318	0.336	0.801	0.569	0.857	1.162	0.888
	150	0.282	0.286	0.323	0.297	0.690	0.582	0.898	0.976	0.905
	250	0.343	0.390	0.302	0.345	0.718	0.552	1.000	1.107	0.854
	平均	0.318	0.345	0.315	0.326	0.736	0.568	0.918	1.081	0.882

2. N、P、K 对菊苣实生苗吸收转移 Cs 的影响

从表 6.23 可见，在低浓度 Cs 污染土壤，N、P、K 肥降低菊苣实生苗 Cs 含量和 TF（低用量 P 除外），同时降低了 T/R；在中浓度 Cs 污染土壤，N、P、K 肥增加菊苣实生苗 Cs 含量和 TF（高用量 K 除外），P 降低了 T/R，N、K 增加了 T/R；在高浓度 Cs 污染土壤，N、P、K 肥降低菊苣实生苗 Cs 含量和 TF（低用量 P 除外），同时增加了 T/R（高用量 N 除外）。

因此，在 Cs 污染土壤，N、P、K 肥对植物吸收和转移 Cs 的影响受 Cs 污染浓度、肥料种类和用量的影响。归类平均表明（见表 6.24），N 肥可增加菊苣实生苗植株 Cs 含量 35.6%，P 肥降低 Cs 含量 1.1%，K 肥降低 Cs 含量 12.2%。

表 6.23　N、P、K 对菊苣实生苗吸收转移 Cs 的影响

Cs 污染浓度 /(mg/kg)	肥料种类	肥料用量 /(mg/kg)	茎叶含量 /(mg/kg)	根系含量 /(mg/kg)	植株含量 /(mg/kg)	冠根比(T/R)	转移系数(TF)
	CK	0	802.00	153.99	572.94	5.21	11.46
50	N	50	562.14	118.64	417.37	4.74	8.35
		150	513.53	157.77	421	3.25	8.42
		250	450.17	165.17	402.11	2.73	8.04

续表

Cs 污染浓度 /(mg/kg)	肥料种类	肥料用量 /(mg/kg)	茎叶含量 /(mg/kg)	根系含量 /(mg/kg)	植株含量 /(mg/kg)	冠根比(T/R)	转移系数(TF)
50	P	50	836.08	178.12	574.12	4.69	11.48
		150	780.4	182.71	523.66	4.27	10.47
		250	723.4	209.4	513.08	3.45	10.26
	K	50	696.15	221.5	514.56	3.14	10.29
		150	478.9	196.43	390.17	2.44	7.8
		250	333.34	180.32	280.88	1.85	5.62
150	CK	0	955.67	628.03	849.72	1.52	5.66
	N	50	3499.6	702.82	2781.17	4.98	18.54
		150	3229.63	711.67	2799.39	4.54	18.66
		250	2839.87	757.83	2508.51	3.75	16.72
	P	50	968.13	787.02	905.25	1.23	6.03
		150	999.15	791.35	920.75	1.26	6.14
		250	938.59	692.68	855.83	1.36	5.71
	K	50	4017.44	774.61	3011.46	5.19	20.08
		150	1544.14	363.7	1197.98	4.25	7.99
		250	458.49	101.6	332.89	4.51	2.22
250	CK	0	2211.93	2483.94	2288.11	0.89	9.15
	N	50	1859.42	1863.79	1860.53	1.00	7.44
		150	1916.51	1770.66	1883.72	1.08	7.53
		250	1880.15	2637.48	2017.35	0.71	8.07
	P	50	3880.56	1728.61	3141.94	2.24	12.57
		150	1941.58	1450.95	1757.99	1.34	7.03
		250	1780.23	1909.65	1822.4	0.93	7.29
	K	50	1499.05	1413.3	1468.29	1.06	5.87
		150	2715.84	567.55	1948.41	4.79	7.79
		250	865.97	208.89	633.46	4.15	2.53

表 6.24   在 Cs 污染土壤中 N、P、K 对菊苣实生苗 Cs 含量影响的归类分析

肥料种类	肥料用量 /(mg/kg)	根系含量/(mg/kg) Cs 浓度/(mg/kg)			茎叶含量/(mg/kg) Cs 浓度/(mg/kg)			植株含量/(mg/kg) Cs 浓度/(mg/kg)		
		50	150	250	50	150	250	50	150	250
CK	0	153.99	628.03	2483.94	802.00	955.67	2211.93	572.94	849.72	2288.11

续表

肥料种类	肥料用量/(mg/kg)	根系含量/(mg/kg) Cs 浓度/(mg/kg)			茎叶含量/(mg/kg) Cs 浓度/(mg/kg)			植株含量/(mg/kg) Cs 浓度/(mg/kg)		
		50	150	250	50	150	250	50	150	250
N	50	118.64	702.82	1863.79	562.14	3499.60	1859.42	417.37	2781.17	1860.53
	150	157.77	711.67	1770.66	513.53	3229.63	1916.51	421.00	2799.39	1883.72
	250	165.17	757.83	2637.48	450.17	2839.87	1880.15	402.11	2508.51	2017.35
	平均	147.19	724.11	2090.64	508.61	3189.70	1885.36	413.49	2696.36	1920.53
P	50	178.12	787.02	1728.61	836.08	968.13	3880.56	574.12	905.25	3141.94
	150	182.71	791.35	1450.95	780.40	999.15	1941.58	523.66	920.75	1757.99
	250	209.40	692.68	1909.65	723.40	938.59	1780.23	513.08	855.83	1822.40
	平均	190.08	757.02	1696.40	779.96	968.62	2534.13	536.95	893.94	2240.78
K	50	221.50	774.61	1413.30	696.15	4017.44	1499.05	514.56	3011.46	1468.29
	150	196.43	363.70	567.55	478.90	1544.14	2715.84	390.17	1197.98	1948.41
	250	180.32	101.60	208.89	333.34	458.49	865.97	280.88	332.89	633.46
	平均	199.42	413.30	729.91	502.80	2006.69	1693.62	395.20	1514.11	1350.05

6.3.2　N、P、K 肥对菊苣一次再生苗修复 Cs 污染土壤的影响

1. N、P、K 肥对 Cs 污染土壤菊苣一次再生苗的生物效应

在中、高浓度 Cs 污染土壤，施用 N、P、K 肥后几乎所有处理的菊苣再生苗受到抑制影响，有些没有再生，有些再生苗出现后逐渐死亡。因此，这里主要介绍在低浓度 Cs 污染土壤，施用 N、P、K 对植物吸收 Cs 的影响。

在低浓度 Cs 污染土壤，分别施用 N、P、K 对菊苣一次再生苗的 F_0 和 F_m 略有提高作用，但对 F_v/F_m 几乎没有影响（见表 6.25），但对植株干重均有提高作用，且有干重随施肥量增加而提高的趋势（见表 6.26），以 N 肥的作用最大。

表 6.25　在 Cs 污染土壤中 N、P、K 对菊苣一次再生苗叶绿素荧光参数的影响

Cs 污染浓度/(mg/kg)	肥料种类	肥料用量/(mg/kg)	F_0	是 CK 的 %	F_m	是 CK 的 %	F_v/F_m	是 CK 的 %
50	CK	0	6861	100.00	38329	100.00	0.821	100.00
	N	50	7459	108.73	43772	114.20	0.829	100.97
		150	7113	103.68	42109	109.86	0.831	101.22
		250	7909	115.28	44740	116.73	0.823	100.24

续表

Cs 污染浓度/(mg/kg)	肥料种类	肥料用量/(mg/kg)	F_0	是 CK 的%	F_m	是 CK 的%	F_v/F_m	是 CK 的%
50	P	50	6701	97.68	41012	107.00	0.837	101.95
		150	6833	99.60	41478	108.22	0.835	101.71
		250	7270	105.97	39856	103.98	0.817	99.51
	K	50	7123	103.83	43284	112.93	0.836	101.83
		150	7199	104.93	41135	107.32	0.825	100.49
		250	7255	105.75	40358	105.29	0.820	99.88

表 6.26　在 Cs 污染土壤中 N、P、K 对菊苣一次再生苗干重的影响

Cs 污染浓度/(mg/kg)	肥料种类	肥料用量/(mg/kg)	茎叶干重/(g/株)	是 CK 的%	根系干重/(g/株)	是 CK 的%	植株干重/(g/株)	是 CK 的%
50	CK	0	0.351	100.00	0.280	100.00	0.631	100.00
	N	50	0.492	140.17	0.369	131.79	0.86	136.29
		150	0.745	212.25	0.513	183.21	1.258	199.37
		250	0.79	225.07	0.786	280.71	1.577	249.92
	P	50	0.371	105.70	0.294	105.00	0.664	105.23
		150	0.408	116.24	0.316	112.86	0.725	114.90
		250	0.399	113.68	0.363	129.64	0.762	120.76
	K	50	0.354	100.85	0.290	103.57	0.643	101.90
		150	0.337	96.01	0.363	129.64	0.7.00	110.94
		250	0.365	103.99	0.440	157.14	0.805	127.58

2. N、P、K 肥对菊苣一次再生苗吸收转移 Cs 的影响

N、P、K 肥降低菊苣一次再生苗植株 Cs 含量和 TF，N、K 用量越高降低越多(见表 6.27)。茎叶和根系 Cs 含量均有随 N、K 肥用量增加而降低的趋势，但 P 的影响是波动变化的；T/R 随 N、P 用量增加而降低，随 K 用量而波动变化。因此，在低浓度 Cs 污染土壤，施用 N、P、K 不能促进土壤 Cs 向菊苣一次再生苗植株转移，但每千克土壤施用 50mg P 可促进根系 Cs 向茎叶转移。归类平均表明，N 肥降低菊苣一次再生苗植株铯含量 53.5%，P 肥降低 12.1%，K 肥降低 41.1%。

表 6.27　N、P、K 对菊苣一次再生苗吸收转移 Cs 的影响

Cs 污染浓度 /(mg/kg)	肥料种类	肥料用量 /(mg/kg)	茎叶含量 /(mg/kg)	根系含量 /(mg/kg)	单株含量 /(mg/kg)	冠根比(T/R)	转移系数(TF)
50	CK	0	1540.02	300.77	990.14	5.12	19.80
	N	50	1104.90	230.41	730.22	4.80	14.60
		150	608.42	151.07	421.93	4.03	8.44
		250	368.75	98.01	233.74	3.76	4.68
	P	50	1446.33	221.88	904.97	6.52	18.10
		150	1252.63	249.15	814.52	5.03	16.29
		250	1321.43	378.62	872.24	3.49	17.45
	K	50	1252.34	263.78	807.40	4.75	16.15
		150	1007.02	249.84	614.24	4.03	12.29
		250	453.41	95.06	257.46	4.77	5.15

6.3.3　N、P、K 对菊苣二次再生苗修复 Cs 污染土壤的影响

1. N、P、K 对 Cs 污染土壤菊苣二次再生苗干重的影响

据表 6.28 显示，在低浓度 Cs 污染土壤，除低用量 P 外，不同用量 N、P、K 均可提高菊苣二次再生苗植株干重，且有随 N、P 用量增加而增加的现象。归类平均表明，N 肥增加植株干重 33.3%，P 肥增加 30.2%，K 肥增加 34.1%。

表 6.28　在 Cs 污染土壤中 N、P、K 对菊苣二次再生苗干重的影响

Cs 污染浓度 /(mg/kg)	肥料种类	肥料用量 /(mg/kg)	茎叶干重 /(g/株)	是 CK 的%	根系干重 /(g/株)	是 CK 的%	植株干重 /(g/株)	是 CK 的%
50	CK	0	0.625	100.00	0.634	100.00	1.259	100.00
	N	50	0.577	92.32	0.762	120.19	1.339	106.35
		150	0.855	136.80	0.557	87.85	1.412	112.15
		250	1.116	178.56	1.187	187.22	2.303	182.92
	P	50	0.605	96.80	0.512	80.76	1.116	88.64
		150	0.842	134.72	0.990	156.15	1.832	145.51
		250	1.028	164.48	0.941	148.42	1.969	156.39
	K	50	0.738	118.08	0.718	113.25	1.456	115.65
		150	1.097	175.52	1.033	162.93	2.130	169.18
		250	0.906	144.96	0.570	89.91	1.475	117.16

2. N、P、K 对菊苣二次再生苗吸收转移 Cs 的影响

肥料种类和用量影响菊苣二次再生苗对 Cs 的吸收转移(见表 6.29)。低用量 N 可提

高铯含量，中、高用量 N 降低 Cs 含量，用量越多降低越多，含量冠根比则随 N 用量增加而提高。P 肥各用量均降低菊苣二次再生苗的 Cs 含量。中用量 K 肥可提高菊苣二次再生苗 Cs 含量和含量冠根比。

表 6.29　N、P、K 对菊苣二次再生苗吸收转移 Cs 的影响

污染浓度/(mg/kg)	肥料种类	肥料用量/(mg/kg)	茎叶含量/(mg/kg)	根系含量/(mg/kg)	单株含量/(mg/kg)	冠根比(T/R)	转移系数(TF)
	CK	0	1256.898	276.563	763.400	4.545	15.268
		50	290.124	1193.688	804.400	0.243	16.088
	N	150	987.917	306.904	719.171	3.219	14.383
		250	831.924	180.226	495.990	4.616	9.920
50		50	1022.508	329.401	704.929	3.104	14.099
	P	150	846.708	232.597	514.881	3.640	10.298
		250	921.816	280.452	615.300	3.287	12.306
		50	1074.655	292.151	688.808	3.678	13.776
	K	150	1358.577	212.822	802.911	6.384	16.058
		250	980.952	200.350	679.558	4.896	13.591

6.3.4　小结

在 Cs 污染土壤，N、P、K 肥都能增加菊苣实生苗植株干重，增加效果是 N>P>K。但在中、高浓度 Cs 污染土壤，施用 N、P、K 肥后几乎所有处理的菊苣再生苗均会受到抑制，不再生或是再生后又逐渐死亡。N、P、K 对低浓度 Cs 污染土壤菊苣一次再生苗干重均有提高作用，有干重随施肥量增加而提高的趋势，以 N 肥的作用最大。N、P、K 肥提高二次再生苗植株干重达 30% 以上。

在 Cs 污染土壤，N、P、K 肥对植物吸收和转移 Cs 的影响受 Cs 污染浓度、肥料种类和用量的影响。N 肥和 K 肥均可增加菊苣实生苗植株 Cs 含量，N 肥增加十分明显，而 P 肥铯含量略有降低。N、P、K 肥降低菊苣一次再生苗植株 Cs 含量和 TF，N、K 用量越高降低越多。低用量 N 可提高 Cs 含量，中、高用量 N 降低铯含量。P 肥降低菊苣二次再生苗的铯含量。中用量 K 肥可提高菊苣二次再生苗 Cs 含量和含量。

因此，在低浓度 Cs 污染土壤施用 N、K 肥可以提高植物实生苗的植株干重，增加实生苗植株的 Cs 含量，提高实生苗的修复效率。N、P、K 肥料对再生苗的植株干重多有增加作用，但对 Cs 含量的影响与肥料种类和用量有关。在实践中是否应用植物再生特性进行再生修复，要既应考虑修复效率，又应考虑修复成本。

第7章 重金属对植物修复 U 污染土壤的影响

铀尾矿往往伴生有铁矿物、钙镁矿物、硅酸盐、铝硅酸盐及锰化合物等，因此，在 U 污染的地区其他金属或重金属的含量也很高，如含有大量的 Fe、Mn、Mg、Ca、Cu 和 Zn 等(刘娟等，2012)。朱莉等(2013)通过模拟淋浸实验发现，广东省北部某铀尾矿的浸出液中有较高含量的 K、Mg、Al、Ca 和 Fe 等。黄德娟等(2013)对某铀矿山周围环境土壤的调查结果表明，尾矿坝、水冶厂及矿井周边均出现不同程度的重金属污染，其中受 Cd 污染最为严重，含量为 13.47mg/kg，是土壤背景值的 130 多倍；其次是 Cr 和 Cu，Pb、Ni、Zn、Mn 的含量也较高，说明铀矿山的重金属污染与铀矿开采密切相关。位于吉尔吉斯斯坦依塞克湖南岸的一个废弃的铀矿中含有较多的 Cu、Zn、Cd、Ni、Cr 等重金属，此外还有少量的 Pb、Mo、Hg、Ag 等(Gavshin et al.，2004)。在 U 和重金属同时污染条件下，U 和伴生重金属共同对植物产生胁迫影响，植物的响应可能不同于对单一 U 污染土壤的响应。研究伴生重金属对植物修复 U 污染土壤的影响特点，可为铀尾矿实地植物修复提供参考依据。

7.1 研究方法

7.1.1 试验土壤

试验土壤为农田壤土，U、Cd、Pb、Ni、Cr 含量分别为 2.26mg/kg、4.45mg/kg、48.83mg/kg、0.117mg/kg、103.79mg/kg 和 149.27mg/kg。土壤容重 1.39，pH 为 7.5，有机质含量 31.6g/kg，全氮、全磷、全钾分别是 2.57g/kg、0.985g/kg 和 17.90g/kg，碱解氮、有效磷、速效钾分别是 302mg/kg、33mg/kg 和 288mg/kg。

7.1.2 试验方法

盆栽试验，每盆土壤 2kg。U 处理浓度分别为：0mg/kg、50mg/kg、100mg/kg、150mg/kg 干土，每个 U 浓度下面设计 5 种重金属处理，各重金属的处理浓度分别为 0、低浓度、高浓度。低浓度大约为土壤背景值的 1 倍(汞除外)，高浓度大约为土壤背景值的 5 倍(Hg 除外，见表 7.1)。以 U 和重金属的 0 处理作为对照，3 次重复。

表 7.1 重金属处理浓度设置

元素	Cd	Pb	Hg	Ni	Cr
低浓度/(mg/kg)	5	50	5	100	150
高浓度/(mg/kg)	25	250	25	500	750

根据每盆土壤的重量和重金属及 U 的设计用量计算每盆土壤中各元素的实际施加量。为保证试验土壤能够被均匀污染，U 各水平药剂溶液分别添加相应的重金属溶液，用自来水稀释成土壤田间持水量(预备试验得到 2kg 土壤田间持水量为 720mL)施用，保证试验土壤被药液均匀浸湿。土壤药剂处理在 2012 年 12 月 28 日进行，在阴凉干燥处放置两个月以上，使土壤吸附固定，代表污染土壤。2013 年 3 月 18 日播种，出苗后 2 周每盆定苗 9 株。每 1~2 天浇一次水，保持土壤湿度在田间持水量的 60%~70%。播种和生长期间浇水，每盆定量一致，其他管理措施各处理相同。在植物收获前两周测定光合作用、叶绿素荧光等生理指标，收获后测定植物干重及元素含量。根据菊苣的再生特性，2013 年 6 月 17 日第一次收获，地上部分全收、地下部分收 6 株；2013 年 8 月 23 日第二次收获，地上部分和地下部分全收。

7.2 重金属和 U 污染土壤对植物的生物效应

7.2.1 重金属和 U 互作的植物学效应

1. 对植物出苗和苗高的影响

以 0 处理植物性状为 100%，菊苣出苗率和苗高对 U 和重金属胁迫的响应不同(见表7.2)。与对照相比，Cr 低浓度处理使菊苣出苗率增加，高浓度使出苗率降低。出苗后，Cr 处理的植株大部分死亡。Cd、Pb、Hg、Ni 及 U 处理使菊苣出苗率增加，但使实生苗和再生苗的苗高普遍降低。与实生苗相比，再生苗的苗高降低了 25.78%(见表 7.3)。

表 7.2　菊苣实生苗出苗率和苗高对 U 和重金属胁迫的响应指数　　(单位:%)

项目	重金属	重金属浓度/(mg/kg)	U 浓度/(mg/kg)			
			0	50	100	150
出苗率		0	100.0	109.1	109.1	118.2
	Cd	5	120.5	109.1	120.5	93.2
		25	111.4	102.3	118.2	88.6
	Pb	50	111.4	120.5	90.9	97.7
		250	106.8	127.3	118.2	118.2
	Hg	5	109.1	120.5	111.4	118.2
		25	115.9	120.5	106.8	106.8
	Ni	100	111.4	140.9	109.1	118.2
		500	113.6	113.6	104.5	118.2
	Cr	150	104.5	115.9	100.0	118.2
		750	72.7	95.5	88.6	84.1

续表

项目	重金属	重金属浓度 /(mg/kg)	U 浓度/(mg/kg)			
			0	50	100	150
苗高		0	100.0	87.5	81.8	84.5
	Cd	5	96.3	95.5	90.2	88.8
		25	98.7	90.0	79.2	75.7
	Pb	50	91.8	92.8	85.5	84.5
		250	101.6	89.8	74.2	81.0
	Hg	5	89.4	93.9	86.9	85.2
		25	107.6	97.6	83.5	80.9
	Ni	100	104.1	86.1	82.3	86.6
		500	97.6	90.7	87.2	83.5

表 7.3　菊苣再生苗苗高对 U 和重金属胁迫的响应指数　　　　　（单位:%）

项目	重金属	重金属浓度 /(mg/kg)	U 浓度/(mg/kg)			
			0	50	100	150
苗高		0	100.0	95.7	87.0	91.4
	Cd	5	95.5	84.7	92.2	92.7
		25	94.0	88.2	65.5	84.4
	Pb	50	103.2	95.9	85.9	104.9
		250	100.5	91.4	91.1	95.1
	Hg	5	98.9	98.6	90.9	94.4
		25	101.0	90.6	96.3	90.9
	Ni	100	91.6	92.2	99.4	103.5
		500	103.7	96.5	97.0	94.6

在 U 胁迫下，U 浓度的变化对菊苣实生苗苗高的影响显著，但对出苗率、再生苗的苗高影响并不明显。随着 U 浓度增加，实生苗苗高降低($P<0.01$)，菊苣出苗率提高($P>0.05$)，再生苗的绿叶数增加。与对照相比，实生苗的绿叶数在低浓度 U(U 浓度=50mg/kg)处理时减少，高浓度 U(U 浓度=150mg/kg)处理时增加。

在重金属胁迫下，Cr 浓度增大，菊苣的出苗率显著降低($P<0.05$)；其他四种重金属的浓度变化对出苗率、绿叶数的影响不明显，而对苗高的影响比较显著。随着 Cd 处理浓度的增大，出苗率随之降低；再生苗苗高显著降低，高浓度 Cd 处理使苗高比对照降低了 17.0%。高浓度 Hg 处理使出苗率和苗高增加，其中苗高比对照增加了 7.41%。随着 Ni 处理浓度的提高，菊苣的出苗率增加。Ni 胁迫对实生苗苗高表现出低浓度促进、高浓度抑制的作用，而对再生苗苗高的影响则相反。方差分析表明，重金属种类对出苗率、再生苗苗高的影响显著($P<0.05$)。Cr 的低浓度促进出苗，高浓度抑制出苗。不同重金属对出苗率的促进作用由大到小分别为 Ni>Hg>Pb>Cd>Cr，对再生苗苗高的抑制作用由大到小分别为 Cd>Hg>Pb>Ni。

U 和重金属共存时，随着 U 浓度增加出苗率先增加后降低。Cd 与高浓度的 U 共存时，出苗率和苗高均低于对照，并且低于单独的 Cd 处理。当 U 浓度≥100mg/kg 时，重金属浓度增加导致苗高显著降低，其中铀镉混合污染的影响显著大于 U 和其他三种重金属的混合污染。Pb、Hg、Ni 浓度增大时，出苗率的变化与单独的重金属处理相反。

2. 对植物干重的效应

如表 7.4 显示，在 U 和重金属的作用下实生苗根干重、叶干重及株干重均低于 CK。在没有重金属污染下，单独 U 污染时，根干重平均降低 4.3%，叶干重平均降低 29.2%，植株干重平均降低 15.3%。在没有 U 污染下，Cd 使根干重平均降低 32.8%，叶干重平均降低 16.8%，植株干重平均降低 23.1%；Pb 使根干重平均降低 21.6%，叶干重平均降低 12.2%，植株干重平均降低 15.9%；Hg 使根干重平均降低 1.2%，使叶干重平均降低 8.7%，使植株干重平均降低 5.7%；Ni 使根干重平均降低 23.5%，使叶干重平均降低 13.0%，使植株干重平均降低 13.0%。因此，U 和重金属单独胁迫对菊苣降低根系干重的影响是，Cd>Ni>Pb>U>Hg；对菊苣降低叶干重的影响是 U>Cd>Ni>Pb>Hg；对菊苣降低植株干重的影响是，Cd>Pb>U>Ni>Hg。随 Cd、Pb、Ni、Hg 污染浓度增加，植株干重降低越多，但 U 浓度不全符合这一规律。

实生苗单株根干重、单株叶干重及单株干重在 U 和重金属共存时随 U 及分别伴生 Cd、Pb、Ni 浓度的增加而降低，且小于单独的 U 处理。受到低浓度 Cd、高浓度 Pb、Ni 和 U 共同污染的植株单株根干重大于单独的重金属处理，而单株叶干重和单株干重均小于单独的重金属处理。当 Cd 浓度=25mg/kg、U 浓度=150mg/kg 时三个指标都达到最小值，分别比单独的 U 处理减少 54.86%、39.1%、45.9%，比单独 Cd 处理减少 29.4%、38.8%、35.7%。当 U 浓度≤100mg/kg 时，Hg 和 U 共存使单株叶干重大于单独的 U 处理，当 Hg 浓度=25mg/kg 时比单独 U 处理增加 14.9%，比单独 Hg 处理减少 3.7%；当 Ni 浓度=500mg/kg 时，实生苗单株干重随 U 浓度增加而增加，且大于单独的 Ni 处理。

表 7.4　U 和重金属复合污染对菊苣实生苗干重的影响

项目	重金属	重金属浓度/(mg/kg)	U 浓度/(mg/kg)			
			0	50	100	150
单株根干重/(g/株)	CK	0	0.460	0.410	0.469	0.442
	Cd	5	0.336	0.361	0.376	0.375
		25	0.282	0.303	0.294	0.200
	Pb	50	0.409	0.399	0.476	0.487
		250	0.312	0.363	0.386	0.405
	Hg	5	0.504	0.430	0.383	0.363
		25	0.405	0.434	0.396	0.394
	Ni	100	0.426	0.443	0.417	0.353
		500	0.278	0.375	0.395	0.346

续表

项目	重金属	重金属浓度 /(mg/kg)	U 浓度/(mg/kg)			
			0	50	100	150
单株叶干重 /(g/株)	CK	0	0.712	0.577	0.496	0.585
	Cd	5	0.603	0.469	0.476	0.460
		25	0.582	0.510	0.451	0.356
	Pb	50	0.600	0.560	0.465	0.491
		250	0.650	0.527	0.454	0.456
	Hg	5	0.612	0.593	0.548	0.456
		25	0.688	0.663	0.532	0.488
	Ni	100	0.691	0.551	0.470	0.484
		500	0.548	0.474	0.484	0.433
单株干重 /(g/株)	CK	0	1.172	0.987	0.965	1.027
	Cd	5	0.938	0.830	0.852	0.835
		25	0.864	0.812	0.745	0.556
	Pb	50	1.010	0.959	0.942	0.978
		250	0.962	0.890	0.840	0.861
	Hg	5	1.117	1.023	0.931	0.820
		25	1.094	1.097	0.928	0.882
	Ni	100	1.117	0.994	0.887	0.837
		500	0.826	0.849	0.879	0.779

　　表 7.5 表明，在单独的 U 污染下，菊苣再生苗根系干重平均增加 31.1%，叶干重平均降低 6.1%，植株干重平均增加 8.0%。在没有 U 污染下，Cd 使根干重平均降低 9.6%，叶干重平均降低 17.9%，植株干重平均降低 13.7%；Pb 使根干重平均增加 20.3%，叶干重平均降低 11.9%，植株干重平均增加 3.0%；Hg 使根干重平均增加 17.0%，叶干重平均降低 4.4%，植株干重平均增加 5.6%；Ni 使根干重平均增加 51.9%，叶干重平均增加 8.5%，植株干重平均增加 28.6%。因此，单独 U、Pb、Hg 和 Ni 污染可以增加菊苣再生苗植株干重，但 Cd 降低菊苣再生苗干重。同时，将表 7.4 和表 7.5 比较可以看出，U 和重金属单独污染对植物实生苗和再生苗生物产量有不同的影响，对实生苗干重的负效应大于再生苗，而且不少重金属对再生苗干重还有正效应。

　　U 和重金属共存时与单独的 U 处理相比，在不同 U 污染浓度下，不同重金属对再生苗植株的影响不同。一般而言，Cd 的存在使再生苗植株干重降低，而 Pb、Hg 和 Ni 的存在使干重增加。

　　方差分析表明：U 浓度变化对单株干重影响极显著；重金属种类对菊苣根干重及单株干重影响极显著($P<0.01$)，其浓度变化对实生苗干重的影响极显著($P<0.01$)，对再生苗干重的影响则并不明显。

表 7.5　U 和重金属复合污染对菊苣再生苗干重的影响

项目	重金属	重金属浓度/(mg/kg)	U 浓度/(mg/kg)			
			0	50	100	150
单株根干重/g	CK	0	0.632	0.821	0.754	0.911
	Cd	5	0.659	0.605	0.767	0.840
		25	0.484	0.590	0.563	0.735
	Pb	50	0.816	0.758	1.003	0.993
		250	0.705	0.766	0.848	0.993
	Hg	5	0.769	0.749	0.898	0.987
		25	0.710	0.805	0.851	1.116
	Ni	100	0.799	0.755	0.883	1.126
		500	1.122	0.749	0.959	0.843
单株叶干重/g	CK	0	0.733	0.710	0.674	0.681
	Cd	5	0.648	0.749	0.617	0.669
		25	0.563	0.646	0.468	0.630
	Pb	50	0.637	0.725	0.677	0.773
		250	0.654	0.576	0.632	0.746
	Hg	5	0.680	0.722	0.730	0.672
		25	0.722	0.712	0.696	0.688
	Ni	100	0.636	0.681	0.645	0.733
		500	0.954	0.618	0.620	0.672
单株干重/g	CK	0	1.365	1.530	1.428	1.593
	Cd	5	1.307	1.354	1.384	1.509
		25	1.048	1.236	1.031	1.365
	Pb	50	1.453	1.483	1.681	1.766
		250	1.359	1.343	1.480	1.739
	Hg	5	1.450	1.471	1.628	1.659
		25	1.432	1.516	1.547	1.803
	Ni	100	1.435	1.436	1.528	1.859
		500	2.076	1.368	1.579	1.516

7.2.2　重金属和 U 互作的植物生理效应

1. 对植物光合作用的效应

与 0 处理相比，在 U 和重金属污染的土壤中，菊苣实生苗的净光合速率(Pn)在不同的处理组合中有不同的变化趋势，而气孔导度(Gs)、胞间二氧化碳浓度(Ci)和蒸腾速率(Tr)均有增加的趋势(见表 7.6)。

当 U 浓度为 50mg/kg 或 150mg/kg 时，重金属的存在使 Pn 大于单独的 U 处理；当

U 浓度＝100mg/kg 时，Cd 和 Hg 的存在使 Pn 小于单独的 U 处理。

从表7.7可知，CK 再生苗与实生苗相比，Pn 降低了59.7%，而 Gs、Ci 和 Tr 分别增加了4.1%、33.5%和43.9%。在 U 胁迫下，Pn、Gs 和 Ci 的变化趋势相似，随 U 浓度的增加先增加后降低，和对照相比 Pn 和 Ci 降低，Gs 增加，同时 Tr 也增加。在这四种重金属分别与 U 共同胁迫下，Pn 小于对照，Ci 大于对照，而 Gs 和 Tr 变化相似，除高浓度 Cd 和低浓度 Pb 外大于对照。Cd 和 Hg 浓度增大时，四个参数均有不同程度的降低；Pb 和 Ni 浓度增大时，Gs 和 Tr 升高。当 U 浓度＝150mg/kg 时，与单独的 U 处理相比，Cd 的存在使 Pn 升高，Ni 和高浓度 Pb 的存在使 Gs、Ci 和 Tr 均降低。因此，菊苣实生苗和再生苗的气体交换参数对 U 和重金属胁迫的响应有所不同，污染对再生苗光合作用的影响要大于实生苗。

方差分析表明，U 对再生苗的 Pn、Gs 和 Ci 影响显著（$P<0.05$），甚至达到极显著水平（$P<0.01$），但是对实生苗的影响不显著。不同重金属对实生苗的 Gs 和 Tr 影响显著，但对再生苗的影响不显著。U 和重金属互作对菊苣的光合作用也有显著影响，其中对再生苗的影响达到极显著水平。

表 7.6　U 和重金属复合污染对菊苣实生苗光合作用参数的影响

项目	重金属	重金属浓度/(mg/kg)	U 浓度/(mg/kg)			
			0	50	100	150
Pn/[μmolCO$_2$/(m^2·s)]	CK	0	14.69	12.60	15.88	12.92
	Cd	5	15.84	13.58	14.90	15.76
		25	12.24	15.81	14.06	15.41
	Pb	50	12.78	15.72	16.08	12.94
		250	15.57	14.60	15.83	13.82
	Hg	5	15.22	14.71	13.14	14.69
		25	14.28	14.60	14.78	13.66
	Ni	100	15.81	13.43	14.49	15.57
		500	14.98	15.23	16.28	16.38
Gs/[molH$_2$O/(m^2·s)]		0	0.194	0.158	0.215	0.189
	Cd	5	0.204	0.221	0.244	0.232
		25	0.167	0.331	0.252	0.352
	Pb	50	0.178	0.317	0.258	0.149
		250	0.237	0.212	0.238	0.204
	Hg	5	0.216	0.222	0.173	0.257
		25	0.238	0.205	0.241	0.185
	Ni	100	0.256	0.166	0.246	0.304
		500	0.291	0.272	0.309	0.342

项目	重金属	重金属浓度 /(mg/kg)	U 浓度/(mg/kg)			
			0	50	100	150
Ci /(μmolCO₂/mol)	CK	0	220.8	214.8	227.4	240.5
	Cd	5	216.0	247.5	250.5	237.0
		25	232.2	260.9	249.9	256.2
	Pb	50	229.8	257.5	243.9	209.6
		250	234.8	233.1	230.3	232.3
	Hg	5	228.7	235.8	216.4	255.7
		25	248.7	224.0	249.2	227.0
	Ni	100	244.9	209.0	247.2	257.4
		500	261.7	250.6	258.1	261.9
Tr /[mmolH₂O/(m²·s)]	CK	0	3.89	3.68	3.80	3.87
	Cd	5	4.08	4.51	4.29	4.22
		25	3.50	5.47	4.03	4.81
	Pb	50	4.03	5.43	4.41	2.69
		250	4.88	4.93	4.05	3.32
	Hg	5	4.57	4.82	3.71	4.15
		25	4.94	4.45	4.00	3.20
	Ni	100	5.39	3.80	4.28	4.69
		500	5.63	5.67	4.98	5.00

$$C_i /(\mu molCO_2/mol)$$

$$T_r /[mmolH_2O/(m^2 \cdot s)]$$

表 7.7 **U 和重金属复合污染对菊苣再生苗光合作用参数的影响**

项目	重金属	重金属浓度 /(mg/kg)	U 浓度/(mg/kg)			
			0	50	100	150
Pn /[μmolCO₂/(m²·s)]	CK	0	7.09	5.19	6.08	5.40
	Cd	5	6.65	3.64	6.55	8.26
		25	5.65	7.64	5.27	6.20
	Pb	50	3.86	6.00	4.44	6.84
		250	6.46	6.64	4.91	4.77
	Hg	5	6.08	6.32	6.23	5.99
		25	5.27	7.99	5.44	6.73
	Ni	100	5.76	7.76	5.38	5.55
		500	4.00	7.22	4.83	4.86

$$P_n /[\mu molCO_2/(m^2 \cdot s)]$$

续表

项目	重金属	重金属浓度/(mg/kg)	U 浓度/(mg/kg)			
			0	50	100	150
Gs /[molH$_2$O/(m^2·s)]	CK	0	0.201	0.212	0.256	0.238
	Cd	5	0.324	0.197	0.331	0.283
		25	0.198	0.271	0.281	0.232
	Pb	50	0.166	0.212	0.260	0.256
		250	0.253	0.261	0.211	0.191
	Hg	5	0.249	0.233	0.317	0.238
		25	0.206	0.272	0.259	0.258
	Ni	100	0.212	0.317	0.249	0.202
		500	0.216	0.323	0.242	0.195
Ci /(μmolCO$_2$/mol)	CK	0	326.2	310.6	319.6	310.0
	Cd	5	347.1	342.4	331.8	299.1
		25	340.6	296.8	330.0	304.4
	Pb	50	348.6	298.7	337.0	300.1
		250	340.2	311.7	320.5	303.9
	Hg	5	334.3	308.1	333.2	302.6
		25	326.6	297.1	324.5	299.8
	Ni	100	325.6	310.1	316.6	302.6
		500	339.4	324.5	316.3	305.0
Tr [mmolH$_2$O/(m^2·s)]	CK	0	4.89	6.46	6.09	7.05
	Cd	5	6.85	4.80	5.80	7.35
		25	3.90	8.22	6.44	6.48
	Pb	50	4.13	7.44	5.60	6.71
		250	6.08	7.31	5.75	5.89
	Hg	5	6.11	6.69	5.28	6.65
		25	5.94	7.33	6.20	7.27
	Ni	100	5.73	7.31	6.40	5.53
		500	6.21	6.68	7.03	6.58

2. 对植物叶绿素荧光参数的效应

在 U 单独作用下,随 U 浓度的增加,菊苣实生苗叶片的 F_0 逐渐升高,F_v/F_m 则有一定程度的下降,当 U 浓度为 150mg/kg 时,F_0 比 0 处理增加了 19.1%,F_v/F_m 比 CK(U 和重金属均为 0 处理)降低了 6.0%,说明 U 污染使菊苣的 PSⅡ受到胁迫(见表 7.8)。

在重金属单独作用下,F_0 随 Cd、Ni 处理浓度的增大而升高,随 Pb、Hg 处理浓度的增加而降低,但是均高于对照值 0.374;当 Cd 浓度为 25mg/kg 时比对照增加了 21.7%。F_m 随着金属浓度增加减小,并且低浓度处理下均大于对照值 1.960,高浓度处理中除 Pb 处理外都小于对照。F_v/F_m 随着 Cd 浓度升高极显著降低($P<0.01$),随 Pb 浓度升高而略有增加。说明这些重金属也使菊苣的 PS Ⅱ 受到胁迫。

在 U 和 4 种重金属分别共存的条件下,U 浓度≤100mg/kg 时,F_0 值高于单独的 U 处理,并且在同一 U 浓度处理下,随着 Cd 浓度增加而增加,当 Cd 浓度为 25mg/kg 时达到最大值,比单独的 U 处理(U 浓度=50mg/kg)增加 21.8%。在同一 U 浓度处理下,Cd 浓度增加时,F_m 和 F_v/F_m 减小,当 Cd 浓度=25mg/kg 时小于单独的 U 处理,当 Pb 浓度=50mg/kg 及 Ni 浓度=100mg/kg 时 F_m 大于单独的 U 处理,F_v/F_m 变化较小。当 U 浓度=150mg/kg 时,各重金属使 F_0 均低于单独的 U 处理,当 Cd 浓度=25mg/kg 和 Hg 浓度=5mg/kg 时 F_0 分别比单独的 U 处理降低了 14.4% 和 13.9%,相反的,F_v/F_m 均高于单独的 U 处理。

在 U 单独胁迫下,再生苗叶片 F_0 的变化与实生苗相似(见表 7.9)。在重金属单独胁迫下,F_0 随 Cd、Pb、Ni 浓度的增加而降低,随 Hg 浓度增加而增加,并且均高于对照值;F_m 随 Cd、Hg、Ni 浓度的增加而增加,其中 Cd 胁迫下低于对照,高浓度 Hg 和 Ni 处理下高于对照;Pb 和 Hg 对 F_v/F_m 的影响不明显。

U 和四种重金属分别共存时,当 U 浓度≥100mg/kg,F_0 小于单独的 U 处理,且随 Pb 和 Ni 浓度的增加而增加,随 Hg 浓度的增加而降低直至小于对照($P<0.05$);同时 Pb 及高浓度 Hg 和低浓度 Ni 的存在使 F_m 也小于单独的 U 处理。F_v/F_m 在 U 浓度=150mg/kg 时,大于单独的 U 处理,与实生苗相似。

与实生苗相比,菊苣再生苗叶片的 F_0 和 F_m 略有增加,分别增加了 5.29% 和 2.5%,F_v/F_m 没有明显变化。在 U 单独胁迫下,再生苗叶片 F_0 的变化与实生苗相似。方差分析表明,对于实生苗,U 和重金属浓度变化对 F_0 的影响不显著,但是对 F_m 和 F_v/F_m 的影响显著,不同的重金属对 F_v/F_m 的影响极显著($P<0.01$),胁迫作用由大到小为 Cd>Pb>Ni>Hg,但是 U 和不同重金属互作的影响不显著。各种处理因素对菊苣再生苗叶片的叶绿素荧光的影响也均不明显。

表 7.8 U 和重金属复合污染下菊苣实生苗叶片 F_0、F_m 及 F_v/F_m 的变化

项目	重金属	重金属浓度 /(mg/kg)	U 浓度/(mg/kg)			
			0	50	100	150
F_0	CK	0	0.374	0.375	0.397	0.445
	Cd	5	0.409	0.419	0.413	0.394
		25	0.455	0.457	0.424	0.381
	Pb	50	0.414	0.410	0.398	0.406
		250	0.380	0.395	0.414	0.402
	Hg	5	0.394	0.380	0.400	0.383
		25	0.378	0.381	0.379	0.418
	Ni	100	0.382	0.384	0.414	0.403
		500	0.388	0.379	0.399	0.421

续表

项目	重金属	重金属浓度 /(mg/kg)	U 浓度/(mg/kg)			
			0	50	100	150
F_m	CK	0	1.960	1.899	2.029	1.901
	Cd	5	2.091	1.880	2.089	2.001
		25	1.839	1.816	1.985	1.823
	Pb	50	2.097	1.995	2.052	1.920
		250	1.987	1.846	2.132	2.030
	Hg	5	2.107	1.874	1.994	1.953
		25	1.894	1.916	1.974	2.140
	Ni	100	2.008	1.978	2.090	2.037
		500	1.906	1.902	2.042	1.968
F_v/F_m	CK	0	0.809	0.802	0.805	0.760
	Cd	5	0.805	0.776	0.802	0.803
		25	0.753	0.747	0.786	0.789
	Pb	50	0.802	0.794	0.806	0.789
		250	0.808	0.785	0.805	0.802
	Hg	5	0.813	0.798	0.799	0.804
		25	0.801	0.801	0.808	0.805
	Ni	100	0.810	0.805	0.802	0.802
		500	0.795	0.801	0.805	0.785

表 7.9　U 和重金属复合污染下菊苣再生苗叶片 F_0、F_m 及 F_v/F_m 的变化

项目	重金属	重金属浓度 /(mg/kg)	U 浓度/(mg/kg)			
			0	50	100	150
F_0	CK	0	0.423	0.439	0.451	0.455
	Cd	5	0.435	0.444	0.439	0.414
		25	0.404	0.447	0.422	0.433
	Pb	50	0.432	0.449	0.406	0.380
		250	0.408	0.452	0.426	0.403
	Hg	5	0.412	0.458	0.413	0.434
		25	0.432	0.407	0.363	0.380
	Ni	100	0.422	0.441	0.384	0.403
		500	0.421	0.407	0.423	0.446

续表

项目	重金属	重金属浓度/(mg/kg)	U 浓度/(mg/kg)			
			0	50	100	150
F_m	CK	0	2.016	2.110	2.296	2.022
	Cd	5	1.755	2.146	2.144	2.064
		25	1.924	2.032	2.042	2.017
	Pb	50	2.033	2.082	2.051	1.785
		250	1.911	2.222	2.167	1.946
	Hg	5	2.015	2.173	2.106	2.182
		25	2.114	1.909	1.754	1.861
	Ni	100	1.969	2.127	1.775	1.813
		500	2.048	1.984	2.075	2.263
F_v/F_m	CK	0	0.788	0.792	0.804	0.773
	Cd	5	0.746	0.793	0.795	0.799
		25	0.790	0.780	0.794	0.785
	Pb	50	0.787	0.785	0.802	0.783
		250	0.785	0.797	0.804	0.793
	Hg	5	0.795	0.788	0.804	0.801
		25	0.796	0.786	0.791	0.794
	Ni	100	0.785	0.793	0.784	0.775
		500	0.794	0.795	0.796	0.802

7.2.3　小结

　　Cr 影响菊苣出苗，并使出苗后植株死亡。Cd、Pb、Hg、Ni 及 U 处理使菊苣出苗率增加，但使实生苗和再生苗的苗高普遍降低。在 U 和重金属作用下实生苗根干重、叶干重及株干重均低于 CK。实生苗单株根干重、单株叶干重及单株干重在铀和重金属共存时随 U 及 Cd、Pb、Ni 浓度的增加而降低，且小于单独的 U 处理。单独 U、Pb、Hg 和 Ni 污染可以增加菊苣再生苗植株干重，但 Cd 降低菊苣再生苗干重。

　　在 U 和重金属污染的土壤中，菊苣实生苗的净光合速率在不同的处理组合中有不同的变化趋势，而气孔导度、胞间二氧化碳浓度和蒸腾速率均有增加的趋势。菊苣实生苗和再生苗的气体交换参数对 U 和重金属胁迫的响应有所不同，污染对再生苗光合作用的影响要大于实生苗。U 和重金属使菊苣的 PSⅡ受到胁迫，重金属胁迫作用由大到小为 Cd>Pb>Ni>Hg。

7.3　植物对 U 和重金属的吸收与转移

7.3.1　重金属对菊苣实生苗 U 富集的影响

1. 重金属对菊苣实生苗 U 含量和 U 转移的影响

在 U 单独污染土壤的条件下，菊苣植株 U 含量随 U 污染浓度的增加而增加，但根系和叶表现不同(见表 7.10)。T/R 以低浓度最大，说明土壤 U 污染浓度的增加，植物根系向地上器官的转移 U 的比例减少；TF 值以中浓度最大，说明在中低浓度 U 污染土壤，随着 U 浓度的增加，向植物转移 U 的比例增加，但高浓度 U 污染土壤，向植物转移 U 的比例降低。

在 50mg/kg U 污染的条件下，土壤中同时存在低浓度的 Cd，使植物 U 含量、T/R 降低，但高浓度的 Cd 则增大了这些参数。分别存在 Pb、高浓度 Hg 和 Ni 时，均会降低植物 U 含量、T/R 值。高浓度 Cd 或低浓度 Hg 会增加土壤 U 向植物转移，但其他浓度和其他元素会降低土壤 U 向植物转移。

在 100mg/kg U 污染的条件下，Cd、Pb、Hg、Ni 分别与 U 共存时，均降低了植物 U 含量，Cd 平均使植物降低 U 含量 32.7%，Pb 平均使植物降低 U 含量 21.1%，Hg 平均使植物降低 U 含量 16.0%，Ni 平均使植物降低 U 含量 29.7%。在相同污染指数下，降低程度的大小依次是 Cd>Ni>Pb>Hg。这些重金属对根系 U 含量、叶 U 含量的影响不同，对 U 的转移影响也不相同。同种重金属浓度平均而言，各元素都能提高植物 U 向地上器官的转移，但降低土壤 U 向植物的转移。

在 150mg/kg U 污染的条件下，Cd、Pb、Hg、Ni 分别与 U 共存时，均增加了植物 U 含量，Cd 平均使植物增加 U 含量 98.9%，Pb 平均使植物增加 U 含量 162.3%，Hg 平均使植物增加 U 含量 82.9%，Ni 平均使植物增加 U 含量 38.12%。因此，在高浓度 U 污染下，Pb 的存在使植物 U 含量增加的作用最大，Cd 次之，Ni 最小。同种重金属浓度平均而言，Cd、Hg 能提高植物 U 含量向地上器官的转移，但 Pb 和 Ni 则降低了 U 的转移；这四种重金属均可提高土壤 U 向植物转移。

表 7.10　重金属对菊苣实生苗 U 的吸收与转移

U 浓度 /(mg/kg)	重金属	重金属浓度 /(mg/kg)	根系含量 /(mg/kg)	叶含量 /(mg/kg)	T/R	植株含量 /(mg/kg)	TF
	CK	0	14.71	5.30	0.36	9.21	0.18
	Cd	5	15.51	0.15	0.01	6.83	0.14
50		25	16.76	15.05	0.90	15.69	0.31
	Pb	50	17.94	0.81	0.05	7.94	0.16
		250	19.55	0.05	0.00	8.00	0.16

续表

U 浓度 /(mg/kg)	重金属	重金属浓度 /(mg/kg)	根系含量 /(mg/kg)	叶含量 /(mg/kg)	T/R	植株含量 /(mg/kg)	TF
50	Hg	5	22.28	0.71	0.03	9.77	0.20
		25	19.49	0.62	0.03	8.09	0.16
	Ni	100	19.48	0.05	0.00	8.72	0.17
		500	12.93	0.04	0.00	5.73	0.11
100	CK	0	52.91	2.88	0.05	27.18	0.27
	Cd	5	36.00	1.91	0.05	16.96	0.17
		25	40.22	6.25	0.16	19.64	0.20
	Pb	50	38.82	3.42	0.09	21.32	0.21
		250	41.47	4.66	0.11	21.58	0.22
	Hg	5	36.29	3.70	0.10	17.11	0.17
		25	31.51	2.59	0.08	14.94	0.15
	Ni	100	32.53	3.09	0.09	16.92	0.17
		500	44.48	2.31	0.05	21.27	0.21
150	CK	0	66.97	3.14	0.05	30.61	0.20
	Cd	5	74.39	8.30	0.11	37.99	0.25
		25	208.47	13.91	0.07	83.77	0.56
	Pb	50	205.93	8.50	0.04	106.78	0.71
		250	108.60	5.37	0.05	53.91	0.36
	Hg	5	118.73	5.68	0.05	55.80	0.37
		25	114.42	9.70	0.08	56.51	0.38
	Ni	100	129.49	5.16	0.04	57.64	0.38
		500	57.16	2.77	0.05	26.92	0.18

2. 重金属对菊苣实生苗积累 U 的影响

　　U 的积累量是单位面积植物干重和 U 含量的乘积,本研究以每盆植物的干物质积累量与 U 含量的乘积表示。在 50mg/kg U 污染土壤中,Hg 和高浓度 Cd 可以增加菊苣对 U 的积累量,其他元素及其浓度均降低植物对 U 的积累量。在 100mg/kg U 污染土壤中,各金属的存在均降低了菊苣对 U 的积累量。但在 150mg/kg U 污染土壤中,各金属的存在均增加菊苣 U 积累量(见表 7.11)。因此,多数重金属在低浓度 U 污染土壤中可以降低植物对 U 的积累,而在高浓度 U 污染土壤中可以促进菊苣对 U 的积累,其机理值得研究。

表 7.11　重金属对菊苣实生苗 U 积累量的影响　　　（单位：mg/盆）

部位	重金属	U 处理浓度/(mg/kg)		
		50	100	150
植株	CK	0.066	0.184	0.193
	C1	0.043	0.103	0.200
	C2	0.092	0.102	0.338
	P1	0.055	0.129	0.617
	P2	0.051	0.128	0.328
	H1	0.075	0.114	0.325
	H2	0.062	0.099	0.341
	N1	0.062	0.098	0.313
	N2	0.034	0.123	0.141
茎叶	CK	0.024	0.011	0.010
	C1	0.001	0.007	0.027
	C2	0.061	0.021	0.039
	P1	0.004	0.012	0.031
	P2	0.000	0.017	0.020
	H1	0.003	0.016	0.021
	H2	0.003	0.011	0.037
	N1	0.000	0.011	0.018
	N2	0.000	0.009	0.009
根	CK	0.038	0.149	0.205
	C1	0.037	0.081	0.146
	C2	0.030	0.071	0.249
	P1	0.043	0.097	0.450
	P2	0.037	0.096	0.264
	H1	0.060	0.083	0.259
	H2	0.051	0.075	0.249
	N1	0.052	0.072	0.244
	N2	0.026	0.094	0.111

注：CK 表示土壤中重金属处理浓度为 0；C1 和 C2、P1 和 P2、H1 和 H2、N1 和 N2 分别代表土壤中 Cd、Pb、Hg、Ni 的低浓度和高浓度。

3. 不同重金属元素对菊苣实生苗 U 富集影响的比较

如果将三个 U 处理浓度和两种重金属浓度平均，可以计算不同重金属元素对菊苣实生苗植物 U 富集参数的大小。表 7.12 显示，在 U 污染土壤中，分别存在 Cd、Pb、Hg、

Ni，可以增加植物根系 U 含量和植株 U 含量，增加土壤 U 向植物转移；Cd 增加根系 U
向地上器官转移，Pb、Hg、Ni 降低转移；Pb、Hg 增加植株 U 积累量，Ni 降低植株 U
积累量，U 不影响积累量。从植株 U 含量和 TF 值评价，Cd、Pb、Hg、Ni 有正效应，
正效应的大小是 Pb>Cd>Hg>Ni。

表 7.12 不同重金属元素对菊苣实生苗 U 富集影响的比较

重金属元素	根系含量/(mg/kg)	叶含量/(mg/kg)	T/R	植株含量/(mg/kg)	TF	植株积累量/(mg/盆)
对照	44.86	3.77	0.15	22.33	0.22	0.15
Cd	65.18	7.60	0.22	30.15	0.30	0.15
Pb	72.06	3.80	0.06	36.59	0.37	0.22
Hg	57.12	3.84	0.06	27.04	0.27	0.17
Ni	49.23	2.24	0.04	22.87	0.23	0.13

7.3.2 重金属对菊苣再生苗 U 富集的影响

1. 重金属对菊苣再生苗 U 含量和转移的影响

在 0U 浓度处理的土壤(无 U 污染)中，菊苣实生苗各器官 U 含量很低，仪器难以检
测出来。但是菊苣再生苗由于根系生长时间长，U 含量较高，向地上器官转移较多，因
而在没有 U 污染的土壤也检测出植物的 U 含量(见表 7.13)。各重金属元素的污染促进
再生植物根系对 U 的吸收，但降低了对地上器官的转移。

在 U 单独污染土壤的条件下，菊苣再生植株 U 含量随 U 污染浓度的增加而增加，
而且根系和叶表现一致，这与实生苗的表现不尽相同。T/R 以低浓度最大，再生植物根
系向地上器官的转移 U 的比例减少；TF 值以高浓度最大，土壤向再生植物转移 U 的比
例随 U 浓度的增加而增加。

在 50mg/kg U 污染的条件下，土壤中同时存在低 Cr 会降低再生植物对 U 的吸收和
转移，但分别存在其他重金属元素可增加根系、植株 U 含量和 TF 值。Pb 和 Ni 降低根
系 U 向地上转移，低浓度 Cd 和低浓度 Hg 可促进根系 U 向地上器官转移，但高浓度
降低。

在 100mg/kg U 污染的条件下，低浓度 Cd 和高浓度 Pb 可增加再生植物根系和植株
U 含量及 TF 值，但其他浓度和其他元素均可降低含量和 TF 值。

在 150mg/kg U 污染的条件下，Ni、Cd 降低再生植物根系和植株 U 含量，其他元素
则增加 U 含量。Cd 可增加再生植物根系 U 向地上器官转移，Cr、Ni 和低浓度 Cd 可降
低土壤 U 向再生植物转移，Pb、Hg 和高浓度 Cd 可增加土壤 U 向植物转移。

表 7.13　重金属对菊苣再生苗 U 含量和转移的影响

U 浓度 /(mg/kg)	重金属	重金属浓度 /(mg/kg)	根系含量 /(mg/kg)	叶含量 /(mg/kg)	T/R	植株含量 /(mg/kg)	TF
0	CK	0	0.10	0.18	1.80	0.15	—
	Cd	5	0.13	0.14	1.08	0.13	—
		25	0.20	0.18	0.90	0.19	—
	Pb	50	0.20	0.10	0.50	0.16	—
		250	0.13	0.14	1.08	0.13	—
	Hg	5	0.26	0.16	0.62	0.21	—
		25	0.08	0.15	1.88	0.12	—
	Ni	100	0.26	0.18	0.69	0.23	—
		500	0.17	0.26	1.53	0.21	—
	Cr	150	0.18	0.09	0.50	0.13	—
		750	—	—	—	—	—
50	CK	0	22.33	6.90	0.31	15.17	0.30
	Cd	5	33.90	11.96	0.35	21.75	0.44
		25	26.90	7.41	0.28	16.72	0.33
	Pb	50	25.87	5.44	0.21	15.88	0.32
		250	26.09	6.73	0.26	17.78	0.36
	Hg	5	22.29	7.72	0.35	15.13	0.30
		25	25.64	5.84	0.23	16.35	0.33
	Ni	100	31.58	6.62	0.21	19.75	0.40
		500	19.72	5.15	0.26	13.13	0.26
	Cr	150	6.90	2.79	0.40	5.35	0.11
		750	—	—	—	—	—
100	CK	0	64.91	12.41	0.19	40.13	0.40
	Cd	5	46.03	10.77	0.23	30.30	0.30
		25	67.31	26.28	0.39	48.69	0.49
	Pb	50	67.17	10.03	0.15	44.14	0.44
		250	45.50	12.81	0.28	31.54	0.32
	Hg	5	55.58	15.45	0.28	37.59	0.38
		25	44.58	8.80	0.20	28.48	0.28
	Ni	100	49.21	9.93	0.20	32.64	0.33
		500	32.11	7.72	0.24	22.53	0.23
	Cr	150	31.58	2.60	0.08	17.53	0.18
		750	—	—	—	—	—

续表

U 浓度/(mg/kg)	重金属	重金属浓度/(mg/kg)	根系含量/(mg/kg)	叶含量/(mg/kg)	T/R	植株含量/(mg/kg)	TF
150	CK	0	105.97	19.04	0.18	68.79	0.46
	Cd	5	89.83	19.55	0.22	58.65	0.39
		25	157.11	53.90	0.34	109.47	0.73
	Pb	50	130.12	10.11	0.08	77.60	0.52
		250	133.00	10.10	0.08	80.25	0.54
	Hg	5	130.20	9.05	0.07	81.10	0.54
		25	124.58	8.53	0.07	80.33	0.54
	Ni	100	51.25	6.81	0.13	33.72	0.22
		500	63.86	14.72	0.23	42.06	0.28
	Cr	150	64.89	8.44	0.13	38.39	0.26
		750	—	—	—	—	—

注：750mg/kg Cr 高浓度处理的植物死亡。

2. 重金属对菊苣再生苗 U 积累量的影响

表 7.14 显示，在 50mg/kg U 污染土壤中，同时存在 Pb 或高浓度 Ni 可以增加再生植株对 U 的积累量，其他浓度或元素会降低 U 积累量；在 100mg/kg U 污染土壤中，同时存在低浓度 Pb 或 Hg，可增加再生植株 U 积累量，其他浓度或元素会降低 U 积累量；在 150mg/kg U 污染土壤中，同时存在 Pb 或 Hg 或高浓度 Cd 可增加再生植株 U 积累量，其他浓度或元素会降低 U 积累量。不同重金属元素及其浓度对再生植物根系和茎叶 U 积累量的影响不同。

表 7.14 重金属对菊苣再生苗 U 积累量的影响 （单位：mg/盆）

植物器官	重金属	U 污染量/(mg/kg)		
		50	100	150
植株	CK	0.070	0.172	0.329
	C1	0.078	0.126	0.265
	C2	0.062	0.148	0.448
	P1	0.071	0.204	0.411
	P2	0.092	0.140	0.419
	H1	0.067	0.184	0.404
	H2	0.074	0.132	0.435
	N1	0.085	0.166	0.188
	N2	0.059	0.116	0.191

续表

植物器官	重金属	U 污染量/(mg/kg)		
		50	100	150
茎叶	CK	0.015	0.025	0.039
	C1	0.023	0.020	0.039
	C2	0.014	0.036	0.102
	P1	0.012	0.019	0.023
	P2	0.015	0.024	0.023
	H1	0.017	0.034	0.018
	H2	0.012	0.018	0.018
	N1	0.014	0.021	0.015
	N2	0.010	0.016	0.030
根系	CK	0.055	0.147	0.290
	C1	0.055	0.106	0.226
	C2	0.048	0.112	0.346
	P1	0.059	0.184	0.388
	P2	0.077	0.116	0.396
	H1	0.050	0.150	0.385
	H2	0.062	0.114	0.417
	N1	0.072	0.145	0.173
	N2	0.048	0.100	0.162

注：CK 表示土壤中重金属处理浓度为 0；C1 和 C2、P1 和 P2、H1 和 H2、N1 和 N2 分别代表土壤中 Cd、Pb、Hg、Ni 的低浓度和高浓度。

3. 不同重金属对菊苣再生苗 U 富集影响大小的比较

表 7.15 表明，在 U 污染土壤，Ni 降低再生植物根系、叶和植株的 U 含量，降低根系 U 向地上器官转移，降低土壤 U 向植物转移；Cd、Pb、Hg 增加植物根系和植株 U 含量，Cd 增加根系 U 向地上器官转移；Cd、Pb、Hg 可以增加土壤 U 向植物转移。Pb 或 Hg 可以增加再生植物对 U 积累量。因此，从植株 U 含量和 TF 值评价，Ni 是负效应，Cd、Pb、Hg 是正效应，Cd 的正效应最大，可以增加菊苣再生植株 U 含量 15.1%。

表 7.15　不同重金属元素对菊苣再生苗 U 富集影响的比较

重金属元素	根系含量/(mg/kg)	叶含量/(mg/kg)	T/R	植株含量/(mg/kg)	TF	植株积累量/(mg/盆)
对照	64.40	12.78	0.23	41.36	0.39	0.19
Cd	70.18	21.65	0.30	47.60	0.45	0.19
Pb	71.29	9.21	0.18	44.53	0.42	0.22

续表

重金属元素	根系含量 /(mg/kg)	叶含量 /(mg/kg)	T/R	植株含量 /(mg/kg)	TF	植株积累量 /(mg/盆)
Hg	67.15	9.23	0.20	43.04	0.40	0.22
Ni	41.29	8.30	0.21	27.31	0.29	0.13

7.3.3　U 对植物吸收转移重金属的影响

1. U 对菊苣根系重金属含量的影响

在 U 污染下，菊苣实生苗根系 Cd 含量平均降低 15.59%，Hg 含量降低 10.31%，Ni 含量降低 18.55%，这种降低程度与 U 浓度和重金属浓度有关(见表 7.16)；菊苣再生苗根系 Cd 含量增加 9.19%，Pb 含量降低 13.42%；Hg 含量增加 15.75%；Ni 含量增加 14.9%；Cr 含量降低 9.33%(见表 7.17)。因此，在 U 污染土壤中，将使植物实生苗根系重金属含量降低，降低大小是 Ni>Cd>Hg；使再生苗 Pb 和 Cr 的含量降低，但 Cd、Hg 和 Ni 的含量增加。

表 7.16　U 对菊苣实生苗根系重金属含量的影响　　　　　　　（单位：mg/kg）

重金属	浓度/(mg/kg)	U 浓度/(mg/kg)				
		0	50	100	150	平均
Cd	0	3.83	7.69	6.56	6.65	6.97
	5	14.04	14.05	11.82	10.18	12.02
	25	24.19	22.44	18.45	19.87	20.25
	平均	19.12	18.25	15.14	15.03	16.14
Hg	0	2.85	1.30	0.81	0.64	0.92
	5	0.61	0.48	0.31	0.15	0.31
	25	1.32	1.03	1.37	1.90	1.43
	平均	0.97	0.76	0.84	1.03	0.87
Ni	0	9.81	11.73	15.52	9.18	12.14
	100	19.72	22.19	14.92	12.41	16.51
	500	39.25	39.81	30.47	24.32	31.53
	平均	29.49	31.00	22.70	18.37	24.02

注：计算平均值时不包括相应的 0 浓度(CK)；Pb 的含量极少，没有测出来；Cr 处理的植株死亡或植株极小，无法测量。

表 7.17　U 对菊苣再生苗根系重金属含量的影响　　　　　　（单位：mg/kg）

重金属	浓度/(mg/kg)	U 浓度/(mg/kg)				
		0	50	100	150	平均
Cd	0	2.21	4.02	2.59	2.80	3.14
	5	18.47	24.14	16.45	13.89	18.16
	25	35.09	41.74	39.86	39.35	40.32
	平均	26.78	32.94	28.16	26.62	29.24
Pb	0	21.32	19.41	16.77	21.82	19.33
	50	27.06	22.38	24.70	25.59	24.22
	250	43.71	40.82	40.25	30.08	37.05
	平均	35.39	31.60	32.48	27.84	30.64
Hg	0	0.91	0.87	0.90	0.87	0.88
	5	1.05	1.15	1.12	0.99	1.09
	25	1.87	2.14	2.47	2.24	2.28
	平均	1.46	1.65	1.80	1.62	1.69
Ni	0	13.43	4.55	10.52	7.16	7.41
	100	2.21	4.02	2.59	2.80	3.14
	500	18.47	24.14	16.45	13.89	18.16
	平均	35.09	41.74	39.86	39.35	40.32
Cr	0	26.78	32.94	28.16	26.62	29.24
	150	21.32	19.41	16.77	21.82	19.33

注：平均值不包括相应的 0 浓度(CK)；Cr 高浓度处理植株死亡。

2. U 对菊苣茎叶重金属含量的影响

表 7.18 显示，U 使菊苣实生苗茎叶 Cd、Hg、Ni 含量降低，U 浓度越高降低越多；平均而言，Cd 降低 30.53%，Hg 降低 86.55%，Ni 降低 14.52%。U 使菊苣再生苗茎叶 Cd、Pb、Ni、Cr 含量略有降低；不同 U 浓度对不同重金属的影响不同(见表 7.19)。

因此，U 污染降低菊苣实生苗和再生苗根系 Cd 或 Ni 向茎叶转移，对实生苗降低作用大，对再生苗的降低作用小；对再生苗根系 Pb 或 Cr 向茎叶有少量降低作用；对实生苗根系 Hg 向茎叶转移有极大的降低作用，但对再生苗根系 Hg 向茎叶的转移与 U 污染浓度有关，低浓度 U 有促进作用，中高浓度 U 有降低作用。

表 7.18　U 对菊苣实生苗茎叶重金属含量的影响　　　　　（单位：mg/kg）

重金属	浓度/(mg/kg)	U 浓度/(mg/kg)				
		0	50	100	150	平均
Cd	0	4.81	9.90	9.04	9.44	9.46
	5	27.76	29.97	23.95	16.25	23.39
	25	66.89	51.87	39.32	35.93	42.37
	平均	47.33	40.92	31.64	26.09	32.88
Hg	0	12.03	1.95	1.14	0.98	1.36
	5	0.83	0.65	0.29	0.48	0.47
	25	6.31	0.47	0.65	0.33	0.48
	平均	3.57	0.56	0.47	0.41	0.48
Ni	0	13.08	7.34	14.17	10.97	10.83
	100	23.04	20.78	16.77	14.84	17.46
	500	24.89	29.96	20.99	19.57	23.51
	平均	23.97	25.37	18.88	17.21	20.49

注：计算平均值时不包括相应的 0 浓度(CK)；Pb 的含量极少，没有测出来；Cr 处理的植株死亡或植株极小，无法测量。

表 7.19　U 对菊苣再生苗茎叶重金属含量的影响　　　　　（单位：mg/kg）

重金属	浓度/(mg/kg)	U 浓度/(mg/kg)				
		0	50	100	150	平均
Cd	0	5.50	11.16	8.04	7.93	9.04
	5	73.78	79.37	57.39	47.21	61.32
	25	141.30	156.49	155.24	126.99	146.24
	平均	107.54	117.93	106.32	87.10	103.78
Pb	0	43.92	34.01	29.07	34.68	32.59
	50	45.30	39.37	35.92	35.77	37.02
	250	44.81	41.96	48.45	41.01	43.81
	平均	45.06	40.67	42.19	38.39	40.41
Hg	0	2.83	0.85	0.86	0.94	0.88
	5	2.22	4.29	1.07	0.93	2.10
	25	1.90	17.52	1.23	1.19	6.65
	平均	2.06	10.91	1.15	1.06	4.37

续表

重金属	浓度/(mg/kg)	U 浓度/(mg/kg)				
		0	50	100	150	平均
Ni	0	25.92	14.55	13.78	13.11	13.81
	100	28.07	24.41	28.22	23.36	25.33
	500	38.86	35.53	37.09	38.00	36.87
	平均	33.47	29.97	32.66	30.68	31.10
Cr	0	5.34	14.46	13.96	15.28	14.57
	150	13.81	11.01	9.71	15.65	12.12

注：平均值不包括相应的 0 浓度(CK)；Cr 高浓度处理植株死亡。

3. U 对菊苣植株重金属含量的影响

U 污染土壤对菊苣实生苗植株 Cd 或 Hg 含量有明显的降低作用，U 浓度越大，植株 Cd 或 Hg 含量降低越多；除个别情况，对植株 Ni 含量也有降低作用(见表 7.20)。U 污染土壤对菊苣再生苗植株 Cd、Pb、Ni、Cr 含量有降低作用，中高浓度 U 污染对菊苣再生苗植株 Hg 含量也有明显的降低作用(见表 7.21)。因此，U 污染土壤会抑制土壤重金属向植物转移。

表 7.20　U 对菊苣实生苗植株重金属含量的影响　　　（单位：mg/kg）

重金属	浓度/(mg/kg)	U 浓度/(mg/kg)				
		0	50	100	150	平均
Cd	0	4.43	8.89	7.84	8.24	8.32
	5	22.85	23.04	18.59	13.52	18.38
	25	52.93	40.90	31.09	30.16	34.05
	平均	37.89	31.97	24.84	21.84	26.22
Hg	0	8.42	1.68	0.98	0.83	1.16
	5	0.73	0.58	0.30	0.34	0.41
	25	4.46	0.69	0.96	1.03	0.89
	平均	2.60	0.64	0.63	0.69	0.65
Ni	0	11.79	9.17	14.82	10.20	11.40
	100	21.77	21.40	15.90	13.82	17.04
	500	29.72	34.31	25.25	21.68	27.08
	平均	25.75	27.86	20.58	17.75	22.06

注：计算平均值时不包括相应的 0 浓度(CK)；Pb 的含量极少，没有测出来；Cr 处理的植株死亡或植株极小，无法测量。

表 7.21　U 对菊苣再生苗植株重金属含量的影响　　　　　　（单位：mg/kg）

重金属	浓度/(mg/kg)	U 浓度/(mg/kg)				
		0	50	100	150	平均
Cd	0	3.98	7.33	5.16	4.99	5.83
	5	45.91	54.71	34.71	28.67	39.36
	25	92.19	101.69	92.23	79.80	91.24
	平均	69.05	78.20	63.47	54.24	65.30
Pb	0	33.46	26.18	22.58	27.32	25.36
	50	35.06	30.69	29.22	30.04	29.98
	250	44.24	41.31	43.75	34.77	39.94
	平均	39.65	36.00	36.49	32.41	34.96
Hg	0	1.94	0.86	0.88	0.90	0.88
	5	1.60	2.69	1.10	0.97	1.59
	25	1.89	9.36	1.91	1.84	4.37
	平均	1.75	6.03	1.51	1.41	2.98
Ni	0	20.14	9.19	12.06	9.71	10.32
	100	23.68	23.43	21.28	18.26	20.99
	500	33.82	32.70	30.52	35.07	32.76
	平均	28.75	28.07	25.90	26.67	26.88
Cr	0	2.87	7.42	8.60	9.15	8.39
	150	12.50	8.04	10.69	12.67	10.47

注：平均值不包括相应的 0 浓度(CK)；Cr 高浓度处理植株死亡。

7.3.4　小结

　　土壤 U 污染浓度的增加，植物根系向地上器官的转移 U 的比例减少。重金属对植物吸收 U 的影响与土壤 U 浓度和金属种类及浓度有关。Vanhoudt 等(2010)认为，在 U 和 Cd 的复合污染中，主要是 Cd 影响 U 的吸收，而 U 对 Cd 的吸收影响相对较小。但本研究认为，在低浓度 U 污染土壤中，伴生低浓度的 Cd 污染会降低植物 U 含量及根系 U 向叶的转移；但高浓度 Cd 则相反，分别伴生 Pb、高浓度 Hg 和 Ni 污染时，均会降低植物 U 含量及根系 U 向叶的转移。在中浓度 U 污染土壤中，分别伴生 Cd、Pb、Hg、Ni 污染，均降低植物 U 含量；在高浓度 U 污染土壤中，分别伴生 Cd、Pb、Hg、Ni，均增加植物 U 含量。U 使菊苣实生苗根系重金属含量降低，降低大小是 Ni＞Cd＞Hg；使再生苗 Pb 和 Cr 的含量降低，但 Cd、Hg 和 Ni 的含量增加。

第8章　水体核素污染的植物响应与修复

人类活动导致水体重金属污染，也导致水体核素污染。朱圣清和臧小平（2001）研究表明，长江干流城市河段的重金属含量水平普遍较高，高出 1.1~2.6 倍，相差较大的元素是 Zn、Cd、Cr、Mn 等，与城市排污状况较一致，说明人类活动对近岸水域影响较大。重金属对水生植物的毒害作用主要表现在改变细胞的细微结构，抑制光合作用、呼吸作用和酶的活性，使核酸组成发生改变，细胞体积缩小和生长受到抑制等。重金属进入水体后，将对水生动物的生长发育、生理代谢过程产生一系列的影响。

核设施和核素矿场的排放物进入水体，常会导致水体和水生生物核污染。谢明义等（1999）监测表明，四川某河流上游核排污水域中，排污口 30km 内的河段 ^{90}Sr 高于对照，距排污口越近，污染越严重（见表 8.1）。在受污染河段生物中的 ^{90}Sr 放射性水平是螺＞蟹＞青苔＞鸭＞鱼＞水草。鸭蛋壳、螺、蟹、青苔和水草的浓集系数分别是 1117、698、647、469、25。

表 8.1　某河流段 ^{90}Sr 污染情况　　　　　　　　　　　　　　（单位：Bq/L）

污染源	0km	0.3km	0.5km	3km	8km	30km	上游对照
后处理厂	0.23	0.31	—	10.0×10^{-3}	5.6×10^{-3}	—	4.0×10^{-3}
核设施	1.61	—	9.7×10^{-3}	9.6×10^{-3}	6.8×10^{-3}	2.4×10^{-3}	2.1×10^{-3}

李龙淮等（2002）研究表明，在重庆包含锶矿几种产区的小安溪河流域，有些锶厂排放的 Sr 在 8~18mg/L。受污染河流使许多原生动物和鱼虾绝迹，沿岸水稻实粒数和千粒重下降，小麦小花数、小穗数、实粒数、粗蛋白含量下降，严重影响作物产量和品质。受碳酸锶污染区域的人群呼吸道、消化道、神经系统出现不适症状的阳性检出率明显高于对照区。因此，稳定性核素 Sr 污染，也对生态环境和人类带来许多危害。

8.1　水体核素污染的修复方法与原理

8.1.1　水体 U 污染的吸附修复方法

吸附是一种表面现象，是把分子吸附到吸附剂的表面，减少水体污染物分子的方法。吸附技术的重要性在于它可重复使用、成本低效益高、操作方便和产生污泥少（Bhalara et al.，2014）。吸附的方法，包括固相（吸附剂）和含有可溶解物质的液体相（溶剂），吸附是一个相当复杂的过程，这个过程受多种机制的影响。这些机制包括表面和孔隙的物理力、化学吸附、离子交换、络合、螯合、包封在毛细管。由于吸附剂对 U(＋Ⅵ) 离子的高亲和力，U 离子通过这些机制被吸附和结合。在修复 U 污染的水体中，根据吸附剂的材料和性质常用的吸附剂可分为植物废弃物、碳和活性炭、碳纳米管和石墨烯氧化物、膜过滤等(Bhalara et al.，2014)。

1. 植物废弃物吸附

植物废弃物的成分包括半纤维素、木质素、脂质、蛋白质、单糖、水溶性碳氢化合物、含淀粉等各种能与金属络合有助于吸收 U 离子的官能团。由于植物废弃物独特的化学成分、可用量大、可再生、低成本和高效率，被认为是 U 污染修复的可持续的技术。在植物质分子中存在的官能团包括乙酰基、羰基、酚、结构多糖、酰氨基、氨基、巯基羧基醇和酯，它们对 U(+Ⅵ)有络合的亲和力。当然，如果直接应用未经处理的植物废弃物作为吸附剂，可能引起一些严重的问题，如吸附能力低、生物需氧量和化学需要量大、植物成分中可溶性有机化合物的释放增加了介质中总有机碳含量(TOC)。

为了确保在室温下 U 的显著吸附，天然稻草要在酸性溶液(pH1～2)浸泡 20～30 天，以便促进纤维素的崩解(Bishay，2010)。吸附特性与稻草和灰中二氧化硅的非晶性严格相关，它产生一种多孔质地的开放架构。这种方式的二氧化硅结构显著作用于铀矿基质。化学需要量(COD)、生物需要量(BOD)和总氧容量(TOC)可能耗尽水中的氧，威胁水生生物。处理稻草常用的化学品包括氢氧化钠、盐酸、碳酸钠、表氯乙醇、酒石酸。最高的吸附力是酒石酸处理稻壳。

使用氢氧化钠是处理植物废弃物的另一种基本方法。在碱中可溶和可能干扰吸附特性的材料要从稻壳表面去除。在化学处理后，吸附剂吸附能力增加也许是增加了活性结合点、提高了离子交换特性和产生了有助于吸收金属的新官能团。

植物废弃物吸附由于它显著的优势，被认为是去除水重金属的一个创举性技术，主要原因是高效率、在低浓度中选择性吸附金属、金属回收方便、适应 pH 和温度范围广、吸附剂循环利用方便。

2. 碳和活性炭

碳材料比有机交换树脂抗热、抗辐射的能力强，比用在大多具有强烈酸性核废液中的无机吸附剂具有较好的化学稳定性。现今，含碳材料如活性炭、碳纳米管和介孔碳被广泛应用于金属分离。这些含碳材料的实际应用仍不令人满意，有许多需要改进的地方。这些碳基材料一般要求添加特殊的功能配体来选择性吸附 U(+Ⅵ)离子和提高吸附效率。活性炭的价格高，在再生过程中部分丧失，限制了它的广泛应用(Bhalara et al.，2014)。

在欠发达国家，活性炭是用得最广泛的一种吸附剂，主要在于它的化学、热、辐射稳定性、刚性多孔结构和机械强度。它可能被认为是最有效和最经济的技术。活性炭的制备是在 800℃甚至更高温度的碳化过程。在初始浓度 100mg/L pH3.0 的条件下，活性炭对 U(+Ⅵ)的最大去除达到 98%，活性炭的用量等于 0.1g。活化能 E_a 为 7.91kJ/mol，这意味着 U(+Ⅵ)的吸附主要是物理过程，吸附反应由扩散控制。活性炭的最大吸附量为 28.30mg/g(Mellah et al.，2006)。

3. 碳纳米管(CNTs)和石墨烯氧化物(GO)

CNTs 有单壁和多壁两类。制备 CNTs 是通过比较严格的物理化学方法，如激光烧蚀、电弧放电和化学气相沉积，一般涉及极高温度下焙烧，因此是高耗能的(Qin et al.，2006)。金属离子吸附到 CNTs 的机制似乎归于静电引力、沉积、金属离子和 CNTs 表面的羧酸官能团之间的络合(Harris，2007)。CNTs 的吸附能力使之可与其他吸附材料，如二氧化硅，羟基氧化铁或二氧化钛媲美。但 CNTs 的成本仍需大幅度下降，才能与 U 回收的标准吸附剂竞争(Rao et al.，2007)。

石墨烯，碳层只有一个原子厚，是由 sp^2 杂化结合的碳原子组成。由于其独特的二维(2D)结构和一流物理化学性质，引起了人们浓厚的兴趣。实际上，它有极大的机械强度、超轻量、高导电性和导热性，以及巨大的表面积，可达 $2620m^2/g$(Lian et al.，2010)。GO 是一种氧化的石墨烯片，除了位于边缘的羰基和羧基官能团，还具有与环氧化物和羟基几乎又形成了基面。用 Hummers 法从石墨中制备 GO，很容易引入大量含氧官能基团。GO 片材的开放和 2D 平面结构确保 GO 表面上活性位点的适当曝露给金属离子。GO 的吸附是一个吸热和自发过程，高度依赖于溶液的 pH 值。在 U 的吸附中，在 pH=4.0 时，GO 上形成了内球 U(+Ⅵ)络合物(Bhalara et al.，2014)。GO 对 U(+Ⅵ)的最大吸附量是在 pH=4.0 为 299mg/g，是目前报道的 U(+Ⅵ)最有效吸附剂。而还原的石墨烯的吸附量只有 47mg/g，表明大量含氧官能团在吸附 U 中的重要作用(Chen et al.，2012)。

4. 膜过滤

膜过滤技术，同各种改良型一起，已在重金属去除中得到广泛应用，它们具有高效率、易操作和省空间的特点。而从废水中去除金属广泛应用的膜分离过程有纳滤、超滤和反渗透。

1)纳滤(NF)

NF 膜被带电荷(由于材料或在水溶液中吸附)，并拒绝多价离子，而单价离子仅部分拒绝。纳滤有超过反渗透的优点，因为它可以在低渗透压下进行，即标志着能源消耗比例较低(Bruggen et al.，2003)。由于 U 离子的高电荷，NF 膜具有相对高的选择性，能够从矿物水中拒绝 U(+Ⅵ)，尽管存在高浓度的竞争性碱金属和碱土金属阳离子。在膜过滤中，进料水内的金属离子被对流驱动到膜表面。因此在膜附近形成集中极化的边界层。这导致膜的电荷密度降低，减少了溶液中金属离子和膜电荷之间的静电排斥(Bacchin et al.，2002)。

膜的通常孔径尺寸为约 1 纳米，但膜具有截止分子量(MWC)特征。Favre-Reguillon 等(2003)用 G10(MWC=2500Da)膜水样中 U(+Ⅵ)的拒绝率是 40%，DL(MWC=300 Da)膜是 95%，DK(MWC=150~300Da)膜是 99%。溶质的大小和电荷影响纳滤膜拒绝的程度。这个拒绝机制与使用膜的类型密切相关。使用 NF 可以使对 U 的拒绝率达 81%~99%(Raff et al.，1999)。Bhalara 等(2014)综合所有试验结果表明，NF 膜对水中 U 的去除率主要在 90%~98%。

对 U 的高度拒绝说明，NF 膜对去除水中的 U 有相当高的效率。在各种 U 浓度

10mg/L 到 1mg/L，膜的去除效率没有差异。所有膜对高分子量 U 化合物都高度拒绝，甚至是 U 离子(水中最轻的 U 形态)，对大多 U 化合物的拒绝率在 90% 或 95% 以上(Bhalara et al.，2014)。

2)超滤(UF)

Bacchin 等(2002)认为，超滤(UF)是一种膜过滤，其中静压力是废物排斥反应的驱动力。高分子量的悬浮固体和溶质被截留，而水和低分子量溶质可渗过该膜。除了保留了分子大小不同外，超滤基本上类似于微量过滤或毫微过滤。超滤膜通常是聚合物包衣以改善排斥效率。在此基础上，各种聚合物进行了测试，最好的结果是通过使用聚乙烯亚胺(PEI)得到的，它具有 60000 分子量和支链分子结构(Hilal et al.，2004)。该聚合物能与重金属的大量离子形成复合物。为了确保 U 多是以离子形式存在，要求 pH 在 4.0。跨膜通量水溶液 pH 略有变化，在 pH4 时等于 20μg/s，在 pH 5.0 时为 18μg/s(Gembitsky，1971)。

3)反渗透(RO)

反渗透(RO)使用半透膜，使进料通过它并拒绝污染物。在 RO 系统中，把 U 集中在渗透流中(Bacchin et al.，2002)。RO 的主要缺点是高功率消耗，因为需要高压力和恢复膜。目前已开发出可以在超低压力下操作的反渗透膜，膜过滤的主要去除机制是大小排斥或过滤。所以，在理论上实现离子的完美排除，与影响压力、浓度的操作参数无关(Matsuura，2001)。

另外，反渗透涉及扩散机制，使其分离效率依赖于压力、溶质浓度和水流速率。膜过滤技术可高效地去除 U 离子，但成本高、工艺复杂性、膜污染和低渗透通量的特点还是限制了在 U 去除中的使用(Crittenden，2012)。

8.1.2　水体 U 污染的生物修复

一些研究表明，微生物(细菌和真菌)和植物的生物活动可以改变细胞外结合位点和 pH 值，改变 U 的形态和生物利用度，以此能减少或增加 U 向食物链的转移，并可以用来对 U 污染环境的修复(Bhalara et al.，2014)。

1. 微生物方法

从碳酸氢盐溶液中除去 U(+Ⅵ)，采用微生物法可能比吸附和离子交换树脂等其他方法更有效。与利用树脂和生物质吸附相比，利用微生物还原沉积 U(+Ⅵ)更干净、更实在，也更简单(Loviey et al.，1992)。

与物理和化学处理不同，微生物方法降低操作成本，许多生物材料廉价易得。假单胞菌 MGF-48，它积累 U 效率高，是从电镀废水分离而来的一种革兰氏阴性、过氧化氢酶阳性、氧化酶消极、能动的、黄色色素的细菌。这种细菌能迅速吸收 U 从 50 至 200mg/L，并随 U 浓度增加而增加吸收量。在固定相出现的 U 吸收最大量是 172mg/g 干重微生物量。流动注射分析确定，吸收和最大 U 吸附为 pH 为 6.5 下接种 5 分钟，可达 86%。加入碳酸钠和 EDTA 溶液(0.1M)，结合到细胞上的 U 解吸。这种溶液是可重复使用的生物吸附剂。假单胞菌 MGF-48 同时能固定和作为自由细胞，在生物吸附 U 中显示优异的效率(Malekzadeh，2002)。

反硝化细菌、铁还原细菌和硫酸盐还原细菌可以恢复 U(+Ⅵ)至 U(+Ⅳ)和固定 U。每周 2 天向在地下水加乙醇，可以刺激这些细菌的生长(Bhalara et al.，2014)。这些细菌处理 2 年，地下水中的溶解 U 浓度将达到低的水平。添加亚硫酸盐后除去溶解氧，U(+Ⅵ)的浓度降低到饮用水浓度限值(<30mg/L 或 0.126mmol/L)(Wu et al.，2007)。

在厌氧条件下，即使不加乙醇，所述 U 的浓度也可维持在一个较低的水平。然而，当亚硫酸盐的添加被停止和溶解的氧气进入注入井，60 天之后，在注入井附近，该U(+Ⅵ)浓度增加小于 0.13～2.0mmol/L，远离注入井水的 U(+Ⅵ)浓度基本不变。加乙醇 36 小时内，Fe(+Ⅲ)、硫酸根和 U(+Ⅵ)再次恢复。经过 2 年多的连续添加乙醇，U(+Ⅳ)在沉积物中的量占样品总 U 的 60%～80%。在 1260 天后，修复工作完成，在多级采样井中的 U 浓度低于 0.1mM。采样井 U 水平低，是因为地下水和沉积物含有微生物群落使 U 恢复。这些微生物包括脱硫属芽孢杆菌属和还原的 Fe(+Ⅲ)的枯草芽孢杆菌(Wu et al.，2007)。

2. 植物修复

植物修复是一种污染控制技术，它基于一种植物对一种或多种化学元素能够超富集，通过植物和微生物系统从环境中去除污染物。植物修复的目标是重金属、有机物或放射性污染土壤和水体。研究表明，植物通过根际过滤、吸附、稳定、降解、挥发等途径能净化土壤和水体。U 不是植物的营养元素，但向日葵、印度芥菜和其他植物的根系倾向于吸收大量的 U 离子，有些植物还能将污染物转运到地上器官(Yao et al.，2010)。

向日葵因生物量大优先用来处理 U 污染水体。有试验显示，利用向日葵和蚕豆可以去除 70% 的初始污染。因 U 形态的差异，根系对 U 的吸收能力受水的 pH 影响。这两种植物，最高的 U 去除量出现在 pH 为 3～5，去除效率超过 90%。利用向日葵根系过滤连续清除系统以 5.0mg/L 分钟速率进行，去除 U 的效率超过 99%，在向日葵根系清洁系统中，U 去除能力超过 500mg/kg 植物。根据 SEM 和 EDS 进行向日葵根系的光谱分析，据推测，根际过滤去除 U 污染的的主要机制也许包括沉积和可交换吸附在根系表面(Lee et al.，2010)。有试验表明，芹菜、水马齿苋、小浮萍、柳苔具有富集水体 U 的能力。小浮萍的富集系数在静水中是 $2.87×10^3$，在流水中是 $1.567×10^3$(Pratas et al.，2006)

胡南等(2012)通过营养液培养和人工气候箱的试验 21d 的研究表明，在初始 U 浓度分别为 0.15mg/L、1.5mg/L、和 15.0mg/L 的 U 污染条件下，在水葫芦、空心莲子草、浮萍、满江红、菹草 5 种水生植物中，满江红的抗性较强，去除 U 污染能力较强。

8.1.3　水体 U 污染的化学修复

1. 零价铁还原沉淀法

零价铁屑 Fe^0 作为 U(+Ⅵ)还原沉淀的还原剂和吸附剂，包括 Fe_2O_3、泥炭材料、碳系吸附剂。结果显示，零价铁屑比从水溶液中除去铀(UO_2^{2+})的吸附剂有效得多(Gu et al.，1998)。当材料的表面不覆盖腐蚀产物(特别是约 pH＝4)，通过氧化铁的还原析出更受青睐。产生腐蚀的产品甚至在缺氧条件下对 U 的亲和力也高于铁。选择铁氧化物修复 U 相当简化，因为还原性是该材料的独特功能，不会产生污染物同该材料的特定互作(Zhao et al.，2012)。

在初始 U 浓度为76mmol/L(或18000mg/L)时，通过与 Fe^0 反应，几乎100％的 U 被去除。结果从批次吸附和解吸，并从光谱研究表明，U 在 Fe^0 上的还原析出是主要反应途径，可能从以下三个反应得到：

$$Fe^{3+}+e^- \longrightarrow Fe^{2+}；E^0=+0.771V \tag{8.1}$$

$$UO_2^{2+}+4H^++2e^- \longrightarrow U(+VI)+2H_2O；E^0=+0.327V \tag{8.2}$$

$$Fe^{2+}+2e^- \longrightarrow Fe^0；E^0=-0.440V \tag{8.3}$$

只有一小部分($<4％$)的 UO_2^{2+} 似乎是吸附在零价铁腐蚀产物上，碳酸盐溶液可以很容易地解吸它。该研究还显示，当还原系统变得更加氧化时，Fe^0 表面的 U($+IV$)形态可以被再氧化和重新活化(Bhalara et al.，2014)。

2. 细菌菌株的生物沉淀铀

细菌的带电表面存在有众多的形成土壤中 U($+VI$)配合官能团，能与土壤溶液中的 U 形成络合物，从而去除 U(Leding et al.，1997)。人们研究了在酸性和有氧极端条件下分离的两种菌株。革兰氏阳性球形芽孢杆菌(*Bacillus sphaericus*)G-7B，从德国铀矿开采废物沉淀物中培养得到。革兰氏阴性 α-变形菌纲鞘藻(*Sphingomonas* sp.)S15-S1，从俄罗斯西柏利亚放射性废弃物地下存放处 S15 深层监测井中获得。在这些极端条件下，细菌可以通过诸如沉积、细胞内积累、吸附在细胞表面等不同机制与无机物进行有效地相互作用。球形芽孢杆菌 JG-7B 的 U($+VI$)沉淀与细胞壁结合，而鞘藻的 U($+VI$)在细胞表面和细胞内部。在不存在有机磷酸盐底物的这些 pH 值下，测得的土著酸性磷酸酶活性，与观测的 U($+VI$)生物矿化相关联，在 pH 为2.0时，U($+VI$)与来自细胞的有机磷酸盐配体形成络合物(Bhalara et al.，2014)。

8.2 水体 Sr 污染的植物响应与修复

8.2.1 挺水植物对水体 Sr 污染的响应与修复

1. 材料与方法

1)试验材料

试验植物名称及科属：毛茛科的毛茛(*Ranunculus japonicus* Thunb)、苋科的水花生[*Alternanthera philoxeroides*(Mart.)Griseb.]、蓼科的水蓼(*Polygonum hydropiper*)、禾本科的水稗[*Echinochloa phyllopogon*(Stapf)Koss.)和水稻(*Oryzasativa*，*Oryza-glaberrima*)、莎草科的水葱(*Scirpustabernaemontani*)、车前科的车前草(*Plantago asi-*

atica L. *Plantago major* L. *Plantago depressa* Willd.）、旋花科的蕹菜（*Ipomoea aquatica* Forsk.）、泽泻科的茨菇（*Sagittaria sagittifolia*）

试验药品为：分析纯的硝酸锶 $Sr(NO_3)_2$

试验用水为西南科技大学自来水，Sr 含量为 0.477mg/L.

试验土壤为农田壤土，Sr 含量为 38.307mg/kg，pH 7.6，有机质含量 22.8g/kg，全氮、全磷、全钾依次为 1.50g/kg、0.562g/kg、25.4g/kg，碱解氮、有效磷和速效钾分别为 109mg/kg、9mg/kg、131mg/kg。

本试验选用无孔塑料盆，盆规格为 $d=18cm$，$h=16cm$

2）试验方法

(1)试验设计。本试验设 Sr 浓度为 0mg/L、5mg/L、25mg/L、50mg/L 4 个浓度，9 种植物。共计 36 个处理，每个处理三次重复，共计 108 盆。

(2)试验方法。盆栽淹水土培法，在无孔塑料盆中，每盆装土壤 1kg(干土重)，按试验设计 Sr 处理浓度，每盆 2L 溶液，倒入试验盆，用红油漆标记初始水位高度。平衡 3 天后，按处理取水样，测定水体 Sr 含量。试验于 2012 年 5 月 27 日移栽植物，每盆移栽株数是：水稻、水葱 2 株，水蓼、水花生、毛茛 3 株，车前草、稗、慈姑、蕹菜 4 株。保证不同浓度间植株大小一致，将其称量鲜重，盆间鲜重不超过 5%。试验在通风、透光、避雨的平台上进行。由于水的蒸发减少会改变 Sr 的污染浓度，因此需要每 2~3 天浇水 1 次，保持水位在初始水位高度，每周记录 1 次存活情况，1 月测定 1 次叶绿素相对含量。试验在 2012 年 7 月 15 日收获。收获后先用自来水洗净泥土，再用超纯水清洗 2 次，记录苗长、绿叶数、分枝分蘖数后，分地上器官和地下器官称鲜重，烘干后称干重。试验盆收获后，加水到初始水位，平衡 3 天后，按处理取水样，测定 Sr 含量。土壤盆水蒸发后，取土样，测定土壤 Sr 残留量。

3）Sr 含量测定

(1)水体取样与 Sr 含量测定。在移栽当天对每个浓度梯度水溶液进行取样检测，每个浓度(9 水平 3 重复共 27 盆)吸取 30ml 溶液于塑料瓶中待测。

收获时，每处理(3 重复合并)用吸管取 30ml 溶液，测定溶液中的 Sr 含量及其变化。

本试验所有水体 Sr 均由西南科技大学分析测试中心检测人员利用原子吸收光谱仪 ［型号：AA700，产地：美国 PE 公司(PerkinElmer Instrument Co. U. S. A)］进行测定。

(2)植物样品检测。烘干：在植物收获、洗净、擦去水分，称鲜重后将植物放于烘箱中 105℃恒温杀青 20 分钟，后在烘箱中以 80℃温度烘至恒重。

消解：待植物烘干后，地上和地下部分别称重，分别粉碎装袋标记。植物粉碎后用微波消解炉消解：称取植物样品 200mg 倒入消解罐中，再依次加入 5mL HCl(分析纯)、1.5mL FH_4(分析纯)并将其装好放入微波炉中，24min 升温到 200℃，保温 20min 后取出，将其用超纯水定容到 50mL 备用。

检测：将定容后的溶液转至塑料小瓶，编号并送往分析测试中心检测。

(3)土壤样品检测。取土：试验盆土壤于 2013 年 1 月待试验盆中溶液水完全蒸发土壤干燥成块时，按处理(三重复合并)用木槌粉碎，并用四分之一法取土壤 50g 装于样品袋备用。

消解：称取土壤样品 500mg 于消解罐中，并依次加入 8mL HNO₃（分析纯）、5mL HCl（分析纯）、1.5mL FH4（分析纯），将消解罐装好放入微波炉中，24min 温度上升到 220℃，保温 20min 后取出，用超纯水定容到 50mL 备用。

检测：将定容的土壤消解液转至小塑料瓶，在学校分析测试中心检测 Sr 含量。

2. 挺水植物对 Sr 胁迫的响应

1）植物鲜重对 Sr 胁迫的响应

同一植物鲜重对不同浓度 Sr 胁迫的响应不同，平均每盆植物鲜重情况如表 8.2 所示。以 0 浓度下植物鲜重为对照，可以看出：①从植株鲜重总量看，毛茛、水蓼、水稻、车前草、蕹菜在不同浓度 Sr 胁迫下均小于对照组（毛茛在 5mgSr/L 浓度、水稻在 50mgSr/L 浓度下除外），水花生、稗、水葱、茨菇在不同 Sr 浓度下鲜重均大于对照组。②从每盆的茎叶和根系鲜重看，在总鲜重较对照组下降的植物中，毛茛、车前草的根部鲜重减少，水稻的根系鲜重减少而茎叶鲜重增加，水蓼的茎叶鲜重减少但根系鲜重波动明显，蕹菜的根系和茎叶鲜重均下降；在总鲜重较对照增加的植物中，水花生、稗、水葱、茨菇的植物茎叶鲜重均增加，而其根系鲜重（除 50mg/L 浓度下的稗、水葱外）均下降。

表 8.2　挺水植物鲜重对 Sr 胁迫的响应　　　　　　　　　　（单位：g/盆）

Sr 浓度 /(mg/L)	器官	毛茛	水花生	水蓼	稗	水稻	水葱	车前草	蕹菜	茨菇
0	茎叶	4.9	4.7	12.3	17.0	22.5	10.3	1.4	16.0	13.9
	根系	1.4	10.8	9.4	21.4	26.3	5.2	0.9	18.4	10.6
	植株	6.3	15.5	21.7	38.3	48.8	15.5	2.2	34.4	24.5
5	茎叶	7.3	11.0	8.8	19.0	23.1	11.6	0.9	11.9	13.4
	根系	2.5	9.6	12.7	19.5	22.5	4.6	0.1	14.0	9.4
	植株	9.7	20.6	21.5	38.5	45.6	16.2	1.1	25.9	22.8
25	茎叶	5.6	17.3	8.4	20.3	25.0	15.7	1.5	12.4	18.2
	根系	1.4	9.4	3.4	19.6	22.1	4.8	0.5	13.6	8.9
	植株	7.0	26.7	11.8	39.9	47.1	20.6	2.0	26.0	27.2
50	茎叶	3.6	12.9	13.0	25.6	25.9	15.7	1.3	12.7	20.7
	根系	0.6	10.8	7.5	25.9	29.5	5.3	0.3	9.5	10.4
	植株	4.2	23.7	20.5	51.5	55.4	21.0	1.5	22.2	31.1

2）挺水植物鲜重对 Sr 胁迫的响应指数。

试验中平均每盆植物茎叶、根系及植株鲜重响应指数见表 8.3。表 8.3 显示：①从茎叶鲜重响应指数可见，水体中适当的 Sr 胁迫对水花生、稗、水稻、水葱、茨菇茎叶鲜重增加有促进作用，对蕹菜茎叶鲜重增加有抑制作用，毛茛在高浓度（50mg/L 浓度下）Sr 胁迫下茎叶生长受到抑制；②从植物根系鲜重响应指数可见，水体中 Sr 胁迫对车前草、蕹菜、茨菇根部生长有明显的抑制作用；水花生、稗、水稻、水葱在低浓度（5mg/L、

25mg/L)其根部生长受到抑制,高浓度下生长受到促进;低浓度 Sr 对毛茛根部生长有促进作用,但在 50mg/L Sr 胁迫下根部生长受到抑制;③从植株鲜重响应指数可见,水体 Sr 污染对水花生、稗、水葱的生长有促进作用,稗、水葱的生长促进作用随 Sr 浓度增加而增加;Sr 污染对水蓼、车前草、蕹菜的生长有明显的抑制作用,高浓度(50mg/L)Sr 对毛茛的生长有明显抑制作用,低浓度 Sr 处理对水稻有抑制作用。

表 8.3　挺水植物鲜重对 Sr 胁迫的响应指数　　　　　　　（单位:%）

器官	Sr 浓度/(mg/L)	毛茛	水花生	水蓼	稗	水稻	水葱	车前草	蕹菜	茨菇
茎叶	0	100	100	100	100	100	100	100	100	100
	5	149	234	72	112	103	113	67	75	96
	25	114	367	68	120	111	154	110	77	131
	50	74	273	106	151	115	153	90	79	149
根系	0	100	100	100	100	100	100	100	100	100
	5	178	89	135	91	85	89	14	76	89
	25	105	88	36	92	84	93	57	74	84
	50	41	100	80	121	112	103	35	52	98
植株	0	100	100	100	100	100	100	100	100	100
	5	155	133	99	101	93	105	47	75	93
	25	112	173	55	104	97	133	90	76	111
	50	67	153	95	134	114	136	69	65	127

3)挺水植物干重对 Sr 胁迫的响应。

同一种植物干重对不同浓度 Sr 胁迫 U 不同的响应特点(见表 8.4)。表 8.4 显示:①在 Sr 胁迫下,毛茛(50mg/L 浓度除外)、稗、水稻、水葱的植株干重比对照增加,水花生、水蓼、蕹菜的植株干重比对照减少,但车前草变化不大;②从茎叶和根系干重看,在植株干重增加的植物中,水稻、稗、水葱的茎叶干重增加;在植株干重减少的植物中,水花生、水蓼、蕹菜的茎叶和根系干重均较对照减少。

表 8.4　Sr 处理对挺水植物干重的影响　　　　　　　（单位:g/盆）

Sr 浓度/(mg/L)	器官	毛茛	水花生	水蓼	稗	水稻	水葱	车前草	蕹菜	茨菇
0	茎叶	0.6	1.5	2.4	2.7	5.0	1.2	0.1	1.5	1.4
	根系	0.1	1.6	1.0	2.1	2.6	0.5	0.1	1.3	1.1
	植株	0.6	3.2	3.4	4.7	7.6	1.7	0.2	2.8	2.5
5	茎叶	0.7	1.2	2.2	2.9	5.3	1.2	0.2	1.1	1.3
	根系	0.1	1.4	1.0	2.1	2.7	0.5	0.0	0.8	0.8
	植株	0.9	2.6	3.2	5.0	8.1	1.7	0.2	1.9	2.1
25	茎叶	0.7	1.7	1.5	3.0	5.0	1.5	0.2	1.2	1.9
	根系	0.1	1.3	0.4	1.9	2.5	0.7	0.0	0.9	0.7
	植株	0.7	3.1	1.9	4.9	7.5	2.2	0.2	2.0	2.6

Sr 浓度/(mg/L)	器官	毛茛	水花生	水蓼	稗	水稻	水葱	车前草	蕹菜	茨菇
	茎叶	0.4	1.3	2.0	3.7	5.5	1.6	0.2	1.0	1.8
50	根系	0.0	1.5	0.7	2.4	4.6	0.6	0.0	0.5	0.9
	植株	0.5	2.8	2.8	6.1	10.1	2.2	0.2	1.5	2.7

4)挺水植物干重对 Sr 胁迫响应指数。

平均每盆植物茎叶、根系及植株干重的响应指数见表 8.5。表 8.5 显示，Sr 胁迫对稗、水稻、水葱、车前草茎叶干重增加有促进作用，对蕹菜有抑制作用，毛茛在高浓度（50mgSr/L）下干重增加受到抑制而在低浓度下受到促进；Sr 污染对水花生、车前草、茨菇的根系干重增加有抑制作用；Sr 污染增加水花生、蕹菜的植株干重，而稗、水葱的植株干重增长受到抑制。

表 8.5 挺水植物干重对 Sr 胁迫的响应指数 （单位：%）

器官	Sr 浓度/(mg/L)	毛茛	水花生	水蓼	稗	水稻	水葱	车前草	蕹菜	茨菇
	0	100	100	100	100	100	100	100	100	100
茎叶	5	130	78	94	111	107	103	113	73	90
	25	117	111	64	113	100	130	130	77	137
	50	76	85	86	139	111	136	130	65	125
	0	100	100	100	100	100	100	100	100	100
根系	5	148	85	102	100	104	99	12	67	80
	25	104	83	36	90	98	130	56	69	66
	50	26	94	73	119	176	108	28	41	88
	0	100	100	100	100	100	100	100	100	100
植株	5	132	81	96	106	106	102	74	70	86
	25	115	97	56	103	99	130	102	73	107
	50	70	90	82	130	133	127	91	54	109

3. 挺水植物对 Sr 的吸收

在不同浓度 Sr 污染下，各植物地上部和地下部 Sr 含量以及平均每盆植株积累量见表 8.6。由土壤和水体中都含有较多的 Sr 可知，即使没有 Sr 污染（0mg/L），植株也吸收了一定量的 Sr，其中蕹菜中吸收量最大（见表 8.5）。在 5mg/L、25mg/L、50mg/L Sr 浓度污染水体中，植株对 Sr 的吸收呈现出一定的规律，即植株 Sr 含量随水体 Sr 浓度的增加而增加（见表 8.6）。

在同一 Sr 浓度污染中，不同植物对 Sr 的吸收量不同。从表 8.6 可见，5mg/L 浓度下，植物 Sr 含量大小为蕹菜>水花生>水蓼>茨菇>水稻>稗>水葱；25mg/L 浓度下，植物 Sr 含量大小为蕹菜>水蓼>水花生>茨菇>稗>水葱>水稻；50mg/L 浓度下，植物 Sr 含量是蕹菜>水花生>水蓼>茨菇>水稻>稗>水葱。从地上器官看，水花生、水蓼、蕹菜地上器官的含量较高，根系和植株含量也比较高。因此，水花生、水蓼、蕹菜可以作为水体 Sr 污染的修复植物。

表 8.6　挺水植物对 Sr 的吸收与富集　　　　（单位：mg/kgDW）

Sr 浓度/(mg/L)	器官	水花生	水蓼	稗	水稻	水葱	蕹菜	茨菇
0	茎叶	9.62	5.98	0	2.63	2.9	84.78	1.85
	根系	19.2	11.55	3.17	1.76	2.07	43.98	11.22
	植株	14.56	7.62	1.39	2.33	2.66	65.84	5.97
5	茎叶	15.47	12.2	2.11	1.32	0	6.89	8.41
	根系	30.25	36.73	11.77	26.63	19.98	46.42	12.85
	植株	23.43	19.87	6.17	9.86	5.88	23.53	10.10
25	茎叶	107.00	99.53	32.53	12.6	16.83	33.77	52.3
	根系	34.97	70.38	20.41	39.55	50.69	187.4	24.02
	植株	75.79	93.39	27.83	21.58	27.60	99.61	44.69
50	茎叶	60.13	49.69	21.35	16.82	10.58	67.09	49.78
	根系	256.00	224.47	37.17	67.83	33.39	372.1	46.88
	植株	165.06	95.00	27.57	40.05	16.80	168.76	48.81

4. Sr 平衡分析

如果将试验前后盆中的 Sr 含量分别计算，即可分析试验前后盆内 Sr 的平衡情况（见表 8.7）。其中，试验前每盆 Sr 总量＝土壤自身含量＋试验设计含量＋自来水含量。试验后土壤含 Sr 量是在水分蒸发干后取样测定的，此时水体 Sr 已经沉淀吸附到土壤，可以不加水体 Sr 含量，所以每盆 Sr 总量＝每盆土壤 Sr 含量＋吸收总量。从表 8.7 可以看出，除对照试验前后 Sr 平衡相互接近外，经过 Sr 处理的试验前后每盆 Sr 总量差异较大，且 Sr 处理浓度越大，差异越明显；不同植物处理也存在差异，但在对照中这种差异较小。产生这种差异的原因，可能与化学药品 Sr 的含量、测量误差等因素有关。

表 8.7　试验前后每盆 Sr 平衡分析

设计 Sr 浓度/(mg/L)	植物	试验后/(mg/盆)			试验前/(mg/盆)			
		土壤	植物	总量	总量	土壤	处理施用	水中
0	水花生	41.06	0.05	41.11	39.26	38.31	0	0.95
	水蓼	31.61	0.03	31.64	39.26	38.31	0	0.95
	稗	33.59	0.01	33.6	39.26	38.31	0	0.95
	水稻	37.08	0.02	37.1	39.26	38.31	0	0.95
	水葱	35.9	0	35.9	39.26	38.31	0	0.95
	蕹菜	35.71	0.17	35.88	39.26	38.31	0	0.95
	茨菇	39.81	0.02	39.82	39.26	38.31	0	0.95

续表

设计Sr浓度 /(mg/L)	植物	试验后/(mg/盆)			试验前/(mg/盆)			
		土壤	植物	总量	总量	土壤	处理施用	水中
5	水花生	42.75	0.04	42.79	49.26	38.31	10	0.95
	水蓼	39.03	0.09	39.13	49.26	38.31	10	0.95
	稗	39.56	0.04	39.6	49.26	38.31	10	0.95
	水稻	33.77	0.15	33.92	49.26	38.31	10	0.95
	水葱	32.82	0.02	32.85	49.26	38.31	10	0.95
	蕹菜	42.02	0.06	42.07	49.26	38.31	10	0.95
	茨菇	33.84	0.02	33.86	49.26	38.31	10	0.95
25	水花生	61.84	0.17	62.01	89.26	38.31	50	0.95
	水蓼	53.82	0.14	53.96	89.26	38.31	50	0.95
	稗	51.85	0.12	51.97	89.26	38.31	50	0.95
	水稻	55.64	0.23	55.87	89.26	38.31	50	0.95
	水葱	52.5	0.09	52.59	89.26	38.31	50	0.95
	蕹菜	49.1	0.25	49.35	89.26	38.31	50	0.95
	茨菇	50.29	0.08	50.37	89.26	38.31	50	0.95
50	水花生	65.22	0.2	65.43	139.26	38.31	100	0.95
	水蓼	78.44	0.49	78.93	139.26	38.31	100	0.95
	稗	81.98	0.19	82.17	139.26	38.31	100	0.95
	水稻	71.2	0.45	71.66	139.26	38.31	100	0.95
	水葱	81.16	0.06	81.21	139.26	38.31	100	0.95
	蕹菜	64.3	0.4	64.7	139.26	38.31	100	0.95
	茨菇	81.93	0.13	82.06	139.26	38.31	100	0.95

8.2.2 非挺水植物对水体 Sr 污染的响应与修复

1. 研究方法

1）试验材料

浮叶根生植物：眼子菜（*Potamogeton pectinatus* L.）；漂浮植物：水葫芦（*Eichhornia crassipes*），红萍[*Azolla imbircata*（Roxb.）Nakai]，绿萍[*Azolla imbricata*（Roxb.）Nakai]，紫萍[*Spirodela polyrhiza*（L.）Schleid. *Lemna polyrhiza* L.]，大藻（*Pistiastratiotes* L.），菱角（*Trapa bicornis*）；沉水植物：轮叶狐狸藻（*Myriactis wallichii* Less.），共计 8 种水生植物。

Sr 的来源为硝酸锶[$Sr(NO_3)_2$]。

2)试验设计与方法

Sr 的设计浓度为 0mg/L、5mg/L、25mg/L 和 50mg/L，共计 4 个浓度，三次重复。盆栽水培法：用塑料无孔盆，每盆装土壤 0.1kg（干土重，因为自然水体底部有泥土），装 Sr 溶液 2L（做预备试验，确定距盆口高度，每盆用红油漆标记），移栽 8 种水生植物后，将其放置在通风、透光、避雨的环境条件下生长，每 3~5 天浇水 1 次，保证液面在标记刻度处。

3)移栽和管理

移栽植物前，按试验设计浓度将污染液配好倒入试验盆。同种植物各处理株数和重量一致，在此前提下尽量保证每个植物重复一致。绿萍每盆种植 5g；水葫芦每盆 4 个，每处理 3 盆共计鲜重约为 78g；眼子菜每盆 3 株，每 3 盆鲜重约为 14g；大藻每盆 1 个，每 3 盆鲜重约为 42g；菱角每盆 1 株，每 3 盆鲜重约为 79g；植轮叶狐狸藻，每盆 3 根，每根长度约为 10cm；红萍和紫萍，每盆鲜重 1.5g。以上所有的试验植物中，同一种植物各浓度之间的所有处理、重复的株数和大小均相同（以个体大小和鲜重衡量）。

由于水分的蒸发和植物的吸收会不断减少塑料无孔盆中的水量，为保持水面高度一致，减少试验误差，每 1~3 天加自来水一次；植物栽种后，每 7 天记载一次各盆植物的成活数量，直到最终植物收获。

4)收获与烘干

所有植物在移栽 45 天后收获，眼子菜、绿萍、红萍和轮叶狐狸藻测定鲜重和干重，大藻、菱角和水葫芦测定个数、叶片数、枯叶数、死叶数、绿叶片数、茎叶鲜重和干重、根系鲜重和干重等植物学性状。

植物收获后，先用自来水洗净泥土，然后用去离子水（超纯水）清洗，将根和茎叶分开（部分植物），沥去水分，装入牛品纸袋，于 105℃下杀青 20min 后在 80℃下烘至恒重。

5)测量方法

栽种植物当天和收获时采取水样，送到西南科技大学分析测试中心测定 Sr 含量。收获时水样获取方法是，在收获前 1 天，将植物盆内装水至标记处，第二天收获前用吸管按处理采集水样。

烘干的植物粉碎后，利用微波消解法消解植物样品，然后送西南科技大学分析测试中心用原子吸收光谱仪〔型号：AA700，产地：美国 PE 公司（PerkinElmer Instrument Co. U. S. A)〕检测 Sr 含量。

2. 植物对水体 Sr 污染的响应

1)植物鲜重增加在 Sr 污染水体的变化。

植物鲜重增加是同一植物在同一处理中收获时鲜重减去移栽时鲜重，反映植物在 Sr 污染水体中的鲜重增加多少。表 8.8 显示，不同植物鲜重增加量在 Sr 污染水体中有不同的变化。鲜重增加的植物有水葫芦、大藻、轮叶狐狸藻和紫萍；鲜重减少的植物有眼子菜、红萍、菱角；鲜重既有增加又有减少的是绿萍。随着 Sr 污染浓度增加，水葫芦鲜重增加量呈上升趋势，而大藻和轮叶狐狸藻增长量则是随着试验浓度的增加逐渐降低。

表 8.8   植物鲜重在 Sr 污染水体中的变化   （单位：g/盆）

植物	Sr 污染浓度/(mg/L)			
	0	5	25	50
水葫芦	91.38	12.48	41.51	110.44
绿萍	−5.15	−3.17	3.47	7.59
大藻	70.44	49.77	44.94	41.09
眼子菜	−9.5	−2.9	−11.48	−6.6
轮叶狐狸藻	19.87	16.66	11.08	11.67
红萍	−2.98	−4.21	−3.06	−4.14
菱角	−30.32	−18.83	−36.38	−36.51
紫萍	1.04	3.02	1.03	3.22

注：表中值＝收获时鲜重−种植时鲜重。

2）植物鲜重对水体 Sr 污染的响应

在水体受到不同浓度 Sr 污染后，8 种水生植物鲜重的响应见表 8.9。如表 8.9 显示，在低浓度 Sr 污染水体中，降低了水葫芦、大藻和轮叶狐狸藻的鲜重，响应指数小于 100，水葫芦降低最多；但眼子菜、菱角、紫萍和绿萍的鲜重明显增加。而高浓度 Sr 污染水体，可增加紫萍、绿萍、眼子菜和水葫芦的鲜重，降低其他植物的鲜重。

表 8.9   水生植物鲜重对 Sr 污染水体的响应指数（RI）   （单位：%）

植物	Sr 污染浓度/(mg/L)			
	0	5	25	50
水葫芦	100	13.66	45.43	120.86
绿萍	100	138.45	167.38	247.38
大藻	100	70.66	63.80	58.33
眼子菜	100	169.47	79.16	130.53
轮叶狐狸藻	100	83.84	55.76	58.73
红萍	100	58.72	97.32	61.07
菱角	100	137.89	80.01	79.58
紫萍	100	290.38	99.04	309.62

3. 植物对水体 Sr 的吸收与富集

水生植物对 Sr 的吸收富集能力，可以用单位植物鲜重或干重核素含量和盆积累量表示。由于眼子菜和红萍干重太少，不能测定含量，因此，表 8.10 中列出了其他几种植物干重的锶含量和盆积累量。

不同植物在同一浓度 Sr 污染水体中，Sr 的含量差异较大。在 5mg/L Sr 污染中，大藻 Sr 含量最高，水葫芦和紫萍次之。在 50mg/L Sr 污染中，大藻 Sr 含量最高，紫萍和水葫芦次之。整体上讲，绿萍、轮叶狐狸藻和菱角的 Sr 含量较低（见表 8.10）。

在同一浓度 Sr 污染水体中，由于生物产量和 Sr 含量不同，不同植物对 Sr 的积累量不同。从表 8.10 可见，在 5mg/L 浓度条件下，植物对 Sr 的积累量大小顺序为：大藻>水葫芦>菱角>轮叶狐狸藻>绿萍>紫萍；在 25mg/L 浓度条件下，Sr 的积累量大小顺序为：水葫芦>大藻>轮叶狐狸藻>菱角>绿萍>紫萍；在 50mg/L 浓度条件下，不同种植物每盆植物对 Sr 的积累量大小顺序为：水葫芦>大藻>菱角>轮叶狐狸藻>绿萍>紫萍。

从综合含量和积累量来看，在 50mg/L 以下 Sr 污染水体中，大藻和水葫芦是良好的水体修复植物。

表 8.10　水生植物 Sr 含量与盆积累量

| 植物 | Sr 处理浓度/(mg/L) | | | | | | | |
| | 0 | | 5 | | 25 | | 50 | |
	含量/(mg/kgDW)	积累量/(mg/盆)	含量/(mg/kgDW)	积累量/(mg/盆)	含量/(mg/kgDW)	积累量/(mg/盆)	含量/(mg/kgDW)	积累量/(mg/盆)
水葫芦	208.05	2.33	757.76	4.05	2475.91	18.30	4854.51	58.79
绿萍	107.12	0.05	541.13	0.35	1815.12	1.63	4208.20	3.83
大藻	286.07	1.48	1192.64	5.56	4162.01	17.81	7815.40	34.39
轮叶狐狸藻	198.44	0.49	561.29	1.08	2691.60	4.60	3285.17	5.78
菱角	198.33	0.60	515.97	2.05	2015.89	4.46	3770.60	10.78
紫萍	363.91	0.12	743.87	0.33	3241.29	0.84	5763.54	2.48

8.2.3　小结

在挺水植物中，就鲜重而言，Sr 污染水体对水花生、稗、水葱的生长有促进作用，但对水蓼、车前草、蕹菜的生长有明显的抑制作用。就干重而言，Sr 污染水体使水花生、蕹菜的干重增加受到促进，而对稗、水葱的干重增长产生抑制作用。就 Sr 含量来说，从地上器官看，水花生、水蓼、蕹菜地上器官的含量较高，它们根系和植株含量也比较高。因此，水花生、水蓼、蕹菜可以作为浅水区 Sr 污染水体的修复植物。

在非挺水植物中，低浓度 Sr 污染水体降低水葫芦、大藻和轮叶狐狸藻的鲜重，但明显增加眼子菜、菱角、紫萍和绿萍的鲜重；高浓度 Sr 污染水体可增加紫萍、绿萍、眼子菜和水葫芦的鲜重，降低其他植物的鲜重。在 Sr 污染水体，大藻 Sr 含量最高，水葫芦和紫萍次之，绿萍、轮叶狐狸藻和菱角的 Sr 含量较低。就综合含量和积累量来看，在 Sr 污染水体中，大藻和水葫芦是良好的漂浮修复植物。

8.3　水体 Cs 污染的植物响应与修复

目前，人们对植物吸收和富集土壤 Cs 污染研究较多，而对修复水体 Cs 污染的植物研究较少，尤其是水生植物研究更少。因此，本研究的目的是，研究水生植物对水体 Cs 污染的响应特点，筛选吸收和富集能力强的水生植物，为水体 Cs 污染的修复治理提供方法依据。

8.3.1   研究方法

1. 试验材料

1)试验植物

采用 9 种湿生和水生植物，它们是水稻($Oryza. sativa$ L.)、水蓼($Polygonum hydropiper$)、水花生($Alternanthera philoxeroides$)、水葱($Scirpus tabernaemontani$ Gmel.)、眼子菜($Potamogeton pectinatus$ L.)、水葫芦($Eichhornia crassipes$)、绿萍 [$Azolla imbricata$ (Roxb.)Nakai]、黑藻 [$Hydrilla verticillata$ (Linn. f.)Royle]、轮叶狐狸藻($Myriactis wallichii$ Less.)。

2)试验药品

$CsNO_3$，分析纯。

2. 试验设计

Cs 分别为 0mg/L、0.5mg/L、2.5mg/L 和 10mg/L 四个浓度，9 种植物，共计 36 个处理，三次重复(盆)，每盆 2L 溶液，共计 108 盆。

3. 试验方法

采用无孔塑料盆(d=18cm，h=16cm)水培法，试验土壤为农田壤土，具体元素含量见表 8.11，每盆装干土 0.5kg，以便挺水植物扎根固定和养分供应，模拟实际水体污染情况。各盆按设计盛入 Cs 污染溶液，用红油漆标记水位。水稻、水蓼、水葱、水花生每盆 3 株，同种植物不同浓度处理移栽时的总鲜重差异不超过 5%，以保证不同浓度处理植株的大小一致；眼子菜每盆鲜重约为 2.8g，绿萍每盆鲜重约为 5g，黑藻每盆鲜重约为 3g，轮叶狐狸藻每盆鲜重约为 3.3g。试验在通风、透光的太阳板避雨棚下进行。为减少水分蒸发对处理浓度的影响，每 1~3 天加水到最初水位。

栽种植物后，每 7 天观察记录植物成活情况。所有植物在生长 2 个月后收获。收获前分别测定植物的株高(苗高)、绿叶数。收获时，在用自来水洗净泥土后，用超纯水清洗，沥去水分后，分茎叶和根系分别称量鲜重(部分不便分茎叶和根系的除外)。分盆装入牛皮纸袋，于 105℃下杀青 20min，在 80℃下烘至恒重，然后计量各盆茎叶和根系干重。收获后，每盆浇水至最初水位，平衡三天后按处理取水样，测定 Cs 浓度。

表 8.11   试验土壤养分含量

Cs 含量 /(mg/kg)	有机质含量 /(g/kg)	pH	全氮 /(g/kg)	全磷 /(g/kg)	全钾 /(g/kg)	碱解氮 /(mg/kg)	有效磷 /(mg/kg)	速效钾 /(mg/kg)
11.14	22.8	7.6	1.50	0.562	25.4	109	9	131

8.3.2   水生植物对 Cs 污染水体的响应

不同水生或湿生植物对水体 Cs 污染有不同的响应特点(见表 8.12)。从表 8.12 可见，水体 Cs 污染对水稻、水蓼、水花生的存活没有影响，眼子菜的存活数明显增加，水葫芦、绿萍、轮叶狐狸藻的存活数明显减少。在水体 Cs 污染中，有些植物株高（或苗长）明显增加，如水蓼、水花生、轮叶狐狸藻，但水稻、水葱的株高明显减少，而眼子菜、水葫芦的株高在较高 Cs 浓度下才明显减少。鲜重增加或减少（收获时鲜重－移栽时鲜重）可以综合反映植物对水体 Cs 污染响应特点或植物对水体 Cs 污染的抗性。如表 8.12 显示，水体 Cs 污染可使水花生鲜重明显增加，眼子菜、水葫芦的鲜重增加量比对照（CK）明显减少，水蓼、眼子菜、绿萍和轮叶狐狸藻的鲜重增加量在 Cs 浓度为 2.5mg/L 时也明显减少。

从表 8.12 还可看出，不同植物对不同浓度的 Cs 污染有不同的反应。就鲜重而言，水花生在各浓度 Cs 污染下，鲜重均大于 CK；水葫芦和眼子菜的鲜重均小于 CK。

增加鲜重的方差分析表明，Cs 浓度之间（$F = 52.49 > F_{3,60}\, 0.01 = 4.13$）、植物之间（$F = 95.99 > F_{7,60}\, 0.01 = 2.95$）、浓度与植物的互作（$F = 38.15 > F_{21,60}\, 0.01 = 2.20$）差异极显著。

表 8.12　水生植物对水体 Cs 污染的响应指数（RI）　　　　　　　（单位:%）

植物名称	处理 Cs 浓度 /(mg/L)	存活数	株高	绿叶数	增加鲜重
水稻	0	100	100	100	100
	0.5	100	99.2	112	83.7
	2.5	100	97.5	119	114.6
	10	100	97.3	134	93.5
水蓼	0	100	100	100	100
	0.5	100	133.8	132	193.6
	2.5	100	118.1	67	0.3
	10	100	109	80.6	122.7
水花生	0	100	100	100	100
	0.5	100	108.5	159	128.9
	2.5	100	115.6	145.4	152.0
	10	92.5	106.2	147.6	132.5
水葱	0	100	100	—	100
	0.5	110	99.1	—	104
	2.5	100	94.2	—	104.6
	10	100	93.6	—	99.4
眼子菜	0	100	100	100	100
	0.5	133	99.8	45.8	29.7
	2.5	233	109.8	54.2	33.8
	10	167	93.9	11.7	6.7

植物名称	处理 Cs 浓度 /(mg/L)	存活数	株高	绿叶数	增加鲜重
水葫芦	0	100	100	—	100
	0.5	92.9	103	—	82.2
	2.5	85.7	118.4	—	98.7
	10	78.6	91.6	—	58.8
绿萍	0	100	—	—	100
	0.5	96.3	—	—	169.0
	2.5	90.5	—	—	54.6
	10	82.7	—	—	286.5
轮叶狐狸藻	0	100	100	—	100
	0.5	96	146	—	178.6
	2.5	80	110.7	—	57.6
	10	70	218.7	—	170.0

8.3.3 水生植物对 Cs 的吸收与转移

1. 水生植物对 Cs 的吸收与富集

在无污染水体(CK)中的所有植物均未检测出 Cs 含量,各浓度 Cs 污染水体植物 Cs 含量见表8.13。从表8.13可见,在不同 Cs 浓度下,同一植物 Cs 含量不同,除眼子菜和轮叶狐狸藻外,其他植物 Cs 含量均随 Cs 浓度的增加而增加;在同一 Cs 浓度下,不同植物植株 Cs 含量也不同,在 0.5mg/L 浓度下,水葫芦>水花生>水葱>眼子菜>轮叶狐狸藻>水稻>绿萍>水蓼;在 10mg/L 浓度下,水花生>水蓼>水稻>水葫芦>水葱>轮叶狐狸藻>绿萍>眼子菜。三个浓度平均,植株 Cs 含量大小依次是水花生>水蓼>水稻>水葫芦>水葱>轮叶狐狸藻>眼子菜>绿萍。

盆积累量反映植物的修复能力。如表 8.13 所示,在 0.5mg/L 和 2.5mg/L 的低、中浓度下,水葫芦的积累量较大;在 10mg/L 的高浓度下,水花生和水蓼的积累量较大。三个浓度平均,Cs 积累量大小依次是水花生、水蓼、水葫芦、水稻、水葱、轮叶狐狸藻、绿萍、眼子菜。一般来说,污染的 Cs 浓度低而植物积累量较多的处理,收获时水体 Cs 含量较低,由于土壤 Cs 含量的影响,本研究收获时的水体 Cs 含量与 Cs 污染浓度和植物 Cs 积累量的关系不全符合这个规律。不过,从表8.13还是可以看出,收获时水体 Cs 含量较低的三种植物是水蓼、水花生和水稻。

表 8.13　水生植物的 Cs 含量　　　　　　　（单位：mg/kgDW）

植物名称	处理 Cs 浓度/(mg/L)	茎叶	根系	植株	积累量/(mg/盆)	收获时水体 Cs浓度/(mg/L)
水稻	0.5	460.46	104.85	349.94	1.54	0.29
	2.5	717.52	727.95	722.06	3.86	0.51
	10	1006.58	1265.61	1098.13	4.87	0.98
	平均	728.19	699.47	723.38	3.42	0.59
水蓼	0.5	331.96	299.24	326.82	2.38	0.25
	2.5	690.59	882.66	708.07	3.85	0.15
	10	1063.66	3615.18	1442.91	8.54	0.28
	平均	695.40	1599.03	825.93	4.92	0.23
水花生	0.5	485.87	518.26	489.49	2.59	0.62
	2.5	645.73	839.43	667.48	3.82	0.62
	10	1165.86	5541.3	1648.38	9.17	0.34
	平均	765.82	2299.66	935.12	5.19	0.53
水葱	0.5	512.02	210.53	428.48	1.38	0.64
	2.5	617.80	735.08	650.31	2.19	1,24
	10	752.17	799.52	767.44	2.70	0.42
	平均	627.33	581.71	615.41	2.09	0.53
眼子菜	0.5	—	—	421.95	0.11	0.48
	2.5	—	—	653.59	0.09	1.32
	10	—	—	385.09	0.09	1.06
	平均	—	—	486.88	0.10	0.95
水葫芦	0.5	550.61	602.99	566.77	3.32	0.74
	2.5	686.64	670.92	681.22	4.10	1.15
	10	904	757.81	847.02	5.81	0.42
	平均	713.75	677.24	698.34	4.41	0.77
绿萍	0.5	—	—	342.29	0.13	0.78
	2.5	—	—	113.57	0.04	1.14
	10	—	—	456.75	0.21	0.93
	平均	—	—	304.20	0.13	0.95
轮叶狐狸藻	0.5	—	—	386.66	0.15	0.21
	2.5	—	—	244.86	0.09	1.03
	10	—	—	559.07	0.34	0.57
	平均	—	—	396.86	0.19	0.60

2. 水生植物对 Cs 的转移

水生植物对 Cs 的转移可以从两个方面来表示，一是从水体转移到植物，用生物富集系数(BCF)表示；二是从根系转移到茎叶，用含量冠根比(T/R)表示。

从表 8.14 可见，在不同 Cs 浓度下，同一水生植物的 BCF 值不同，随 Cs 浓度的增加，BCF 降低；同一 Cs 浓度下，不同植物的 BCF 不同，变化趋势与植物 Cs 含量相同；三个 Cs 处理浓度平均，BCF 大小顺序为，水葫芦＞水花生＞水葱＞眼子菜＞水稻＞水蓼＞轮叶狐狸藻＞绿萍。

含量冠根比(T/R)的大小说明植物将根系 Cs 转移到茎叶的能力，通过挺水植物和水葫芦的 T/R 分析表明，在低 Cs 浓度水体中，水稻 T/R 最大；在高 Cs 浓度水体中，水葫芦的 T/R 最大；三个 Cs 处理浓度平均而言，水稻最大，水葱次之(见表 8.14)。

表 8.14　水生植物对 Cs 的转移情况

Cs 浓度/(mg/L)	转移参数	水稻	水蓼	水花生	水葱	眼子菜	水葫芦	绿萍	轮叶狐狸藻
0.5	BCF	16.42	15.33	22.90	20.04	19.75	26.47	16.01	18.04
	T/R	4.39	1.11	0.94	2.43	—	0.91	—	—
2.5	BCF	3.46	3.39	3.20	3.12	3.13	3.26	0.54	1.17
	T/R	0.99	0.78	0.77	0.84	—	1.02	—	—
10	BCF	1.02	1.33	0.97	0.71	0.36	0.78	0.42	0.52
	T/R	0.80	0.29	0.21	0.94	—	1.19	—	—
平均 Average	BCF	6.97	6.68	9.02	7.96	7.75	10.17	5.66	6.58
	T/R	2.06	0.73	0.64	1.40	—	1.04	—	—

本研究表明，以生物富集系数评价，在 0.5mg/L 的低浓度水体 Cs 污染的条件下，水葫芦的 BCF 最大，水花生次之；但在 10mg/L 的高浓度水体 Cs 污染的条件下，水蓼的 BCF 最大，水稻次之；而在 2.5mg/L 的中等 Cs 浓度水体 Cs 污染的条件下，水葫芦、水花生、水蓼和水稻的 BCF 相差较小。

以收获时盆 Cs 积累量评价，在 0.5mg/L 的低浓度水体 Cs 污染的条件下，积累量大小是水葫芦＞水花生＞水蓼＞水稻；在 10mg/L 的高浓度水体 Cs 污染的条件下，积累量大小是水花生＞水蓼＞水葫芦＞水稻。以收获时三个处理浓度平均水体 Cs 浓度降低量评价，降低最多至最少的依次是水蓼、水花生、水稻、水轮叶狐狸藻、水葱、葫芦、绿萍、眼子菜。

8.3.4　小结

水体 Cs 污染可使水花生鲜重明显增加，眼子菜、水葫芦的鲜重增加量比对照明显减少，水蓼、眼子菜、绿萍和轮叶狐狸藻的鲜重增减与 Cs 浓度有关。

在不同 Cs 浓度污染下，同一植物 Cs 含量不同，除眼子菜和轮叶狐狸藻外，其他植物 Cs 含量均随 Cs 浓度的增加而增加；在同一 Cs 浓度下，不同植物植株 Cs 含量也不同。三个浓度平均，植株 Cs 含量大小是水花生＞水蓼＞水稻＞水葫芦＞水葱＞轮叶狐狸藻＞眼子菜＞绿萍；Cs 积累量大小依次是水花生、水蓼、水葫芦、水稻、水葱、轮叶狐狸藻、绿萍、眼子菜。

结合水生植物抗性、植物 Cs 含量和清除量等指标分析，可以认为，水花生、水蓼、水葫芦和水稻可以作为 Cs 污染水体的植物修复。

8.4　N、K 肥对水葫芦和蕹菜吸收 Cs 的影响

8.4.1　研究方法

1. 试验材料

(1) 植物：水葫芦，蕹菜。

(2) 试剂：Cs 源为氯化铯($CsCl$)，N 肥为尿素[$CO(NH_2)_2$](含 N 量 46.67%)，K 肥为硫酸钾(K_2SO_4)(含 K 量 44.76%)。

2. 试验设计

水中 Cs 含量为 0.057mg/L，试验水体 Cs 污染浓度大致分别为水体背景值的 10 倍、100 倍和 1000 倍(具体浓度为 0.5mg/L、5mg/L、50mg/L)。N 和 K 的使用量分别为 0mg/L、0.5mg/L 和 5mg/L，全组合设计，共计 1(植物)×3(Cs 浓度)×3(N 浓度)×3(K 浓度)＝27 个处理。三次重复(盆)，每盆 2L 溶液，共计 81 盆。

3. 试验方法

采用无孔塑料盆($d＝18$cm，$h＝16$cm)水培法。Cs 处理在栽植前进行，将每个浓度所需药液溶解在 2.7L 的水中，每盆取溶液 100mL，稀释成 2L(加水 1.9L)倒入盆中，用红油漆标记水位。

N 肥和 K 肥在植物移栽后 14 天使用。N 肥 0mg/L、0.5mg/L、5mg/L 每个浓度 9 个处理 27 盆。将每个浓度所需尿素溶解在 2.7L 的水中，每盆取溶液 100ml。K 肥与 N 肥处理相同。

水葫芦每盆 2 个葫芦(提前 1 月分割培养而成)，洗净泥土，不同浓度处理移栽时的总鲜重差异不超过 5%，以保证不同浓度处理植株的大小一致。蕹菜提前 1 月播种育苗，栽植时每盆 3 株，不同浓度处理移栽时植株大小一致，总鲜重差异不超过 5%(洗净泥土)。试验在通风、透光的太阳板避雨棚下进行。为减少水分蒸发对处理浓度的影响，每 1~3 天应加水到最初水位。

栽植植物后，每 7 天观察记录 1 次植物成活情况，生长 2 个月后收获。收获前分别测定植物的存活情况、株高、葫芦数等。收获时，先用自来水洗净植株，再用超纯水清

洗，沥去水分后，分茎叶和根系称量鲜重。随后，分盆装入牛皮纸袋，于105℃下杀青20min，在80℃下烘至恒重，然后计量各盆茎叶和根系干重。收获后，每盆浇水至最初水位，平衡三天后按处理取水样，测定 Cs 浓度。

4. 计算方法

生物效应指数(BI,%)=(N 或 K 处理生物性状值/0 处理生物性状值)×100。这是以不施 N 或 K 肥为100，来评价 N 或 K 处理对植物生物性状值的影响情况，从而评价不同浓度 N 或 K 肥对植物的影响程度。

植株 Cs 含量(mg/kgFW)=[(茎叶鲜重 Cs 含量×茎叶鲜重)+(根系鲜重 Cs 含量×根系鲜重)]/(茎叶鲜重+根系鲜重)。

茎叶或根系鲜重 Cs 含量=茎叶或根系干重 Cs 含量×干重系数。

干重系数=茎叶或根系干重/茎叶或根系鲜重。

8.4.2　N、K、Cs 的生物效应

表8.15显示，在不施 N 和 K 的条件下，水葫芦鲜重以中浓度 Cs 处理(5mg/L)增加最多，高浓度增加最少；蕹菜以低浓度 Cs 处理(0.5mg/L)增加最多，所增加的鲜重随 Cs 浓度增加而下降。

在三个不同浓度的 Cs 处理中，在不施 N 的条件下，一般施少量 K 肥(0.5mg/L)有利于增加水葫芦和蕹菜鲜重，大量 K 肥(5mg/L)不利于植物增加鲜重；在不施 K 肥的条件下，中低浓度 Cs 污染的水体，施少量 N 肥(0.5mg/L)有利于植物增加鲜重，大量 N 肥(5mg/L)不利于植物增加鲜重。

不同 Cs 污染水体，植物鲜重增加最大和最小的 N、K 组合不同。在 0.5mg/L 铯污染水体，水葫芦增加鲜重最大的 N、K 组合是 0mg/L+0.5mg/L；蕹菜增加鲜重最大的 N、K 组合是 5mg/L+5mg/L。在 5mg/L Cs 污染水体，水葫芦增加鲜重最大的 N、K 组合是 0.5mg/L+0mg/L；蕹菜增加鲜重最大的 N、K 组合是 0mg/L+0.5mg/L。在 50mg/L Cs 污染水体，水葫芦增加鲜重最大的 N、K 组合是 0.5mg/L+0mg/L；蕹菜增加鲜重最大的 N、K 组合是 0mg/L+0.5mg/L。

因此，在水体受到 Cs 污染时，N、K 肥对作物生长的影响，既与 Cs 污染浓度有关，也与植物种类有关。

归类分析表明(见表8.16)，在 Cs 污染水体施用 N 肥，水葫芦鲜重增加量低于不施 N 肥，蕹菜鲜重增加量在低浓度 Cs 污染中有所增加，但在中高浓度 Cs 污染水体中低于不施 N 肥。在低浓度 Cs 污染水体施用 K 肥，可以增加水葫芦和蕹菜的鲜重，但是在中高浓度 Cs 污染水体中会明显降低水葫芦鲜重的增加速度。

表 8.15　N、K、Cs 对水葫芦和蕹菜增加鲜重的生物效应

Cs 处理浓度 /(mg/L)	N 浓度 /(mg/L)	K 浓度 /(mg/L)	水葫芦		蕹菜	
			增加鲜重/g	BI	增加鲜重/g	BI
	0	0	26.26	100.00	11.78	100.00
	0	0.5	33.550	127.76	11.91	101.10
	0	5	31.86	121.33	11.2	95.08
	0.5	0	20.25	77.11	11	93.38
0.5	0.5	0.5	29.34	111.73	12.42	105.43
	0.5	5	28.23	107.50	11.22	95.25
	5	0	17.18	65.42	12.91	109.59
	5	0.5	23.06	87.81	11.85	100.59
	5	5	17.82	67.86	13.75	116.72
	0	0	28.86	100.00	11.32	100.00
	0	0.5	19.64	68.05	12.02	106.18
	0	5	28.29	98.02	10.65	94.08
	0.5	0	29.69	102.88	11.31	99.91
5	0.5	0.5	11.62	40.26	10.33	91.25
	0.5	5	24.46	84.75	10.94	96.64
	5	0	22.65	78.48	10.87	96.02
	5	0.5	19.71	68.30	10.32	91.17
	5	5	21.39	74.12	10.58	93.46
	0	0	19.35	100.00	7.75	100.00
	0	0.5	21.65	111.89	8.74	112.77
	0	5	18.94	97.88	8.67	111.87
	0.5	0	25.19	130.18	8.08	104.26
50	0.5	0.5	14.83	76.64	8.03	103.61
	0.5	5	24.71	127.70	7.05	90.97
	5	0	14.68	75.87	7.01	90.45
	5	0.5	18.43	95.25	7.03	90.71
	5	5	11.24	58.09	8.24	106.32

注：BI 是以各 Cs 处理浓度不施肥为 100 计算的肥料生物效应指数。

表 8.16　在 Cs 污染水体中 N、K 对植物鲜重影响归类分析

肥料种类	肥料用量/(mg/L)	水葫芦/g			蕹菜/g		
		Cs 浓度/(mg/L)			Cs 浓度/(mg/L)		
		0.5	5	50	0.5	5	50
N	0	30.56	25.60	19.98	11.63	11.33	8.39
	0.5	25.94	21.92	21.58	11.55	10.86	7.72
	5	19.35	21.25	14.78	12.84	10.59	7.43
	平均	22.65	21.59	18.18	12.20	10.73	7.58
K	0	21.23	27.07	19.74	11.90	11.17	7.61
	0.5	28.65	18.11	18.30	12.06	11.40	7.93
	5	17.82	21.39	11.24	13.75	10.58	8.24
	平均	23.24	19.75	14.77	12.91	10.99	8.09

注：平均是 0.5 和 5mg/L 用量的平均。

8.4.3　N、K 对植物吸收富集 Cs 的影响

在低浓度 Cs 污染水体中，施用低量 N 和高量 K，可以增加水葫芦 Cs 含量；高量 N 配合 K 肥可以增加蕹菜的 Cs 含量。在中浓度 Cs 污染水体中，施高量 K，不施或少施氮肥，可以增加水葫芦 Cs 含量；低量 N 和低量 K 配合施用可以增加蕹菜的 Cs 含量。在高浓度 Cs 污染水体，施用高量 K，不施或少施 N 肥，可以增加水葫芦 Cs 含量；N、K 配合施用一般都能提高蕹菜的 Cs 含量(见表 8.17)。整体而言，在低浓度 Cs 污染水体，施用 N、K 肥可以促进植物对 Cs 的吸收，但中高浓度 Cs 污染水体中，N、K 对不同作物的影响不同。

从表 8.17 可见，植物 Cs 含量高的处理，收获时水体 Cs 含量一般较低，且呈现负相关关系。但不同植物在不同浓度 Cs 处理下，这种负相关系数不同。在低 Cs 浓度处理下，水葫芦的相关系数是 -0.1859，蕹菜是 -0.5941；在中浓度 Cs 处理下，水葫芦是 -0.5274，蕹菜是 -0.4776；在高浓度 Cs 处理下水葫芦是 -0.1983，蕹菜是 -0.2436。但这些负相关系数均未达到显著水平($r_{0.05}=0.666$)。

归类分析表明(见表 8.18)，在 Cs 污染水体中施用 N 肥或 K 肥，水葫芦平均 Cs 含量分别是 43.50mg/kgFW 或 42.81mg/kgFW，略高于 CK41.73mg/kgFW，蕹菜平均 Cs 含量 74.89 或 74.27mg/kgFW，高于 CK72.72mg/kgFW。因此，在 Cs 污染水体施用 N 肥或 K 肥可以提高水生植物的 Cs 含量。

表 8.17　在 Cs 污染水体中 N、K 对水葫芦和蕹菜清除水体 Cs 污染的影响

Cs 处理浓度 /(mg/L)	N 浓度 /(mg/L)	K 浓度 /(mg/L)	水葫芦		蕹菜	
			鲜重 Cs 含量 /(mg/kgFW)	收获时水体 Cs /(mg/L)	鲜重 Cs 含量 /(mg/kgFW)	收获时水体 Cs /(mg/L)
0.5	0	0	14.69	0.88	65.76	0.66
	0	0.5	16.70	0.78	78.27	0.44
	0	5	14.86	0.62	69.31	0.73
	0.5	0	13.96	0.53	82.02	0.44
	0.5	0.5	15.76	0.58	72.71	0.42
	0.5	5	25.25	0.58	79.88	0.52
	5	0	17.07	0.83	71.06	0.44
	5	0.5	14.26	0.65	83.54	0.47
	5	5	22.90	0.47	83.01	0.48
5	0	0	41.93	3.21	41.52	3.51
	0	0.5	34.16	3.92	35.85	3.56
	0	5	50.76	3.01	36.54	3.86
	0.5	0	38.28	3.24	39.90	3.59
	0.5	0.5	35.45	3.73	44.79	3.59
	0.5	5	50.41	3.78	41.24	3.75
	5	0	33.63	4.03	40.18	3.82
	5	0.5	35.96	4.86	23.38	3.77
	5	5	33.16	4.30	31.10	3.98
50	0	0	58.04	29.76	101.43	25.87
	0	0.5	42.89	32.00	116.24	27.11
	0	5	101.50	32.01	109.56	26.52
	0.5	0	86.43	26.11	104.28	36.07
	0.5	0.5	67.79	24.62	115.65	26.87
	0.5	5	97.77	21.34	101.65	34.87
	5	0	54.81	24.33	119.51	27.37
	5	0.5	55.50	24.95	95.45	28.11
	5	5	84.58	25.57	118.71	31.30

表 8.18　在 Cs 污染水体中 N、K 对植物 Cs 含量影响归类分析

肥料种类	肥料用量 /(mg/L)	水葫芦/g			蕹菜/g		
		Cs 浓度/(mg/L)			Cs 浓度/(mg/L)		
		0.5	5	50	0.5	5	50
N	0	15.42	42.28	67.48	71.11	37.97	109.08
	0.5	18.32	41.38	84.00	78.20	41.98	107.19
	5	18.08	34.25	64.96	79.20	31.55	111.22
	平均	18.20	37.82	74.48	78.70	36.77	109.21
K	0	15.24	37.95	66.43	72.95	40.53	108.41
	0.5	15.57	35.19	55.39	78.17	34.67	109.11
	5	21.00	44.78	84.92	77.40	36.29	109.97
	平均	18.29	39.99	70.16	77.79	35.48	109.54

注：平均是 0.5 和 5mg/L 用量的平均。

8.4.4　小结

在 Cs 污染水体，在不施 N 的条件下，一般施少量 K 肥有利于增加水葫芦和蕹菜鲜重，大量 K 肥不利于植物增加鲜重；在不施 K 肥的条件下，中低浓度 Cs 污染的水体，施少量 N 肥(0.5mg/L)有利于植物增加鲜重，大量 N 肥不利于植物增加鲜重。不同 Cs 污染水体，植物鲜重增加最大和最小的 N、K 组合不同。在低浓度 Cs 污染水体施用 K 肥，可以增加水葫芦和蕹菜的鲜重，但是在中高浓度 Cs 污染水体中 K 会明显减缓水葫芦鲜重的增加速度。

在低浓度 Cs 污染，施用 N、K 肥可以促进植物对 Cs 的吸收，但中高浓度 Cs 污染水体中，N、K 对不同作物的影响不同。平均而言，在 Cs 污染水体施用 N 肥或 K 肥可以提高水生植物的 Cs 含量。

8.5　N、K 肥对水稻吸收 Cs 或 U 的影响

8.5.1　研究方法

1. 试验材料

植物：水稻(*Oryza sativa*)，品种 FU498。

试剂：Cs 用氯化铯(CsCl)，U 用醋酸双氧铀($C_4H_6O_6U \cdot 2H_2O$)，N 肥用尿素[(CO(NH_2)_2，含 N 46.67%]，K 肥用氯化钾(KCl，含 K 52.45%)。

2. 试验设计

Cs 或 U 的处理浓度为 0.5mg/L、5mg/L、50mg/L，在每种浓度的核素处理下，N、K 的使用量分别为 0mg/L、5mg/L 和 50mg/L。全组合设计，每种核素共计 3(浓度)×3(N 浓度)×3(K 浓度)=27 个处理，4 次重复，共计 Cs108 盆，U108 盆。因水体一般不缺 P，同时施 N 和 P 易引起水体富养化，故未设计施用 P 肥。

3. 试验方法

每盆装 1.0kg 干土(土壤情况见表 8.7，其中 U 含量 2.16mg/kg)，按设计浓度每盆装入 2L 溶液，标记初始溶液刻度。每盆移栽水稻 3 株，移栽水稻成活后，按设计浓度施入相应数量的 N、K 肥，N、K 溶解于 100mL 水中施入盆中，并搅拌水体，使之均匀。移栽水稻后，每 2~3 天浇一次水，保持水位在初始刻度。

在水稻抽穗前，测定叶绿素荧光参数，然后每盆收获 1 株，分地上地下收获测定干重和核素含量。水稻成熟时，每盆收获另 2 株，分根系、茎、叶、籽粒收获，分别计干重和测定核素含量。

8.5.2　N、K 肥对水稻吸收 Cs 的影响

1. 在 Cs 污染水体中 N、K 的生物效应

1)对抽穗前水稻的生物效应

在低 Cs 浓度污染中，5mgN/L 可以提高 F_v/F_m 值，50mgN/L 可以明显提高植株干重；在不施 N 肥情况下，单独增加 K 肥会降低植株重，在施 N 量较高(50mgN/L)的条件下，增加 K 肥会增加植株干重。在中高浓度 Cs 污染中也有相似的趋势(见表 8.19)。

表 8.19　在 Cs 污染水体中 N、K 对抽穗前水稻的生物效应

Cs 浓度 /(mg/L)	N 浓度 /(mg/L)	K 浓度 /(mg/L)	叶绿素荧光参数			干物重/(g/株)		
			F_0	F_m	F_v/F_m	茎叶	根系	植株
		0	5270	24567	0.784	5.037	2.733	7.770
	0	5	4965	23945	0.791	5.013	2.570	7.583
		50	4418	23738	0.813	4.130	1.910	6.040
		0	4853	24419	0.801	5.297	2.110	7.407
0.5	5	5	4931	24917	0.802	5.010	2.230	7.240
		50	4764	24490	0.804	3.783	1.527	5.310
		0	5070	24689	0.794	6.947	2.500	9.447
	50	5	4939	24133	0.797	7.683	2.717	10.400
		50	5322	25069	0.787	8.690	2.983	11.673

续表

Cs浓度/(mg/L)	N浓度/(mg/L)	K浓度/(mg/L)	叶绿素荧光参数			干物重/(g/株)		
			F_0	F_m	F_v/F_m	茎叶	根系	植株
5	0	0	5406	26134	0.793	4.183	1.707	5.890
		5	4398	24961	0.824	5.487	1.793	7.280
		50	4575	25920	0.824	5.690	2.467	8.157
	5	0	4270	22167	0.808	5.217	2.063	7.280
		5	4331	24675	0.824	5.563	1.980	7.543
		50	4611	25484	0.819	5.650	2.040	7.690
	50	0	4630	25105	0.814	8.900	3.117	12.017
		5	5581	23369	0.768	8.633	3.017	11.650
		50	5557	25760	0.785	11.397	3.830	15.227
50	0	0	5255	23874	0.781	5.783	1.623	7.406
		5	5036	22409	0.778	4.893	1.543	6.436
		50	5115	23099	0.778	6.380	2.130	8.510
	5	0	4992	22418	0.777	5.660	1.933	7.593
		5	5005	21371	0.768	6.037	1.827	7.864
		50	5128	23289	0.779	6.590	2.033	8.623
	50	0	5284	23045	0.772	8.890	2.637	11.527
		5	5242	24948	0.789	8.953	3.093	12.046
		50	4817	25557	0.811	8.650	3.053	11.703

归类分析表明(见表 8.20),在施用 K 肥的同时,除了在 0.5mgCs/L 污染下使用 N 肥降低水稻根系干重外,使用 N 肥均会提高 Cs 污染水体中水稻的根系、茎叶和植株干重,对茎叶干重的提高远大于根系;在施用 N 肥的同时,施用 K 肥也能提高水稻根系、茎叶和植株干重,但增加幅度较小。

表 8.20   在 Cs 胁迫下 N、K 对抽穗前水稻干重影响的归类分析表

肥料种类	肥料浓度/(mg/L)	根系干重/(g/株)				茎叶干重/(g/株)				植株干重/(g/株)			
		Cs 污染浓度/(mg/L)				Cs 污染浓度/(mg/L)				Cs 污染浓度/(mg/L)			
		0.5	5	50	平均	0.5	5	50	平均	0.5	5	50	平均
N	0	2.40	1.99	1.77	2.05	4.73	5.12	5.69	5.18	10.81	16.49	27.30	18.20
	5	1.96	2.03	1.93	1.97	4.70	5.48	6.10	5.42	11.57	17.67	29.24	19.49
	50	2.73	3.32	2.93	2.99	7.77	9.64	8.83	8.75	18.47	27.31	45.78	30.52
	平均	2.34	2.67	2.43	2.48	6.23	7.56	7.46	7.08	15.02	22.49	37.51	25.01

续表

肥料种类	肥料浓度/(mg/L)	根系干重/(g/株)				茎叶干重/(g/株)				植株干重/(g/株)			
		Cs 污染浓度/(mg/L)				Cs 污染浓度/(mg/L)				Cs 污染浓度/(mg/L)			
		0.5	5	50	平均	0.5	5	50	平均	0.5	5	50	平均
K	0	2.45	2.30	2.06	2.27	5.76	6.10	6.78	6.21	12.88	19.66	32.53	21.69
	5	2.51	2.26	2.15	2.31	5.90	6.56	6.63	6.36	13.19	19.82	33.01	22.00
	50	2.14	2.78	2.41	2.44	5.53	7.58	7.21	6.77	14.79	21.99	36.78	24.52
	平均	2.32	2.52	2.28	2.37	5.71	7.07	6.92	6.56	13.99	20.91	34.89	23.26

注：施用平均是施用 5mg/L+50mg/L 的平均值。

2）对成熟时水稻的生物效应

在三个浓度 Cs 污染下，施用 50mgN/L 和 50mgK/L，可以获得最大的植株干重，但其他植株性状有不同的表现（见表 8.21）。从表 8.21 还可以看出，在低浓度 Cs 污染中，施用 50mgN/L 可以得到最大的籽粒干重；在中、高浓度 Cs 污染中，只有同时施用 50mgN/L 和 50mgK/L 才能获得最大的籽粒产量。

表 8.21　在 Cs 污染水体中 N、K 对成熟时水稻的生物效应

Cs 浓度/(mg/L)	N 浓度/(mg/L)	K 浓度/(mg/L)	籽粒干重/(g/株)	籽粒数/(粒/株)	根系干重/(g/株)	茎干重/(g/株)	叶干重/(g/株)	植株干重/(g/株)
0.5	0	0	1.662	74.3	2.822	1.248	3.046	8.778
		5	0.733	49.5	2.654	1.548	2.346	7.281
		50	1.774	95.7	2.693	1.494	2.728	8.689
	5	0	2.113	101.5	2.851	1.474	2.907	9.345
		5	0.697	58.0	2.224	1.176	2.496	6.593
		50	0.979	76.5	2.459	1.263	2.302	7.003
	50	0	2.488	144.0	4.106	2.024	1.149	9.767
		5	1.820	87.3	4.552	1.583	3.504	11.459
		50	1.125	68.0	3.997	2.153	4.934	12.209
5	0	0	1.838	78.0	3.576	1.005	3.462	9.881
		5	0.871	35.0	2.079	0.837	2.146	5.933
		50	1.403	64.7	2.616	0.917	2.398	7.334
	5	0	1.556	65.3	3.618	1.229	2.691	9.094
		5	1.375	60.3	2.477	1.567	3.252	8.671
		50	1.759	76.0	2.899	1.453	3.108	9.219
	50	0	1.403	65.5	2.781	2.120	4.317	10.621
		5	3.160	150.0	4.440	2.331	4.510	14.441
		50	4.347	182.0	4.383	2.768	4.898	16.396

续表

Cs浓度/(mg/L)	N浓度/(mg/L)	K浓度/(mg/L)	籽粒干重/(g/株)	籽粒数/(粒/株)	根系干重/(g/株)	茎干重/(g/株)	叶干重/(g/株)	植株干重/(g/株)
50	0	0	1.661	84.0	3.134	1.201	2.615	8.611
		5	1.580	68.7	2.796	1.378	2.836	8.590
		50	1.627	69.0	3.910	1.584	3.612	10.733
	5	0	1.418	67.7	3.828	1.571	3.005	9.822
		5	1.340	64.3	3.544	1.457	3.302	9.643
		50	1.730	97.0	2.699	1.443	3.137	9.009
	50	0	2.250	103.3	3.108	1.914	3.785	11.057
		5	2.650	90.7	4.668	2.064	4.470	13.852
		50	2.989	82.3	5.052	2.385	4.838	15.264

2. N、K 对水稻吸收和转移铯的影响

1)N、K 对抽穗前水稻吸收和转移 Cs 的影响

在低浓度 Cs 污染中，浓度为 50mgN/L 和 50mgK/L 时，植株 Cs 含量、TF 和株积累量最大；在中高 Cs 污染中，均以不施 N 和 K 的植株 Cs 含量最高，但施肥种类和数量影响株积累量和 T/R(见表 8.22)。

表 8.22　在 Cs 污染水体中 N、K 对抽穗前水稻吸收转移 Cs 的影响

Cs浓度/(mg/L)	N浓度/(mg/L)	K浓度/(mg/L)	根系含量/(mg/kg)	茎叶含量/(mg/kg)	植株含量/(mg/kg)	T/R	TF	株积累量/(mg/株)
0.5	0	0	21.162	9.920	13.874	0.469	0.689	0.108
		5	3.614	30.612	21.462	8.470	0.888	0.163
		50	21.257	15.873	17.576	0.747	0.798	0.106
	5	0	26.790	2.127	9.153	0.079	0.362	0.068
		5	35.625	15.563	21.742	0.437	1.007	0.157
		50	13.691	20.730	18.706	1.514	0.635	0.099
	50	0	30.100	24.264	25.808	0.806	1.346	0.244
		5	11.533	18.026	16.330	1.563	1.029	0.170
		50	32.889	28.769	29.822	0.875	1.728	0.348
5	0	0	31.428	43.791	40.208	1.393	1.977	0.237
		5	5.249	48.002	37.472	9.145	1.639	0.273
		50	8.342	21.486	17.511	2.576	0.743	0.143
	5	0	30.428	30.155	30.232	0.991	1.007	0.220
		5	5.331	27.561	21.726	5.170	0.654	0.164
		50	36.511	23.824	27.190	0.653	1.887	0.209

续表

Cs 浓度 /(mg/L)	N 浓度 /(mg/L)	K 浓度 /(mg/L)	根系含量 /(mg/kg)	茎叶含量 /(mg/kg)	植株含量 /(mg/kg)	T/R	TF	株积累量 /(mg/株)
5	50	0	2.703	15.398	12.105	5.697	1.850	0.145
		5	21.297	22.725	22.355	1.067	1.550	0.260
		50	11.095	2.897	4.959	0.261	0.541	0.076
50	0	0	229.306	285.707	273.347	1.246	4.754	2.024
		5	185.632	256.075	239.187	1.379	4.228	1.539
		50	168.030	174.367	172.781	1.038	3.166	1.470
	5	0	232.966	280.474	268.380	1.204	4.950	2.038
		5	227.043	286.798	272.915	1.263	4.950	2.146
		50	151.623	148.158	148.975	0.977	3.246	1.285
	50	0	182.586	285.322	261.819	1.563	7.997	3.018
		5	166.442	289.711	258.060	1.741	8.193	3.109
		50	182.425	242.025	226.477	1.327	4.860	2.650

　　归类分析表明，在施用 K 肥的同时，施用 N 肥略降低根系 Cs 含量，但增加茎叶铯含量，从而增加植株 Cs 含量，但在施用 N 肥的同时施用 K 肥降低了水稻根系、茎叶和植株 Cs 含量(见表 8.23)。K 降低植株铯含量因 K 与 Cs 化学性质相似，K 离子竞争降低了水稻对 Cs 离子的吸收。

表 8.23　在 Cs 胁迫下 N、K 对抽穗前水稻吸收 Cs 的归类分析表

肥料种类	肥料浓度 /(mg/L)	根系含量/(mg/kg) Cs 污染浓度/(mg/L)				茎叶含量/(mg/kg) Cs 污染浓度/(mg/L)				植株含量/(mg/kg) Cs 污染浓度/(mg/L)			
		0.5	5	50	平均	0.5	5	50	平均	0.5	5	50	平均
N	0	15.01	15.34	194.32	81.54	18.80	37.76	238.72	84.14	17.64	31.73	228.44	80.67
	5	24.09	25.37	203.88	80.20	12.81	27.18	238.48	88.54	16.53	26.83	230.09	84.12
	50	11.70	24.81	177.15	80.87	23.69	13.67	272.35	86.34	23.99	13.14	248.79	82.39
	平均	17.90	25.09	190.52	80.54	18.25	20.43	255.42	87.44	20.26	19.99	239.44	83.26
K	0	21.52	26.02	214.95	87.50	12.10	29.78	283.83	108.57	16.28	27.52	267.85	103.88
	5	10.63	16.92	193.04	73.53	21.40	32.67	277.53	110.53	19.85	27.48	256.72	101.35
	50	18.65	66.61	167.36	84.21	21.79	16.07	188.18	75.35	22.04	16.55	182.74	73.78
	平均	14.64	41.77	180.20	78.87	21.60	24.37	232.86	92.94	20.95	22.02	219.73	87.56

注：施用平均是施用 5mg/L+50mg/L 的平均值。

　　2)N、K 对成熟水稻吸收转移 Cs 的影响

　　在低浓度 Cs 污染水体，低量 N 单独或同 K 配合施用可降低植株 Cs 含量，提高籽粒 Cs 含量，K 肥单独施用更能促进根系 Cs 向地上器官和籽粒转移(见表 8.24)，高量 N 单独施用可提高植株和籽粒 Cs 含量，而高量 N 与 K 配合的效应与 K 用量有关。表 8.24 还显示，在中浓度 Cs 污染水体中，N、K 肥单独施用或配合施用，均可降低植株和籽粒 Cs

含量；在高浓度 Cs 污染水体，K 肥单独施用可降低植株和籽粒 Cs 含量，高用量 N 单独施用可提高植株和籽粒 Cs 含量，低用量 N 单独施用可降低植株和籽粒 Cs 含量。

归类平均表明(见表 8.25，表 8.26)，在 Cs 污染水体施用 N 肥降低成熟水稻根、茎、叶、籽粒、植株 Cs 含量分别是 14.31%、5.72%、6.64%、0.04% 和 3.08%；施用 K 肥降低成熟水稻根、茎、叶、籽粒、植株 Cs 含量分别是 11.91%、9.53%、14.22%、24.49% 和 12.90%；施 N 略提高 Cs 含量冠根比，施 K 明显降低 Cs 含量冠根比。

表 8.24　在 Cs 污染水体中 N、K 对成熟水稻吸收转移 Cs 的影响

U 浓度/(mg/L)	N 浓度/(mg/L)	K 浓度/(mg/L)	根系含量/(mg/kg)	茎含量/(mg/kg)	叶含量/(mg/kg)	籽粒含量/(mg/kg)	植株含量/(mg/kg)	T/R
0.5	0	0	5.020	12.475	3.931	2.743	14.607	3.815
		5	3.485	4.184	8.141	4.985	12.271	4.967
		50	3.535	7.748	9.218	3.895	15.491	5.095
	5	0	3.236	4.899	5.050	4.680	11.153	5.401
		5	4.125	4.618	4.575	5.278	10.981	3.508
		50	3.278	5.991	10.219	4.616	14.073	6.353
	50	0	1.947	24.782	4.754	5.115	19.196	17.796
		5	4.539	2.951	5.169	2.171	12.798	2.268
		50	3.965	1.910	6.870	3.713	30.090	3.150
5	0	0	9.100	25.331	8.308	10.115	27.703	4.808
		5	7.624	14.422	12.613	8.175	25.543	4.618
		50	7.703	16.025	13.303	6.817	26.000	4.693
	5	0	7.984	14.104	16.034	10.123	27.419	5.043
		5	5.699	9.172	8.976	4.742	17.979	4.017
		50	8.029	12.103	9.955	6.029	21.780	3.498
	50	0	7.620	14.639	8.344	7.020	24.142	3.937
		5	7.863	15.194	11.325	8.666	26.784	4.475
		50	12.003	21.514	7.690	5.318	28.503	2.876
50	0	0	125.714	380.613	258.851	174.850	563.695	6.478
		5	134.131	362.016	240.578	147.171	549.379	5.590
		50	98.121	241.180	148.688	84.492	337.298	4.834
	5	0	102.881	245.325	189.875	129.605	384.776	5.490
		5	109.950	380.072	214.655	141.465	506.035	6.696
		50	74.133	163.367	139.111	79.875	290.014	5.158
	50	0	124.145	370.743	247.777	184.091	611.902	6.465
		5	98.347	394.341	212.338	166.804	545.968	7.865
		50	96.357	320.589	211.122	113.491	463.548	6.696

表 8.25　在 Cs 胁迫下 N、K 对成熟水稻吸收 Cs 的归类分析

肥料种类	肥料浓度/(mg/L)	根系含量/(mg/kg)				茎含量/(mg/kg)				叶含量/(mg/kg)			
		Cs 污染浓度/(mg/L)				Cs 污染浓度/(mg/L)				Cs 污染浓度/(mg/L)			
		0.5	5	50	平均	0.5	5	50	平均	0.5	5	50	平均
N	0	4.01	8.14	119.32	43.83	8.14	18.59	327.94	118.22	7.10	11.41	216.04	78.18
	5	3.55	7.24	95.66	35.48	5.17	11.79	262.92	93.29	6.62	11.66	181.21	66.49
	50	3.48	9.16	106.28	39.64	9.88	17.12	361.89	129.63	5.60	9.12	223.75	79.49
	平均	3.52	8.20	100.97	37.56	7.53	14.45	312.41	111.46	6.11	10.39	202.48	72.99
K	0	3.40	8.24	117.58	43.07	14.05	18.03	332.23	121.43	4.58	10.90	232.17	82.55
	5	4.05	7.06	114.14	41.75	3.92	12.93	378.81	131.89	5.96	10.97	222.52	79.82
	50	3.59	9.25	89.54	34.13	5.22	16.55	241.71	87.83	8.77	10.32	166.31	61.80
	平均	3.82	8.15	101.84	37.94	4.57	14.74	310.26	109.86	7.37	10.64	194.42	70.81

注：施用平均是施用 5mg/L+50mg/L 的平均值。

表 8.26　在 Cs 胁迫下 N、K 对成熟水稻籽粒 Cs 含量、植株 Cs 含量和 T/R 影响的归类分析表

肥料种类	肥料浓度/(mg/L)	籽粒含量/(mg/kg)				植株含量/(mg/kg)				T/R			
		Cs 污染浓度/(mg/L)				Cs 污染浓度/(mg/L)				Cs 污染浓度/(mg/L)			
		0.5	5	50	平均	0.5	5	50	平均	0.5	5	50	平均
N	0	3.87	8.37	135.50	49.25	14.12	26.42	483.46	174.67	4.63	4.71	5.63	4.99
	5	4.86	6.97	116.98	42.94	12.07	22.39	393.61	142.69	5.09	4.19	5.78	5.02
	50	3.67	7.00	154.80	55.15	20.70	26.48	540.47	195.88	7.74	3.76	4.01	5.17
	平均	4.26	6.98	135.89	49.04	16.38	24.43	467.04	169.29	6.41	3.97	4.90	5.09
K	0	4.18	9.09	162.85	58.70	14.99	26.42	520.12	187.18	9.00	4.60	6.14	6.58
	5	4.15	7.19	151.81	54.38	12.02	23.44	533.79	189.75	3.58	4.37	6.72	4.89
	50	4.08	6.06	92.62	34.25	19.89	25.43	363.62	136.31	4.87	3.69	5.56	4.71
	平均	4.11	6.62	122.22	44.32	15.95	24.43	448.71	163.03	4.22	4.03	6.14	4.80

注：施用平均是施用 5mg/L+50mg/L 的平均值。

8.5.3　N、K 肥对水稻吸收 U 的影响

1. 在 U 污染水体中 N、K 的生物效应

1）对抽穗前水稻的生物效应。

在低浓度 U 污染中，不施 N 肥，施用 K 肥可以提高 F_v/F_m，施用 N 肥降低 F_v/F_m，但在中、高浓度 U 污染中，没有这种现象（见表 8.27）。植株干重受 U 浓度和 N、K 施用量的共同影响，没有特定规律，以低浓度 U 污染（施用 50mgN/L）、不施 K 的干重最大。

表 8.27　在 U 污染水体中 N、K 对抽穗前水稻的生物效应

Cs 浓度 /(mg/L)	N 浓度 /(mg/L)	K 浓度 /(mg/L)	叶绿素荧光参数			干物重/(g/株)		
			F_0	F_m	F_v/F_m	茎叶	根系	植株
0.5	0	0	4465	23533	0.809	6.853	2.170	9.023
		5	4775	25037	0.812	6.957	2.387	9.344
		50	4462	25254	0.823	5.907	1.883	7.790
	5	0	4508	24888	0.819	6.197	2.247	8.444
		5	4430	24304	0.817	6.223	2.623	8.846
		50	5038	22641	0.777	6.690	2.797	9.487
	50	0	5362	25210	0.789	9.777	3.293	13.070
		5	5407	24772	0.782	8.233	2.650	10.883
		50	5009	24442	0.795	8.793	2.833	11.626
5	0	0	5172	24617	0.790	6.027	1.757	7.784
		5	4840	22961	0.789	5.420	1.757	7.177
		50	4748	23107	0.794	5.843	1.840	7.683
	5	0	4712	23763	0.802	5.737	1.783	7.520
		5	4852	24286	0.780	6.317	2.097	8.414
		50	4571	24466	0.813	5.370	1.963	7.333
	50	0	5196	24774	0.789	7.483	2.467	9.950
		5	4975	26128	0.809	8.040	2.560	10.600
		50	4633	24773	0.812	8.433	2.580	11.013
50	0	0	4920	25517	0.807	4.907	1.610	6.517
		5	4926	25387	0.806	5.283	1.583	6.866
		50	4810	24277	0.802	5.447	1.767	7.214
	5	0	4733	24594	0.808	5.280	1.717	6.997
		5	4597	23516	0.803	6.197	1.887	8.084
		50	4792	25419	0.811	6.420	1.737	8.157
	50	0	4962	25989	0.808	8.420	2.313	10.733
		5	4904	26639	0.816	8.410	2.693	11.103
		50	4785	25903	0.815	8.313	2.560	10.873

　　归类分析表明(见表 8.28)，不同浓度 U 污染平均，在施用 K 肥的同时施用 N 肥可以提高水稻根系干重 12.90%～43.01%，提高茎叶干重 3.42%～44.27%，提高植株干重 8.56%～51.41%；在施用 N 肥的同时，施用 K 肥可以提高水稻根系干重 3.26%～4.65%，提高茎叶干重 0.74%～0.89%，提高植株干重 4.29%～5.25%。因此，在 U 污染水体施用 N 肥，可以明显提高水稻的生物产量，K 肥的效果不明显。

表 8.28　在 U 胁迫下 N、K 对抽穗前水稻干重影响的归类分析表

肥料种类	肥料浓度/(mg/L)	根系干重/g U 污染浓度/(mg/L)				茎叶干重/g U 污染浓度/(mg/L)				植株干重/g U 污染浓度/(mg/L)			
		0.5	5	50	平均	0.5	5	50	平均	0.5	5	50	平均
N	0	2.15	1.79	1.65	1.86	6.57	5.76	5.21	5.85	10.98	16.19	27.16	18.11
	5	2.56	1.95	1.78	2.10	6.37	5.81	5.97	6.05	11.74	17.74	29.51	19.66
	50	2.93	2.54	2.52	2.66	8.94	7.99	8.38	8.44	16.37	24.75	41.14	27.42
	平均	2.75	2.25	2.15	2.38	7.66	6.90	7.18	7.24	14.06	21.25	35.33	23.54
K	0	2.57	2.00	1.88	2.15	7.61	6.42	6.20	6.74	12.62	18.82	31.42	20.95
	5	2.55	2.14	2.05	2.25	7.14	6.59	6.63	6.79	13.22	19.85	33.08	22.05
	50	2.50	2.13	2.02	2.22	7.13	6.55	6.73	6.80	13.28	20.00	32.28	21.85
	平均	2.53	2.14	2.04	2.23	7.14	6.57	6.68	6.80	13.25	19.93	32.68	21.95

注：施用平均是施用 5mg/L+50mg/L 的平均值。

2）对成熟水稻的生物效应

据表 8.29 显示，在低、中、高浓度 U 污染水体中，不施 N 肥仅施 K 肥，多会降低植株干重；在低浓度 Cs 污染水体中，当不施 K 肥时，50mgN/L 可以明显提高植株干重和籽粒干重；当 N、K 配合施用时，可以提高植株干重和籽粒干重，尤其是在 50mgN/L 下配合 K 肥，效果比较明显。在中浓度 Cs 污染水体，5mgN/L 单独和与 K 肥配合也不能提高植株干重，对籽粒干重的影响与 K 用量有关；50mgN/L 单独和与低用量 K 配合可提高植株干重籽粒干重。在高浓度 Cs 污染水体，N 单独施用能提高植株干重，N 与低用量 K 配合会降低植株干重。

表 8.29　在 U 污染水体中 N、K 对成熟后水稻的生物效应

Cs 浓度/(mg/L)	N 浓度/(mg/L)	K 浓度/(mg/L)	籽粒干重/(g/株)	籽粒数/(粒/株)	根系干重/(g/株)	茎干重/(g/株)	叶干重/(g/株)	植株干重/(g/株)
0.5	0	0	2.198	110.0	2.840	1.679	3.197	9.914
		5	2.230	97.3	1.931	1.409	2.722	8.292
		50	1.734	81.0	2.391	1.539	3.084	8.748
	5	0	1.939	83.5	2.634	1.792	3.395	9.760
		5	1.719	86.7	2.900	1.825	3.899	10.343
		50	3.221	143.0	3.154	1.778	3.455	11.608
	50	0	3.396	141.3	3.696	2.407	4.512	14.011
		5	5.665	241.0	3.978	2.324	4.593	16.560
		50	5.595	228.3	5.404	3.071	5.553	19.623

Cs浓度/(mg/L)	N浓度/(mg/L)	K浓度/(mg/L)	籽粒干重/(g/株)	籽粒数/(粒/株)	根系干重/(g/株)	茎干重/(g/株)	叶干重/(g/株)	植株干重/(g/株)
5	0	0	2.699	116.7	2.824	1.952	3.819	11.294
		5	2.649	125.7	2.204	1.644	3.213	9.710
		50	2.516	116.3	2.496	1.512	3.251	9.775
	5	0	2.743	120.3	3.330	1.552	2.911	10.536
		5	2.203	108.7	3.596	1.650	3.186	10.635
		50	3.223	149.7	3.264	1.765	3.234	11.486
	50	0	3.201	157.5	5.483	2.305	4.575	15.564
		5	2.920	125.0	3.962	2.139	3.913	12.934
		50	1.547	68.0	3.882	1.948	3.787	11.164
50	0	0	2.107	102.7	3.411	1.875	3.544	10.937
		5	1.988	95.3	3.067	1.511	2.993	9.559
		50	0.945	41.0	3.154	1.650	3.578	9.327
	5	0	2.449	142.5	4.128	1.823	3.473	11.873
		5	1.437	83.0	2.883	1.462	2.729	8.511
		50	2.032	95.0	2.445	1.356	2.664	8.497
	50	0	1.751	84.7	2.985	2.260	4.260	11.256
		5	4.512	210.0	2.847	2.031	4.056	13.446
		50	3.941	183.0	4.111	2.810	4.840	15.702

归类分析表明(见表 8.30,表 8.31),在 U 污染水体中,在施用 K 肥的基础上施用 N 肥,将提高水稻成熟时的根、茎、叶、籽粒和植株干重,N 量越大,提高越多;在施用 N 肥的基础上施用 K 肥,将降低成熟水稻根系、叶和籽粒干重,而茎和植株干重变化无规律。

表 8.30   在 U 胁迫下 N、K 对成熟水稻根、茎、叶干重影响的归类分析表

肥料种类	肥料浓度/(mg/L)	根系干重/g U 污染浓度/(mg/L)				茎叶干重/g U 污染浓度/(mg/L)				植株干重/g U 污染浓度/(mg/L)			
		0.5	5	50	平均	0.5	5	50	平均	0.5	5	50	平均
N	0	2.16	2.35	3.11	2.54	1.47	1.58	1.58	1.54	2.90	3.23	3.29	3.14
	5	3.03	3.43	2.66	3.04	1.80	1.71	1.41	1.64	3.67	3.21	2.69	3.19
	50	4.69	3.92	3.48	4.03	2.69	2.04	2.42	2.38	5.07	3.85	4.45	4.46
	平均	3.86	3.68	3.07	3.54	2.25	1.88	1.92	2.01	4.37	3.53	3.57	3.82

续表

肥料种类	肥料浓度/(mg/L)	根系干重/g U污染浓度/(mg/L)				茎叶干重/g U污染浓度/(mg/L)				植株干重/g U污染浓度/(mg/L)			
		0.5	5	50	平均	0.5	5	50	平均	0.5	5	50	平均
K	0	3.06	3.88	3.51	3.48	1.96	1.94	1.99	1.96	3.70	3.77	3.76	3.74
	5	2.94	3.25	2.93	3.04	1.85	1.84	1.67	1.79	3.74	3.44	3.26	3.48
	50	3.65	3.21	3.24	3.37	2.13	1.74	1.94	1.94	4.03	3.42	3.69	3.71
	平均	3.30	3.23	3.09	3.20	1.99	1.79	1.81	1.86	3.89	3.43	3.48	3.60

注：施用平均是施用 5mg/L＋50mg/L 的平均值。

表 8.31　在 U 胁迫下 N、K 对成熟水稻籽粒和植株干重影响的归类分析表

肥料种类	肥料浓度/(mg/L)	籽粒干重/g U污染浓度/(mg/L)				植株干重/g U污染浓度/(mg/L)			
		0.5	5	50	平均	0.5	5	50	平均
N	0	1.98	2.58	1.47	2.01	8.52	9.74	9.44	9.23
	5	2.47	2.71	1.74	2.31	10.98	11.06	8.50	10.18
	50	5.63	2.23	4.23	4.03	18.09	12.05	14.57	14.90
	平均	4.05	2.47	2.99	3.17	14.54	11.56	11.54	12.54
K	0	2.51	2.88	2.10	2.50	11.23	12.47	11.36	11.69
	5	3.21	2.59	2.65	2.82	11.73	11.09	10.51	11.11
	50	3.52	2.43	2.31	2.75	13.33	10.81	11.78	11.97
	平均	3.37	2.51	2.48	2.79	12.53	10.95	11.15	11.54

注：施用平均是施用 5mg/L＋50mg/L 的平均值。

2. N、K 对水稻吸收和转移 U 的影响

1)对抽穗前水稻吸收和转移 U 的影响

在低浓度 U 污染中，植株 U 含量以不施肥时为最高；在中浓度 U 污染的条件下，施用肥料多能提高植株 U 含量，其中以施用 50mgN/L＋5mgK/L 的植株 U 含量最高；在高浓度 U 污染的条件下，施用肥料可能降低或提高植株 U 含量，以施用 0mgN/L＋50mgK/L 的植株 U 含量最高，以施 50mgN/L＋0mgK/L 的植株 U 含量最低（见表 8.32）。

表 8.32　在 U 污染水体中 N、K 对抽穗前水稻吸收转移 U 的影响

U 浓度/(mg/L)	N 浓度/(mg/L)	K 浓度/(mg/L)	根系含量/(mg/kg)	茎叶含量/(mg/kg)	植株含量/(mg/kg)	T/R	TF	株积累量/(mg/株)
0.5	0	0	2.256	0.528	0.944	0.234	4.898	0.009
		5	1.429	0.335	0.614	0.234	3.255	0.006
		50	1.467	0.255	0.548	0.174	6.702	0.004
	5	0	1.055	0.182	0.414	0.173	9.283	0.003
		5	1.815	0.307	0.754	0.169	4.620	0.007
		50	1.635	0.267	0.67	0.163	3.467	0.006
	50	0	1.183	0.250	0.485	0.211	6.329	0.006
		5	1.800	0.323	0.683	0.179	11.629	0.007
		50	2.158	0.368	0.804	0.171	1.782	0.009
5	0	0	9.121	1.876	3.511	0.206	3.204	0.027
		5	10.028	1.500	3.588	0.15	2.038	0.026
		50	14.624	1.498	4.642	0.102	1.297	0.036
	5	0	13.135	1.602	4.336	0.122	1.708	0.033
		5	15.928	1.679	5.23	0.105	1.734	0.044
		50	9.968	1.427	3.713	0.143	0.782	0.027
	50	0	11.044	2.709	4.776	0.245	1.487	0.048
		5	14.763	1.781	4.916	0.121	2.192	0.052
		50	5.693	1.348	2.366	0.237	2.482	0.026
50	0	0	75.079	9.596	25.773	0.128	0.608	0.168
		5	53.835	9.947	20.066	0.185	1.319	0.138
		50	126.750	15.338	42.627	0.121	1.943	0.308
	5	0	80.629	8.674	26.331	0.108	1.418	0.184
		5	96.610	10.057	30.261	0.104	2.537	0.245
		50	76.202	8.621	23.012	0.113	3.217	0.188
	50	0	51.649	5.984	15.825	0.116	2.564	0.170
		5	90.897	8.288	28.325	0.091	1.725	0.314
		50	62.494	7.767	20.652	0.124	3.002	0.225

　　归类分析表明(见表 8.33),在 U 污染水体中,在施用 K 肥的基础上施用 N 肥,将降低水稻根系、茎叶和植株 U 含量,N 肥施用越多 U 含量降低越多;在施用 N 肥基础上施用 K 肥,水稻 U 含量将随 K 肥用量增加而提高。因此,在 U 污染的农田栽种水稻时,增加 N 肥,减少 K 肥,可以降低水稻对 U 的吸收。

表 8.33 在 U 胁迫下 N、K 对抽穗前水稻吸收 U 的归类分析表

肥料种类	肥料浓度/(mg/L)	根系含量/(mg/kg)				茎叶含量/(mg/kg)				植株含量/(mg/kg)			
		U 污染浓度/(mg/L)				U 污染浓度/(mg/L)				U 污染浓度/(mg/L)			
		0.5	5	50	平均	0.5	5	50	平均	0.5	5	50	平均
N	0	1.45	12.33	90.29	34.69	0.29	1.49	12.64	4.81	0.58	4.11	31.35	12.01
	5	1.73	12.95	86.41	33.69	0.29	1.55	9.34	3.73	0.71	4.47	26.64	10.61
	50	1.98	10.23	76.70	29.63	0.35	1.57	8.03	3.31	0.74	3.64	24.49	9.62
	平均	1.86	11.59	81.56	31.66	0.32	1.56	8.69	3.52	0.73	4.06	25.57	10.12
K	0	1.49	11.10	69.12	27.24	0.32	2.06	8.09	3.49	0.61	4.21	22.64	9.16
	5	1.68	13.57	80.45	31.90	0.32	1.65	9.43	3.80	0.68	4.58	26.22	10.49
	50	1.75	10.09	88.48	33.44	0.29	1.42	10.58	4.10	0.67	3.57	28.76	11.00
	平均	1.72	11.83	84.47	32.67	0.31	1.54	10.01	3.95	0.68	4.08	27.49	10.75

注：施用平均是施用 5mg/L+50mg/L 的平均值。

2)对成熟时水稻吸收和转移 U 的影响

水稻籽粒 U 含量影响 U 污染农田栽种水稻的食用安全。一般认为，环境重金属浓度越高植物吸收转移越多，植株含量越高，籽粒含量也应越高。但本研究表明，在低浓度 U 污染水体中，水稻籽粒 U 含量高，而在高浓度 U 污染水体中，水稻籽粒 U 含量较低。在低浓度 U 污染农田，水稻籽粒 U 含量以 0mgN/L+0mgK/L 最高，以 50mgN/L+50mgK/L 的含量最低(见表 8.34)，说明施用肥料可以减少 U 向水稻籽粒的转移。

表 8.34 在 U 污染水体中 N、K 对成熟时水稻吸收转移 U 的影响

U 浓度/(mg/L)	N 浓度/(mg/L)	K 浓度/(mg/L)	根系含量/(mg/kg)	茎含量/(mg/kg)	叶含量/(mg/kg)	籽粒含量/(mg/kg)	植株含量/(mg/kg)	T/R
		0	9.3110	0.1874	1.1424	0.2992	3.830	0.175
	0	5	4.0538	0.0701	0.2787	0.1093	1.295	0.113
		50	2.5646	0.1482	0.5139	0.1295	1.276	0.309
		0	1.1264	0.0950	0.3043	0.1274	0.689	0.468
0.5	5	5	1.9890	0.0402	0.2986	0.0788	0.858	0.210
		50	3.5364	0.0496	0.3097	0.0694	1.273	0.121
		0	2.2276	0.0436	0.4066	0.1417	1.023	0.266
	50	5	5.1402	0.0476	0.4520	0.0529	1.655	0.107
		50	2.4611	0.0378	0.5770	0.0422	1.154	0.267

续表

U 浓度 /(mg/L)	N 浓度 /(mg/L)	K 浓度 /(mg/L)	根系含量 /(mg/kg)	茎含量 /(mg/kg)	叶含量 /(mg/kg)	籽粒含量 /(mg/kg)	植株含量 /(mg/kg)	T/R
		0	23.3186	0.7822	1.1802	0.0582	7.346	0.087
	0	5	23.4692	0.2567	1.3854	0.0269	6.617	0.071
		50	14.8776	0.2925	1.2693	0.0331	4.987	0.107
		0	15.3314	0.1178	1.5901	0.0271	6.032	0.113
5	5	5	15.0754	0.3843	1.8631	0.0169	6.596	0.150
		50	16.4422	0.3750	2.9006	0.0098	7.024	0.200
		0	15.2742	0.1766	2.5124	0.0073	7.127	0.177
	50	5	15.1402	0.1550	3.0017	0.0133	6.837	0.209
		50	10.8416	0.1746	1.3856	0.0108	4.795	0.145
		0	119.4786	1.0443	10.2986	0.0115	45.076	0.095
	0	5	147.1435	0.9404	11.2907	0.0081	55.523	0.083
		50	159.3639	0.8372	21.8845	0.0042	68.931	0.143
		0	95.0420	0.6414	8.3960	0	38.939	0.095
50	5	5	145.0817	1.3176	11.3205	0	57.502	0.087
		50	118.6325	0.6780	10.3184	0	41.969	0.093
		0	130.0905	0.9254	9.8953	0	42.450	0.083
	50	5	74.3090	0.5012	7.9145	0.0164	22.381	0.113
		50	115.3076	0.2792	6.9029	0.2966	35.710	0.065

归类分析表明，施用 N 会降低水稻根系、茎、叶、籽粒和植株 U 含量，增加根系 U 向地上器官转移；施用 K 会增加水稻根系、叶、植株 U 含量，降低茎、籽粒 U 含量，降低根系 U 向地上器官转移(见表 8.35，表 8.36)。

表 8.35 在 U 胁迫下 N、K 对成熟水稻吸收 U 的归类分析表

肥料 种类	肥料 浓度 /(mg/L)	根系含量/(mg/kg)				茎含量/(mg/kg)				叶含量/(mg/kg)			
		U 污染浓度/(mg/L)				U 污染浓度/(mg/L)				U 污染浓度/(mg/L)			
		0.5	5	50	平均	0.5	5	50	平均	0.5	5	50	平均
N	0	5.309	20.555	141.665	55.843	0.135	0.444	0.941	0.507	0.645	1.278	14.491	5.471
	5	2.217	15.616	119.854	45.896	0.062	0.292	0.879	0.411	0.304	2.118	10.012	4.145
	50	3.276	13.752	94.808	37.279	0.043	0.169	0.569	0.260	0.479	2.299	8.238	3.672
	平均	2.747	14.684	107.331	41.587	0.053	0.231	0.724	0.336	0.392	2.209	9.125	3.908

续表

肥料种类	肥料浓度/(mg/L)	根系含量/(mg/kg)				茎含量/(mg/kg)				叶含量/(mg/kg)			
		U 污染浓度/(mg/L)				U 污染浓度/(mg/L)				U 污染浓度/(mg/L)			
		0.5	5	50	平均	0.5	5	50	平均	0.5	5	50	平均
K	0	4.222	17.975	114.870	45.689	0.109	0.359	0.871	0.446	0.618	1.761	9.530	3.970
	5	3.728	17.895	122.178	47.934	0.053	0.265	0.919	0.412	0.341	2.083	10.175	4.200
	50	2.854	14.054	131.101	49.336	0.078	0.281	0.591	0.317	0.467	1.852	13.035	5.118
	平均	3.291	15.975	126.640	48.635	0.066	0.273	0.755	0.365	0.404	1.968	11.605	4.659

注：施用平均是施用 5mg/L+50mg/L 的平均值。

表 8.36　在 U 胁迫下 N、K 对成熟水稻籽粒 U 含量、植株 U 含量和 T/R 影响的归类分析表

肥料种类	肥料浓度/(mg/L)	籽粒含量/(mg/kg)				植株含量/(mg/kg)				T/R			
		U 污染浓度/(mg/L)				U 污染浓度/(mg/L)				U 污染浓度/(mg/L)			
		0.5	5	50	平均	0.5	5	50	平均	0.5	5	50	平均
N	0	0.179	0.039	0.008	0.075	2.134	6.317	56.510	21.654	0.199	0.088	0.107	0.131
	5	0.092	0.018	0.000	0.037	0.940	6.551	46.137	17.876	0.266	0.154	0.092	0.171
	50	0.079	0.011	0.104	0.065	1.277	6.253	33.514	13.681	0.213	0.177	0.087	0.159
	平均	0.086	0.015	0.052	0.051	1.109	6.402	39.826	15.779	0.240	0.166	0.090	0.165
K	0	0.189	0.031	0.004	0.075	1.847	6.835	42.155	16.946	0.303	0.126	0.091	0.173
	5	0.080	0.019	0.008	0.036	1.269	6.683	45.135	17.696	0.143	0.143	0.094	0.127
	50	0.080	0.018	0.100	0.066	1.234	5.602	48.870	18.569	0.232	0.151	0.100	0.161
	平均	0.080	0.019	0.054	0.051	1.252	6.143	47.003	18.132	0.188	0.147	0.097	0.144

注：施用平均是施用 5mg/L+50mg/L 的平均值。

8.5.4　小结

在 Cs 污染水体中，施用 N 肥能提高抽穗前水稻的干重，在施用 N 肥的同时，施用 K 肥也能提高抽穗前水稻的植株干重，但增加幅度较小；施用浓度为 50mgN/L 和 50mgK/L 时，在水稻成熟时可以获得最大的植株干重。在施用 K 肥的同时，施用 N 肥可以增加抽穗前水稻茎叶 Cs 含量，从而增加植株 Cs 含量，但在施用 N 肥的同时施用 K 肥则会降低抽穗前水稻植株 Cs 含量。在 Cs 污染水体施用 N 肥或 K 肥均可降低成熟水稻根、茎、叶、籽粒、植株 Cs 含量，K 肥降低的效果十分明显，可降低籽粒 Cs 含量 20% 以上。因此，在 Cs 污染稻田施用 K 肥可以降低稻谷的食用风险。

在 U 污染水体中，在施用 K 肥的同时施用 N 肥可以明显提高抽穗前水稻根系、茎叶干重，从而提高植株干重；在施用 N 肥的同时，施用 K 肥也可以提高抽穗前植株干重，但效果不明显。在施用 K 肥的基础上施用 N 肥，将提高水稻成熟时的根、茎、叶、籽粒和植株干重，N 量越大，提高越多；在施用 N 肥的基础上施用 K 肥，将降低成熟水稻根系、叶和籽粒干重，而茎和植株干重变化无规律。

在 U 污染水体中，在施用 K 肥的基础上施用 N 肥，将降低抽穗前水稻植株 U 含量，N 肥越多降低越多；在施用 N 肥基础上施用 K 肥，抽穗前水稻植株 U 含量将随 K 肥用量增加而提高。因此，在 U 污染的农田栽种水稻时，增加 N 肥，减少 K 肥，可以降低水稻抽穗前对 U 的吸收。施用 N 会降低水稻成熟时根系、茎、叶、籽粒和植株 U 含量，增加根系 U 向地上器官转移；施用 K 会增加成熟时水稻根系、叶、植株 U 含量，降低茎、籽粒 U 含量，降低根系 U 向地上器官转移。因此，在铀尾矿周边 U 污染稻田施用 N 肥和 K 肥，可以降低水稻籽粒 U 含量，减少食用风险。

第9章 核素污染土壤的植物二次修复

在研究 U 污染土壤的植物修复中，人们报道的多是一次修复试验的结果，而土壤中的 U 被植物单次吸收量较小，必须多次修复。U 在土壤中长时间存留后形态发生变化，由易于植物吸收的铀酰离子转变为不易吸收的其他形态，增加了植物吸收的难度。万芹方等(2011)用 $UO_2(NO_3)_2 \cdot 6H_2O$ 处理使土壤中 U 元素浓度达到 100mg/kg，存放 2 年，经测试 U 大致为可交换态、碳酸盐态、铁锰氧化态、有机结合态以及残余态，而植物一般只能利用可交换态和与碳酸盐结合态的 U，对 U 与 Fe、Mn 结合态等其他形态积累很少(Shahande et al.，2002)，可被植物吸收部分仅占 U 总量的 47.3%。因此增大二次及多次修复铀的难度，对植物的选择至关重要。

9.1 研究方法

9.1.1 试验植物

试验采用 9 科 16 种植物，包括苋科的反枝苋(*Amaranthus retroflexus* L.)、红圆叶苋(*Iresine herbstii* 'Aureo-reticulata')，菊科的向日葵(*Helianthus annuus*)、鬼针草(*Bidens pilosa*)、苍耳(*Xanthium sibiricum*)、菊苣(*Cichorium intybus* L.)，藜科的灰灰菜(*Chenopodium album* L.)、菠菜(*Spinacia oleracea* L.)、牛皮菜(*Beta vulgaris* var. *cicla*)，豆科的大豆(*Glycine max*)、紫花苜蓿(*Medicago sativa* L.)，蓼科的酸模(*Rumex acetosa*)，商陆科的美洲商陆(*Phytolacca Americana* L.)，茄科的刺天茄(*Solanum indicum*)，锦葵科的苘麻(*Abutilon theophrasti*)，禾本科的稗(*Echinochloacrusgalli*(L.)Beauv.)。

9.1.2 试验方法

试验用土壤是 2011 年核素试验后土壤和对照土壤。2011 年 Sr、Cs、U 污染土壤分别按照 500mg/kg 土壤处理，处理完毕在阴凉干燥处放置 8 周后种植植物 2~3 个月，筛选核素富集力强的植物，同时以 0 浓度核素处理为对照(CK)。本试验将 2011 年试验后 Sr、Cs、U 处理的土壤和对照土壤分别碎细混匀，进行二次修复试验。经测试，本试验对照土壤 Sr、Cs、U 含量分别为 47.96mg/kg、11.14mg/kg 和 2.16mg/kg，Sr 污染土壤 Sr 含量为 227.47mg/kg，Cs 污染土壤 Cs 含量为 234.90mg/kg，U 污染土壤 U 含量为 485mg/kg。

盆栽试验，每盆 5kg 干土。每盆 1 种植物。2012 年 4 月 13 日播种，7 月 13 日收获。

生长期间每 1~2 天浇一次水，保持土壤水分占土壤持水量的 60%~70%。收获植物用自来水洗净后，再用超纯水清洗 2 次。测定植物学性状、光合作用、叶绿素荧光、干重、核素含量等方法同前面章节。

9.2 植物对二次修复核素污染土壤的响应

9.2.1 植物学性状的响应

1. 株高和叶绿素相对含量的响应

在 Sr、Cs、U 污染的土壤中，不同二次修复植物的株高和叶绿素相对含量(SPAD)有不同的响应特点(见表 9.1)。

在 Sr 污染土壤，紫花苜蓿、菊苣、红圆叶苋株高有明显的增加作用，鬼针草、刺天茄、菠菜、灰灰菜、酸模株高变化较小，而大豆、苍耳、苘麻的株高显著降低；美洲商陆、菊苣、菠菜、大豆、反枝苋的 SPAD 明显增加，而酸模、红圆叶苋、苍耳的 SPAD 明显降低。

在 Cs 污染土壤，酸模、菊苣、菠菜株高明显增加，反枝苋、向日葵、大豆株高降低 20% 以上；菊苣、灰灰菜、反枝苋、美洲商陆 SPAD 增加 10% 以上，牛皮菜、稗的 SPAD 降低 7% 以上。

在 U 污染土壤，除了灰灰菜株高略有增加外，其他植物株高都大大降低，刺天茄降低 40% 以上，鬼针草、反枝苋、菊苣降低 20% 以上；菠菜、美洲商陆、牛皮菜、灰灰菜、苍耳 SPAD 增加 5% 以上，但紫花苜蓿、苘麻 SPAD 降低 10%~35%。

平均而言，在 Sr、Cs 污染土壤，二次修复植物株高降低 5% 左右，SPAD 略有增加；在 U 污染土壤，二次修复植物株高降低 16% 左右，SPAD 降 1% 左右。

表 9.1 株高和叶绿素相对含量(SPAD)的响应指数(RI)　　　　(单位:%)

植物	Sr		Cs		U	
	株高	SPAD	株高	SPAD	株高	SPAD
反枝苋	82.90	105.44	72.86	114.60	77.42	97.44
红圆叶苋	106.57	90.88	99.78	109.86	92.14	102.23
牛皮菜	87.89	99.16	94.90	90.58	80.67	106.42
灰灰菜	98.58	104.35	99.39	112.71	103.66	105.99
菊苣	112.21	108.32	111.89	113.58	79.92	105.65
苍耳	75.14	93.25	98.68	96.37	86.94	92.82
大豆	74.66	106.69	79.98	97.39	69.22	100.20
酸模	98.60	76.83	123.29	106.46	98.84	99.96
稗	—	96.92	—	92.53	85.61	102.24
鬼针草	101.63	100.50	102.34	100.80	70.48	95.27

续表

植物	Sr		Cs		U	
	株高	SPAD	株高	SPAD	株高	SPAD
向日葵	96.84	102.48	75.28	97.72	87.97	96.78
美洲商陆	95.78	113.70	86.13	111.16	80.38	109.31
刺天茄	100.99	104.70	90.78	101.88	56.72	84.94
菠菜	100.52	107.39	105.37	102.22	82.09	122.87
苘麻	87.38	99.73	87.60	98.03	88.83	89.73
紫花苜蓿	113.44	99.56	99.66	100.76	97.64	66.11
平均	95.54	100.62	95.20	102.92	83.66	98.62

2. 植物干重的响应

表9.2列出了试验中未污染土壤中各试验植物的干重。从表9.2可见，不同植物单株干重差异很大，因而试验处理中各植物干重差异也很大，如反枝苋和向日葵单株干重在5g以上，而紫花苜蓿单株干重在0.24g。如果直接比较干重增减数量，难以说明不同植物的反应或响应情况。如果用表9.3、表9.4、表9.5中各试验植物干重除以表9.2(CK)中相应植物的干重乘以100，得到相应的响应指数，用响应指数来比较，则可以直观地反映出各植物的抗性情况。

表 9.2　对照(未污染土壤)的干重　　　　　　　　　　　(单位：g/株)

植物	根	茎	叶	花果	植株
反枝苋	0.63	2.59	2.18	—	5.40
红圆叶苋	0.71	0.95	1.85	—	3.51
牛皮菜	0.53	—	3.85	—	4.38
灰灰菜	0.29	0.88	0.99	—	2.16
菊苣	0.13	0.34	—	—	0.47
苍耳	0.18	0.52	0.76	—	1.46
大豆	0.06	0.19	0.28	—	0.53
酸模	0.44	0.30	—	—	0.74
稗	0.09	0.81	—	—	0.90
鬼针草	0.10	0.33	0.50	—	0.93
向日葵	0.42	1.93	1.18	1.49	5.02
美洲商陆	0.52	0.93	1.44	—	2.89
刺天茄	0.21	0.42	0.61	—	1.24
菠菜	0.02	0.33	—	—	0.35
苘麻	0.12	0.97	0.54	0.37	2.00
紫花苜蓿	0.09	0.15	—	—	0.24

1)对 Sr 的响应

在 Sr 污染土壤中，二次修复植物菠菜、菊苣植株干重成倍增加，根系干重增加幅度远大于叶干重增加（见表 9.3）；向日葵、牛皮菜、苘麻植株干重降低 20% 以上，酸模降低近 20%，都是根系干重降低大于叶干重降低。

不同植物、同一植物不同器官的干重对 Sr 污染的响应不同（见表 9.3）。灰灰菜的根、茎、叶干重均有增加；苍耳、鬼针草是根、茎、叶干重均有降低；红圆叶苋根系干重降低但茎和叶干重增加；大豆是根、茎干重增加而叶干重降低；美洲商陆是根和叶干重增加而茎干重降低；向日葵的根、茎、叶、花果干重均下降；苘麻的根、茎、花果干重下降而叶干重增加。由此可见，在 Sr 污染土壤中，不同植物干重在器官间有不同的分配特点，其机理值得进一步研究。

表 9.3 Sr 污染土壤中植物干重（DW）和响应指数（RI）

植物	根		茎		叶		花果		植株	
	DW/(g/株)	RI/%	DW/(g/株)	RI/%	DW/(g/株)	RI/%	DW/(g/株)	RI/%	DW/(g/株)	RI/%
反枝苋	0.93	147.62	3.08	118.92	3.32	152.29	—	—	7.33	135.74
红圆叶苋	0.43	60.56	1.24	130.53	2.21	119.46	—	—	3.88	110.54
牛皮菜	0.41	77.36	—	—	3.04	78.96	—	—	3.45	78.77
灰灰菜	0.38	131.03	1.22	138.64	1.46	147.47	—	—	3.06	141.67
菊苣	0.35	269.23	—	—	0.58	170.59	—	—	0.94	200.00
苍耳	0.15	83.33	0.34	65.38	0.64	84.21	—	—	1.12	76.71
大豆	0.07	116.67	0.20	105.26	0.26	92.86	—	—	0.52	98.11
酸模	0.24	54.55	—	—	0.21	70.00	—	—	0.45	60.81
稗	0.16	177.78	—	—	1.00	123.46	—	—	1.17	130.00
鬼针草	0.08	80.00	0.30	90.91	0.37	74.00	0.14	—	0.89	95.70
向日葵	0.25	59.52	1.48	76.68	0.99	83.90	1.03	69.13	3.75	74.70
美洲商陆	0.58	111.54	0.67	72.04	1.48	102.78	—	—	2.72	94.12
刺天茄	0.45	214.29	0.63	150.00	1.27	208.20	—	—	2.35	189.52
菠菜	0.14	700.00	—	—	1.88	569.70	—	—	2.02	577.14
苘麻	0.10	83.33	0.72	74.23	0.55	101.85	0.17	45.95	1.54	77.00
紫花苜蓿	0.12	133.33	—	—	0.23	153.33	—	—	0.35	145.83

2)对 Cs 的响应

在 Cs 污染土壤，二次修复植物菠菜、酸模、菊苣、刺天茄植株干重增加 50% 以上，菠菜和酸模是叶增重大于根增重，菊苣和刺天茄是根增重大于叶增重（表 9.4）。反枝苋、牛皮菜、向日葵植株干重降低 50%～70%，红圆叶苋、稗、苘麻、苍耳植株干重降低 20%～40%。

不同植物不同器官对 Cs 污染土壤有不同的响应特点。刺天茄、灰灰菜根、茎、叶干重均增加；大豆根、茎干重增加而叶不变；鬼针草根、茎干重不变而叶干重降低；美洲商陆根干重不变和茎、叶干重降低；向日葵和苘麻的根、茎、叶、花果干重均降低。

表 9.4　Cs 污染土壤中二次修复植物干重(DW)及响应指数(RI)

植物	根		茎		叶		花果		植株	
	DW(g/株)	RI/%	DW(g/株)	RI/%	DW(g/株)	RI/%	DW(g/株)	RI/%	DW(g/株)	RI/%
反枝苋	0.27	42.86	0.81	31.27	0.55	25.23	—	—	1.63	30.19
红圆叶苋	0.32	45.07	0.80	84.21	1.03	55.68	—	—	2.15	61.25
牛皮菜	0.26	49.06	—	—	1.75	45.45	—	—	2.01	45.89
灰灰菜	0.32	110.34	1.14	129.55	1.03	104.04	—	—	2.50	115.74
菊苣	0.22	169.23	—	—	0.52	152.94	—	—	0.73	155.32
苍耳	0.15	83.33	0.37	71.15	0.64	84.21	—	—	1.16	79.45
大豆	0.10	166.67	0.22	115.79	0.28	100.00	—	—	0.61	115.09
酸模	0.75	170.45	—	—	0.66	220.00	—	—	1.41	190.54
稗	0.06	66.67	—	—	0.58	71.60	—	—	0.64	71.11
鬼针草	0.10	100.00	0.33	100.00	0.43	86.00	0.15		1.01	108.60
向日葵	0.16	38.10	0.84	43.52	0.62	52.54	0.78	52.35	2.40	47.81
美洲商陆	0.52	100.00	0.64	68.82	1.19	82.64	—	—	2.35	81.31
刺天茄	0.38	180.95	0.56	133.33	0.93	152.46	—	—	1.87	150.81
菠菜	0.03	150.00	—	—	0.64	193.94	—	—	0.67	191.43
苘麻	0.10	83.33	0.68	70.10	0.40	74.07	0.25	67.57	1.44	72.00
紫花苜蓿	0.11	122.22	—	—	0.16	106.67	—	—	0.27	112.50

3)对 U 的响应

表 9.5 显示，在 U 污染土壤中，二次修复植物植株干重酸模增加 44%，菊苣增加 2%，菠菜干重没有变化，其余植物干重均有降低。牛皮菜、反枝苋、刺天茄降低 60%～65%，苘麻、向日葵、大豆、稗、红圆叶苋降低 30%～40%，紫花苜蓿、苍耳、美洲商陆降低 15%～25%，灰灰菜、鬼针草降低 5%～10%。

不同植物不同器官对 U 的响应不同。酸模、菠菜、鬼针草、菊苣、美洲商陆、稗的根系干重均有增加；其余植物根系干重均下降；灰灰菜的茎干重略有增加，其余植物均下降；酸模叶干重增加，其余植物叶干重均下降；苘麻和向日葵花果干重都大大降低(见表 9.5)。

表 9.5　U 污染土壤中植株干重(DW)和响应指数(RI)

植物	根		茎		叶		花果		植株	
	DW/(g/株)	RI/%	DW/(g/株)	RI/%	DW/(g/株)	RI/%	DW/(g/株)	RI/%	DW/(g/株)	RI/%
反枝苋	0.24	38.10	0.74	28.57	0.74	33.94	—	—	1.72	31.85
红圆叶苋	0.34	47.89	0.79	83.16	1.26	68.11	—	—	2.39	68.09
牛皮菜	0.19	35.85	—	—	1.16	30.13	—	—	1.35	30.82
灰灰菜	0.24	82.76	0.91	103.41	0.92	92.93	—	—	2.07	95.83

续表

植物	根		茎		叶		花果		植株	
	DW/(g/株)	RI/%	DW/(g/株)	RI/%	DW/(g/株)	RI/%	DW/(g/株)	RI/%	DW/(g/株)	RI/%
菊苣	0.18	138.46	—	—	0.30	88.24	—	—	0.48	102.13
苍耳	0.15	83.33	0.40	76.92	0.57	75.00	—	—	1.12	76.71
大豆	0.06	100.00	0.13	68.42	0.17	60.71	—	—	0.36	67.92
酸模	0.69	156.82	—	—	0.38	126.67	—	—	1.07	144.59
稗	0.10	111.11	—	—	0.48	59.26	—	—	0.58	64.44
鬼针草	0.14	140.00	0.25	75.76	0.44	88.00	0.02		0.85	91.40
向日葵	0.21	50.00	1.23	63.73	0.80	67.80	1.02	68.46	3.26	64.94
美洲商陆	0.65	125.00	0.60	64.52	1.22	84.72	—	—	2.47	85.47
刺天茄	0.10	47.62	0.11	26.19	0.23	37.70	—	—	0.44	35.48
菠菜	0.04	200.00	—	—	0.31	93.94	—	—	0.35	100.00
苘麻	0.12	100.00	0.60	61.86	0.35	64.81	0.14	37.84	1.21	60.50
紫花苜蓿	0.10	111.11	—	—	0.08	53.33	—	—	0.18	75.00

9.2.2 光合生理特性的响应

1. 光合作用参数的响应

在 Sr、Cs 污染土壤中，二次修复植物净光合速率（Pn）分别增加 1.54%、0.85%，但在 U 污染土壤，二次修复植物净光合速率减少 19.40%。只有向日葵在三种高浓度核素胁迫下，Pn 均有不同程度增加，红圆叶苋、牛皮菜、苘麻在三种核素胁迫下，Pn 均有不同程度降低。刺天茄在 Sr、Cs 胁迫下，Pn 增加幅度最大，分别增加 61.16%、35.04%，但也是在 U 胁迫下降低幅度最大（减少 39.04%）。方差分析表明，不同核素（A）、不同植物间（B）、A×B 对供试植物 Pn 影响极显著（$P < 0.01$）。

在三种核素胁迫下，植物气孔导度（Gs）表现为，在 Sr 胁迫下与 CK 相当，但在 Cs、U 胁迫下降低（分别减少 2.44%、38.75%），向日葵在三种核素胁迫下 Gs 均有不同程度增加，刺天茄在高浓度 Sr 胁迫下增幅最大（增加 150.00%），红圆叶苋在 U 胁迫下降幅最大（降低 66.67%）。方差分析表明，不同核素、不同植物间对供试植物 Gs 影响极显著（$P < 0.01$）。

植物细胞间 CO_2 浓度（Ci）在三种核素胁迫下总体表现为，在 Sr 胁迫下降低 11.33%，在 Cs、U 胁迫下有不同程度增加（分别增加 8.07%、58.73%）。苍耳和向日葵在三种核素胁迫下 Ci 都有增加，只有牛皮菜均有不同程度降低。美洲商陆在 U 胁迫下增幅最大（增加 350.67%），刺天茄在 Sr、Cs 胁迫下降幅最大（分别降低 75.31%、75.52%）。方差分析表明，不同植物间对供试植物 Ci 影响极显著（$P < 0.01$），不同核素对供试植物 Ci 影响不显著（$P > 0.05$）。

表 9.6　二次修复中核素胁迫对植物光合参数的影响

植物	Pn/[$\mu molCO_2/(m^2 \cdot s)$]				Gs/[$molH_2O/(m^2 \cdot s)$]				Ci/[$\mu molCO_2/mol$]			
	Sr	Cs	U	CK	Sr	Cs	U	CK	Sr	Cs	U	CK
反枝苋	18.17	14.34	14.12	17.22	0.32	0.23	0.11	0.21	188.67	239.09	155.96	220.57
红圆叶苋	13.92	13.77	10.51	17.74	0.10	0.17	0.05	0.15	135.77	265.14	232.02	145.25
牛皮菜	11.50	13.57	12.86	13.62	0.39	0.42	0.42	0.50	299.31	290.82	297.82	305.34
菊苣	9.82	6.40	5.53	7.64	0.18	0.06	0.08	0.18	310.62	223.67	270.82	277.38
苍耳	11.59	16.13	12.17	13.37	0.20	0.44	0.2	0.24	251.77	280.09	250.32	245.77
鬼针草	12.74	15.46	11.52	14.08	0.38	0.46	0.25	0.43	304.63	294.75	282.37	303.00
向日葵	18.78	20.42	19.38	18.65	0.17	0.24	0.17	0.13	192.90	232.95	189.26	142.73
美洲商陆	13.82	15.15	13.43	14.38	0.02	0.09	0.03	0.21	173.22	360.70	1340.32	297.41
刺天茄	16.10	13.49	6.09	9.99	0.05	0.01	0.01	0.02	235.03	233.03	2669.70	952.08
苘麻	11.65	11.73	9.35	13.99	0.14	0.23	0.21	0.34	212.94	260.05	286.01	277.78

植物光合作用速率(photosynthetic rate)是指植物光合作用固定二氧化碳(或产生氧)的速度,可反映植物的生长状况。Farquhar 等(1982)认为,Ci 值的大小是评判气孔限制和非气孔限制的依据。当 Pn 下降时,如果 Ci 和 Gs 同时下降,说明光合作用下降主要是由气孔限制,而当 Pn 下降的同时 Ci 上升,则说明光合作用能力下降的限制因素是非气孔限制,即叶肉细胞的光活性的下降。Farquhar 等(1982)和 Bragina 等(2002)的研究认为轻度胁迫时光合速率下降是单纯气孔限制造成的,而胁迫较重时,光合速率降低主要是由叶肉细胞的光活性降低引起的,胁迫使植株体内 ABA(脱落酸)含量升高,引起气孔收缩或部分关闭,气孔扩散阻力增加,导致气孔导度降低,限制了 CO_2 进入细胞,从而降低 Pn。本试验表明,在 Sr 胁迫下,苍耳、鬼针草 Pn 下降是由非气孔因素导致,受胁迫较严重;在 Cs 胁迫下,反枝苋、红圆叶苋 Pn 下降叶由非气孔因素导致,受胁迫较严重;在 U 胁迫下,红圆叶苋、苍耳、美洲商陆、刺天茄、苘麻 Pn 下降也是由非气孔因素导致,受胁迫严重,U 胁迫下植物受胁迫程度明显多于其他两种核素。因此,这三种核素使一些植物净光合速率降低,主要原因都是叶肉细胞的光合活性降低所致。

2. 叶绿素荧光参数的响应

初始荧光(F_0)是已经暗适应的光合机构全部 PSⅡ 反应中心完全开放时的荧光强度,理论上是指反应中心未能发生光化学反应的叶绿素荧光,F_0 上升表明胁迫使 PSⅡ 反应中心发生了光破坏而导致不可逆失活。苍耳、美洲商陆在三种高浓度核素胁迫下,F_0 均有不同程度上升,苘麻在高浓度 U 胁迫下增幅最大(增加 11.11%);牛皮菜、鬼针草、向日葵在高浓度核素胁迫下 F_0 均有不同程度降低,说明供试植物的 PSⅡ 反应中心对高浓度 Sr、Cs、U 胁迫的响应不同(见表 9.7)。方差分析表明,不同植物间对供试植物 F_0 影响极显著($P<0.01$),不同核素对供试植物 F_0 影响则不明显($P>0.05$)。

在 Sr 胁迫下苍耳、美洲商陆、苘麻 F_0 有所增加,Cs 胁迫下反枝苋、红圆叶苋、苍耳、美洲商陆 F_0 有所增加,U 胁迫下红圆叶苋、牛皮菜、苍耳、美洲商陆、刺天茄、苘麻 F_0 也有所增加,而 F_0 被证实为是能反映逆境对植物叶片 PSⅡ 的永久性伤害程度,F_0

增加表明 PSⅡ反应中心失活，同时也表明捕光天线和反应中心的结构发生变化，导致捕光天线到反应中心之间的能量传递受阻，这也说明了这些植物在胁迫下 Pn 降低的原因。其他植物 Pn 降低是由气孔因素导致的，其 F_0 的降低通常是由 PSⅡ天线色素的热耗散导致的。

F_m 是 PSⅡ反应中心处于完全的最大一个产量，反映的电子传递情况，F_m 的下降，反映环境胁迫条件下的电子传递量减少，从而产生光抑制。在三种高浓度核素胁迫下，供试植物 F_m 总体都表现为降低，只有鬼针草在三种高浓度核素胁迫下 F_m 均有不同程度增加(增幅分别为 7.69%、6.92%、7.69%)，其他植物在高浓度核素胁迫下 F_m 表现各不相同，但大体都表现为降低。这说明植物在高浓度核素胁迫下电子传递量大体表现为减少。方差分析表明，不同植物间(B)对供试植物 F_m 影响极显著($P<0.01$)，不同核素(A)、A×B 对供试植物 F_m 影响显著($P<0.05$)。

表 9.7　二次修复中核素胁迫对植物 F_0、F_m、F_v/F_m 的影响

植物	F_0				F_m				F_v/F_m			
	Sr	Cs	U	CK	Sr	Cs	U	CK	Sr	Cs	U	CK
反枝苋	0.500	0.510	0.440	0.500	1.100	1.150	1.130	1.140	0.540	0.560	0.613	0.540
红圆叶苋	0.440	0.510	0.480	0.470	1.020	1.170	1.150	1.250	0.600	0.560	0.582	0.600
牛皮菜	0.310	0.360	0.449	0.430	1.430	1.490	1.490	1.510	0.790	0.760	0.707	0.790
菊苣	0.320	0.350	0.315	0.360	1.500	1.460	1.320	1.510	0.780	0.780	0.783	0.780
苍耳	0.360	0.360	0.370	0.350	1.410	1.410	1.450	1.440	0.740	0.750	0.746	0.740
鬼针草	0.310	0.290	0.300	0.350	1.400	1.390	1.400	1.300	0.780	0.790	0.783	0.780
向日葵	0.230	0.240	0.250	0.260	1.290	1.350	1.240	1.320	0.820	0.820	0.821	0.820
美洲商陆	0.450	0.460	0.460	0.420	1.390	1.450	1.350	1.550	0.680	0.680	0.657	0.680
刺天茄	0.370	0.360	0.400	0.380	1.510	1.550	1.410	1.490	0.760	0.770	0.714	0.760
苘麻	0.280	0.270	0.272	0.270	1.160	1.140	1.230	1.160	0.760	0.760	0.760	0.760

F_v/F_m 表示 PSⅡ的最大光化学效率(Maxwell et al.，2000)，吴惠芳等(2010)认为 F_0 上升、F_v/F_m 下降幅度可以作为评价植物抗逆性的参考指标。参试植物的 F_0 与 F_v/F_m 大体表现出相反的趋势，即 F_0 上升，而 F_v/F_m 降低。总体来看，植物在三种核素胁迫下，F_v/F_m 与 CK 相当，说明植物在二次修复的核素下受胁迫较小，通过植物自身能够抵御。方差分析表明，不同核素(A)对供试植物 F_v/F_m 影响不显著($P>0.05$)，不同植物间(B)、A×B 对供试植物 F_v/F_m 影响极显著($P<0.01$)。

F_v/F_m 同 PSⅡ反应中心的活性密切相关，反映了完整植物叶片光和器官的生理状态(Govindjee，1995；Krause et al.，1991)，F_v/F_m 变化表明了 PSⅡ原初光能转换效率能力的大小(鲁艳等，2011)，F_v/F_m 降低则表明植物叶受到光抑制(Razinger et al.，2007；Xing et al.，2010)。本研究表明，植物在 U 胁迫下 F_v/F_m 变化的趋势与 F_0 相反，受胁迫植物 F_0 上升的同时 F_v/F_m 降低，由此可知，PSⅡ反应中心受到破坏或可逆失活。

9.2.3　小结

在 Sr、Cs、U 污染的土壤中,不同二次修复植物的株高和叶绿素相对含量(SPAD)有不同的响应特点。在 Sr 污染土壤中,紫花苜蓿等株高明显增加,大豆等株高显著降低;美洲商陆等的 SPAD 明显增加,而酸模等明显降低;在 Cs 污染土壤,酸模等株高明显增加,反枝苋等明显降低;菊苣等 SPAD 增加,牛皮菜等 SPAD 降低。在 U 污染土壤,除了灰灰菜株高略有增加外,其他植物株高都大大降低;菠菜等 SPAD 增加,紫花苜蓿等明显降低。平均而言,在 Sr、Cs 污染土壤,二次修复植物株高降低 5%左右,SPAD 略有增加;在 U 污染土壤,二次修复植物株高降低 16%左右,SPAD 降 1%左右。

在 Sr 污染土壤中,二次修复植物菠菜、菊苣植株干重成倍增加,向日葵、牛皮菜、苘麻等明显降低;在 Cs 污染土壤,菠菜、酸模、菊苣、刺天茄植株干重增加非常明显,而反枝苋、牛皮菜、向日葵植株干重降低非常明显;在 U 污染土壤中,酸模植株干重增加很大,而牛皮菜、反枝苋、刺天茄等降低很大。

核素污染影响二次修复植物光合作用参数。在 Sr、Cs 污染土壤中,二次修复植物净光合速率(Pn)略有增加,但在 U 污染土壤,植物净光合速率明显降低。不同核素、不同植物间对供试植物 Gs 影响极显著;不同植物间对 Ci 影响极显著,不同核素对植物 Ci 影响不显著)。不同植物间对供试植物 F_0 影响极显著,不同核素对供试植物 F_0 影响不显著。不同植物间对供试植物 F_m 影响极显著,不同核素、核素与植物互作对植物 F_m 影响显著。不同核素(A)对供试植物 F_v/F_m 影响不显著,不同植物间(B)、A×B 对供试植物 F_v/F_m 影响极显著。

以生物产量增减评价,菠菜、菊苣对 Sr、Cs 污染土壤抗性强,有正向响应;向日葵、牛皮菜对 Sr、Cs 污染土壤抗性较弱,有负向响应;酸模对 U 或 Cs 污染土壤的抗性强,有正向响应;反枝苋、牛皮菜对 U 或 Cs 污染土壤的抗性较弱,有负向响应。菊苣在本研究中对 U 的抗性与第 4 章中高浓度 U 试验的反应不同,可能原因是本研究中 U 的有效态含量大大降低。

9.3　植物对二次修复土壤核素的吸收转移

9.3.1　核素污染土壤二次修复植物核素含量

1. 植物 Sr 含量

在 Sr 污染土壤中,二次修复植物牛皮菜 Sr 含量最高,其次是鬼针草、红圆叶苋和反枝苋,都在 2500mg/kg 以上;植株 Sr 含量最低的是稗,在 750mg/kg 以下,其次是菊苣、苍耳、苘麻、紫花苜蓿、菠菜、酸模,含量为 1100~1800mg/kg(见表 9.8)。

根系 Sr 含量较高的是反枝苋、大豆、红圆叶苋、美洲商陆,均在 1000mg/kg 以上;茎 Sr 含量较高的是灰灰菜、大豆、鬼针草,均在 2000mg/kg 以上;叶含量较高的是向日葵、牛皮菜、红圆叶苋、反枝苋、美洲商陆、酸模、苘麻，均在 3000mg/kg 以上；向日葵花果中 Sr 含量较高(1000mg/kg 以上)，鬼针草苘麻较低(见表 9.8)。在 Sr 污染严重地区，种植向日葵的果实不宜食用。

表 9.8   Sr 污染土壤中二次修复植物 Sr 含量   （单位：mg/kg）

植物	植物器官				植株
	根	茎	叶	花果	
反枝苋	1626.296	1667.506	3678.881	—	2572.985
红圆叶苋	1116.404	1174.068	3786.122	—	2653.209
牛皮菜	922.095	3773.494		—	3435.847
灰灰菜	642.142	3008.301	2154.922	—	2304.676
菊苣	243.417	1651.631		—	1120.850
苍耳	366.323	908.780	2109.220	—	1514.976
大豆	1372.243	2513.038	2666.556	—	2437.150
酸模	468.386	3237.829		—	1753.653
稗	191.716	814.708			727.577
鬼针草	825.341	2394.482	4299.084	543.9312	2755.352
向日葵	558.468	1540.975	5234.418	1323.089	2391.700
美洲商陆	1062.670	1449.638	3276.915	—	2357.612
刺天茄	916.456	1660.389	2656.873	—	2057.909
菠菜	409.135	1837.312		—	1740.097
苘麻	378.641	889.911	3021.512	186.2722	1543.513
紫花苜蓿	325.502	2328.490		—	1628.288

2. 植物 Cs 含量

在 Cs 污染土壤二次修复中，植物 Cs 含量最高的牛皮菜，植株含量高达 12000mg/kg 以上；其次是反枝苋和菊苣，植株含量在 7000mg/kg 以上；红圆叶苋和灰灰菜也较高，均在 5000mg/kg 以上(见表 9.9)。植株 Cs 含量最低的植物是大豆，在 800mg/kg 以下；其次是刺天茄、酸模、紫花苜蓿、鬼针草，在 1000~1700mg/kg。

不同植物不同器官的 Cs 含量差异较大。根系 Cs 含量最高的是反枝苋，其次是牛皮菜，含量在 3000mg/kg 以上；最低的是酸模，含量在 500mg/kg 以下，刺天茄、大豆、紫花苜蓿的根系含量也较低，均在 1000mg/kg 以下。茎 Cs 含量最高的是反枝苋，在 6000mg/kg 以上；最低的是刺天茄，在 600mg/kg 以下，最高最低相差 10 倍以上。叶 Cs 含量最高的是牛皮菜，其次是反枝苋和菊苣，含量均在 10000mg 以上；最低的是大豆，含量在 900mg/kg 以下，最低最高相差 15 倍以上。收获的花果植物中，向日葵 Cs 含量较高，在 2000mng/kg 以上，但苘麻含量不到 35mg/kg。由此可见，在 Cs 污染严重的土壤，种植的向日葵果实不宜食用。

表 9.9　Cs 污染土壤中二次修复植物 Cs 含量　（单位：mg/kg）

植物	植物器官				植株
	根	茎	叶	花果	
反枝苋	4686.056	6309.779	13408.720	—	8429.436
红圆叶苋	2570.063	3414.099	9341.189	—	6118.093
牛皮菜	3723.015	14043.330		—	12706.510
灰灰菜	1237.140	1987.145	11743.400	—	5930.651
菊苣	1782.770	10260.370		—	7744.501
苍耳	2545.781	2551.851	4040.613	—	3371.290
大豆	870.8201	577.353	823.285	—	740.606
酸模	463.736	1922.359		—	1145.061
稗	1876.616	2160.614		—	2132.759
鬼针草	1862.427	1589.954	1835.932	1317.883	1680.626
向日葵	1854.533	1691.014	3252.360	2544.446	2382.414
美洲商陆	2129.746	1997.441	5046.208	—	3571.143
刺天茄	609.2718	571.593	1454.339	—	1018.429
菠菜	1714.055	2267.202		—	2244.569
苘麻	1680.096	1739.398	3603.534	31.269	1964.834
紫花苜蓿	968.757	1443.509		—	1250.092

3. 植物 U 含量

在 U 污染土壤，二次修复植物 U 含量最高的是酸模，达 363mg/kg，其次是稗和紫花苜蓿，均在 100mg/kg 以上；最低的是美洲商陆、牛皮菜、反枝苋，含量均在 20mg/kg 以下（见表 9.10）。

不同植物不同器官的 U 含量差异很大（见表 9.10）。稗根系 U 含量最高，达 800mg/kg 以上；其次是向日葵，在 750mg/kg 以上；再次是大豆，在 500mg/kg 以上。美洲商陆根系 U 含量最低，在 30mg/kg 以下；其次是牛皮菜和反枝苋，含量在 100mg/kg 以下。茎 U 含量最高的是鬼针草，其次是向日葵，但均在 20mg/kg 以上。叶 U 含量最高的是酸模，在 140mg/kg 以上，其次是紫花苜蓿，在 60mg/kg 以上；最低的是牛皮菜、美洲商陆、反枝苋、灰灰菜、刺天茄，均在 10mg/kg 以下。由此可见，在 U 含量高的土壤种植的酸模、紫花苜蓿不宜食用和饲用。

表 9.10　U 污染土壤二次修复植物 U 含量　（单位：mg/kg）

植物	植物器官				植株
	根	茎	叶	花果	
反枝苋	84.43	3.93	6.54	—	16.20
红圆叶苋	195.17	9.80	14.40	—	38.44
牛皮菜	74.19	5.60		—	15.11

植物	植物器官				植株
	根	茎	叶	花果	
灰灰菜	196.34	2.29	6.63	—	27.05
菊苣	101.32	13.76		—	42.88
苍耳	484.56	9.18	12.27	—	75.80
大豆	501.04	13.79	11.81	—	91.73
酸模	484.16	144.13		—	363.57
稗	811.22	22.10		—	160.16
鬼针草	473.22	23.99	14.35	31.02	91.87
向日葵	764.63	20.70	26.31	4.57	65.42
美洲商陆	28.83	7.05	6.19	—	12.36
刺天茄	224.12	3.07	8.98	—	55.18
菠菜	122.72	18.31		—	29.59
苘麻	244.84	9.03	11.25	1.61	31.31
紫花苜蓿	152.18	63.20		—	111.23

9.3.2　核素污染土壤二次修复植物的 TF 和 T/R

TF 值反映土壤核素向植物转移情况。表 9.11 显示，在 Sr 污染土壤中，牛皮菜、鬼针草、红圆叶苋、反枝苋、大豆、向日葵、美洲商陆、灰灰菜的 TF 值大，均在 10 以上，这些植物吸收 Sr 的能力较强。在 Cs 污染土壤，TF 值牛皮菜最大，其次是菊苣、反枝苋，均在 30 以上，它们吸收 Cs 的能力很强。在 U 污染土壤，TF 值均在 1 以下，说明植物吸收转移 U 的能力远低于 Sr，更远低于 Cs，但相比之下，酸模、稗、紫花苜蓿的 TF 值较大，均在 0.2 以上，反枝苋、牛皮菜、美洲商陆、灰灰菜、菠菜、苘麻红圆叶苋、菊苣的 TF 值较小，均在 0.1 以下。

T/R 反映植物根系核素向地上器官转移情况。地上器官因收获方便，因而地上器官核素含量在植物修复中具有重要意义。据表 9.11 显示，在 Sr 污染土壤，根系 Sr 向地上器官转移较多的是紫花苜蓿、酸模和菊苣，地上器官 Sr 含量是根系含量的 6 倍以上。在 Cs 污染土壤，菊苣和灰灰菜的 T/R 较大，地上器官 Cs 含量是根系的 5 倍以上。在 U 污染土壤，T/R 最大的是菠菜，地上器官 U 含量是根系 U 含量的 1.23 倍。

表 9.11　核素污染土壤二次修复植物的 TF 和 T/R

植物	Sr		Cs		U	
	TF	T/R	TF	T/R	TF	T/R
反枝苋	11.31	1.67	35.89	1.96	0.03	0.19
红圆叶苋	11.66	2.55	26.05	2.63	0.08	0.21

植物	Sr		Cs		U	
	TF	T/R	TF	T/R	TF	T/R
牛皮菜	15.10	4.09	54.09	3.77	0.03	0.47
灰灰菜	10.13	3.96	25.25	5.35	0.06	0.09
菊苣	4.93	6.79	32.97	5.76	0.09	0.27
苍耳	6.66	4.62	14.35	1.37	0.16	0.08
大豆	10.71	1.89	3.15	0.82	0.19	0.07
酸模	7.71	6.91	4.87	4.15	0.75	0.16
稗	3.20	4.25	9.08	1.15	0.33	0.13
鬼针草	12.11	3.56	7.15	0.89	0.19	0.09
向日葵	10.51	4.51	10.14	1.30	0.13	0.11
美洲商陆	10.36	2.55	15.20	1.87	0.03	0.34
刺天茄	9.05	2.54	4.34	1.84	0.11	0.07
菠菜	7.65	4.49	9.56	1.32	0.06	1.23
苘麻	6.79	4.29	8.36	1.18	0.06	0.15
紫花苜蓿	7.16	7.15	5.32	1.49	0.23	0.19

9.3.3　二次修复与一次修复的比较

4 种植物对 Sr、Cs、U 污染土壤的二次修复和一次修复的比较情况见表 9.12。据表 9.12 显示，地上器官、地下器官和植株核素含量，除红圆叶苋和灰灰菜修复 Sr 污染除外，均低于第一次修复。

转移系数 TF 和含量冠根比 T/R 变化稍大。在 Sr 污染土壤中，向日葵、红圆叶苋、灰灰菜的 TF 二次修复大于一次修复；在 Cs 污染中，红圆叶苋、灰灰菜和菊苣的 TF 二次修复大于一次修复；在 U 污染中，所有植物二次修复 TF 均小于一次修复。

向日葵、灰灰菜二次修复 Sr 污染的 T/R 大于一次修复；四种植物二次修复 Cs 污染的 T/R 大于一次修复；向日葵、菊苣二次修复 U 污染的 T/R 大于一次修复。

因此，二次修复的植物核素含量普遍低于一次修复，这可能与土壤核素含量变小有关，也可能与核素形态的变化有关，尤其是 U 的形态变化（万芹方等，2011）。这说明核素污染土壤二次修复的难度比一次修复难度偏大。另一方面，由于土壤核素含量降低，红圆叶苋对 Sr 和 Cs 以及灰灰菜对 Sr 的 TF 大大增加，这说明两种植物对这些核素污染土壤的修复能力强于一次修复。

表 9.12　几种植物核素污染土壤第 1 次修复和第 2 次修复的比较

核素	植物	修复次数	地上部含量/(mg/kg)	地下部含量/(mg/kg)	植株含量/(mg/kg)	TF	T/R
Sr	向日葵	1	4764.70	2143.47	4602.39	9.20	2.21
		2	2520.50	558.47	2391.70	10.51	4.51
		差值	2244.19	1585.00	2210.69	−1.31	−2.30
	红圆叶苋	1	2712.00	814.60	2423.69	4.85	3.33
		2	2845.53	1116.40	2653.21	11.66	2.55
		差值	−133.53	−301.80	−229.52	−6.81	0.78
	灰灰菜	1	1574.00	497.30	1463.31	2.93	3.17
		2	2543.27	642.14	2304.68	10.13	3.96
		差值	−969.27	−144.84	−841.37	−7.20	−0.79
	菊苣	1	4363.10	462.90	3747.03	7.49	9.43
		2	1651.63	243.42	1120.85	4.93	6.79
		差值	2711.47	219.48	2626.18	2.56	2.64
Cs	向日葵	1	14440.84	11873.22	14216.17	28.43	1.21
		2	2420.08	1854.53	2382.41	10.14	1.30
		差值	12020.76	10018.69	11833.76	18.29	−0.09
	红圆叶苋	1	7858.10	7065.60	7763.10	15.53	1.11
		2	6748.95	2570.06	6118.09	26.05	2.63
		差值	1109.15	4495.54	1645.01	−10.52	−1.52
	灰灰菜	1	13026.80	7063.50	12496.90	24.99	1.84
		2	6622.48	1237.14	5930.65	25.25	3.96
		差值	6404.32	5826.36	6566.25	−0.26	−2.12
	菊苣	1	15745.90	15604.40	15719.70	31.44	1.01
		2	10260.37	1782.77	7744.50	32.97	5.76
		差值	5485.54	13821.63	7975.20	−1.53	−4.75
U	向日葵	1	69.00	1159.00	134.10	0.27	0.06
		2	17.90	764.63	65.42	0.13	0.11
		差值	51.10	394.37	68.68	0.14	−0.05
	红圆叶苋	1	—	—	241.60	0.48	—
		2	13.82	195.17	38.44	0.08	0.21
		差值	—	—	203.16	0.40	—
	灰灰菜	1	78.00	297.70	102.49	0.21	0.26
		2	4.30	196.34	27.05	0.06	0.09
		差值	73.70	101.36	75.44	0.15	0.17
	菊苣	1	412.80	1794.70	728.70	1.46	0.23
		2	4.96	101.32	42.88	0.09	0.27
		差值	407.84	1693.38	685.82	1.37	−0.04

注：差值是第 1 次修复值减第 2 次修复值。

9.3.4　小结

在 Sr 污染土壤中，二次修复植物牛皮菜 Sr 含量最高，其次是鬼针草、红圆叶苋和反枝苋，它们都是良好的二次修复植物。向日葵、牛皮菜、红圆叶苋、反枝苋、美洲商陆、酸模、苘麻的地上器官 Sr 含量高，它们是良好的提取修复植物。

在 Cs 污染土壤，二次修复植物 Cs 含量最高的是牛皮菜，其次是反枝苋、菊苣、红圆叶苋和灰灰菜，它们是良好的二次修复植物。反枝苋、牛皮菜、菊苣地上器官 Cs 含量较高，它们是良好的提取修复植物。

在 U 污染土壤，二次修复植物 U 含量最高的是酸模，其次是稗和紫花苜蓿，它们是良好的二次修复植物。稗、向日葵、大豆根系 U 含量高，是良好的固持修复植物；酸模、紫花苜蓿地上器官 U 含量高，是良好的提取修复植物。

二次修复的植物核素含量普遍低于一次修复，这可能与土壤核素含量变小有关，也可能与核素形态的变化有关。本研究说明，核素污染土壤二次修复的难度大于一次修复。

9.4　菌肥对植物二次修复 U 和重金属污染土壤的影响

9.4.1　研究方法

1. 试验方法

将第七章试验结束后的 U、Ni、Cd 处理及铀镍、铀镉混合处理的每一盆土壤平均分为两盆，每盆土壤 1kg 干土，为保证重新分盆后得到的两盆土壤受污染情况一致，分盆前将土壤混合均匀。对这些经植物修复过的土壤，研究 EM 菌肥对植物修复能力的影响。EM 菌肥分施用和不施用两种处理，每处理重复 3 次。试验植物为菊苣。

菌液的制作：取菌种 1 瓶加 1kg 葡萄糖，放入 10kg 无菌水中，在常温下避光密封发酵 14 天后使用。供试菌种为 EM 混合菌种，由河南农富康生物科技有限公司生产。

播种前 1 周用 200 倍菌液湿润土壤，每盆浇施 350mL（土壤田间持水量）。2014 年 4 月 25 日播种，播种和生长期间的管理及各项指标的测定与前面的试验相同。2014 年 7 月 10 日每盆分地上部分和地下部分收获，收获后测定地上器官及根系的干重和 U、Ni、Cd 元素含量。

2. EM 菌肥简介

EM 菌是有效微生物群的简称，由日本琉球大学的比嘉照夫教授 1982 年研究成功，是一种由双岐菌、乳酸菌、芽孢杆菌、光合细菌、酵母菌、放线菌、醋酸菌七大类微生物中的 10 属 80 种有益微生物组成的高效复合微生物菌种。EM 菌已被日本、泰国、巴西、美国、印度尼西亚、斯里兰卡等国广泛应用于农业、养殖、种植、环保等领域，取得了明显的经济效益和生态效益。20 世纪 90 年代，李维炯和倪永珍将 EM 技术引进中国,并研制出拥有自主知识产权的 EM 制剂。EM 技术可以改善土壤品质,加快土壤中有机质的分解,促进养分的释放,提高植物根际养分的有效性,促进种子的发芽、萌发和幼苗的生长,防治植物病虫害,通过合成植物激素和生长因子促进植物生长,解除植物体内残留的有毒物质的毒性,增加抗氧化物质的合成以减轻自由基对植物代谢的不利影响(Neveen et al.,2014)。

在环境修复方面,EM 菌既可以直接起到净化环境的作用,也可以通过改变有机物、重金属等污染物在环境中的生物有效性来间接发挥作用。严永富等(2013)通过联合 EM 菌和黑藻,使富营养化水体中 N、P 的去除率分别达到了 64.43% 和 92.4%,而单独使用 EM 菌也对污染水体有很好的净化效果。蓝惠霞等(2013)研究发现,在采用活性污泥法处理制浆废水时,投加 EM 菌可以明显提高对废水的处理效果。接种 EM 菌剂可以提高甜樱桃幼苗根际细菌和放线菌的数量、降低真菌的数量,有利于增强根系活力,根系的总呼吸速率提高 20% 以上(孔庆宇等 2013)。向土壤中施加 EM 菌肥可以提高 Cd、Cr、Cu、Pb 等重金属的有效态含量(王晶等,2002;孙海等,2011),有利于土壤重金属污染的生物修复。

9.4.2　在 U 和伴生重金属中 EM 菌肥对植物干重的影响

在没有 U 和重金属污染土壤,施用 EM 菌肥可以增加菊苣株高(苗高)、根系和叶干重,提高植株干重 35%(表 9.13)。在没有 U 污染时,在低浓度 Ni 或 Cd 污染中施用菌肥会降低菊苣植株干重,但高浓度 Ni 或 Cd 污染中施用菌肥会增加菊苣植株干重。在50mg/kg U 污染下,没有伴生重金属污染时,EM 菌肥降低菊苣植株干重,伴生低浓度 Ni 增加干重,但伴生高浓度 Ni 或低浓度 Cd 降低干重。在 100mg/kg U 污染下,没有伴生重金属污染时,EM 菌肥降低菊苣植株干重,伴生 Ni 和高浓度 Cd 降低干重,但伴生低浓度 Cd 增加干重。在 150mg/kg U 污染下,没有伴生重金属污染时,EM 菌肥降低菊苣植株干重,伴生高浓度 Ni 或 Cd 降低干重,但伴生低浓度 Cd 增加干重。

归类分析表明(表 9.14),在无 U 和无重金属污染土壤中,EM 菌肥增加菊苣植株干重 35%,在没有伴生重金属下的 U 污染土壤,菌肥降低菊苣干重 4%。在没有 U 污染土壤中,在低浓度 Ni 污染下,菌肥降低干重,在高浓度 Ni 污染下增加干重;在有 U 污染土壤,在低浓度 Ni 污染下,菌肥不影响干重,在高浓度 Ni 污染下菌肥降低干重。在没有 U 污染土壤,在低浓度 Cd 污染下,菌肥降低干重,在高浓度 N 污染下增加干重;在有 U 污染土壤,在低浓度 Cd 污染下,菌肥增加干重,在高浓度 Cd 污染下菌肥降低干重。

表 9.13　在 U 和伴生重金属中 EM 菌肥对菊苣植物性状的影响

U 浓度/(mg/kg)	重金属	重金属浓度/(mg/kg)	菌肥处理	株高/cm	单株根干重/(g/株)	单株叶干重/(g/株)	单株干重/(g/株)
0	CK	0	N	20.4	0.361	0.371	0.732
			Y	21.4	0.519	0.475	0.994
	Ni	100	N	23.0	0.461	0.414	0.875
			Y	19.8	0.361	0.392	0.753
		500	N	22.6	0.392	0.382	0.773
			Y	21.6	0.440	0.370	0.809
	Cd	5	N	23.1	0.497	0.446	0.943
			Y	23.3	0.431	0.422	0.854
		25	N	24.0	0.413	0.429	0.843
			Y	21.8	0.441	0.443	0.884
50	CK	0	N	21.8	0.380	0.356	0.736
			Y	22.7	0.388	0.339	0.727
	Ni	100	N	20.6	0.381	0.388	0.769
			Y	22.7	0.481	0.395	0.876
		500	N	21.4	0.494	0.409	0.903
			Y	22.6	0.411	0.406	0.817
	Cd	5	N	19.9	0.354	0.324	0.678
			Y	22.4	0.426	0.394	0.820
		25	N	20.4	0.366	0.359	0.725
			Y	19.5	0.366	0.358	0.724
100	CK	0	N	19.9	0.479	0.342	0.820
			Y	21.6	0.428	0.343	0.770
	Ni	100	N	19.3	0.414	0.293	0.708
			Y	19.3	0.317	0.286	0.603
		500	N	20.4	0.449	0.312	0.760
			Y	19.7	0.397	0.325	0.723
	Cd	5	N	20.9	0.296	0.281	0.577
			Y	21.2	0.334	0.268	0.602
		25	N	20.6	0.316	0.307	0.623
			Y	20.6	0.285	0.309	0.594

续表

U 浓度/(mg/kg)	重金属	重金属浓度/(mg/kg)	菌肥处理	株高/cm	单株根干重/(g/株)	单株叶干重/(g/株)	单株干重/(g/株)
150	CK	0	N	16.9	0.260	0.220	0.480
			Y	18.6	0.247	0.196	0.443
	Ni	100	N	17.0	0.231	0.212	0.443
			Y	18.4	0.219	0.224	0.443
		500	N	20.6	0.388	0.278	0.667
			Y	19.9	0.323	0.264	0.587
	Cd	5	N	19.0	0.196	0.208	0.404
			Y	19.7	0.253	0.216	0.468
		25	N	17.0	0.245	0.208	0.454
			Y	18.2	0.217	0.192	0.409

注：N 表示未施菌肥，Y 代表施用菌肥。

表 9.14　在 U 和伴生重金属中 EM 菌肥对菊苣单株干重影响的归类分析

重金属	浓度/(mg/kg)	菌肥处理	U 浓度/(mg/kg)				
			0	50	100	150	平均
CK	0	N	0.73	0.74	0.82	0.48	0.68
		Y	0.99	0.73	0.77	0.44	0.65
Ni	100	N	0.88	0.77	0.71	0.44	0.64
		Y	0.75	0.88	0.60	0.44	0.64
	500	N	0.77	0.90	0.76	0.67	0.78
		Y	0.81	0.82	0.72	0.59	0.71
Cd	5	N	0.94	0.68	0.58	0.40	0.55
		Y	0.85	0.82	0.60	0.47	0.63
	25	N	0.84	0.73	0.62	0.45	0.60
		Y	0.88	0.72	0.59	0.41	0.57

注：N 表示施菌肥，Y 代表施用菌肥；平均是 50~150mg/kg 三个浓度的平均。

9.4.3　EM 菌肥对植物吸收 U 及伴生重金属的影响

1. 对 U 吸收转移的影响

表 9.15 显示，在无 U 和无重金属污染时，菌肥会降低菊苣 U 含量并抑制根系 U 向地上器官转移；在无 U 污染下，当存在 Ni 时，菌肥降低菊苣植株 U 含量并抑制根系 U 向叶转移，但 Cd 存在时，菌肥提高植株 U 含量，且主要是提高了根系 U 含量。

在 50mgU/kg 污染土壤中，或在伴生 Ni 的条件下，或在伴生低浓度 Cd 的条件下，菌肥降低植株 U 含量和 TF，但可促进根系 U 向叶转移；在伴生高浓度 Cd 的条件下，菌肥在降低植株 U 含量和 TF 的同时，也抑制了根系 U 向叶的转移(见表 9.15)。

在 100mgU/kg 污染土壤中，菌肥可增加菊苣植株 U 含量和 TF，促进根系 U 向叶转移；在伴生低浓度 Ni 下，菌肥降低菊苣植株 U 含量和 TF，但可促进根系 U 向叶转移；在伴生高浓度 Ni 或 Cd 的条件下，菌肥可增加菊苣植株 U 含量和 TF，但抑制根系 U 向叶转移(见表 9.15)。

在 150mgU/kg 污染土壤中，或在伴生低浓度 Ni 的条件下，菌肥可增加菊苣植株 U 含量和 TF，促进根系 U 向叶转移；在伴生 Cd 或高浓度浓度 Ni 条件下，菌肥降低菊苣植株 U 含量和 TF(见表 9.15)。

归类分析表明(见表 9.16)，在无 U 污染或有 U 污染土壤，EM 菌肥均降低菊苣植株 U 含量；在无 U 污染土壤中，Ni 的污染使 EM 菌肥降低菊苣 U 含量，但 Cd 的污染使 EM 菌肥增加菊苣铀含量；在有 U 污染土壤，伴生低浓度 Ni 污染时，EM 菌肥使菊苣 U 含量增加，但伴生 Cd 或高浓度 Ni 污染，EM 菌肥降低菊苣 U 含量。

表 9.15　EM 菌肥对菊苣吸收转移 U 的影响

U 浓度 /(mg/kg)	重金属	重金属浓度 /(mg/kg)	菌肥处理	根系含量 /(mg/kg)	叶含量 /(mg/kg)	T/R	植株含量 /(mg/kg)	TF
0	CK	0	N	0.47	1.93	4.08	1.21	
			Y	0.31	0.65	2.07	0.48	
	Ni	100	N	0.69	0.56	0.81	0.63	
			Y	0.77	0.47	0.60	0.61	
		500	N	0.39	0.58	1.49	0.48	
			Y	0.37	0.32	0.87	0.35	
	Cd	5	N	0.33	0.45	1.36	0.38	
			Y	0.56	0.67	1.20	0.61	
		25	N	0.52	0.50	0.96	0.51	
			Y	1.15	0.99	0.87	1.07	
50	CK	0	N	45.29	3.82	0.08	25.23	0.50
			Y	31.83	5.97	0.19	19.76	0.40
	Ni	100	N	41.14	4.94	0.12	22.88	0.46
			Y	34.05	5.84	0.17	21.32	0.43
		500	N	23.91	7.16	0.30	16.33	0.33
			Y	23.06	5.36	0.23	14.26	0.29
	Cd	5	N	32.63	4.59	0.14	19.22	0.38
			Y	27.99	6.90	0.25	17.85	0.36
		25	N	32.09	7.24	0.23	19.79	0.40
			Y	25.09	4.92	0.20	15.12	0.30

续表

U 浓度/(mg/kg)	重金属	重金属浓度/(mg/kg)	菌肥处理	根系含量/(mg/kg)	叶含量/(mg/kg)	T/R	植株含量/(mg/kg)	TF
100	CK	0	N	52.33	9.69	0.19	34.56	0.35
			Y	53.24	13.78	0.26	35.69	0.36
	Ni	100	N	49.01	6.73	0.14	31.49	0.31
			Y	40.66	7.99	0.20	25.17	0.25
		500	N	40.50	7.10	0.18	26.80	0.27
			Y	55.13	5.05	0.09	32.59	0.33
	Cd	5	N	64.82	11.09	0.17	38.67	0.39
			Y	65.29	10.99	0.17	41.14	0.41
		25	N	64.88	12.94	0.20	39.28	0.39
			Y	72.60	11.48	0.16	40.78	0.41
150	CK	0	N	147.10	16.96	0.12	87.41	0.58
			Y	146.28	17.12	0.12	89.14	0.59
	Ni	100	N	127.21	17.02	0.13	74.41	0.50
			Y	186.46	22.31	0.12	103.42	0.69
		500	N	90.84	15.45	0.17	59.36	0.40
			Y	83.97	13.16	0.16	52.11	0.35
	Cd	5	N	225.34	20.16	0.09	119.53	0.80
			Y	165.19	23.10	0.14	99.72	0.66
		25	N	153.77	28.43	0.18	96.20	0.64
			Y	93.45	13.29	0.14	55.78	0.37

注：N 表示未施菌肥，Y 代表施用菌肥。

表 9.16　在 U 和伴生重金属中 EM 菌肥对菊苣植株 U 含量影响的归类分析

重金属	浓度/(mg/kg)	菌肥处理	U 浓度/(mg/kg)				
			0	50	100	150	平均
CK	0	N	1.21	25.23	34.56	87.41	49.07
		Y	0.48	19.76	35.69	89.14	48.20
Ni	100	N	0.63	22.88	31.49	74.41	42.93
		Y	0.61	21.32	25.17	103.42	49.97
	500	N	0.48	16.33	26.8	59.36	34.16
		Y	0.35	14.26	32.59	52.11	32.99
Cd	5	N	0.38	19.22	38.67	119.53	59.14
		Y	0.61	17.85	41.14	99.72	52.90
	25	N	0.51	19.79	39.28	96.2	51.76
		Y	1.07	15.12	40.78	55.78	37.23

注：N 表示未施菌肥，Y 代表施用菌肥；平均是 50~150mg/kg 三个浓度的平均。

2. 对伴生重金属吸收转移的影响

在无 U 污染土壤或有 U 污染土壤中，处于无 Cd 或无 Ni 污染条件下时，EM 菌肥促进菊苣对 Cd 的吸收，降低对 Ni 的吸收（见表 9.17）。在 50mg/kg U 污染土壤，当伴生低浓度 Ni 时 EM 促进 Ni 吸收，伴生高浓度 Ni 时 EM 降低吸收；当伴生低浓度 Cd 时 EM 抑制 Cd 吸收，伴生高浓度 Cd 时 EM 促进 Cd 吸收。在 100mg/kg U 污染土壤，伴生 Ni 存在时，EM 菌肥增加对 Ni 的吸收；在伴生 Cd 存在时，EM 菌肥增加对低浓度污染 Cd 的吸收，降低对高浓度污染 Cd 的吸收。在 150mg/kg U 污染土壤，在伴生 Cd 污染时，EM 菌肥增加菊苣对 Cd 的吸收；在伴生 Ni 污染时，EM 菌肥降低菊苣对 Ni 的吸收（见表 9.17）。

表 9.17 在 U 污染条件下 EM 菌肥对菊苣吸收重金属的影响

U 浓度 /(mg/kg)	重金属	重金属浓度 /(mg/kg)	菌肥处理	植株 Cd 含量 /(mg/kg)	植株 Ni 含量 /(mg/kg)
0	CK	0	N	1.74	7.53
			Y	3.32	5.92
	Ni	100	N	—	13.97
			Y	—	11.95
		500	N	—	21.86
			Y	—	16.75
	Cd	5	N	24.17	—
			Y	24.32	—
		25	N	68.65	—
			Y	81.69	—
50	CK	0	N	4.58	6.58
			Y	3.50	8.24
	Ni	100	N	—	8.64
			Y	—	8.89
		500	N	—	18.27
			Y	—	16.87
	Cd	5	N	24.19	—
			Y	23.09	—
		25	N	47.70	—
			Y	50.64	—

续表

U 浓度 /(mg/kg)	重金属	重金属浓度 /(mg/kg)	菌肥处理	植株 Cd 含量 /(mg/kg)	植株 Ni 含量 /(mg/kg)
100	CK	0	N	3.53	7.28
			Y	3.75	6.74
	Ni	100	N	—	6.32
			Y	—	8.73
		500	N	—	17.26
			Y	—	20.20
	Cd	5	N	15.27	—
			Y	16.28	—
		25	N	35.16	—
			Y	31.73	—
150	CK	0	N	2.97	9.56
			Y	3.82	6.27
	Ni	100	N	—	10.95
			Y	—	9.80
		500	N	—	18.77
			Y	—	14.62
	Cd	5	N	12.41	—
			Y	15.09	—
		25	N	33.04	—
			Y	37.88	—

注：N 表示未施菌肥，Y 代表施用菌肥。

归类分析表明(见表 9.18)，在没有 U、Cd、Ni 污染条件下，EM 菌肥可以增加 Ni 或 Cd 含量。在有 U 污染和低或无浓度 Ni 污染条件下，EM 菌肥可以增加菊苣对 Ni 的吸收；在伴生高浓度 Ni 污染时，EM 菌肥会降低 Ni 的吸收。在有 U 污染和无 Cd 污染时，EM 菌肥降低菊苣对 Cd 的吸收；在有 U 污染同时又有 Cd 污染时，EM 菌肥增加菊苣对 Cd 的吸收。

表 9.18　在 U 污染下 EM 菌肥对菊苣吸收伴生重金属影响的归类分析

重金属	浓度/(mg/kg)	菌肥处理	U 浓度/(mg/kg)				
			0	50	100	150	平均
CK	0	N	9.28	3.39	8.44	11.72	7.85
		Y	12.18	10.11	8.37	8.66	9.05

续表

重金属	浓度/(mg/kg)	菌肥处理	U 浓度/(mg/kg)				
			0	50	100	150	平均
Ni	100	N	13.76	6.43	7.85	9.87	8.05
		Y	13.38	8.90	10.51	10.19	9.87
	500	N	18.58	11.02	14.71	14.61	13.45
		Y	14.22	13.33	14.03	9.86	12.41
Cd	0	N	2.31	6.77	4.62	3.91	5.10
		Y	4.74	4.58	5.63	4.72	4.98
	5	N	42.30	41.07	24.84	17.53	27.81
		Y	41.33	38.90	28.90	24.26	30.69
	25	N	111.03	80.57	56.22	52.50	63.10
		Y	136.63	84.90	49.15	59.36	64.47

注：N 表示未施菌肥，Y 代表施用菌肥；U 污染平均是 50~150mg/kg 三个浓度的平均。

9.4.4　小结

正常环境中，EM 菌肥有利于菊苣的生长，并且可以提高生物量。在低浓度 U 污染而无伴生重金属的土壤中，EM 菌肥不利于菊苣对 U 的吸收，但是提高了 U 从菊苣根部向茎叶的转移效率。在高浓度 U 污染的土壤中，当高浓度 Ni 或 Cd 存在时，EM 菌肥不利于菊苣对 U 的吸收和转移，低浓度 Ni 存在时有利于菊苣对 U 的吸收。

在 Ni 单独胁迫及高浓度 U、Ni 共同胁迫下，EM 菌肥不利于菊苣对 Ni 的吸收，但有助于 Ni 从根部向地上部分的转移。在高浓度 Cd 与高浓度 U 共同污染的土壤中，菌肥有助于菊苣对 Cd 的吸收。

第 10 章　核素污染对植物吸收元素及物质成分的影响

重金属和核素污染环境直接危害植物生长，人们对此进行了广泛研究。土壤 Pb 污染影响小白菜幼苗保护酶系统(张好岩等，2010)，以及刺槐硝酸还原酶、过氧化氢酶活性(王国娟等，2010)。土壤 Cd 浓度与小麦产量及构成因子呈负相关(杨玉敏等，2011)，土壤 Cd 离子浓度增加将抑制柱花草分枝数、地上部和地下部生物量(黄耿磊等，2011)。高浓度 Hg 污染影响小麦幼苗叶绿素含量、根系活力、叶片净光合速率和单株生物量(高大翔等，2005)，以及水稻株高和穗重(高大翔等，2008)。Cr 及高浓度 Cu 抑制小白菜种子的发芽和根系生长(王丹等，2010)。Sr 胁迫影响油菜超氧化物歧化酶活性、丙二醛含量、过氧化物酶和过氧化氢酶活性(敖嘉等，2010)。土壤高浓度 Sr、Cs、U 胁迫将抑制多数植物的出苗率、存活率、苗高和干物重(唐永金等，2013a；唐永金等，2013b)，U 胁迫影响植物种子萌发、幼苗生长和酶活性(胡劲松等，2009；聂小琴等，2010；严明理等，2009)，也降低植物叶绿素含量和生物产量(Singh et al.，2005；Sheppard et al.，2005)。植物生长发育需要 17 种必需元素，重金属和核素污染土壤后对植物吸收必需元素有何影响，目前少见报道。植物物质成分是植物功能的基础，植物体 U 等核素含量的增加，是否会改变植物物质成分及其官能基团，目前国内外也未见研究。本章的目的是，探讨 Sr、Cs、U 污染土壤对植物元素含量的影响，以及 U 对植物物质成分或官能基团的影响，并探索核素污染土壤对植物有潜在危害的理论依据。

10.1　核素污染对秋播植物吸收元素的影响

秋播植物是秋季播种的植物。这类植物生长期间要经过秋天-冬天-春天的过程，植物元素吸收和生长要经历由快-慢-快的过程，植物苗期生长和元素吸收一般有一个从快到慢的变化。在植物修复中，有些植物需要秋季播种，如芸薹属植物，这类植物一般是喜凉植物。核素污染对这类植物吸收元素有何影响是值得关注的。

10.1.1　研究方法

1. 试验材料

以硝酸锶(Sr(NO₃)₂)为 Sr 源，硝酸铯(CsNO₃)为 Cs 源，所用药品均为分析纯。试验所用土壤类型为农田壤土，pH 为 7.5(土∶水＝1∶1)，有机质含量 22.1g/kg，有效氮、磷、钾分别为 95.2mg/kg、27.0mg/kg、78.3mg/kg，全氮、全磷、全钾分别为 1.64g/kg、0.848g/kg、19.1g/kg。供试植物有芥菜型油菜、大叶芥、分蘖芥、抱子芥、卷心菜、不结球白菜、甘蓝型油菜、小麦、大麦、蚕豆。

2. 试验设计及处理

采取盆栽试验，每盆 1kg 干土。每千克干土施用纯核素 500mg Sr、500mg Cs，以 0 浓度处理为对照(CK)。为防止渗漏污染，每盆下边套小一个型号的无孔塑料盆。试验土壤为农田土壤，土壤测定水分含量后，按照每千克干土拌合 10g 油枯和 5g 氮磷钾(25%、25% 和 25%)复合肥。装盆后，于 2010 年 11 月 7 日根据预备试验和设计核素用量，每盆(1kg 干土)浇施 350mL 核素溶液或清水(CK)，使土壤刚好达到田间持水量。

小麦、大麦和蚕豆于 2010 年 11 月 6 日播种，小麦每盆 5 粒，大麦每盆 4 粒，蚕豆每盆 2 粒，播后第二天进行核素处理；十字花科芸薹属植物 2010 年 10 月 20 日育苗，芥菜型油菜、青菜、榨菜、儿菜、罐儿菜、莲花白和甘蓝型油菜于 2010 年 11 月 21 日，即核素处理后 2 周移栽，芥菜型油菜、莲花白和甘蓝型油菜每盆 2 株，青菜、榨菜、儿菜、罐儿菜每盆 1 株，2011 年 2 月 16 日收获；漂儿白、大白菜于 2010 年 12 月 15 日移栽，每盆移栽 6 苗，于 2011 年 2 月 16 日收获。

3. 测定方法

植物烘干、粉碎后，在西南科技大学分析测试中心用荷兰产 Axios 型号 X-射线荧光光谱仪(XRF)测定植物样品。XRF 能够测定元素周期表从 F 到 U 的 80 多种元素，但不能测定元素序号小于 9 和大于 92 的元素。XRF 既可做定性分析，也可做半定量分析，元素特征 X 射线的强度与该元素在试样中的含量成比例关系，以所测元素或化合物百分含量总和为 100%。由于不能测定 C、H、O、N 等元素，无法计算出样品中各元素的绝对含量。本研究实际检测了包括 Mg、Al、Si、P、S、Cl、K、Fe、Ca、Sr、Na、Zn、Ti、Mn、Cu、Rb、Y、Zr、Cs、Ba、La、U 在内的 22 种元素，以这 22 种元素总量为 100%，确定各元素的含量百分比。本文仅对含量在 0.01% 以上的元素和这些植物均有含量的元素进行了分析，故分析的元素为 12~13 种。

10.1.2　无污染土壤秋播植物的元素含量

在没有 Sr、Cs 污染的农田土壤中，植物体内未检测到 Cs，检测到少量的 Sr。十字花科和豆科植物 Sr 的含量比禾本科植物高，Ca、Mg、Na 含量与 Sr 含量基本一致，但十字花科(结球白菜除外)和豆科植物的 K、P、Si 含量低于禾本科植物(见表 10.1)。

表 10.1　对照(CK)处理下植物体内元素含量百分比　　　(单位:%)

植物名称	Ca	Cl	K	S	P	Mg	Si	Na	Fe	Al	Zn	Sr
大叶芥	26.226	32.597	15.120	2.314	1.079	1.048	0.379	0.601	0.300	0.126	0.031	0.081
卷心芥	26.643	28.577	17.612	2.198	1.124	1.162	0.531	0.487	0.405	0.188	0.026	0.072
结球白菜	24.554	13.489	31.971	2.308	1.541	0.977	0.351	0.741	0.270	0.128	0.043	0.062
结球甘蓝	28.426	26.082	16.209	2.897	1.330	1.140	0.254	0.841	0.232	0.058	0.041	0.077

续表

植物名称	Ca	Cl	K	S	P	Mg	Si	Na	Fe	Al	Zn	Sr
小麦	19.595	19.194	29.459	2.063	2.663	0.764	1.952	0.091	0.310	0.132	0.057	0.061
大麦	20.751	22.378	27.049	2.032	2.068	0.829	1.248	0.413	0.538	0.238	0.070	0.042
蚕豆	27.061	23.693	19.630	1.482	2.183	0.825	0.999	0.290	0.762	0.408	0.110	0.090

　　不同秋播植物吸收同一元素的数量不同，同一植物吸收不同元素的数量也不同。秋播植物吸收元素在数量上有无关系呢？如果对表 10.1 的数据进行相关分析，可以得到植物吸收 12 种元素间的相关关系（见表 10.2）。从表 10.2 可见，秋播植物吸收元素间呈显著或极显著正相关关系的有：P-Si、S-Na、Mg-Na、Fe-Al、Fe-Zn、Al-Zn、Ca-Sr；植物吸收元素间呈显著或极显著负相关关系的有：Ca-K、Cl-K、P-Mg、P-Na、S-Fe、S-Al、S-Zn。就 P、K 元素而言，当植物吸收 Mg、Na 多时，将显著或极显著减少对 P 的吸收；植物吸收 Ca、Cl 元素多时，将显著或极显著减少对 K 的吸收。

表 10.2　植物吸收元素间的相关系数

	Cl	K	S	P	Mg	Si	Na	Fe	Al	Zn	Sr
Ca	0.4925	−0.7659*	0.2860	−0.7172	−0.7418	−0.8279*	0.6324	0.0039	0.0164	−0.1438	0.7942*
Cl		−0.9219**	0.1518	−0.5496	0.5105	−0.3242	0.1178	0.0399	−0.0148	−0.2719	0.4776
K			−0.2208	0.6112	−0.6289	0.5098	−0.2971	−0.0637	−0.0188	0.1818	−0.7014
S				−0.5791	0.6948	−0.5402	0.7546*	−0.8641*	−0.9102**	−0.7665*	−0.0807
P					−0.9350**	0.9167**	−0.7970*	0.4123	0.4059	0.6978	−0.3248
Mg						−0.8499*	0.7670*	−0.4929	−0.4999	−0.7344	0.3442
Si							−0.9155**	0.3142	0.2969	0.4740	−0.4116
Na								−0.5110	−0.5230	−0.5124	0.1397
Fe									0.9875**	0.8566*	0.1662
Al										0.8458*	0.2184
Zn											0.1216

　　注：$r_{0.05}=0.754$，$r_{0.01}=0.874$。

10.1.3　Sr 污染土壤秋播植物的元素含量

　　从表 10.3 可见，在高浓度 Sr 处理下，十字花科植物对 Sr 的吸收明显高于禾本科植物，对 Ca、Mg 的吸收与 Sr 类似，但十字花科植物吸收 K、P、Si、Fe、Al、Zn 要低于禾本科植物。秋播植物 Sr 相对含量为 2.15%。

表 10.3　高浓度 Sr 处理下植物体内元素含量百分比　　（单位：%）

植物名称	Ca	Cl	K	S	P	Mg	Si	Na	Fe	Al	Zn	Sr
芥菜型油菜	30.230	26.766	12.796	2.193	1.381	1.185	0.379	0.344	0.291	0.134	0.035	2.408
大叶芥	28.292	29.489	11.926	2.407	0.934	1.070	0.562	0.824	0.373	0.199	0.022	2.803

续表

植物名称	Ca	Cl	K	S	P	Mg	Si	Na	Fe	Al	Zn	Sr
分蘖芥	28.678	24.588	15.793	2.633	1.337	1.141	0.287	0.349	0.257	0.088	0.047	2.511
抱子芥	27.256	31.462	12.348	2.257	1.192	1.031	0.440	0.554	0.316	0.160	0.028	2.334
卷心芥	25.783	26.213	17.801	2.442	1.337	1.074	0.605	0.435	0.362	0.206	0.034	2.032
不结球白菜	24.090	16.856	27.524	2.402	1.709	0.999	0.283	0.464	0.186	0.094	0.039	2.427
甘蓝型油菜	26.458	30.559	13.004	2.581	1.668	1.091	0.173	0.611	0.186	0.070	0.041	2.505
小麦	17.502	21.037	28.508	2.087	2.560	0.705	2.327	0.085	0.506	0.228	0.067	1.099
大麦	20.176	26.296	22.876	1.979	2.350	0.794	1.297	0.401	0.525	0.245	0.062	1.203

10.1.4 Cs 污染土壤秋播植物的元素含量

在高浓度 Cs 处理下，罐儿菜和大白菜对 Cs 的相对吸收量高于其他植物，卷心芥、不结球白菜、结球白菜和结球甘蓝对 K 的吸收较其他植物吸收要多(见表 10.4)，与吸收 Cs 情况相似。秋播植物 Cs 相对含量平均为 0.20%。

表 10.4 高浓度 Cs 处理下植物体内元素含量百分比 （单位：%）

植物名称	Ca	Cl	K	S	P	Mg	Si	Na	Fe	Al	Zn	Sr	Cs
芥菜型油菜	28.424	32.964	11.253	2.223	1.408	1.067	0.508	0.489	0.424	0.175	0.052	0.097	0.152
分蘖芥	27.946	26.425	17.477	2.345	1.300	1.259	0.394	0.412	0.298	0.128	0.038	0.092	0.175
抱子芥	25.021	28.563	19.590	2.130	1.428	0.920	0.387	0.459	0.323	0.125	0.039	0.062	0.148
卷心芥	24.926	26.340	21.325	2.129	1.271	1.053	0.475	0.511	0.351	0.195	0.031	0.080	0.292
不结球白菜	25.084	18.898	25.769	2.493	1.753	1.055	0.490	0.462	0.340	0.171	0.051	0.090	0.183
结球白菜	24.140	14.739	31.497	2.253	1.570	1.000	0.365	0.474	0.268	0.138	0.037	0.072	0.298
结球甘蓝	28.181	20.213	20.231	3.260	1.587	1.142	0.158	0.824	0.162	0.041	0.043	0.081	0.164
甘蓝型油菜	31.227	23.559	18.948	1.946	1.315	0.316	0.164	0.102	0.245	0.052	0.068	0.080	0.190

10.1.5 Sr、Cs 污染对植物吸收元素影响的比较

在 500mg/kg 土壤的 Sr 或 Cs 污染下，植物体内元素含量百分比会发生变化。表 10.5 显示，几种秋播植物平均，Sr 污染使植物 Ca、Cl、S、Sr 含量提高，K、P、Fe 等元素含量下降；Cs 污染降低 K、Si、Fe 等含量。

表 10.5 Sr、Cs 污染土壤对植物吸收元素相对含量的影响 （单位：%）

污染种类	Ca	Cl	K	S	P	Mg	Si	Na	Fe	Al	Zn	Sr
Sr 污染	25.385	25.918	18.064	2.331	1.608	1.010	0.706	0.452	0.334	0.158	0.042	2.147
Cs 污染	26.869	23.963	20.761	2.347	1.454	0.977	0.368	0.467	0.301	0.128	0.045	0.082
无污染	24.751	23.716	22.436	2.185	1.713	0.964	0.816	0.495	0.402	0.183	0.054	0.069

10.1.6　小结

在没有 Sr、Cs 的农田土壤中，植物吸收 Cs 很少，几乎检测不到，但可吸收少量的 Sr；不同秋播植物吸收同一元素的数量不同，同一植物吸收不同元素的数量也不同。有些元素间有拮抗作用，当植物吸收 Mg、Na 多时，将显著或极显著减少对 P 的吸收；植物吸收 Ca、Cl 元素多时，将显著或极显著减少对 K 的吸收。

在高浓度 Sr 污染土壤，十字花科植物对 Sr 的吸收明显高于禾本科植物；在高浓度 Cs 污染土壤，罐儿菜和大白菜对 Cs 的吸收量高于其他植物。在高浓度 Sr 或 Cs 污染土壤，会使秋播植物体内元素含量百分比会发生变化，提高 Ca、Cl、S 的相对含量，降低 K、P、Si、Fe、Na、Al、Zn 的相对含量。

10.2　核素污染对春播植物吸收元素的影响

春播植物是春季播种的植物。这类植物生长期间要经历春-夏-秋季，气温由低到高再下降，植物生长和元素吸收都有一个从慢到快的过程。在重金属和核素污染土壤的修复中，春季播种的植物一般是喜温植物，如反枝苋、向日葵等。不过，由于植物修复收获的是营养器官，常在植物苗期收获，不少喜凉植物如牛皮菜、红圆叶苋、印度芥菜、紫花苜蓿等，也可在春季播种，5~6 月苗期收获。核素污染对春播植物吸收元素有何影响，也是值得关注的。本研究的试验方法见第 9 章第 1 节，X-射线荧光光谱仪（XRF）测定元素的方法同本章第一节。

10.2.1　无污染土壤春播植物的元素含量

1. 无污染（CK）条件下植物吸收元素的百分比

在无污染土壤中，春播植物对不同元素的吸收数量不同。表 10.6 显示，以所测定的元素百分比表示，以 K、Ca 最大，多在 20% 以上；Cl 次之，多在 10% 以上；Mg、P、S 再次，在 1% 以上；其他元素多在 1% 以下。从表 10.6 可以看出，不同植物也有自己的元素含量特点，藜科的牛皮菜和菠菜含 Na 较高，在 1% 以上；禾本科的稗含 Si 较高，达 6.89%；锦葵科的苘麻和蓼科的酸模含 Cl 较少，在 10% 以下；大豆含 K 较低（20%），但含 Ca 很高（58%）；稗含 K 较高（36.6%），而含 Ca 较低（17.7%）。

表 10.6　无污染（CK）条件下植物吸收元素的百分比　　　　　　　　　　（单位：%）

植物名称	Na	Mg	Al	Si	P	S	Cl	K	Ca	Fe	Zn	Sr
反枝苋	0.070	5.708	0.268	0.783	1.546	1.821	13.847	35.873	39.210	0.670	0.061	0.124
红圆叶苋	0.233	8.302	0.470	1.460	1.980	2.835	12.265	36.097	35.199	0.993	0.050	0.115
牛皮菜	3.066	5.122	0.135	0.358	1.464	1.827	29.388	27.518	30.825	0.152	0.047	0.097

续表

植物名称	Na	Mg	Al	Si	P	S	Cl	K	Ca	Fe	Zn	Sr
黎	0.194	2.553	0.152	0.341	1.403	1.777	16.424	36.516	40.066	0.356	0.096	0.122
菊苣	0.958	1.763	0.167	0.537	1.094	1.483	22.272	41.162	30.127	0.327	0.023	0.086
苍耳	0.059	3.531	0.317	1.503	1.662	2.699	15.638	37.283	36.361	0.717	0.073	0.158
大豆	0.211	2.641	0.258	1.249	0.974	1.552	13.287	20.279	58.509	0.775	0.050	0.217
酸模	0.609	2.347	0.631	1.502	1.081	1.679	9.282	45.246	36.584	0.880	0.036	0.123
稗	0.122	5.656	0.347	6.887	1.562	4.855	25.544	36.558	17.680	0.668	0.063	0.058
鬼针草	0.058	2.586	0.415	1.373	1.450	1.449	23.989	22.607	45.028	0.832	0.048	0.166
向日葵	0.274	3.958	0.266	1.233	1.476	1.913	20.407	27.444	42.050	0.748	0.085	0.145
美洲商陆	0.000	8.704	0.165	0.602	1.376	2.423	12.820	30.639	42.535	0.513	0.075	0.149
刺天茄	0.048	2.419	0.284	0.854	0.930	1.532	17.160	32.567	43.064	0.950	0.048	0.144
菠菜	1.210	6.868	0.283	0.718	2.230	2.289	11.097	45.418	29.289	0.411	0.073	0.113
苘麻	0.094	4.011	0.587	1.867	2.739	3.290	7.130	28.986	49.332	1.659	0.129	0.178
紫花苜蓿	0.209	1.772	0.639	1.754	1.822	2.384	16.870	27.507	45.650	1.173	0.061	0.159
平均	0.418	3.816	0.345	1.366	1.500	2.114	15.588	31.126	37.692	0.738	0.063	0.133

2. 无污染土壤春播植物元素含量的相关系数

由于元素间的相互影响,植物元素含量势必存在某种关系。如果对表 10.6 的数据进行相关分析,可以得到植物 12 种元素含量的相关关系(见表 10.7)。表 10.7 说明,植物体内 Na 与 Mg、Cl、K 含量呈正相关关系,但不显著;与其他元素呈负相关关系,其中与 Fe 含量显著负相关。Mg 含量与 Si、P、S、K、Zn、Na 呈正相关关系,与其他元素呈负相关关系,但均不显著。P 含量和 Na、Cl、Ca 呈负相关关系,但不显著;与其他元素呈正相关,与 Zn 含量极显著正相关。K 含量与 Cl、Ca、Fe、Zn、Sr 呈负相关,与 Ca、Sr 极显著负相关。因此,在钠盐含量较高的土壤,植物吸收 Na 较多,可能引起缺 Fe,应注意 Fe 肥的施用;吸 P 较多的植物,吸收微量元素 Zn 可能较多,要注意增施锌肥。

表 10.7　无污染(CK)条件下春播植物元素含量的相关系数

元素	Mg	Al	Si	P	S	Cl	K	Ca	Fe	Zn	Sr
Na	0.0775	−0.3192	−0.2593	−0.0161	−0.2024	0.4523	0.0901	−0.3765	−0.5491	−0.2871	−0.3986
Mg		−0.2003	0.0933	0.3851	0.4243	−0.1716	0.1649	−0.3264	−0.1638	0.1785	−0.2698
Al			0.2947	0.4110	0.2629	−0.4351	0.0283	0.1933	0.8167	0.1082	0.2420
Si				0.1343	0.8433	0.2353	0.0436	−0.4510	0.2279	0.0570	−0.3492
P					0.5221	−0.3607	0.0759	−0.0623	0.4627	0.6831	0.0375
S						0.0007	0.1412	−0.4686	0.2800	0.3862	−0.3400
Cl							−0.2743	−0.4265	−0.5187	−0.3905	−0.4511
K								−0.6613	−0.2645	−0.1404	−0.6346

续表

元素	Mg	Al	Si	P	S	Cl	K	Ca	Fe	Zn	Sr
Ca									0.4887	0.2457	0.9477
Fe										0.3970	0.5143
Zn											0.2908

注：$r_{0.05}=0.497$，$r_{0.01}=0.623$。

10.2.2　Sr 污染土壤对植物吸收元素的影响

在 Sr 污染土壤中，不同植物吸收元素情况见表 10.8。用 Sr 污染土壤元素含量减去无污染土壤植物元素含量（见表 10.6），可得到 Sr 污染土壤对植物元素含量百分比的影响情况（见表 10.9）。从表 10.9 可见，本研究的 Sr 污染土壤，使植物平均 Sr 含量增加了 3.07 个百分点，K 含量增加了 0.7 个百分点，使其他元素含量降低，尤其使 Ca 含量降低 1.47 个百分点。

不同植物不同元素的含量变化不同。多数植物 P 含量降低，但红圆叶苋、牛皮菜、灰灰菜和菊苣的 P 含量增加；菊苣 K 含量增加 5.13 个百分点，但酸模降低 5.52 个百分点；酸模 Ca 含量明显增加，菊苣、大豆、灰灰菜则明显下降。Sr 污染土壤中春播植物平均 Sr 含量为 3.20%，高于秋播植物 1.05 个百分点。

表 10.8　Sr 污染条件下植物吸收元素的百分比　　　　　　　（单位：%）

植物名称	Na	Mg	Al	Si	P	S	Cl	K	Ca	Fe	Zn	Sr
反枝苋	0.079	4.305	0.259	0.705	1.440	1.796	10.915	38.613	37.921	0.435	0.049	3.483
红圆叶苋	0.344	6.611	0.686	1.954	2.578	2.526	11.019	38.182	32.244	0.877	0.050	2.929
牛皮菜	2.764	4.163	0.108	0.000	1.688	1.709	29.739	25.405	31.814	0.178	0.035	2.397
黎	0.184	1.900	0.131	0.310	1.700	1.724	14.946	39.754	36.043	0.364	0.083	2.862
菊苣	0.583	1.535	0.248	0.774	1.239	1.662	19.774	46.292	25.733	0.345	0.035	1.778
苍耳	0.030	3.000	0.330	1.418	1.622	2.802	13.878	39.326	34.032	0.649	0.073	2.838
大豆	0.209	2.402	0.249	1.114	0.966	1.486	12.192	21.057	54.350	0.572	0.049	5.353
酸模	0.367	1.901	0.622	1.546	1.067	1.886	8.080	39.730	41.488	0.803	0.049	2.462
稗	0.118	5.479	0.162	5.636	1.236	4.044	28.471	35.784	17.233	0.474	0.049	1.314
鬼针草	0.068	2.338	0.255	0.923	1.261	1.369	22.142	22.033	44.845	0.609	0.000	4.158
向日葵	0.116	2.548	0.207	0.846	1.333	1.675	19.084	28.478	41.407	0.429	0.072	3.805
美洲商陆	0.040	7.760	0.143	0.440	1.165	2.393	12.546	28.961	42.380	0.339	0.062	3.772
刺天茄	0.048	1.807	0.288	0.835	0.702	1.474	15.423	35.261	40.053	0.771	0.048	3.290
菠菜	1.257	5.835	0.294	0.772	2.248	2.372	12.855	45.566	25.985	0.491	0.085	2.239
苘麻	0.103	3.212	0.666	1.808	2.229	2.761	7.028	28.492	47.511	1.586	0.089	4.515
紫花苜蓿	0.210	1.748	0.907	2.461	1.631	2.400	16.628	23.622	44.993	1.301	0.062	4.037
平均	0.407	3.534	0.347	1.346	1.507	2.130	15.920	33.535	37.377	0.639	0.055	3.202

表 10.9　Sr 污染条件下植物吸收元素的增减百分比　　　　　　（单位:%）

植物名称	Na	Mg	Al	Si	P	S	Cl	K	Ca	Fe	Zn	Sr
反枝苋	0.01	−1.40	−0.01	−0.08	−0.11	−0.03	−2.93	2.74	−1.29	−0.23	−0.01	3.36
红圆叶苋	0.11	−1.69	0.22	0.49	0.60	−0.31	−1.25	2.08	−2.96	−0.12	0.00	2.81
牛皮菜	−0.30	−0.96	−0.03	−0.36	0.22	−0.12	0.35	−2.11	0.99	0.03	−0.01	2.30
黎	−0.01	−0.65	−0.02	−0.03	0.30	−0.05	−1.48	3.24	−4.02	0.01	−0.01	2.74
菊苣	−0.37	−0.23	0.08	0.24	0.14	0.18	2.50	5.13	−4.39	0.02	0.01	1.69
苍耳	−0.03	−0.53	0.01	−0.09	−0.04	0.10	−1.76	2.04	−2.33	−0.07	0.00	2.68
大豆	0.00	−0.24	−0.01	−0.13	−0.01	−0.07	−1.09	0.78	−4.16	−0.20	0.00	5.14
酸模	−0.24	−0.45	−0.01	0.04	−0.01	0.21	−1.20	−5.52	4.90	−0.08	0.01	2.34
稗	0.00	−0.18	−0.19	−1.25	−0.33	−0.81	2.93	−0.77	−0.45	−0.19	−0.01	1.26
鬼针草	0.01	−0.25	−0.16	−0.45	−0.19	−0.08	−1.85	−0.57	−0.18	−0.22	−0.05	3.99
向日葵	−0.16	−1.41	−0.06	−0.39	−0.14	−0.24	−1.32	1.03	−0.64	−0.32	−0.01	3.66
美洲商陆	0.04	−0.94	−0.02	−0.16	−0.21	−0.03	−0.27	−1.68	−0.15	−0.17	−0.01	3.62
刺天茄	0.00	−0.61	0.00	−0.02	−0.23	−0.06	−1.74	2.69	−3.01	−0.18	0.00	3.15
菠菜	0.05	−1.03	0.01	0.05	0.02	0.08	1.76	0.15	−3.30	0.08	0.01	2.13
苘麻	0.01	−0.80	0.08	−0.06	−0.51	−0.53	−0.10	−0.49	−1.82	−0.07	−0.04	4.34
紫花苜蓿	0.00	−0.02	0.27	0.71	−0.19	0.02	−0.24	−3.88	−0.66	0.13	0.00	3.88
平均	−0.06	−0.71	0.01	−0.09	−0.04	−0.11	−0.79	0.30	−1.47	−0.10	−0.01	3.07

10.2.3　Cs 污染土壤对植物吸收元素的影响

　　Cs 污染土壤对植物元素含量的影响情况见表 10.10。表 10.10 显示,在 Cs 污染土壤中,所有植物均检测到 Cs 含量,多数植物含量在 1% 以上,苋科、藜科、菊科和商陆科的植物含量较高。在 Cs 污染土壤中,春播植物平均 Cs 含量为 1.64%,高于秋播植物 1.44 个百分点。

　　用 Cs 污染土壤元素含量减去无污染土壤植物元素含量(见表 10.6),得到 Cs 污染土壤对植物元素含量百分比的影响情况(见表 10.11)。从表 10.11 可见,Cs 污染土壤使植物 K、Ca、Sr 含量略有增加,其他元素含量下降。不同植物不同元素的反应不同。菊苣、苍耳、大豆、苘麻的 P 含量百分比没有影响,其他植物 P 含量下降;向日葵、苍耳 K 含量明显增加,酸模 K 含量明显下降。

表 10.10　Cs 污染条件下植物吸收元素的百分比　　　　　　（单位:%）

植物名称	Na	Mg	Al	Si	P	S	Cl	K	Ca	Fe	Zn	Sr	Cs
反枝苋	0.122	4.387	0.233	0.589	1.438	1.620	11.200	38.189	41.599	0.422	0.038	0.162	3.047
红圆叶苋	0.225	6.556	0.445	1.344	1.661	2.255	12.624	38.503	35.418	0.790	0.063	0.117	2.066
牛皮菜	3.566	4.954	0.141	0.410	1.424	1.944	25.979	26.429	34.763	0.251	0.037	0.101	2.613
灰灰菜	0.152	3.825	0.130	0.400	1.260	1.879	14.717	37.245	39.811	0.381	0.075	0.127	3.292

植物名称	Na	Mg	Al	Si	P	S	Cl	K	Ca	Fe	Zn	Sr	Cs
菊苣	0.776	1.713	0.246	0.639	1.100	1.560	21.116	42.182	30.203	0.352	0.035	0.076	1.519
苍耳	0.040	2.548	0.348	1.521	1.663	2.731	13.387	42.353	34.369	0.816	0.098	0.125	0.915
大豆	0.201	2.702	0.430	1.560	1.005	1.614	13.969	21.083	56.069	1.032	0.062	0.275	0.255
酸模	0.429	2.029	0.258	0.693	0.832	1.546	9.505	47.258	36.811	0.469	0.036	0.133	0.481
稗	0.132	5.071	0.289	6.843	1.413	4.713	25.339	38.563	16.803	0.726	0.063	0.046	0.566
鬼针草	0.048	2.500	0.200	0.846	1.167	1.356	24.307	21.598	47.178	0.574	0.048	0.176	0.321
向日葵	0.158	2.081	0.204	1.103	1.397	1.742	16.620	34.290	41.663	0.538	0.049	0.157	1.028
美洲商陆	0.000	7.508	0.117	0.438	1.060	2.201	14.838	24.086	49.229	0.299	0.051	0.175	1.820
刺天茄	0.049	1.851	0.299	0.900	0.836	1.532	16.899	31.398	45.180	0.853	0.048	0.155	0.264
菠菜	1.190	6.925	0.283	0.799	1.950	2.284	10.174	48.614	27.226	0.393	0.061	0.102	0.292
苘麻	0.073	3.522	0.462	1.255	2.735	2.900	6.010	31.034	50.573	1.093	0.129	0.214	0.858
紫花苜蓿	0.150	1.836	0.635	1.672	1.606	2.236	17.309	24.188	49.128	1.008	0.062	0.171	0.302
平均	0.457	3.751	0.295	1.313	1.409	2.132	15.875	34.188	39.751	0.625	0.060	0.145	1.227

表 10.11　Cs污染条件下植物吸收元素的增减百分比　　　　（单位：%）

植物名称	Na	Mg	Al	Si	P	S	Cl	K	Ca	Fe	Zn	Sr	Cs
反枝苋	0.05	−1.32	−0.04	−0.19	−0.11	−0.20	−2.65	2.32	2.39	−0.25	−0.02	0.04	3.05
红圆叶苋	−0.01	−1.75	−0.02	−0.12	−0.32	−0.58	0.36	2.41	0.22	−0.20	0.01	0.00	2.07
牛皮菜	0.50	−0.17	0.01	0.05	−0.04	0.12	−3.41	−1.09	3.94	0.10	−0.01	0.00	2.61
黎	−0.04	1.27	−0.02	0.06	−0.14	0.10	−1.71	0.73	−0.26	0.02	−0.02	0.01	3.29
菊苣	−0.18	−0.05	0.08	0.10	0.01	0.08	−1.16	1.02	0.08	0.02	0.01	−0.01	1.52
苍耳	−0.02	−0.98	0.03	0.02	0.00	0.03	−2.25	5.07	−1.99	0.10	0.03	−0.03	0.92
大豆	−0.01	0.06	0.17	0.31	0.03	0.06	0.68	0.80	−2.44	0.26	0.01	0.06	0.26
酸模	−0.18	−0.32	−0.37	−0.81	−0.25	−0.13	0.22	2.01	0.23	−0.41	0.00	0.00	0.48
稗	0.01	−0.58	−0.06	−0.04	−0.15	−0.14	−0.20	2.00	−0.88	0.06	0.00	−0.01	0.57
鬼针草	−0.01	−0.09	−0.22	−0.53	−0.28	−0.09	0.32	−1.01	2.15	−0.26	0.00	0.01	0.32
向日葵	−0.12	−1.88	−0.06	−0.13	−0.08	−0.17	−3.79	6.85	−0.39	−0.21	−0.04	0.01	1.03
美洲商陆	0.00	−1.20	−0.05	−0.16	−0.32	−0.22	2.02	−6.55	6.69	−0.21	−0.02	0.03	1.82
刺天茄	0.00	−0.57	0.01	0.05	−0.09	0.00	−0.26	−1.17	2.12	−0.10	0.00	0.01	0.26
菠菜	−0.02	0.06	0.00	0.08	−0.28	−0.01	−0.92	3.20	−2.06	−0.02	−0.01	−0.01	0.29
苘麻	−0.02	−0.49	−0.12	−0.61	0.00	−0.39	−1.12	2.05	1.24	−0.57	0.00	0.04	0.86
紫花苜蓿	−0.06	0.06	0.00	−0.08	−0.22	−0.15	0.44	−3.32	3.48	−0.17	0.00	0.01	0.30
平均	−0.01	−0.50	−0.04	−0.13	−0.14	−0.11	−0.84	0.96	0.91	−0.11	0.00	0.01	1.23

10.2.4　U 污染土壤对植物吸收元素的影响

由于 U 在植物体元素含量比重太小，即使在 U 污染土壤的植物中，用 XRF 也只检测到酸模 U 含量为检测元素含量的 0.25%，其余植物未检测到 U 所占的百分比（见表 10.12）。

用 U 污染土壤植物元素含量减去对照（见表 10.6），得到表 10.13。据表 10.13 显示，平均而言，U 污染土壤使植物 Ca、Cl 含量百分比增加，Na、Al、Sr 含量几乎不受影响，其 P、K 等其他元素含量下降。不同植物和不同元素含量的反应不同。红圆叶苋和菠菜的 K 含量降低 7 个百分点以上，但稗的 K 含量增加近 10 个百分点；红圆叶苋、菠菜、稗、美洲商陆 Mg 含量降低较多，稗 Si、S 含量降低也较多，菠菜、红圆叶苋、鬼针草 Ca 含量增加 5 个百分点以上。

表 10.12　U 污染条件下植物吸收元素的百分比　　　　（单位：%）

植物名称	Na	Mg	Al	Si	P	S	Cl	K	Ca	Fe	Zn	Sr
反枝苋	0.099	4.138	0.380	0.974	1.550	1.724	13.845	35.415	40.964	0.725	0.049	0.135
红圆叶苋	0.280	5.875	0.500	1.341	1.850	2.224	16.451	28.690	41.701	0.887	0.062	0.137
牛皮菜	3.303	3.663	0.186	0.509	1.797	1.942	25.960	26.625	35.602	0.281	0.036	0.099
灰灰菜	0.174	2.047	0.090	0.261	1.391	1.509	16.623	37.485	39.877	0.327	0.083	0.132
菊苣	0.711	1.224	0.183	0.536	1.076	1.742	18.938	42.926	32.244	0.313	0.000	0.108
苍耳	0.049	2.293	0.435	1.496	1.649	1.961	15.606	35.464	39.877	0.954	0.049	0.168
大豆	0.334	2.418	0.231	0.945	1.167	1.514	20.498	18.371	53.745	0.527	0.048	0.201
酸模	0.793	2.156	0.475	1.231	1.106	1.694	11.623	43.167	36.791	0.692	0.060	0.212
稗	0.187	2.867	0.167	1.572	1.245	1.968	25.074	46.521	19.775	0.503	0.058	0.064
鬼针草	0.059	2.389	0.397	1.222	1.121	1.543	22.402	19.320	50.674	0.626	0.048	0.200
向日葵	0.136	2.631	0.271	1.070	1.224	1.651	19.538	28.978	43.721	0.541	0.084	0.155
美洲商陆	0.050	5.907	0.142	0.395	1.279	2.285	11.866	34.212	43.273	0.404	0.049	0.136
刺天茄	0.097	2.210	0.348	1.048	1.302	1.708	18.165	31.509	42.529	0.891	0.060	0.133
菠菜	0.795	4.103	0.511	1.488	2.363	2.052	14.144	36.488	37.264	0.571	0.098	0.125
苘麻	0.144	3.126	0.589	1.550	1.906	2.591	7.366	26.907	53.888	1.584	0.102	0.247
紫花苜蓿	0.227	1.835	0.584	1.699	1.444	2.349	19.477	26.877	44.327	0.929	0.073	0.180
平均	0.465	3.055	0.343	1.084	1.467	1.903	17.349	32.435	41.016	0.672	0.060	0.152

表 10.13　U 污染条件下植物吸收元素的增减百分比　　　　（单位：%）

植物名称	Na	Mg	Al	Si	P	S	Cl	K	Ca	Fe	Zn	Sr
反枝苋	0.03	−1.57	0.11	0.19	0.00	−0.10	0.00	−0.46	1.75	0.06	−0.01	0.01
红圆叶苋	0.05	−2.43	0.03	−0.12	−0.13	−0.61	4.19	−7.41	6.50	−0.11	0.01	0.02
牛皮菜	0.24	−1.46	0.05	0.15	0.33	0.11	−3.43	−0.89	4.78	0.13	−0.01	0.00

植物名称	Na	Mg	Al	Si	P	S	Cl	K	Ca	Fe	Zn	Sr
灰灰菜	−0.02	−0.51	−0.06	−0.08	−0.01	−0.27	0.20	0.97	−0.19	−0.03	−0.01	0.01
菊苣	−0.25	−0.54	0.02	0.00	−0.02	0.26	−3.33	1.76	2.12	−0.01	−0.02	0.02
苍耳	−0.01	−1.24	0.12	−0.01	−0.01	−0.74	−0.03	−1.82	3.52	0.24	−0.02	0.01
大豆	0.12	−0.22	−0.03	−0.30	0.19	−0.04	7.21	−1.91	−4.76	−0.25	0.00	−0.02
酸模	0.18	−0.19	−0.16	−0.27	0.02	0.02	2.34	−2.08	0.21	−0.19	0.02	0.09
稗	0.07	−2.79	−0.18	−5.32	−0.32	−2.89	−0.47	9.96	2.09	−0.17	0.00	0.01
鬼针草	0.00	−0.20	−0.02	−0.15	−0.33	0.09	−1.59	−3.29	5.65	−0.20	0.00	0.03
向日葵	−0.14	−1.33	0.00	−0.16	−0.25	−0.26	−0.87	1.53	1.67	−0.21	0.00	0.01
美洲商陆	0.05	−2.80	−0.02	−0.21	−0.10	−0.14	−0.95	3.57	0.74	−0.11	−0.03	−0.01
刺天茄	0.05	−0.21	0.06	0.19	0.37	0.18	1.01	−1.06	−0.54	−0.06	0.01	−0.01
菠菜	−0.42	−2.77	0.23	0.77	0.13	−0.24	3.05	−8.93	7.97	0.16	0.02	0.01
苘麻	0.05	−0.89	0.00	−0.32	−0.83	−0.70	0.24	−2.08	4.56	−0.07	−0.03	0.07
紫花苜蓿	0.02	0.06	−0.06	−0.05	−0.38	−0.03	2.61	−0.63	−1.32	−0.24	0.01	0.02
平均	0.00	−1.19	0.01	−0.36	−0.08	−0.33	0.63	−0.80	2.17	−0.07	0.00	0.02

10.2.5　U 和伴随重金属对植物吸收元素的影响

在第 7 章 U 的 0mg/kg 处理和 150mg/kg 处理中，对不添加重金属和添加重金属后菊苣根系元素含量进行 X 荧光测定，得到结果见表 10.14。表 10.14 显示 U 和伴生重金属对植物吸收元素的影响情况。

从表 10.14 可见，在没有 U 和重金属污染的土壤，当受到 150mgU/kg 污染时，菊苣根系减少对 Na、Mg 和 K 的吸收，增加对 Si、P、S、Cl、Ca、Fe 等元素的吸收；在土壤受到 25mgCd/kg 和 150mgU/kg 污染时，与仅受 25mgCd/kg 污染相比，将减少 Na、Mg、P、S、K、Ca 等元素的吸收，而增加 Al、Si、Cl、Fe 等元素的含量，尤其是增加 Cl 含量十分显著；在土壤受到 250mgPb/kg 和 150mgU/kg 污染时，与仅受 250mgPb/kg 污染相比，将减少 Cl、K 元素的吸收，减少 Cl 吸收十分明显，而增加 Na、Mg、Si、P、S、Ca、Fe 等元素的含量；在土壤受到 25mgHg/kg 和 150mgU/kg 污染时，与仅受 25mgHg/kg 污染相比，将减少 Na、Mg、K、Ca 等元素的吸收，而增加 P、S、Cl、Ca、Fe 等元素的含量；在土壤受到 500mgNi/kg 和 150mgU/kg 污染时，与仅受 500mgNi/kg 污染相比，将减少 Cl、K 元素的吸收，Cl 的吸收降低十分明显，而增加 Na、Mg、Al、Si、P、S、Ca、Fe 等元素的含量，尤其是增加 Cl 含量十分显著。

因此，在 U 污染土壤中，U 影响植物对元素的吸收，而在不同伴生重金属影响下，U 对元素吸收的影响又有所不同。在 U 和重金属污染土壤，要重视 U 和重金属对植物吸收元素的影响从而降低产量和品质。

表 10.14　U 和伴生重金属对菊苣根系物质成分相对含量的影响　　　　　（单位：%）

处理	Na	Mg	Al	Si	P	S	Cl	K	Ca	Fe	Zn	Sr
U0+CK	2.13	2.81	0.18	0.53	1.70	4.01	11.44	43.39	33.30	0.35	0.05	0.11
U150+CK	1.23	2.63	0.25	0.66	1.92	4.83	12.09	40.15	34.44	0.46	0.09	0.12
差	−0.90	−0.18	0.07	0.13	0.22	0.82	0.65	−3.24	1.14	0.11	0.03	0.01
U0+Cd25	1.86	3.63	0.29	0.72	1.94	5.39	0.04	42.17	38.28	0.51	0.08	0.14
U150+Cd25	1.75	2.92	0.46	1.02	1.88	4.50	13.89	38.39	33.31	0.82	0.08	0.12
差	−0.11	−0.71	0.17	0.30	−0.06	−0.89	13.85	−3.78	−4.97	0.31	0.00	−0.02
U0+Pb250	1.43	2.56	0.27	0.69	1.68	3.80	10.32	44.25	34.02	0.52	0.05	0.12
U150+Pb250	1.57	3.18	0.31	0.91	2.46	5.80	0.05	40.35	38.50	0.77	0.06	0.15
差	0.14	0.62	0.04	0.22	0.78	2.00	−10.27	−3.90	4.48	0.25	0.01	0.03
U0+Hg25	1.79	3.00	0.26	0.62	1.78	4.59	10.02	41.74	34.19	0.44	0.04	0.12
U150+Hg25	1.24	2.62	0.34	0.81	2.04	4.85	11.25	39.30	34.97	0.56	0.08	0.14
差	−0.55	−0.38	0.08	0.19	0.26	0.26	1.23	−2.44	0.78	0.12	0.04	0.02
U0+Ni500	1.24	2.27	0.17	0.56	1.25	3.67	10.69	47.49	32.95	0.37	0.04	0.10
U150+Ni500	1.38	3.06	0.32	0.77	1.68	5.31	0.05	46.05	36.29	0.76	0.05	0.15
差	0.14	0.79	0.15	0.21	0.43	1.64	−10.64	−1.44	3.34	0.39	0.01	0.05

注：①处理列元素后边的数据是 U 或重金属的施用量，单位是 mg/kg 土；②CK 是没有施用重金属；③差是下行数据−上行数据。④表中数据从测得的氧化物数据转化成元素百分比时，因元素原子量取整数计算，使得百分数之和小于 100，但不影响大的变化趋势。

10.2.6　小结

在无污染土壤中，植物对不同元素的吸收数量不同，在测到的 12 种元素中，除 Na、Al 和 Sr 外，其他都是植物必需的营养元素，其含量是 Ca>K>Cl>Mg>S>P>Si>Fe>Zn。不同植物的元素有不同的含量特点，一般认为，豆科是喜钙植物，某些禾本科植物是疏钙植物；禾本科植物喜硅（邹邦基，1980），本研究得到类似结论。有资料认为，豆科植物需 K 量比禾本科植物多（黄建国等，2004），但在本研究中，豆科的大豆 K 含量远低于禾本科的稗。另外，根据元素含量情况，本研究认为，美洲商陆和红圆叶苋喜镁，菠菜和苘麻喜磷，酸模、菠菜和菊苣喜钾，苘麻、紫花苜蓿喜铁，牛皮菜和菠菜耐钠盐能力较强。同时，有些元素的植物含量存在某些关系，Na 与 Fe 显著负相关，P 与 Zn 极显著正相关，K 与 Ca、Sr 极显著负相关。在植物生产中要根据植物元素含量特点和元素含量间的相关关系，科学施用肥料，保证植物的元素供应。

我们以前研究表明，Sr、Cs、U 污染土壤将使多种植物生物产量降低，Kasianenko 等（2005）研究表明，U 污染使小麦千粒重降低。本研究表明 Sr、Cs、U 污染土壤使植物吸收的元素含量发生了变化，均使 Mg、Si、P、S、Fe 元素含量比例下降。依艳丽等（2009）研究表明，Zn、Cd 重金属污染使土壤速效 P 降低。核素污染导致植物 P 等元素含量减少是否与土壤速效 P 等降低有关值得进一步研究。不管怎样，在植物元素总含量不变的情况下，植物必需元素比例下降，将引起植物生理性元素缺乏，影响植物的正常生长，这也许是使植物生物产量或粒重降低的一个重要原因。

据研究，植物对 Mg 与 Ca、K、P 的吸收有相互抑制作用(鲁如坤等，1982)，一价阳离子之间相互抑制吸收(黄建国等，2004)。本研究表明，某些核素对一些植物的特定元素的含量有明显的降低作用。在 Sr 污染土壤中，菊苣、大豆、灰灰菜 Ca 含量明显降低，可能与 Ca 和 Sr 在化学性质上的相似性(孙赛玉等，2008)有关。在 Cs 污染土壤中，向日葵、牛皮菜、紫花苜蓿 Cl 含量明显降低，向日葵、红圆叶苋 Mg 含量明显降低，苘麻、酸模 Fe 含量明显降低，酸模 K 含量也明显降低。在 U 污染土壤中，红圆叶苋和菠菜的 K 含量降低较多，红圆叶苋、菠菜、稗、美洲商陆 Mg 含量降低较多，稗的 Si、S 含量降低较多。有研究表明，对水稻施 Si，可以减轻重金属的危害(王世华等，2007)。因此，在植物修复 Sr、Cs、U 污染土壤中，对多数植物施用 Mg、Si、S、P 元素，对某些植物补施特定元素，可以减轻核素污染对植物的缺素伤害，提高植物的生物产量和修复效率。

本研究的结论是，在无污染土壤中，植物对不同元素的吸收数量不同，其含量是 Ca>K>Cl>Mg>S>P>Si>Fe>Zn，但不同植物有自己的元素含量特点，某些元素含量间存在一定的相关关系。Sr、Cs、U 污染土壤后，植物元素吸收特点、元素含量及其相互关系均发生了变化，不同核素对不同植物和不同元素含量的影响不同，但都使 Mg、Si、P、S、Fe 元素含量比例下降。因此，在 Sr、Cs、U 污染土壤中，有针对性地补施某些元素，也许可以减轻植物的缺素伤害。另外，在 Sr 或 Cs 污染土壤中，春播植物比秋播植物 Sr 或 Cs 的含量百分比要高，尤其高出 Cs 含量百分比数倍，因而春播植物的修复效率高于秋播植物。

10.3 核素污染对植物物质成分的影响

由于每种原子都有自己的特征谱线，因此可以根据光谱来鉴别物质和确定它的化学组成。这种方法叫做光谱分析。做光谱分析时，可以利用发射光谱，也可以利用吸收光谱。发射光谱分析是根据被测原子或分子在激发状态下发射的特征光谱的强度计算其含量。吸收光谱是根据待测元素的特征光谱，通过样品蒸汽中待测元素的基态原子吸收被测元素的光谱后被减弱的强度计算其含量。

傅里叶变换红外光谱法(FTIR)是一种基于化合物中官能团和极性键振动的结构分析技术，可以帮助判断分子中含有何种官能团，更重要的是可以比较不同样品的红外光谱差异，从而反映样品在植物化学组成上的差异程度(李星等，2009)。目前，FTIR 已广泛应用于许多研究领域，如中药材的质量鉴别(索婧侠等，2010)、高等植物的系统分类研究(徐晟翀等，2007)以及重金属胁迫对植物的影响(任立民等，2008；薛生国等，2011；迟光宇等，2006)。本研究采用 FTIR 法分析高浓度 U 胁迫下植物茎叶和根系的化学组成变化，探讨高浓度核素胁迫对植物物质成分的生物学效应，为核素污染土壤的植物修复提供相关参考。本研究分析的植物来自第 4 章的试验植物。有关试验处理方法和土壤核素污染情况请参见第 4 章。

10.3.1　对植物成分吸收峰位移的影响

物质官能基团不同，主要吸收光谱谱段不同。3420cm^{-1}附近的峰是分子间氢键—OH自由羟基的伸缩振动峰，主要来自于纤维素、半纤维素、多糖等碳水化合物（薛生国等，2011）。2923cm^{-1}和2852cm^{-1}附近的峰代表了非对称和对称的油脂中的—CH 拉伸引起的吸收峰，峰的变化可能与植物细胞膜的膜脂氧化程度相关。1735cm^{-1}附近是膜脂和酯类化合物的孤立羧基（—COOR）吸收峰（顾艳红等，2009）。1633cm^{-1}和1549cm^{-1}左右的吸收峰分别为酰胺化合物的吸收 I 和 II 带（包括—CONH—中的 C＝O 伸缩振动）（程琴等，2010），1248cm^{-1}附近是酰胺 III 带，是 C—N 的伸缩振动和 N—H 的弯曲振动引起的，是蛋白质的特征谱带；900～1200cm^{-1}（糖链的特征峰）是多糖信息的指纹区，1384cm^{-1}为纤维素中甲基（—CH$_3$）的伸缩振动吸收峰，说明存在纤维素（张晓斌等，2008）。

核素污染对植物成分吸收峰位移的影响，是与无污染的对照相比较。从表 10.14 可见，Sr、Cs、U 污染土壤，对植物碳水化合物吸收峰偏移影响较大，但不同核素对不同植物、不同器官及其不同吸收峰的影响差异较大。例如，就碳水化合物吸收峰而言，Sr 对灰灰菜根系的影响最大；对蛋白质特征普带的影响，Sr 对空心莲子草的影响最大；对酰胺而言，U 对空心莲子草地上器官的影响大于 Sr 或 Cs 的影响。

表 10.14　Sr、Cs、U 处理对植物地上地下器官物质吸收峰位移的影响　（单位：波数/cm）

吸收峰/cm^{-1}	器官	空心莲子草			黄秋葵			灰灰菜		
		Sr	Cs	U	Sr	Cs	U	Sr	Cs	U
3420	地上	−6.97	−6.74	−2.81	−1.27	−29.76	−7.61	−2.02	−3.29	0.75
	地下	—	−0.03	0.47	−1.83	−3.67	−0.19	−21.77	0.36	1.59
2926	地上	−1.55	−0.27	1.13	−0.04	1.93	0.1	1.41	1.09	1.22
	地下	6.75	10.94	11.62	0.09	2.01	−0.96	6.55	5.03	5.01
2850	地上	−0.43	0.03	0.21	−0.11	1.58	−0.06	0.72	−0.07	0.61
	地下	—	—	—	0.25	0.93	−0.46	1.68	1	0.66
1733	地上	−0.77	−0.12	3.91	−1.45	0.51	−0.68	0.62	—	0.42
	地下	1.92	3.98	3.57	−2.31	−0.71	−3.13	4.32	—	−0.62
1630	地上	4.33	4.72	3.94	0.13	0.95	−1.3	1.18	2.94	6.47
	地下	0.74	0.01	4.48	−0.7	7.05	−1.69	0.05	−6.08	−2.49
1549	地上	−0.45	−0.53	5.49	—	—	—	—	—	—
	地下	7.43	4.99	3.91	—	—	—	—	—	—
1384	地上	0.29	0.29	0.3	0.01	−0.09	−0.08	−0.51	−0.42	−0.48
	地下	−0.02	−0.01	−0.03	−0.01	0.01	0.01	−0.68	−0.65	−0.62
1242	地上	−6.21	−1.36	0.4	−0.22	−11.28	−2.16	0.28	−1.71	0.94
	地下	4.24	0.61	0.9	1.26	1.26	1.93	2.08	−1.18	1.11

续表

吸收峰/cm^-1	器官	空心莲子草			黄秋葵			灰灰菜		
		Sr	Cs	U	Sr	Cs	U	Sr	Cs	U
1158	地上	-1.09	-2.29	-1.14	—	—	—	0.4	—	0.56
	地下	-4.56	-2.07	-0.25	—	—	-0.01	—	—	5.51
1066	地上	-0.3	0.35	0.29	1.76	—	8.14	25.2	16.27	0.89
	地下	-0.07	-0.08	0.32	-2.78	-1.07	6.11	3.04	3.15	2.35
1030	地上	-0.46	1.41	-2.23	1.9	—	0.53	-9.64	-12.23	-2.67
	地下	-0.98	-0.74	-0.11	135.38	—	9.49	0.89	1.44	-0.28
897	地上	21.38	0.84	0.67	-0.39	0.39	—	2.35	4.27	2.58
	地下	4.9	2.28	1.31	899.34	-1.66	—	—	—	—

10.3.2 核素处理对植物物质吸光度值的影响

在相同波长条件下，吸光度越大，相应物质含量越高。从表 10.15 可见，不同核素对不同植物不同物质含量的影响不同。根据前述波长和物质成分的对应关系，Sr 污染时空心莲子草和黄秋葵碳水化合物官能团含量降低，但 Cs 和 U 污染却增加了含量；而 Sr 污染增加灰灰菜碳水化合物官能团含量，Cs 和 U 污染降低其含量。Sr、Cs、U 污染使这三种植物蛋白质官能团含量均有降低。

表 10.15 Sr、Cs、U 处理对植物地上地下器官物质吸光度值的影响

吸收峰/cm^-1	器官	空心莲子草				黄秋葵				灰灰菜			
		CK	Sr	Cs	U	CK	Sr	Cs	U	CK	Sr	Cs	U
3420	地上	0.056	0.025	0.227	0.221	0.365	0.215	0.68	0.534	0.267	0.695	0.173	0.149
	地下	0.039	—	0.205	0.195	0.536	0.103	0.133	0.005	0.267	0.16	0.252	0.007
2926	地上	0.123	0.051	0.053	0.05	0.074	0.041	0.025	0.126	0.062	0.211	0.036	0.031
	地下	0.047	0.043	0.055	0.047	0.104	0.023	0.019	0.088	0.042	0.032	0.045	0.114
2850	地上	0.015	0.005	0.008	0.007	0.003	0.002	0.002	0.004	0.006	0.033	0.007	0.005
	地下	—	—	0.02	—	0.009	0.003	0.003	0.001	0.004	0.006	0.005	0.011
1733	地上	0.033	0.01	0.008	0.001	0.012	0.004	0.021	0.024	0.013	0.005	—	0.014
	地下	0.009	0.016	0.004	0.003	0.288	0.01	0.007	0.029	0.15	0.021	—	0.038
1630	地上	0.512	0.243	0.231	0.224	0.305	0.175	0.122	0.015	0.211	0.681	0.197	0.134
	地下	0.173	0.173	0.115	0.111	0.288	0.058	0.056	0.174	0.169	0.12	0.164	0.356
1549	地上	0.027	0.005	0.01	0.017	—	—	—	—	—	—	—	—
	地下	0.002	0.001	0.002	0.001	0.003	—	—	—	—	—	0.059	0.007

吸收峰 /cm⁻¹	器官	空心莲子草				黄秋葵				灰灰菜			
		CK	Sr	Cs	U	CK	Sr	Cs	U	CK	Sr	Cs	U
1384	地上	0.545	0.396	0.303	0.075	0.226	0.26	0.057	0.064	0.007	0.124	0.055	0.103
	地下	0.04	0.109	0.081	0.03	0.552	0.117	0.075	0.21	0.023	0.064	0.09	0.119
1242	地上	0.061	0.046	0.023	0.019	0.038	0.022	0.007	0.061	0.025	0.071	0.009	0.013
	地下	0.014	0.044	0.007	0.018	0.077	0.015	0.008	0.039	0.047	0.015	0.033	0.086
1158	地上	0.045	0.019	0.017	0.012	—	—	—	—	0.031	0.068	—	0.008
	地下	0.044	0.014	0.025	0.017	0.049			0.074	0.073	—		0.036
1066	地上	0.134	0.019	0.048	0.075	0.07	0.031	—	0.053	0.016	0.031	0.059	0.004
	地下	0.006	0.034	0.015	0.01	0.024	0.006	0.53	0.087	0.026	0.115	0.209	0.043
1030	地上	—	—	—	—	0.084	0.038	0.007	0.073	0.09	0.069	0.059	0.005
	地下	0.068	0.089	0.041	0.032	0.032	0.004	0.055	0.132	0.017	0.125	0.228	0.037

从图 10.1 可见,空心莲子草茎叶和根系的—OH 吸收峰都出现在 3400cm⁻¹ 附近,峰形较宽。在对照中,2852cm⁻¹ 附近,空心莲子草的根系 C-H 峰未出现,而高浓度 U 胁迫后,在 2852cm⁻¹ 附近出现了对照未出现的峰,说明 U 胁迫可能使植物过氧化程度增加。在高浓度 U 胁迫下,空心莲子草茎叶和根系—COOR 的吸收峰分别位移 3.91、3.57cm⁻¹(表 10.14,图 10.1),说明高浓度 U 使空心莲子草的孤立羧基(—COOR)发生变化。

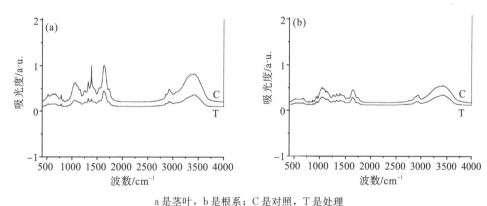

a 是茎叶,b 是根系;C 是对照,T 是处理

图 10.1 U 胁迫下空心莲子草的吸光度变化图(曾峰和唐永金,2013)

10.3.3 核素处理对植物物质相对吸光度值的影响

相对吸光度值是某一吸收峰与另一吸收峰的比值,可以大致反应这两种官能团含量的比例大小。如果以一种变化较小的吸收峰为基准计算相对吸收值,可以反应不同官能团的增加情况。曾峰和唐永金(2013)按张晓斌等(2008)研究铬诱导植物根细胞壁化学成分变化的方法,以 2923cm⁻¹ 附近—CH₃ 的特征吸收峰的吸光度(A_{2923})为基准,其他

特征峰的吸光度 A 与 A_{2923} 的比值，计算了空心莲子草、黄秋葵和菊苣茎叶和根系的特征峰变化，结果如表 10.16 所示。

在高浓度 U 胁迫下，三种植物茎叶 A_{3420}/A_{2923} 值上升，且增幅明显，说明—OH 大量增加；黄秋葵的根系 A_{3420}/A_{2923} 值略有降低，空心莲子草和菊苣根系 A_{3420}/A_{2923} 值大幅增加。A_{1735}/A_{2923} 的比值表示膜脂和细胞壁果胶中常见的酯类化合物的孤立羧基（—COOR）（程琴等，2010）。在 U 胁迫下，空心莲子草茎叶和根系 U 含量分别从对照的 0.05mg/kg、0.19mg/kg 增加到 11.10mg/kg 和 238.80mg/kg，茎叶和根 A_{1735}/A_{2923} 值大幅降低；黄秋葵茎叶和根系 U 含量分别从对照的 0.03mg/kg、4.91mg/kg 增加到 104.50mg/kg 和 715.20mg/kg，茎叶和根 A_{1735}/A_{2923} 值降低明显；菊苣茎叶和根系 U 含量由对照的 0.11mg/kg 和 0.29mg/kg 增加到 412.80mg/kg 和 1794.70mg/kg，茎叶的 A_{1735}/A_{2923} 值（0.125）较对照（0.302）降低，只是根的 A_{1735}/A_{2923} 值（0.200）较对照（0.170）略有升高。这些结果表明：植物在高浓度 U 胁迫下—COOR 含量多大幅降低，这可能是植物分泌的有机酸不断螯合 U，达到植物螯合 U 的极限，从而造成孤立羧基不断减少；菊苣根的比值略有升高可能是菊苣根系螯合 U 能力较强，植株能继续分泌产生有机酸。从 U 含量可知，U 胁迫下，菊苣根 U 含量（1794.70mg/kg）大于空心莲子草（238.80mg/kg）和黄秋葵含量（715.20mg/kg）。张晓斌等（2008）研究表明，根细胞壁上—OH 和自由羧基—COO⁻ 参与了重金属铬的结合。因此，可以认为—OH 和—COOR 对 U 的吸附、结合起了关键作用。

A_{1633}/A_{2923} 值表示蛋白二级结构中肽键间氢键的结合力的强弱（任立民等，2006），A_{1248}/A_{2923} 值表示蛋白质含量。在高浓度 U 胁迫下，空心莲子草茎叶 A_{1633}/A_{2923} 值略有增加，说明空心莲子草茎叶蛋白二级结构中肽键间氢键的结合力稍有增强；A_{1248}/A_{2923} 的比值降低表明蛋白质含量减少，黄秋葵的 A_{1633}/A_{2923} 和 A_{1248}/A_{2923} 值都减少，说明黄秋葵在高浓度胁迫下茎叶和根系蛋白二级结构中肽键间氢键的结合力减弱，蛋白质含量减少；菊苣的 A_{1633}/A_{2923} 和 A_{1248}/A_{2923} 值都增加，说明菊苣在高浓度胁迫下茎叶和根系蛋白二级结构中肽键间氢键的结合力增强，蛋白质含量增加，这可能是在高浓度 U 胁迫下，菊苣诱导产生具有保护植物细胞免受毒害作用的富脯氨酸蛋白、病害相关蛋白和富甘氨酸蛋白等一些蛋白的合成（薛生国等，2011）。

A_{1384}/A_{2923} 值表示纤维素含量。结果显示，空心莲子草和黄秋葵茎叶和根系的 A_{1384}/A_{2923} 的比值都有不同程度的降低，说明在高浓度 U 胁迫下这两种植物茎叶和根系纤维素含量都有一定减少，但是菊苣茎叶和根系的比值都大幅升高，说明在高浓度 U 使菊苣的纤维素大量增加。

A_{1155}/A_{2923}、A_{1035}/A_{2923} 值代表糖类物质，特别是可溶性糖的含量。据顾艳红等 2009 年）研究，植物在低浓度重金属胁迫时可溶性糖含量增加，以此来抵御胁迫，而当超过耐重金属胁迫限度时，可溶性糖的含量会下降。本研究中只有黄秋葵根系 A_{1155}/A_{2923}、A_{1035}/A_{2923} 值增加，其余植物及其部位比值都降低，说明植物在此高浓度 U 胁迫下，大多植物都超过了耐受限度。

表 10.16　U 污染土壤植物物质相对吸光度值的影响

A/A_{2923}	植物器官	空心莲子草		黄秋葵		菊苣	
		CK	U	CK	U	CK	U
A_{3420}/A_{2923}	a	0.455	4.420	0.071	3.814	4.019	5.825
	b	0.830	4.149	4.447	3.579	0.036	4.433
A_{1735}/A_{2923}	a	0.268	0.020	0.095	0.047	0.302	0.125
	b	0.191	0.064	0.411	0.079	0.170	0.200
A_{1633}/A_{2923}	a	4.163	4.480	3.571	2.442	2.728	3.275
	b	3.681	2.362	2.617	2.079	1.116	1.467
A_{1384}/A_{2923}	a	4.431	1.500	2.200	0.558	0.352	5.900
	b	0.851	0.638	2.745	1.474	0.065	0.233
A_{1248}/A_{2923}	a	0.496	0.380	0.324	0.302	0.494	0.575
	b	0.298	0.383	0.574	0.316	0.195	0.356
A_{1155}/A_{2923}	a	0.366	0.240	0.467	0.233	0.204	0.125
	b	0.936	0.362	0.121	1.026	0.108	—
A_{1035}/A_{2923}	a	—	—	0.224	0.140	0.833	0.825
	b	1.447	0.681	0.291	3.132	2.632	2.411

注：a 表示茎叶，b 表示根系。

10.3.4　小结

核素种类对植物物质成分在量上有一定影响，不同植物、不同器官的反应不同。①高浓度 U 胁迫并未改变三种植物的基本化学组分，但对三种植物各化学成分含量有所影响。空心莲子草、菊苣的羟基含量增加，空心莲子草、黄秋葵的孤立羧基含量减少，黄秋葵的蛋白质二级结构中肽键间氢键的结合力减弱、蛋白质含量减少，菊苣的蛋白质二级结构中肽键间氢键的结合力增强、蛋白质含量增加，说明这些基团与 U 的吸收、络合、运输密切相关。②空心莲子草和灰灰菜糖类物质降低，而黄秋葵根系糖类物质大量增加，说明黄秋葵抗高浓度 U 胁迫较其他两种植物更强，植物耐高浓度 U 的能力越强，则通过生理生化反应来抵御不良环境的迫害能力也越强。③FTIR 能够作为探究植物对高浓度 U 胁迫下物质成分响应的一种快速、灵敏的检测手段，可以应用于 U 等核素对植物物质成分的生物效应研究。

参 考 文 献

敖嘉，唐运来，陈梅. 2010. Sr胁迫对油菜幼苗抗氧化指标影响的研究[J]. 核农学报，24(1)：166-170.

毕静静，郭宪峰，郭建党. 2012. 微生物菌肥对番茄光合效能、产量及品质的影响[J]. 山东农业科学，44(7)：61-62，66.

曹钟港，陈赵飞，吴虞华，等. 2010. 我国部分地区植物样品中放射性核素水平监测[J]. 辐射防护通讯，30(3)：17-24.

陈传群. 徐寅良. 张勤争. 1990. 水生植物对^{134}Cs的吸收[J]. 核农学报，4(3)：139-144.

陈梅，唐运来. 2012. 低温胁迫对玉米幼苗叶片叶绿素荧光参数的影响[J]. 内蒙古农业大学学报，33(3)：20-24.

陈梅，唐运来. 2013. 高温胁迫下苋菜的叶绿素荧光特性[J]. 生态学杂志，32(7)：1813-1818.

陈世宝，朱永官，陈保冬. 2006. 土壤改良剂对油菜富集^{238}U、^{226}Ra及^{232}Th的影响[J]. 环境污染治理技术与设备，7(11)：13-17.

成杰民，俞协治，黄铭洪. 2005. 蚯蚓-菌根在植物修复镉污染土壤中的作用[J]. 生态学报，25(6)：1256-1263.

程连. 2009. EM制剂对紫花苜蓿生长的影响[J]. 草业科学，26(3)：72-74.

程琴，黄庶识，梅岩，等. 2010. 用红外光谱研究植物响应甲醛胁迫的生理特性[J]. 浙江大学学报(农业与生命科学版)，36(6)：674-682.

迟光宇，刘新会，刘素红. 2006. Cu污染与小麦特征光谱相关关系研究[J]. 光谱学与光谱分析，26(7)：1272-1276.

崔大练，马玉心，俞兴伟. 2011. Zn^{2+}对海滨木槿种子萌发及根伸长抑制效应的研究[J]. 种子，30(2)：45-48.

崔杰，虎子辉，张飞宇，等. 2009. 正确使用放射性单位制和检出限量[J]. 中国国境卫生检疫杂志，32，(1)：56-61.

代全林. 2007. 植物修复与超富集植物[J]. 亚热带农业研究，3(1)：51-56.

邓冰，刘宁，王和义. 2010. 铀的毒性研究进展[J]. 中国辐射卫生，19(1)：113-116.

丁学锋，蔡景波，杨肖娥. 2006. EM菌与水生植物黄花水龙(*Jussiaea stipulacea* Ohwi)联合作用去除富营养化水体中氮磷的效应[J]. 农业环境科学学报，25(5)：1324-1327.

董武娟，吴仁海. 2003. 土壤放射性污染的来源积累和迁移[J]. 云南地理环境研究，(15)：83-87.

范洁群，褚长彬，吴淑杭，等. 2013. 不同微生物菌肥对桃园土壤微生物活性和果实品质的影响[J]. 上海农业学报，29(1)：51-54.

冯勤亮. 2009. 水污染的修复技术分析[J]. 科技信息，7：350-351.

冯韶辉，黄小平，张景平. 2013. Cu和Cd联合胁迫对海草泰来藻光合作用的影响[J]. 生态学杂志，32(6)：1545-1550.

高大翔，郝建朝，李子芳，等. 2008. 汞胁迫对水稻生长及幼苗生理生化的影响[J]. 农业环境科学学报，27(1)：58-61.

高建欣，张文辉，王校锋. 2013. Cd^{2+}处理对5个柳树无性系气体交换参数及叶绿素荧光参数的影响[J]. 西北植物学报，33(9)：1874-1884.

公新忠，丁德馨，李广悦，等. 2011. 铀胁迫对大豆与玉米幼苗细胞DNA损伤的彗星试验研究[J]. 生态毒理学报，6(2)：160-164.

郭培清，蒋帅. 2010. 俄罗斯核污染对北极生态环境的影响[J]. 中国海洋大学学报，3：12-17.

国家环境保护局中国环境监测总站. 1990. 中国土壤元素背景值[M]. 北京：中国环境科学出版社，87-90.

韩宝华，李建国. 2007. ^{90}Sr、^{137}Cs在我国野生植物中转移系数的研究现状[J]. 辐射防护通讯，27(5)：20-23.

胡劲松，吴彦琼，谭清清，等. 2009. 铀对蚕豆种子萌发及幼苗SOD和CAT活性的影响[J]. 湖南农业科学，(10)：

15-17.

胡南，丁德馨，李广悦，等. 2012. 五种水生植物对水中铀的去除作用[J]. 环境科学学报，32(7)：1637-1645

黄德娟，徐卫东，罗明标，等. 2011. 某铀矿九种优势草本植物铀的测定[J]. 环境科学与技术，34(3)：29-31.

黄德娟，朱业安，刘庆成，等. 2013. 某铀矿山环境土壤金属污染评价[J]. 金属矿山，43(9)：146-150.

黄耿磊，黄冬芬，刘国道，等. 2011. 镉胁迫对 3 种柱花草生长及植株镉积累和分配的影响[J]. 草地学报，19(1)：
    97-101.

贾秀芹. 2009. 麻疯树对铯/锶胁迫的生理生化响应及富集[D]. 绵阳：西南科技大学.

江世杰，唐永金，赵萍. 2012. 植物吸收 Sr、Cs 与其他元素的相关性研究[J]. 湖北农业科学，51(21)：4752-4755.

孔庆宇，秦嗣军，张英霞. 2013. EM 菌剂对甜樱桃幼苗根际微生物区系及根系呼吸的影响[J]. 沈阳农业大学学报，
    44(4)：409-412.

孔文杰. 2011. 有机无机肥配施对蔬菜轮作系统重金属污染和产品质量的影响[J]. 植物营养与肥料学报，17(4)：
    977-984.

蓝惠霞，刘晓凤，陈睿. 2013. EM 菌增强活性污泥法处理制浆中段废水的研究[J]. 造纸科学与技术，32(1)：
    92-94.

李凤玉，贾小渊，陈玉，等. 2011. EDTA 螯合诱导商陆、胭脂草修复锰污染环境的研究[J]. 福建师范大学学报
    （自然科学版），(2)：114-119.

李涵茂，胡正华，杨燕萍，等. 2009. UV-B 辐射增强对大豆叶绿素荧光特性的影响[J]. 环境科学，30(12)：
    3669-3675.

李红，唐永金，曾峰. 2013. 高浓度锶、铯胁迫对植物叶绿素荧光特性的影响[J]. 江苏农业科学，41(9)：349-352.

李华丽，唐永金，曾峰. 2015a. 高浓度铀胁迫对植物叶绿素荧光特性的影响[J]. 江苏农业科学，43(4)：360-362.

李华丽，唐永金，曾峰. 2015b. 铀和重金属复合污染对菊苣荧光特性的影响[J]. 湖南师范大学自然科学学报，38
    (2)：17-23.

李龙淮，郑坚，张晟，等. 2002. 碳酸锶废水对生态环境的影响调查及治理方案[J]. 重庆环境科学，24(2)：63-
    64，68.

李明传. 2007. 水环境生态修复国内外研究进展[J]. 中国水利，11：25-27.

李涛，李灿阳，俞丹娜，等. 2010. 交通要道重金属污染对农田土壤动物群落结构及空间分布的影响[J]. 生态学报，
    30(18)：5001-5011.

李特特，徐新宇，朱永懿. 1981. 施肥措施对农作物从土壤中吸收^{90}Sr 及^{137}Cs 的影响[J]. 核农学报，1(1)：46-50.

李星，刘鹏，张志祥. 2009. 两种水生植物处理重金属废水的 FTIR 比较研究[J]. 光谱学与光谱分析，29(8)：
    945-949.

李月灵，金则新，管铭. 2013. 铜胁迫条件下土壤微生物对海州香薷光合特性和叶绿素荧光参数的影响[J]. 植物研
    究，33(6)：684-689.

李正文，李兰平，岑华飞. 2013. 不同浓度镉铅胁迫对红麻生长的影响[J]. 安徽农业科学，40(31)：15210-15213.

梁丽丽，郭书海，李刚，等. 2011. 柠檬酸/柠檬酸钠淋洗铬污染土壤效果及弱酸可提取态铬含量的变化[J]. 农业
    环境科学学报，30(5)：881-885.

梁梅燕，叶际达，吴虔华，等. 2007. 1992～2005 年秦山核电基地外围环境放射性监测[J]. 辐射防护通讯，27(5)：
    6-14.

梁文斌，薛生国，沈吉红，等. 2010. 锰胁迫对垂序商陆光合特性及叶绿素荧光参数的影响[J]. 生态学报，30(3)：
    0619-0625.

廖上强，郭军康，宋正国，等. 2011. 一株富集铯的微生物及其在植物修复中的应用[J]. 生态环境学报，20(4)：
    686-690.

廖晓勇，陈同斌，谢华，等. 2004. 磷肥对砷污染土壤的植物修复效率的影响：田间实例研究[J]. 环境科学学报，
    24(3)：455-462.

廖晓勇，陈同斌，阎秀兰，等. 2007. 提高植物修复效率的技术途径与强化措施[J]. 环境科学学报，27(6)：
    881-893

林凡华, 陈海博, 白军. 2007. 土壤环境中重金属污染危害的研究[J]. 环境科学与管理, 32(7): 74-77.

刘凤枝, 师荣光, 贾兰英. 2010. 土壤污染与食用农产品安全[J]. 农业环境与发展, 3: 50-54.

刘娟, 李红春, 王津, 等. 2012. 华南某铀矿开采利用对地表水环境质量的影响[J]. 环境化学, 31(7): 981-989.

刘俊祥, 孙振元, 勾萍, 等. 2012. 镉胁迫下黑麦草的光合生理响应[J]. 草业学报, 21(3): 191-197.

刘期凤, 刘宁, 廖家莉, 等. 2006. 放射性核素迁移研究的现状与进展[J]. 化学研究与应用, 18(5): 465-471.

刘晓冰, 邢宝山, 周克琴, 等. 2005. 污染土壤植物修复技术及其机理研究[J]. 中国生态农业学报, 13(1): 134-138.

刘秀梅, 聂俊华, 王庆仁. 2002. 6 种植物对 Pb 的吸收及耐性研究[J]. 植物生态学报, 26(5): 533-537.

刘足根, 杨国华, 杨帆, 等. 2008. 赣南钨矿区土壤重金属含量与植物富集特征[J]. 生态学杂志, 27(8): 1345-1350.

鲁如坤, 史陶均. 1982. 农业化学手册[M]. 北京: 科学出版社.

鲁艳, 李新荣, 何明珠, 等. 2011. 不同浓度 Ni、Cu 处理对骆驼蓬光合作用和叶绿素荧光特性的影响[J]. 应用生态学报, 22(4): 936-942.

陆龙根. 1982. 镎钚镉在植物中吸收分布[J]. 国外医学(放射医学分册), (1): 12-17.

罗黄颖, 高洪波, 夏庆平, 等. 2011. γ-氨基丁酸对盐胁迫下番茄活性氧代谢及叶绿素荧光参数的影响[J]. 中国农业科学, 44(4): 753-761.

聂小琴, 丁德馨, 李广悦, 等. 2010a. 某铀尾矿库土壤核素污染与优势植物累积特征[J]. 环境科学研究, 23, (6): 719-725.

聂小琴, 李广悦, 吴彦琼, 等. 2010b. 铀胁迫对大豆和玉米种子萌发和幼苗生长及 SOD 与 POD 活性的影响[J]. 农业环境科学学报, 29(6): 1057-1064.

牛之欣, 孙丽娜, 孙铁珩. 2009. 重金属污染土壤的植物-微生物联合修复研究进展[J]. 生态学杂志, 28(11): 2366-2373.

潘本兴, 叶锦韶. 2003. 核弹和贫铀弹的环境污染(综述)[J]. 暨南大学学报(自然科学版), 24(1): 32-35.

祁芳芳, 贾梦阳, 刘黎. 2012. Ca^{2+}、Fe^{2+}、Zn^{2+} 等阳离子对植物吸收铀的影响[C]. 第十一届全国化学与放射化学学术讨论会.

乔玉辉. 2008. 污染生态学[M]. 北京: 化学工业出版社.

谯华, 周从直. 2007. 核污染的危害及其去除方法[J]. 后勤工程学院学报, (1): 154-157.

秦普丰, 刘丽, 侯红. 2010. 工业城市不同功能区土壤和蔬菜中重金属污染及其健康风险评价[J]. 生态环境学报, 19(7): 1668-1674.

裘同才. 1985. 不同土壤和肥料对春小麦从土壤中吸收 ^{90}Sr 的影响[J]. 核农学报, (4): 30-32, 25.

裘同才. 1988. 探索利用植物净化 ^{90}Sr 和 ^{137}Cr 污染的土壤[J]. 农业环境保护, 7(5): 14-17.

屈雁朋, 房玉林, 刘延琳, 等. 2009. 镉胁迫下接种 AM 真菌对葡萄次生代谢酶活性的影响[J]. 西北林学院学报, 24(5): 101-105.

任立民, 成则丰, 刘鹏, 等. 2008. 美洲商陆对锰毒生理响应的 FTIR 研究[J]. 光谱学与光谱分析, 28(3): 582-585.

任朋娟, 孟昭福, 马云飞. 2011. BS-12 与 Cd^{2+} 复合污染对空心菜种子萌发及生长的影响[J]. 西北农业学报, 20(4): 129-133.

任瑞兰, 王克功, 王卫东, 等. 2013. 苗期施用 EM 菌肥对玉米生长发育及产量的影响[J]. 中国农学通报, 29(15): 108-111.

任伟, 张思冲, 王春光. 2012. 哈尔滨交通干道两侧土壤重金属潜在生态危害评价[J]. 北方园艺, 6: 141-143.

史建君, 赵小俊, 陈晖, 等. 2002. 水生植物对水体中放射性锶的富集动态[J]. 上海交通大学学报(农业科学版), 20(1): 38-41.

史薇, 陆继根, 王利华, 等. 2008. 田湾核电站周边土壤及植物中 ^{137}Cs 含量调查及人群内辐射风险评价[J]. 生态毒理学报, 3(5), 451-456.

宋关玲, 侯文华, 汪群慧. 2005. 水体中镉对紫萍修复富营养化水体影响的研究[J]. 四川大学学报(工程科学版),

37(3)：56-60.

宋志东，唐永金. 2015. 水体铯污染的生物效应与修复植物筛选[J]. 环境工程学报，9(4)：1856-1862.

宋志东，唐永金. 2016. N、K元素对水葫芦修复水体铯污染的影响[J]. 环境科学与技术，39(6)：117-122，28.

孙海，张亚玉，孙长伟，等. 2011. 不同肥料对栽参土壤中Cr-Cu-Pb和Zn全量及有效态的影响[J]. 吉林农业大学
    学报，33(4)：411-417.

孙赛玉，周青. 2008. 土壤放射性污染的生态效应及生物修复[J]. 中国生态农业学报，16(2)：523-528.

索婧侠，孙素琴，王文全. 甘草的红外光谱研究[J]. 光谱学与光谱分析，2010，30(5)：1218-1223.

唐丽，柏云，邓人超，等. 2009. 修复铀污染土壤超积累植物的筛选及积累特征研究[J]. 核技术，32(2)：136-141.

唐世荣. 2002. 土-水介质中低放核素污染物的生物修复[J]. 应用生态学报，13(2)：243-246.

唐世荣，Wilke B M. 1999. 植物修复技术与农业生物环境工程[J]. 农业工程学报，15(2)：21-26.

唐世荣，商照荣，宋正国，等. 2007. 放射性核素污染土壤修复标准的若干问题[J]. 农业环境科学学报，26(2)：
    407-412.

唐世荣，郑洁敏. 陈子元. 2004. 六种水培的苋科植物对^{134}Cs的吸收和积累（英文）[J]. 核农学报，18(60)：
    474-479.

唐秀欢，潘孝兵，万俊生. 2008a. 放射性污染植物修复技术田间试验及前景分析[J]. 环境科学与技术，31(4)：
    63-67.

唐秀欢，潘孝兵，杨永青，等. 2008b. 放射性污染植物修复中超富集植物的数值评价[J]. 环境科学与技术，31(5)：
    125-129.

唐秀欢，潘孝兵. 2006. 植物修复——大面积低剂量放射性污染的新治理技术[J]. 环境污染与防治，28(4)：
    275-278.

唐秀梅，龚春风，刘鹏，等. 2008. 镉胁迫下龙葵叶中三种抗氧化酶的活性和抗坏血酸含量的变化[J]. 植物生理学
    通讯，44(6)：1135-1136.

唐永金，罗学刚. 2011. 植物吸收和富集核素的研究方法[J]. 核农学报，25(6)：1292-1299.

唐永金. 2014. 作物栽培生态[M]. 北京：中国农业出版社.

唐永金，罗学刚，江世杰，等. 2013a. 锶、铯、铀对5种植物种子发芽的影响[J]. 种子，32(4)：1-4.

唐永金，罗学刚，曾峰，等. 2013b. 不同植物对高浓度铀胁迫的响应与铀富集植物筛选[J]. 核农学报，27(12)：
    1920-1926.

唐永金，罗学刚，曾峰，等. 2013c. 三种核素对植物烂种烂芽的影响[J]. 核农学报，27(4)：0495-0500.

唐永金，罗学刚，曾峰，等. 2013d. 不同植物对高浓度Sr、Cs胁迫的响应及修复植物的筛选[J]. 农业环境科学学
    报，32(5)：960-965.

唐永金，曾峰，罗学刚. 2016. 施用微量元素对菊苣修复铀污染土壤的影响[J]. 核农学报，30(10)：2012-2019.

田军华，曾敏，杨勇，等. 2007. 放射性核素污染土壤的植物修复[J]. 四川环境，26(5)：93-96，86.

铁柏清，袁敏，唐美珍. 2005. 美洲商陆（Phytolacca a mericana L.）：一种新的Mn积累植物[J]. 农业环境科学学
    报，24(2)：340-343.

万芹方，陈雅宏，胡彬，等. 2011a. 植物对土壤中铀的吸收与富集[J]. 植物学报，46(4)：425-436.

万芹方，任亚敏，王亮，等. 2011b. 铀污染土壤的植物修复研究[J]. 化学学报，69(15)：1780-1788.

万芹方，邓大超，柏云. 2012. 植物和动电修复铀污染土壤的研究现状[J]. 核化学与放射化学，34(3)：148-156.

王彬. 2008. 重金属Cd、Zn、Cu、Pb污染下土壤生物效应及机理[D]. 重庆：西南大学.

王国娟，陈慧杰，李广云，等. 2010. 铅污染对刺槐生长生理的影响[J]. 山东林业科技，(3)：68-69，96.

王晶，郭书海，王新. 2002. 土壤有机态Cd转（活）化的影响因子及其综合作用[J]. 土壤通报，33(1)：57-60.

王谦，成水平. 2010. 大型水生植物修复重金属污染水体研究进展[J]. 环境科学与技术，33(5)：97-100.

王瑞兰，易俗，陈康贵，等. 2002. 夹竹桃（Nerium indicum）等四种植物放射性核素U、^{226}Ra的含量研究[J]. 湘潭
    师范学院学报（自然科学版），24(2)：73-77.

王世华，罗群胜，刘传平，等. 2007. 叶面施硅对水稻籽实重金属积累的抑制效应[J]. 生态环境，16(3)：875-878.

王学东，周红菊，华洛. 2006. 植物对重金属的抗性机理及其植物修复研究进展[J]. 南水北调与水利科技，4(2)：

43-46.

王颖, 张云茹, 何成明. 2009. 植物修复技术及相关技术在环境污染治理中的应用[J]. 重庆工学院学报(自然科学), 23(11): 39-42.

王志明, 李书绅, 杨月娥. 2001. 非饱和黄土介质中含水量对^{85}Sr迁移的影响[J]. 原子能科学技术, 35(4): 320.

王志颖, 刘鹏, 李锦山. 2010. 铝胁迫对油菜生长及叶绿素荧光参数、代谢酶的影响[J]. 浙江师范大学学报(自然科学版), 33(4): 452-458.

闻方平, 王丹, 徐长合. 2009. 苏丹草对^{133}Cs和^{88}Sr胁迫响应及吸收积累特征研究[J]. 辐射研究与辐射工艺学报, 27(4): 212-217.

吴惠芳, 刘鹏, 龚春风. 2010. Mn胁迫对小飞蓬生长及叶绿素荧光特性的影响[J]. 农业环境科学学报, 29(4): 653-658.

吴双桃, 吴晓芙, 胡曰利, 等. 2004. 铅锌冶炼厂土壤污染及重金属富集植物的研究[J]. 生态环境学报, 13(2): 156-157, 160.

吴文卫, 杨逢乐, 赵祥华. 2008. 污染水体生态修复的理论研究[J]. 江西农业学报, 20(9): 138-140.

吴彦琼, 胡劲松, 胡南, 等. 2010. 铀尾矿库区的植物组成与多样性[J]. 生态学杂志, 29(7): 1314-1318.

向言词, 官春云, 黄璜, 等. 2010. 在铀尾渣污染土壤中添加磷对植物生长及重金属积累的影响[J]. 作物学报, 36(1): 154-162.

向阳, 向言词, 冯涛. 2009. 3种植物对铀尾渣的耐受性研究[J]. 矿业工程研究, 24(3): 70-73.

向元益, 叶际达, 曹钟港, 等. 2007. 秦山核电基地外围环境陆生植物放射性水平监测[J]. 辐射防护通讯, 27(1): 31-35, 41.

谢明义, 刘兆华. 1999. ^{90}锶在核排污水域中的分布与监测[J]. 四川环境, 18(3): 26-28.

徐长合, 王丹, 张晓雪. 2010. 不同肥料处理下蚕豆幼苗提取铀镉的生理特征研究[J]. 北方园艺, 10: 19-23.

徐俊, 龚永兵, 张倩慈, 等. 2009. 三种植物对铀耐性及土壤中铀吸收积累差异的研究[J]. 化学研究与应用, 21(3): 322-326.

徐晟翀, 曹同, 聂明. 2007. 不同蒴齿类型藓类植物的FTIR光谱分析及系统学意义初探[J]. 光谱学与光谱分析, 27(9): 1710-1714.

薛生国, 黄艳红, 王钧. 2011. 采用FTIR法研究酸模叶蓼对锰胁迫生理响应的影响[J]. 中南大学学报(自然科学版), 42(6): 1528-1532.

严明理, 冯涛, 向言词, 等. 2009. 铀尾沙对油菜幼苗生长和生理特征的影响[J]. 生态学报, 29(8): 4215-4222.

严永富, 王锦堂, 方琛亮. 2013. EM菌与沉水植物联合应用脱氮除磷试验研究[J]. 浙江水利科学, 4: 19-20, 24.

杨娟, 谢琳, 张新, 等. 2012. 干旱胁迫对转IrrE基因甘蓝型油菜生理生化指标的影响[J]. 作物杂志, 1: 26-30.

杨俊诚, 朱永懿, 陈景坚, 等. 2002. ^{137}Cs在土壤中的污染行为与钾盐的防治效果[J]. 核农学报, 16(6): 376-381.

杨俊诚, 朱永懿, 陈景坚, 等. 2005. 植物对^{137}Cs污染土壤的修复[J]. 核农学报, 19(4): 286-290.

杨启良, 武振中, 陈金陵, 等. 2015. 植物修复重金属污染土壤的研究现状及其水肥调控技术展望[J]. 生态环境学报, 24(6): 1075-1084.

杨倩, 任珺, 陶玲, 等. 2009. 重金属污染水体的植物修复研究现状[J]. 广州化工, 37(2): 169-171.

杨玉敏, 张庆玉, 张冀, 等. 2010. 小麦基因型间籽粒镉积累及低积累资源筛选[J]. 中国农学通报, 26(17): 342-346.

杨卓, 王占利, 李博文, 等. 2009. 微生物对植物修复重金属污染土壤的促进效果[J]. 应用生态学报, 20(8): 2025-2031.

叶雪均, 邱树敏. 2010. 3种草本植物对Pb-Cd污染水体的修复研究[J]. 环境工程学报, 4(5): 1023-1026.

依艳丽, 周咏春, 张大庚, 等. 2009. 重金属(Zn、Cd)污染对土壤中速效磷的影响[J]. 土壤通报, 40(3): 668-672.

易俗, 王瑞兰, 汪琼, 等. 2004. 铀尾沙胁迫对水稻幼苗叶绿素含量、MDA含量和SOD活性的影响[J]. 作物学报, 30(6): 626-628.

俞慧娜, 刘鹏, 徐根娣. 2007. 大豆生长及叶绿素荧光特性对铝胁迫的反应[J]. 中国油料作物学报, 29(3): 257-265.

曾峰，唐永金. 2013. 高浓度 U 胁迫下植物物质成分的 FTIR 研究[J]. 湖南师范大学自然科学学报，36(5)：75-80.

曾峰，唐永金. 2014. 铀胁迫对植物光合特性的影响及植物对铀的吸收转移[J]. 环境工程学报，8(7)：3075-3081.

张斌，丁新民，段蕴. 2011. 贫铀对机体健康影响的研究进展[J]. 中国预防医学杂志，12(5)：448-451.

张风宝，杨明义，刘普灵，等. 2006. 大气沉降核素^{7}Be 在黄土高原地被物中的分布初探[J]. 核技术，29(11)：830-834.

张好岩，何丽萍，吕果，等. 2006. 土壤铅污染对小白菜幼苗保护酶系统的影响[J]. 中南林业科技大学学报，2010，30(9)：173-176.

张娜，曹社会，宋晓芳，等. 2012.5 种牧草中铅、铬、锌、铜、铁、锰重金属污染的分析[J]. 家畜生态学报，33(4)：91-95.

张鹏飞. 2006. 绿色核能[J]. 科学与生活，23(6)：66~74.

张守仁. 1999. 叶绿素荧光动力学参数的意义及讨论[J]. 植物学通报，16(4)：444-448.

张炜明. 1983. 稳定核素的应用[M]. 北京：科学出版社.

张珩，李积胜. 2004. 铀对人体影响的机制及防治[J]. 国外医学卫生学分册，31(2)：80-84.

张晓斌，刘鹏，李丹婷，等. 2008. 铬诱导植物根细胞壁化学成分变化的 FTIR 表征[J]. 光谱学与光谱分析，28(5)：1067-1070.

张晓雪，王丹，张志伟. 2009. 水培条件下十种植物对^{88}Sr 和^{133}Cs 的吸收和富集[J]. 北方园艺(10)：65-67.

张晓雪，王丹，钟钼芝. 2010. 鸡冠花($Celosia$ $cristata$ Linn)对 Cs 和 Sr 的胁迫反应及其积累特征[J]. 核农学报 24(3)：628-633.

张新华，刘永. 2003. 铀矿山"三废"的污染及治理[J]. 矿业安全与环保，30(3)：30-33.

张玉秀，金玲，冯珊珊. 2012. 镉对超积累植物龙葵抗氧化酶活性及基因表达的影响[J]. 中国科学院研究生院学报，30(1)：11-17.

赵丽英，邓西平，山仑. 2007. 不同水分处理下冬小麦旗叶叶绿素荧光参数的变化研究[J]. 中国生态农业学报，15(1)：63-66.

赵鲁雪，罗学刚，唐永金，等. 2014. 铀污染环境下植物的光合生理变化及对铀的吸收转移[J]. 环境与安全学报，14(2)：299-304.

赵希岳，史建君，王寿祥，等. 2003. 放射性核素^{95}Zr 在蚕豆-土壤系统中的迁移动力学[J]. 浙江大学学报(农业与生命科学版)，29(3)：261-264.

赵希岳，龚方红，蔡志强，等. 2007. 放射性核素^{95}Zr 在水生态系中的输运[J]；生态学报，27(11)：4729-4735.

赵中秋，席梅竹. 2007. Cd 对植物的氧化胁迫机理研究进展[J]. 农业环境科学学报，26(增刊)：47-51.

郑洁敏，李红艳，牛天新，等. 2009. 盆栽条件下三种植物对污染土壤中放射性铯的吸收试验[J]. 核农学报，23(1)：123-127.

钟钼芝，王丹，徐长合，等. 2011. 螯合剂对铀镉污染土壤中蚕豆幼苗生理特性影响[J]. 农业环境科学学报，30(4)：639-644.

周平坤. 2011. 核辐射对人体的生物学危害及医学防护基本原则[J]. 首都医科大学学报，32(2)：171-176.

周启星，魏树和，张倩茹. 2006. 生态修复[M]. 北京：中国环境科学出版社.

朱莉，王津，刘娟，等. 2013. 铀尾矿中铀钍及部分金属的模拟淋浸实验初探[J]. 环境化学，32(4)：678-685.

朱启红，夏红霞. 2012. 蜈蚣草对 Pb、Zn 复合污染的响应[J]. 环境化学，3(7)：1029-1035.

朱圣清，臧小平. 2001. 长江主要城市江段重金属污染状况及特征[J]. 人民长江，32(7)：23-25，50.

朱永懿，裴同才. 1985. 春小麦和油菜经叶面吸收^{90}Sr、^{137}Cs 和^{144}Ce 的研究[J]. 原子能农业应用，(2)：44-48.

朱永懿，裴同才. 1991. 裂变产物^{90}Sr、^{137}Cs、^{144}Ce 在土壤-植物系统中的行为[J]. 中国环境科学，11(4)：266-269.

朱永懿，杨俊诚，陈景坚. 1999. 降低农作物中^{137}Cs 污染水平的农业措施研究[J]. 中国核科技报告，00：1-14.

邹邦基，1980. 植物生活中的硅[J]. 植物生理学通讯，3(2)：14-20.

Петряев. 1994. 切尔诺贝利放射性核素在 30 公里以外地区土壤中的状况[J]. 王玉侠译. 地质科学译丛，11(3)：42-47.

Lachlan F，Victor W S. 1999. 医学与核战争——从广岛到双方保证能摧毁对方到废除核武器 2000[J]. 美国医学会杂志中文版，18(1)：47-52.

Aarkrog A. 1969. On the direct contamination of rye, barley, wheat and oats with ^{85}Sr, ^{134}Cs, ^{54}Mn and ^{141}Ce[J]. Radiation Botany, 9(5)：357-366.

Abdelouas A, Lutze W, Nuttall H E. 1999. Uranium contamination in the subsurface：characterization and remediation[J]. Reviews in Mineralogy, 33：433-473.

AbdEl-Sabour M F. 2007. Remediation and bioremediation of uranium contaminated soils[J]. Electron J Environ Agric Food Chem, 5：2009-2023.

Abreu M M, Neves O, Marcelin M. 2014. Yield and uranium concentration in two lettuce (*Lactuca sativa* L.) varieties influenced by soil and irrigation water composition, and season growth[J]. Journal of Geochemical Exploration, 142：43-48.

Adams D B, Adams W W. 1996. Xanthophyll cycle and light stress in nature：uniform response to excess direct sunlight among higher plant species[J]. Planta, 198：460-470.

Ahluwalia S S, Goyal D. 2007. Microbial and plant derived biomass for removal of heavy metals from wastewater[J]. Bioresource Technology 98：2243-2257.

Andersen A J. 1967. Inverstigations on the plant uptakes of fission products from contaminated soils. 1. Influence of plant species and soil types on the uptake of radioactive strontium andcaesium[R]. Riso Report No. 170, Denmark.

Anderson C, Moreno F, Meech J. 2005. A field demonstration of gold phytoextraction technology[J]. Miner Eng, 18(4)：385-392.

Antunes S C, Pereira R, Marques S M, et al. 2011. Impaired microbial activity caused by metal pollution：a field study in a deactivated uranium mining area[J]. Science of the Total Environment 410-411：87-95.

Arey J S, Seaman J C, Bertsch P M. 1999. Immobilization of uranium in contaminated sediments by hydroxyapatite addition[J]. Environmental Science and Technology, 33(2)：337-342.

Bacchin P, Si-Hassen D, Starov V. 2002. A unifying model for concentration polarization, gel-layer formation and particle deposition in cross-flow membrane filtration of colloidal suspensions[J], Chem Eng Sci, 57(1)：77-91.

Bago B, Azcon-Aguilar C. 1997. Changes in rhizosphere pH induced by arbuscular mycorrhiza formation in onion (*Allium cepa* L.). Z. Pflanzenernähr Bodenk[J], Journal of Plant Nutrition & Soil Science, 160(160)：333-339.

Baon J B, Smith S E, Alston A M. 1994. Growth response and phosphorus uptake of rye with long and short root hairs：interactions with mycorrhizal infection[J]. Plant and Soil, 167(2)：247-254.

Barber S A. 1962. A diffusion and mass-flow concept of soil nutrient availability[J]. Soil Science, 93(93)：39-49.

Barea J M, Azcón R. 2002. Mycorrhizosphere interactions to improve plant fitness and soil quality [J]. Anton Leeuwenhoek Int Jgen M, 81(1)：343-351.

Baylis G T S. 1975. The magnolioid mycorrhiza and mycotrophy in root systems derived from it[A]//Sanders, F E, Mosse B, Tinker, P B. Endomycorrhizas[M]. London：Academic Press.

Bednar A J, Medina V F, Ulmer-Scholle D S, et al. 2007. Effects of organic matter on the distribution of uranium in soil and plant matrices[J]. Chemosphere, 70：237-247.

Belli M, Sansone U, Ardiani R. 1995. The Effect of Fertilizer Applications on ^{137}Cs Uptake by Different Plant Species and Vegetation Types[J]. J Environ Radioactivity, 27(1)：75-89.

Belli M, Tikhomirov F A, Kliashtorin A, et al. 1996. Dynamics of radionuclides in forest ecosystems[A]// Karaoglou A, Desmet G, Kelly G N, et al. The Radiological Consequences of the Chernobyl Accident[M]. Luxembourg：Commission of the European Communities.

Benabdellah K, Azceon-Aguilar C, Ferrol N. 2000. Alterations to the plasma membrane polypeptide pattern of tomato roots (*Lycopersicon esculentum*) during the development of arbuscular mycorrhiza[J]. Journal of Experimental Botany, 51(345)：747-754.

Bennisse R, Labat M, Elasli A. 2004. Rhizosphere bacterial population of metallophyte plants in heavy metal-contaminated soils from mining areas in semiarid climate[J]. World J Microbiol Biotechnol, 20(7)：759-766.

Bhagawatilal J, Anubha S. 2013. Optimization of chelators to enhance uranium uptake from tailings for phytoremediation[J]. Chemosphere, 91: 692-696.

Bhalara P D, Punetha D, Balasubramanian K. 2014. A review of potential remediation techniques for uranium(Ⅵ) ion retrieval from contaminated aqueous environment [J]. Journal of Environmental Chemical Engineering, 2: 1621-1634.

Bishay A F. 2010. Environmental application of rice straw in energy production and potential adsorption of uranium and heavy metals[J]. Journal of Radioanalytical & Nuclear Chemistry, 286(1): 81-89(9).

Blaylock M J, Salt D E, Dushenkov S, et al. 1997. Enhanced accumulation of Pb in Indian mustard by soil-applied chelating agents[J]. Environmental Science & Technology, 31(31): 860-865.

Bolan N S. 1991. A critical review on the role of mycorrhizal fungi in the uptake of phosphorus by plants[J]. Plant Soil, 134(2): 189-207.

Boulois H D, Joner E J, Leyval C, et al. 2008. Impact of arbuscular mycorrhizal fungi on uranium accumulation by plants[J]. Journal of Environmental Radioactivity, 99: 775-784.

Bragina T V, Drozdova I S, Ponomareva Y V, et al. 2002. Photosynthesis, respiration, and transpiration in maize seedlings under hypoxia induced by complete flooding[J]. Doklady Biological Science, 384(1-6): 274-277.

Bravin M N, Michaud A M, Larabi B, et al. 2010. RHIZOtest: a plant-based biotest to account for rhizosphere processes when assessing copper bioavail-ability[J]. Environmental Pollution, 158(10), 3330-3337.

Brewster M D, Passmore R J. 1994. Use of electrochemical iron generation for removing heavy metals from contaminated groundwater[J]. Environ Progress, 13: 143-148.

Briat J F, Curie C, Gaymard F. 2007. Iron utilization and metabolism in plants[J]. Current Opinion in Plant Biology, 10(3), 276-282.

Broadley M R, Willey N J. 1997. Differences in root uptake of radiocaesium by 30 plant taxa[J]. Environmental Pollution, 97(2): 11-15.

Brunner I, Frey B, Riesen T K. 1996. Influence of ectomycorrhization and cesium-potassium ratio on uptake and localization of cesium in Norway spruce seedlings[J]. Tree Physiology, 16(8): 705-711.

Carvalho F P, Oliveira J M, Malta M. 2011. Radionuclides in plants growing on sludge and water from uranium mine water treatment[J]. Ecological Engineering, 37: 1058-1063.

Casas I, de Pablo J, Gimenez J, et al. 1998. The role of pe, pH, and carbonate on the solubility of UO_2 and uraninite under nominally reducing conditions[J]. Geochim Cosmochim Acta, 62(13): 2223-2231.

Chakraborty D, Maji S, Bandyopadhyay A, et al. , 2007. Biosorption of cesium-137 and strontium-90 by mucilaginous seeds of Ocimum basilicum[J]. Bioresource Technology, 98: 2949-2952.

Chang P, Kyoung-Woong K, Satoshi Y, et al. 2005. Uranium accumulation of crop plants enhanced by citric acid[J]. Environmental Geochemistry and Health, 27(5-6): 529-538.

Chen B D, Jakobsen I, Roos P, et al. 2005. Effects of the mycorrhizal fungus Glomus intraradices on uranium uptake and accumulation by Medicago truncatula L. from uranium-contaminated soil [J]. Plant and Soil, 275 (1-2): 349-359.

Chen B D, Jakobsen I, Roos P, et al. 2005. Mycorrhiza and root hairs enhance acquisition of phosphorus and uranium from phosphate rock but mycorrhiza decreases root to shoot uranium transfer [J]. New Phytologist, 165 (2): 591-598.

Chen B D, Zhu Y G, Smith F A. 2006. Effects ofarbuscular mycorrhizal inoculation on uranium and arsenic accumulation by Chinese brake fern (Pteris vittata L.) from a uranium mining-impacted soil[J]. Chemosphere, 62(9): 1464-1473.

Chiu K K, Ye Z H, Wong M H. 2005. Enhanced uptake of As, Zn, and Cu by Vetiveria zizanoides and Zea mays using chelating agents[J]. Chemosphere, 60(10): 1365-1375.

Christensen J B, Botma J J, Christensen T H. 1999. Complexation of Cu and Pb by DOC in polluted groundwater: a comparison of experimental data and predictions by computer speciation models (WHAM and MINTEQA2)[J]. Water Research, 33(15): 3231-3238.

Ciuffo L E C, Belli M, Pasquale A. 2002. ^{137}Cs and ^{40}K soil-to-plant relationship in a seminatural grassland of the Giulia Alps, Italy[J]. The Science of the Total Environment, 295: 69-80.

Clarkson D T. 1988. Movements of ions across roots[A]//Baker D A and Hall J L. Solute Transport in Plant Cells and Tissues[M]. Harlow: Longman Scientific & Technical.

Clint G M, Dighton J, Rees S. 1991. Influx of ^{137}Cs into hyphae of basidiomycete fungi[J]. Mycological Research, 95(9): 1047-1051.

Comans R N J, Hockley D E. 1992. Kinetics of cesium sorption on illite[J]. Geochimica Et Cosmochimica Acta, 56(3): 1157-1164.

Cooper E M, Sims J T, Cunningham S D, et al. 1999. Chelate-assisted phytoextraction of lead from contaminated soils[J]. Journal of Environmental Quality, 28(6): 1709-1719.

Coughtrey P J, Jackson D, Thorne M C. 1985. Radionuclide Distribution and Transport in Terrestrialand Aquatic Ecosystems, Vol. 6[M]. Leiden: Aa Balkema Publishers.

Courchesne F, Gobran G R. 1997. Mineralogical variations of bulk and rhizosphere soils from a Norway spruce stand [J]. Soil Science Society of America Journal, 61(4): 1245-1249.

Cowan D S C, Clarkson D T, Hall J L. 1993. A comparison between ATPase and proton pumping activities of plasma membranes isolated from the stele and cortex of *zea mays* roots[J]. Journal of Experimental Botany, 44(262): 983-989.

Cremers A, Elsen A, De Preter P, et al. 1988. Quantitative analysis of radiocesium retention in soils[J]. Nature, 335(6187): 247-249.

Crittenden J C, Trussell R R, Hand D W, et al. 2012. MWH's Water Treatment: Principles and Design[M]. Hoboken: John Wiley & Sons.

Czerwinski KR, Buckau G, Scherbaum F, et al. 1994. Complexation of the Uranyl ion with aquatic humic acid[J]. Radiochim acta, 65(2): 111-119.

Dat J, Vandenabeele S, Vranová E, et al. 2000. Dual action of the active oxygen species during plant stress responses [J]. Cellular & Molecular Life Sciences Cmls, 57(5): 779-95.

David L, Jones D L. 1998. Organic acids in the rhizosphere—a critical review [J]. Plant Soil, 205(1): 25-44.

Delvaux B, Kruyts N, Cremers A. 2000. Rhizosphere mobilization of radiocesium in soils[J]. Environmental Science & Technology, 34(8): 1489-1493.

Desmet G M, van Loon L R, Howard B J. 1991. Chemical speciation and bioavailability in the environment and their relevance to radioecology[J]. Science of the Total Environment, 100(3): 105-124.

Dhankher O P, Li Y J, Rosen B P. 2002. Engineering tolerance and hyperaccumulation of arsenic in plants by combining arsenate reductase and γ-glutamylcysteine synthetase expression [J]. Nat Biotechnol, 20(11): 1140-1145.

Dighton J, Clint G M, Poskitt J. 1991. Uptake and accumulation of ^{137}Cs by upland grassland soil fungi: a potential pool of Cs immobilization[J]. Mycological Research, 95(9): 1052-1056.

Dixon R K, Buschena C A. 1988. Response of ectomycorrhizal *Pinus banksiana* and *Picea glauca* to heavy metals in soil[J]. Plant and Soil, 105(2): 265-271.

Djingova R, Kuleff I. 2002. Concentration of caesium-137, cobalt-60 andpotassium-40 in some wild and edible plants around the nuclear power plantin Bulgaria[J]. Environmental Radioactivity, 59: 61-73.

Drazkiewicz M, Tukendorf A, Baszynski T. 2003. Age-dependent response of maize leaf segments to cadmium treatment: Effect on chlorophyll fluorescence and phytochelatinaccumulation[J]. J Plant Physiol, 160: 247-254.

Duprede Boulois H, Joner E J, Leyval C, et al. 2008. Role and influence of mycorrhizal fungi on radiocesium accumulation by plants[J]. J Environ Radioact, 99 (5): 785-800.

Duquene L, Vandenhove H, Tack F, et al. 2010. Diffusive gradient in thin FILMS (DGT) compared with soil solution and labile uranium fraction for predicting uranium bioavailability to ryegrass[J]. Journal of Environmental Radio-activity, 101: 140-147.

Duquene L, Vandenhove H., Tack F, et al. 2006. Plant-induced changes in soil chemistry do not explain differences in uranium transfer[J]. Journal of Environmental Radioactivity, 90: 1-14.

Duquene L, Vandenhove H, Tack F, et al. 2009. Enhanced phytoextraction of uranium and selected heavy metals by Indian mustard and ryegrass using biodegradablesoil amendments[J]. Science of the Total Envinronment, 407: 1496-1505.

Dushenkov S D, Vasudev Y, Kapulnik D. 1997. Removal of uranium from water using terrestrial plants[J], Environmental Science & Technology, 37: 3468-3474.

Dushenkov S, Mikheev A, Prokhnevsky M. 1999. Phytoremediation of radiocesium contaminated soil in the vicinity of Chernobyl, U kraine[J]. Environmental Science & Technology, 33: 469-475.

Dushenkov S. 2003. Trends in phytoremediation of radionuclides[J]. Plantand Soil, 24(9): 167-175.

Ebbs S D, Brady D J, Kochian L V. 1998. Role of uranium speciation in the uptake and the translocation of uranium by plants[J]. Journal of Environmental Radioactivity , 49(324): 1183-1190.

Ebbs S. 1998. Role of uranium speciation in the uptake and translocation of uranium by plants [J]. J Exp Bot, 49 (324): 1183-1190.

Echevarria G, Sheppard M, Morel J. 2001. Effect of pH on the sorption of uranium in soils[J]. Environmental Radioactivity, 53: 257-264.

Edmans J D, Brabander D J, Coleman D S. 2001. Uptak and mobility of uranium in black oaks: implications for biomonitoring depleted uranium-contaminated groundwater[J]. Chemoshere, 44, 789-795.

Ehlken S, Kirchner G. 2002. Environmental processes affecting plant root uptake of radioactive trace elements and variability of transfer factor data: a review[J]. Journal of Environmental Radioactivity, 58(2002) 97-112.

Eide D, Broderius M, Fett J. 1996. A novel iron-regulated metal transporter from plants identified by functional expression in yeast [J]. Proc Natl Acad Sci, 93(11): 5624-5628.

Epstein A L, Gussman C D, Blaylock M J, et al. 1999. EDTA and Pb-EDTA accumulation in *Brassica juncea* grown in Pb-amended soil[J]. Plant and Soil, 208(1): 87-94.

Epstein E, Hagen C E. 1952. A kinetic study of the absorption of alkalications by barley roots[J]. Plant Physiology, 27(2): 457-474.

Epstein E, Leggett J E. 1954. The absorption of alkaline earthcations by barley roots: kinetics and mechanisms[J]. American Journal of Botany, 41(10): 785-791.

Evangelou M W H, Daghan H, Schaeffer A. 2004. The influence of humic acids on the phytoextraction of cadmium from soil[J]. Chemosphere, 57(3): 207-213.

Evangelou M W H, Ebel M, Schaeffer A. 2006. Evaluation of the effect of small organic acids on phytoextraction of Cu and Pb from soil with tobacco Nicotiana tabacum[J]. Chemosphere, 63(6): 996-1004.

Evangelou M W H, Ebel M, Schaeffer A. 2007. Chelate assisted phytoextraction of heavy metals from soil Effect, mechanism, toxicity, and fate of chelating agents[J]. Chemosphere, 68: 989-1003.

Faraloni C, Cutino I, Petruccelli R, et al. 2011. Chlorophyll fluorescence technique as a rapid tool for in vitro screening of olivecultivars (*Olea europaea* L.) tolerant to drought stress[J]. Environmental and Experimental Botany, 73: 49-56.

Farquhar G D, Sharkey T D. 1982. Stomatal conductance and photosynthesis[J]. Annual Review of Plant Physiology, 33(1): 317-345.

Favas P J. C, Pratas J, Varun M, et al. 2014. Accumulation of uranium by aquatic plants in field conditions: prospects for phytoremediation[J]. Science of the Total Environment, 470-471: 993-1002.

Favre-Reguillon A, Lebuzit J, Foos A, et al. 2003. Selective concentration of uranium from seawater by nanofiltration[J]. Industrial & Engineering Chemistry Research, 42(23): 5900-5904.

Fay P，Mitchell D T，Osborne B A. 1996. Photosynthesis and nutrient-use efficiency of barley in response to lowar-buscular mycorrhizal colonization and addition of phosphorus[J]. New Phytologist，132(3)：425-433.

Fischer K，Bipp H P. 2002. Removal of heavy metals from soil components and soils by natural chelating agents. Part Ⅱ. Soil extraction by sugar acids [J]. Water Air Soil Pollut，138(1)：271-288.

Fricks Y. 2002. Uptake and distribution of ^{137}Cs and ^{90}Sr in Salix viminalisplant[J]. Journal of Environmental Radio-activity，63(1)：14.

Gavrilescu M，Pavel L V，Cretescu L. 2009. Characterization and remediation of soils contaminated with Uranium [J]. J Hazard Mater，163(2-3)：475-510.

Gavshin V M，Sukhorukov F V，Bobrov V A. 2004. Chemical composition of the uranium tail storages at Kadji-Sai (Southern shore of Issyk-Kul Lake，Kyrgyzstan) [J]. Water Air Soil Pollut，154(1)：71-83.

Gembitsky P A，Zhak D S，Kargin V A. 1971. Polyethylenimine[M]. Moscow：Nauka.

Georgiev P，Groudev S，Spasova I，et al. 2014. Ecotoxicological characteristic of a soil polluted by radioactive ele-ment sand heavy metals before and after its bioremediation[J]. Journal of Geochemical Exploration，142：122-129.

Gerzabek M H，Strebl F，Temmel B. 1998. Plant uptake of radionuclides in lysimeter experiments[J]. Environmen-tal Pollution，99(99)：93-103.

Ghuman G S，Motes B G，Fernandez S J. 1993. Distribution of antimony-125，cesium-137，and iodine-129 in the soil-plant system around a nuclear fuel reprocessing plant[J]. Journal of Environmental Radioactivity，21(3)：161-176.

Giller K E，Witter E，Mcgrath S P. 1998. Toxicity of heavy metals to microorganisms and microbial processes in agri-cultural soils：a review [J]. Soil Biol Biochem，30(10-11)：1389-1414.

Glick B R. 2003. Phytoremediation：synergistic use of plants and bacteria to clean up the environment [J]. Biotechnol Adv，21(5)：383-393.

González-Chávez M C，Carrillo-González R，Wright S F，et al. 2004. The role of glomalin，a protein produced by ar-buscular mycorrhizal fungi，in sequestering potentially toxic elements [J]. Environmental Pollution，130 (3)：317-323.

Gramss G，Voigt K D，Bergmann H. 2004. Plant availability and leaching of (heavy) metals from ammonium-，calci-um-，carbohydrate-，and citric acid-treated uranium-mine-dump soil[J]. Journal of Plant Nutrition & Soil Science，167(4)：417-427.

Grcman H，Velikonja-Bolta S，Vodnik D，et al. 2001. EDTA enhanced heavy metal phytoextraction：metal accumu-lation，leaching，and toxicity[J]. Plant and Soil，235(1)：105-114.

Grcman H，Vodnik D，Velikonja-Bolta S，et al. 2003. Ethylenediaminedissuccinate as a new chelate for environmen-tally safe enhanced lead phytoextraction[J]. Journal of Environmental Quality，32(2)：500-506.

Grenthe I，Furger J，Konings R J M，et al. 1992. Chemical Thermodynamics of Uranium[M]. Amsterdam，Neth-erlands：Elsevier.

Gu B，Liang L，Dickey M J，et al 1998. Reductive precipitation of uranium(Ⅵ) by zero-valent iron[J]. Environmen-tal Science & Technology，32(21)：3366-3373.

Guenther A，Bernhard G，Geipel G，et al. 2003. Uranium speciation in plants[J]. Radiochimica Acta，91 (6)：319-328.

Guidi L，Innocenti E D，Carmassi G，et al. 2011. Effects of boron on leaf chlorophyll fluorescence of greenhouse to-mato grown with saline water[J]. Environmental and Experimental Botany，73：57-63.

Guivarch A，Hinsinger P，Staunton S. 1999. Root uptake and distribution of radiocesium from contaminated soils and the enhancement of Cs adsorption in the rhizosphere[J]. Plant and Soil，211(1)：131-138.

Halim M，Conte P，Piccolo A. 2003. Potential availability of heavy metals to phytoextraction from contaminated soils induced by exogenous humic substances[J]. Chemosphere. 52(1)：265-275.

Harris P J F. 2007. Solid state growth mechanisms for carbon nanotubes[J]. Carbon，45(2)：229-239.

Haselwandter K, Berreck M. 1994. Accumulation of radionuclides in fungi[A]// Winkelmann G and Winge D R. Metal Ions in Fungi [M]. New York: Marcel Dekker.

He S B, Ruan B B, Zheng Y P, et a. 2014. Immobilization of chlorine dioxide modified cells for uranium absorption [J]. Journal of Environmental Radioactivity, 137: 46-51.

Hilal N, Al-Zoubi H, Darwish N A, et al. 2004. A comprehensive review of nanofiltration membranes: treatment, pretreatment, modelling, and atomic force microscopy[J]. Desalination, 170(2004): 281-308.

Hinsinger P, Jaillard B. 1993. Root-induced release of interlayer potassium and vermiculitization of phlogopite as related to potassium depletion in the rhizosphere of ryegrass[J]. Journal of Soil Science, 44(3): 525-534.

Hinton T G, McDonald M, Ivanov Y. 1996. Foliar absorption of resuspended ^{137}Cs relative to other pathways of plant contamination[J]. Journal of Environmental Radioactivity, 30(1): 15-30.

Hofrichter M, Steinbue chel A. 2001. Lignin, Humic Substances and Coal[M]. Weinheim: Wiley-VCH.

Hosseini A, Thørring H, Brown J E. 2008. Transfer of radionuclides in aquatic ecosystems Default concentration ratios for aquatic biota in the Erica Tool[J]. Journal of Environmental Radioactivity, 99: 1408-1429.

Howard B J, Desmet G. 1993. Relative effectiveness of agricultural countermeasure techniques (special issue)[J]. The Science of the Total Environment, 137: 1-315.

Huang C S, Ke Q D, Costa M. 2004. Molecular mechanisms of arsenic carcinogenesis [J]. Mol Cell Biochem, 255 (1): 57-66.

Huang F C, Brady P V, Lindgren E R, et al. 1998. Biodegradation of uranium-citrate complexes: implications for extraction of uranium from soils[J]. Environmental Science & Technology, 32(3): 379-382.

Huang J W, Chen J, Berti W B, et al. 1997. Phytoremediation of lead-contaminated soils: role of synthetic chelates in lead phytoextraction[J]. Environmental Science & Technology, 31(3): 800-805.

Huang J W, M ichael J B, Yoram K. 1998. Phytoremediation of uranium-contaminated soils: role of organic acids in triggering uraium hyperaccumulation in plants [J]. Environmental Science & Technology, 32: 2004-2008.

Jackson B P, Ranville J F, Bertsch P M, et al. 2005. Characterization of colloidal and humic-bound Ni and U in the 'dissolved' fraction of contaminated sediment extracts [J]. Environmental Science & Technology, 39 (8): 2478-2485.

Jagetiya B, Sharma A. 2013. Optimization of chelators to enhance uranium uptake from tailings for phytoremediation [J]. Chemosphere, 91: 692-696.

Jerden-Jr J L, Sinha A K. 2003. Phosphate based immobilization of uranium in an oxidizing bedrock aquifer[J]. Applied Geochemistry, 18(6): 823-843.

Jiang L Y, Yang X E, He Z L. 2004. Growth response andphytoextraction of copper at different levels in soils by *Elsholtzia splendens*[J]. Chemosphere, 55(9): 1179-1187.

Jiang X J, Luo Y M, Zhao Q G, et al. 2003. Soil Cd availability to indian mustard and environmental risk following EDTA addition to Cd-contaminated soil[J]. Chemosphere, 50(6): 813-818.

Johnson N C, Graham J H, Smith F A. 1997. Functioning of mycorrhizal associations along the mutualism-parasitism continuum [J]. New Phytol, 135(4): 575-585.

Joner E J, Briones R, Leyval C. 2000. Metal binding capacity of arbuscular mycorrhizal mycelium[J]. Plant and Soil, 226(2): 227-234.

Jones D L, Brassington D S. 1998. Sorption of organic acids in acid soils and its implications in the rhizosphere[J]. European Journal of Soil Science, 49(49): 447-455.

Jones H E, Harrison A F, Poskitt J M. 1991. The effect of potassium nutrition on ^{137}Cs uptake in two upland species [J]. Journal of Environmental Radioactivity, 14(4): 279-294.

Joseph E D, Hendry M J, Warner J, et al. 2012. Microcale mineralogical characterization of As, Fe, and Ni in uranium mine tailings[J]. Geochimica et Cosmochimica Acta, 96: 336-352.

Jungk A, Claassen N. 1986. Availability of phosphate and potassium as the result of interactions between root and soil in the rhizosphere[J]. Zeitschrift Für Pflanzenernährung Und Bodenkunde, 149(4): 411-427.

Juwakar A A, Nair A, Dubey K V. 2007. Biosurfactant technology for remediation of cadmium and lead contaminated Soils [J]. Chemosphere, 2007, 68(10): 1996-2002.

Kasianenko A A, Kulieva G A, Ratnikov A N, et al. 2005. The migration of U-238 in the system "soil-plant" and its effect on plant growth[J]. International Congress Series, 1276 : 223- 224.

Kaszuba M, Hunt G RA. 1990. Protection against membrane damage: a ^{1}H-NMR investigation of the effect of Zn^{2+} and Ca^{2+} on the permeability of phospholipids vesicles[J]. Journal of Inorganic Biochemistry, 40(3): 217-225.

Kauffman J W, Laughlin W C, Baldwin R A. 1986. Microbiological treatment of uranium mine waters[J]. Environ Sci Technol, 20: 243-248.

Kavamura V N, Esposito E. 2010. Biotechnological strategies applied to the decontamination of soils polluted with heavy metals [J]. Biotechnology Advances, 2(1): 61-69.

Kawasaki T, Moritsugu M. 1987. Effect of calcium on the absorption and translocation of heavy metals in excised barley roots: multi-compartment transport box experiment[J]. Plant and Soil, 100(1): 21-34.

Kayser A, Wenger K, Keller A, et al. 2000. Enhancement of phytoextraction of Zn, Cd and Cu from calcareous soil: the use of NTA and sulfur amendments[J]. Environmental Science & Technology, 34(9): 1778-1783.

Khaliq A, Sanders F E. 2000. Effects of vesicular-arbuscular mycorrhizal inoculation on the yield and phosphorus uptake of field-grown barley[J]. Soil Biology and Biochemistry, 32(11-12): 1691-1696.

Killham K, Firestone M K. 1983. Vesicular arbuscular mycorrhizal mediation of grass response to acidic and heavy metal depositions[J]. Plant and Soil, 72(1): 39-48.

Knox A S, Kaplan D I, Adriano D C, et al. 2003. Apatite and phillipsite as sequestering agents for metals and radionuclides[J]. J Environ Qual, 32: 515-525.

Koch-Steindl H, Proehl G. 2001. Considerations on the behaviour of long-lived radionuclides in soil[J]. Radiation and Environmental Biophysics, 40(2): 93-104.

Kos B, Grčman H, Leštan D. 2003. Phytoextraction of lead, zinc and cadmium from soil by selected plants[J]. Plant Soil & Environment, 49: 548-553.

Kramer U, Cotter-Howell S J D, Chamock J M. 1996. Free histidine as ametal chelator in plants that accumulate inckel[J]. Nature, 379(6566): 635-638.

Kulli B, Balmer M, Krebs R, et al. 1999. The influence of nitriloacetate on heavy metal uptake of lettuce and ryegrass[J]. Journal of Environmental Quality, 28(6): 1699-1705.

Lai F O, Yeo T Y, Sim E K. 2011. Identification of drought-tolerant plants for roadside greening—an evaluation of chlorophyll fluorescence as an indicator to screen for drought tolerance[J]. Urban Forestry & Urban Greening, 10: 177-184.

Langmuir D. 1978. Uraniumsolutionemineral equilibria at low temperature with applications to sedimentary ore deposits [J]. Geochimica et Cosmochimica Acta, 42(6): 547-569.

Langmuir D. 1997. Aqueous Environmental Geochemistry[M]. Upper Saddle River: Prentice-Hall, Inc.

Lasat M M, Fuhrmann M, Ebbs S D, et al. 1998. Phytoremediation of a radiocesium-contaminated soil evaluation of cesium-137 bioaccumulation in the shoots of three plant species[J]. Journal of Environmental Quality, 27: 165-169.

Laurettea J, Larue C, Mariet C. 2012. Influence of uranium speciation on its accumulation and translocation in three plant species: Oilseed rape, sunflower and wheat[J]. Environmental and Experimental Botany, 77: 96-107.

Lauria D C, Ribeiro F C A, Conti C C, et al. 2009. Radium and uranium levels in vegetables grown using different farming management systems[J]. Journal of Environmental Radioactivity, 100 (2): 176-183.

Lauria D C, Ribeiro F CA, Conti C C, et al . 2009. Radium and uranium levels in vegetables grown using different farming management systems[J]. Journal of Environmental Radioactivity, 100: 176-183.

Lee J, Reeves R D, Brooks RR , et al. 1977. Isolation and identification of a citrato-complex of nickel from nickel-accumulating plants[J]. Phytochemistry, 16(10): 1502-1505.

Lee M，Yang M. 2010. Rhizofiltration using sunflower (*Helianthus annuus* L.) and bean (*Phaseolus vulgaris* L. var. *vulgaris*) to remediate uranium contaminated groundwater[J]. Journal of Hazardous Materials，173(1-3)：589-596.

Lenhart J J，Honeyman B D. 1999. Uranium (Ⅵ) sorption to hematite in the presence of humic acid[J]. Geochimica et Cosmochimica Acta，63(19)：2891-2901.

Leung H M，Wang Z W，Ye Z H，et al. 2013. Interactions between arbuscular mycorrhizae and plants in phytoremediation of metal-contaminated soils：a review[J]. Pedosphere，23(5)：549-563.

Li W C，Ye Z H，Wong M H. 2007. Effects of bacteria on enhanced metal uptake of the Cd/Zn-hyperaccumulating plant，Sedum alfredii [J]. J Exp Bot，2007，58(15-16)：4173-4182.

Lian P，Zhu X，Liang S，et al. 2010. Large reversible capacity of high quality graphene sheets as an anode material for lithium-ion batteries[J]，Electrochimica Acta，55(12)：3909-3914.

Liu D，Islam E，Ma J S，et al. 2008a. Optimization of chelator-assisted phytoextraction，using EDTA，lead and Sedum alfredii Hance as a model system [J]. Bull Environ Contam Toxicol，81(1)：30-35.

Liu D，Islam E，Li T Q，et al. 2008b. Comparison of synthetic chelators and low molecular weight organic acids in enhancing phytoextraction of heavy metals by two ecotypes of Sedum alfredii Hance[J]. Journal of Hazardous Materials 153：114-122.

Lorenz S E，Hamon R E，McGrath S P，et al. 1994. Applications of fertilizer cations affect cadmium and zinc concentrations in soil solutions and uptake by plants[J]. European Journal of Soil Science，45(45)：159-165.

Loviey D R，Phillips E J P. 1992. Bioremediation of uranium contamination with enzymatic uranium reduction[J]. Environmental Science & Technology，26：2228-2234.

Luo C，Shen Z，Li X. 2005. Enhanced phytoextraction of Cu，Pb，Zn and Cd with EDTA and EDDS[J]. Chemosphere，59(1)：1-11.

Maathuis F J M，Ichida A M，Sanders D，et al. 1997. Roles of higher plant Kt channels[J]. Plant Physiology，114(4)：1141-1149.

Maathuis F J M，Sanders D. 1995. Contrastingroles in ion transport of two Kt-channel types in root cells of Arabidopsis thaliana[J]. Planta，197(3)：456-464.

Madrid F，Liphadzi M S，Kirkham M B. 2003. Heavy metal displacement in chelate-irrigated soil during phytoremediation[J]. Journal of Hydrology，272(272)：107-119.

Maksymiec W，Baszynski T. 1996. Chlorophyll fluorescence in primary leaves of excess Cu-treated runner bean plants depends on their growth stages and the duration of Cu-action[J]. J Plant Physiol，149：196-200.

Malekzadeh F，Farazmand A，Ghafourian H，et al. 2002. Uranium accumulation by a bacterium isolated from electroplating effluent[J]. World Journal of Microbiology & Biotechnology，18(4)：295-302.

Markich S J. 2013. Water hardness reduces the accumulation and toxicity of uranium in a freshwater macrophyte (Ceratophyllum demersum)[J]. Science of the Total Environment 443：582-589.

Marschner B，Henke U，Wessolek G. 1995. Effects of ameliorative additives on the adsorption and binding forms of heavy-metals in a contaminated topsoil from a former sewage farm[J]. Journal of Plant Nutrition and Soil Science，158(1)：9-14.

Marschner H，Römheld V，Horst W J S，et al. 1986. Root-induced changes in the rhizosphere：importance for the mineral nutrition of plants[J]. Journal of Plant Nutrition & Soil Science，149(4)：441-456.

Marschner P，Godbold D L，Jentschke G. 1996. Dynamics of lead accumulation in mycorrhizal and non-mycorrhizal Norway spruce (*Picea abies*(L.) Karst)[J]. Plant and Soil，178(2)：239-245.

Martinsa M，Faleiro M L，Chavesc S，et al. 2010. Anaerobic bio-removal of uranium (Ⅵ) and chromium (Ⅵ)：comparison of microbial community structure[J]. Journal of Hazardous Materials，176：1065-1072.

Mascanzoni D. 1989. Plant uptake of activation and fission products in a long-term field study[J]. Journal of Environmental Radioactivity，10((3)：233-249.

Mashkani S G，Ghazvini P T M，2009．Biotechnological potential ofAzolla filiculoides for biosorption of Cs and Sr：application of micro-PIXE for measurement of biosorption[J]．Bioresource Technol，100：1915-1921．

Mason C F V，Turney W R J R，Thomson B．Carbonate leaching of uranium from contaminated soil[J]．Environ Sci Technol，31：2707-2711．

Massas I，Skarlou V，Haidouti C．2010．^{134}Cs uptake by four plant species and Cs-K relations in the soil-plant system as affected by Ca(OH)$_2$ application to an acid soil[J]．Journal of Environmental Radioactivity，101：250-257．

Matsuura T．2001．Progress in membrane science and technology for seawater desalination—a review[J]．Desalination，134(01)：47-54．

Maxwell K，Johnson G N．2000．Chlorophyll fluorescence-a practical guide [J]．J Exp Bot，51(345)：659-668．

McGee E，Johanson K J，Keatinge M J，et al．1996．An evaluation of ratio systems in radioecological studies[J]．Health Physics，70(2)：215-221．

McNear D H，Chaney R L，Sparks D L．2007．The effects of soil type and chemical treatment on nickel speciation in refinery enriched soils：A multi-technique investigation [J]．Geochim Cosmochim Acta，71(9)：2190-2208．

Meers E，Ruttens A，Hopgood MJ，et al．2005．Comparison of EDTA and EDDS as potential soil amendments for enhanced phytoextraction of heavy metals[J]．Chemosphere，58(8)：1011-1022．

Meir S，Ronen R，Lurie S，et al．1997．Assessment of chilling injury during storage：chlorophyll fluorescence characteristics of chilling-susceptible and triazole-induced chilling tolerant basil leaves[J]．Postharvest Biology and Technology，10：213-220．

Meisel S，Gerzabek M H，Muller H K．1991．Influence of ploughing on the depth distribution of various radionuclides in the soil[J]．Journal of Plant Nutrition & Soil Science，154：211-215．

Mellah A，Chegrouche S，Barkat M．2006．The removal of uranium(Ⅵ) from aqueous solutions onto activated carbon：kinetic and thermodynamic investigations[J]．Journal of Colloid & Interface Science，296(2)：434-441．

Merckx R，Sinnaeve J，Van Ginkel J，et al．1983．The effect of growing plant roots on the speciation of Co-60，Zn-65，Mn-54 and Fe-59 in the rhizosphere[A]//Proceedings of the Seminar on the Transfer of Radioactive Materials in the Terrestrial Environment Subsequent to an Accidental Release Toatmosphere[M]．Luxembourg：Commission of the European Communities．

MerrounM L，Pobell S S．2008．Bacterial interactions with uranium：an environmental perspective[J]．Journal of Contaminant Hydrology，102：285-295．

Michelet B，Boutry M．1995．The plasma membrane Ht-ATPase[J]．Plant Physiology，108：1-6．

Mihalik J，Henner P，Frelon S，et al．2012．Citrate assisted phytoextraction of uranium by sunflowers：study of fluxes in soils and plants and resulting intra-planta distribution of Fe and U[J]．Environmental and Experimental Botany，77：249-258．

Mihucza V G，Csogd A，Fodor F．2012．Impact of two iron(Ⅲ)chelators on the iron，cadmium，lead and nickel accumulation in poplar grown under heavy metal stress in hydroponics[J]．Journal of Plant Physiology，169：561-566．

Misra A N，Srivastava A，Strasser R J．2001．Utilization of fast chlorophylla fluorescence technique in assessing the salt/ion sensitivity of mung bean and Brassica seedlings[J]．J Plant Physiol，158：1173-1181．

Misson J，Henner P，Morello M，et al．2009．Use of phosphate to avoid uranium toxicity in Arabidopsis thaliana leads to alterations of morphological and physiological responses regulated by phosphate vailability[J]．Environmental and Experimental Botany，67(2)：353-362．

Mitsios I K，Rowell D L．1987．Plant uptake of exchangeable and non-exchangeable potassium．I．Measurement and modelling for onion roots in a Chalky Boulder clay soil[J]．Journal of Soil Science，38(1)：53-63．

Mittler R，Vanderauwera S，Gollery M，et al．2004．Reactive oxygen gene network of plants[J]．Trends in Plant Science，9(10)：490-498．

Morton L S，Evans C V，Estes G O．2002．Natural uranium and thorium distributions in podzolized soils and native blueberry[J]．J Environ Qual，31(1)：155-162．

Moyen C, Roblinb G. 2010. Uptake and translocation of strontium in hydroponically grown maize plants, and subsequent effects on tissue ion content, growth and chlorophyll a/b ratio: comparison with Ca effects[J]. Environmental and Experimental Botany, 68: 247-257.

Muzzarelli R A A. 2011. Potential of chitin/chitosan-bearing materials for uranium recovery: an interdisciplinary review[J]. Carbohydrate Polymers, 84: 54-63.

Naidu R, Harter R D. 1998. Effect of different organicligands on cadmium sorption by and extractability from soils [J]. Soil Science Society of America Journal, 62(3): 644-650.

Neagoea A, Mertenb D, Iordachec V, et al. 2009. The effect of bioremediation methods involving different degrees of soil disturbance on the export of metals by leaching and by plant uptake[J]. Chemie der Erde-Geochemistry, 69 (1): 57-73.

Neveen B T. 2014. Effective microorganisms enhance the scavenging capacity of the ascorbate-glutathione cycle in common bean (*Phaseolus vulgaris* L.) plants grown in salty soils[J]. Plant Physiology & Biochemistry, 80: 136-143.

Neves M O, Figueiredo V R, Abreu M M. 2012. Transfer of U, Al and Mn in the water-soil-plant (*Solanum tuberosum* L.) system near a former uranium mining area (Cunha Baixa, Portugal) and implications to human health[J]. Science of the Total Environment 416: 156-163.

Ngah W S W, Hanafiah M A K M. 2008. Removal of heavy metal ions from wastewater by chemically modified plant wastes as adsorbents: a review[J]. Bioresource Technology, 99: 3935-3948.

Nierop K G J, Jansen B, Verstraten J M. 2002. Dissolved organic matter, aluminum, and iron interactions: precipitation induced by metal/carbon ratio, pH, and competition[J]. Science of the Total Environment, 300(1-3): 201-211.

Nikolova I, Johanson K J, Clegg S. 2000. The accumulation of ^{137}Cs in the biological compartment of forest soils[J]. Journal of Environmental Radioactivity, 47(99): 319-326.

Nisbet A F, Shaw S. 1994. Summary of a 5-year lysimeter study on the time-dependent transfer of ^{137}Cs, ^{90}Sr, ^{240}Pu and ^{241}Am to crops from three contrastingsoil types: 1. transfer to the edible portion[J]. Journal of Environmental Radioactivity, 23(1): 1-17.

Noordijk H, van Bergeijk K E, Lembrechts J, et al. 1992. Impact of ageing and weather conditions on soil-to-plant transfer of radiocesium and radiostrontium[J]. Journal of Environmental Radioactivity, 15(3): 277-286.

Nye P H, Tinker P B. 1977. Solute Movement in the Soil-Root System[M]. Oxford, UK: Blackwell Scientific Publications.

Ouzounidou G. 1996. The use of photoacoustic spectroscopy in assessing leaf photosynthesis under copper stress: correlation of energy storage to photosystem II fluorescence parameters and redox change of P_{700}[J]. Plant Science, 113: 229-237.

Paasikallio A, Rantavaara A, Sippola J. 1994. The transfer of cesium-137 and strontium-90 from soil to food crops after the Chernobyl accident[J]. The Science of the Total Environment, 155(2): 109-124.

Pacheco M L, Havel J. 2001. Capillary zoneelectrophoretic (CZE) study of uranium(Ⅵ) complexation with humic acids[J]. Journal of Radioanalytical & Nuclear Chemistry, 248(3): 565-570.

Panda D, Sharma S G, Sarkar R K. 2008. Chlorophyll fluorescence parameters, CO_2 photosynthetic rate and regeneration capacity as a result of complete submergence and subsequent re-emergence in rice (*Oryza sativa* L.)[J]. Aquatic Botany, 88: 127-133.

Pasternak C A. 1987. A novel form of host defense: membrane protection by Ca^{2+} and Zn^{2+}[J]. Bioscience Reports, 7(2): 81-91.

Payne T E, Davis J A, Waite T D. 1996. Uranium sorption on ferrihydrite-effects of phosphate and humic acid[J]. Radiochimica Acta, 74(4): 239-243.

Petkova V, Denev I D, Cholakov D, et al. 2007. Field screening for heat tolerant common bean cultivars (*Phaseolus vulgaris* L.) by measuring of chlorophyll fluorescence induction parameters[J]. Scientia Horticulturae, 111:

101-106.

Pettersson H B L, Hancock G, Johnston A. 1993. Uptake of uranium and thorium series radionuclides by the waterlily, Nymphaea violacea[J]. Journal of Environmental Radioactivity, 19(2): 85-108.

Piccolo A. 2001. Thesupramolecular structure of humic acids[J]. Soil Science, 166: 810-832.

Pinto E, Almeida A A, Aguiar R M, et al. 2014. Changes in macrominerals, trace elements and pigments content during lettuce (Lactuca sativa L.) growth: influence of soil composition[J]. Food Chemistry, 152: 603-611.

Plenchette C, Morel C. 1996. External phosphorus requirements of mycorrhizal and non-mycorrhizal barley and soybean plants[J]. Biology & Fertility of Soils, 21(4): 303-308.

PollmannK, Raff J, Merroun M, et al. 2006. Metal binding by bacteria from uranium mining waste piles and its technological applications[J]. Biotechnology Advances, 24: 58-68.

Porta H, Rocha-Sosa M. 2002. Plant lipoxygenases. Physiological and molecular features[J]. Plant Physiology, 130 (1): 15-21.

Pratas J, Rodrigues N, Paulo C. 2006. Uranium accumulator plants from the centre of Portugal—their potential to phytoremediation[A]//Merkel B J. Uranium in the Environment[M]. Berlin: Springer-Verlag, 477-482.

Pratasa J, Paulo C, Favasc P J C, et al. 2014. Potential of aquatic plants for phytofiltration of uranium-contaminated waters in laboratory conditions[J]. Ecological Engineering, 69: 170-176.

Preter D P. 1990. Radiocesium retention in the aquatic, terrestrial and urban environment: a quantitative and unifying analysis[D]. Belgium: Katholieke Universiteit Leuven.

Punshon T, Gaines K F, Bertsch P M, et al. 2003. Bioavailability of uranium and nickel to vegetation in a contaminated riparian sediment[J]. Environmental Toxicology and Chemistry, 22 (5): 1146-1154.

Qin L C, Zhao X, Hirahara K, et al. 2000. The smallest carbon nanotube[J]. Nature, 408(6808): 95-120.

Quartacci M F, Baker A J M, Navari-Izzo F. 2005. Nitriloacetate- and citric acid-assisted phytoextraction of cadmium by Indian mustard (Brassica juncea(L.) Czernj, Brassicaceae)[J]. Chemosphere, 59(9): 1249-1255.

Raff O, Wilken R D. 1999. Removal of dissolved uranium by nanofiltration[J]. Desalination, 122(122): 147-150.

Ramaswami A, Carr P, Burkhardt M. 2001. Plant-uptake of uranium: hydroponic and soil system studies [J]. Int J Phytoremediat, 3(2): 189-201.

Rao G, Lu C, Su F. 2007. Sorption of divalent metal ions from aqueous solution by carbon nanotubes: a review[J]. Separation & Purification Technology, 58(1): 224-231.

Rau S, Miersch J, Neumann D, et al. 2007. Biochemical responses of the aquatic moss Fontinalis antipyretica to Cd, Cu, Pb and Zn determined by chlorophyll fluorescence and protein levels[J]. Environmental and Experimental Botany, 59: 299-306.

Razinger J, Dermastia M, Drinovec L, et al. 2007. Antioxidative responses of duckweed (Lemna minor L.) to short-term copper exposure[J]. Environmental Science and Pollution Research, 14(3): 194-201.

Read D, Ross D, Sims R J. 1998. The migration of uranium through Clashach Sandstone: the role of low molecular weight organics in enhancing radionuclide transport[J]. Journal of Contaminant Hydrology, 35(1-3): 235-248.

Richards B N. 1987. The Microbiology of Terrestrial Ecosystems[M]. Harlow: Longman Scientific & Technical.

Rivetta A, Negrini N, Lucchini S, et al. 1997. Mechanism of cadmium uptake in maizeroots[A]//Gerzabek M H. Soil-Plant-Relationships[M]. Austria: Forschungszentrum Seibersdorf.

Roadley M R, Willey N J. 1997. Differences in root uptake of radiocaesium by 30 plant taxa[J]. Environ Pollut, 97 (1/2): 11-15.

Roane T M, Pepper I L. 1999. Microbial responses to environmentally toxic cadmium[J]. Microbial Ecol, 38(4): 358-364.

Robinson B, Fernaendez J E, Madejoen P, et al. 2003. Phytoextraction: an assesment of biogeochemical and economic viability[J]. Plant and Soil, 249(1): 117-125.

Roca M C, Vallejo V R. 1995. Effect of soil potassium and calcium on caesium and strontium uptake by plant roots

[J]. Journal of Environmental Radioactivity, 28 (2): 141-159.

Rubio F, Gassmann W, Schroeder J I. 1995. Sodium-driven potassium uptake by the plant potassium transporter HKT1 and mutations conferringsalt tolerance[J]. Science, 270(5242): 1660-1663.

Rufyikiri G, Huysmans L, Wannijn J. 2004. Arbuscular mycorrhizal fungi can decrease the uptake of uranium by subterranean clover grown at high levels of uranium in soil[J]. Environmental Pollution, 130: 427-436.

Rufyikiri G, Thiry Y, Declerck S. 2003. Contribution of hyphae and roots to ranium uptake and translocation by arbuscular mycorrhizal carrot roots under root organ culture conditions[J]. New phytologist, 158: 391-399.

Rufyikiri G, Thiry Y, Wang L, et al. 2002. Uranium uptake and translocation by the arbuscular mycorrhizal fungus, *Glomus intraradices*, under root organ culture conditions[J]. New Phytologist, 156: 275-281.

Rufyikiri G, Wannijn J, Wang L. et al. 2006. Effects of phosphorus fertilization on the availability and uptake of uranium and nutrients by plants grown on soil derived from uranium mining debris[J]. Environmental Pollution, 141 (3): 420-427.

Russel M, Colgazier E W, English M R. 1991. Hazardous Waster Remediation: The Task Ahead[M]. Knoxville, USA: Waste Management Research and Education Institute.

Russell E W. 1973. SoilConditions and Plant Growth (10th Ed.) [M]. London, UK: William Clowes & Sons.

Sabbaresea C, Stellatoa L, Cotrufo M F. 2002. Transfer of ^{137}Cs and ^{60}Co from irrigation water to a soil-tomato plant system[J]. Journal of Environmental Radioactivity, 61: 21-31.

Salt D E, Pickering I J, Prince R C, et al. 1997. Metal accumulation by aquacultured seedlings of Indian mustard[J]. Environmental Science & Technology, 31: 1636-1644.

Sandino A, Bruno J. 1992. The solubility of $(UO_2)_3(PO_4)_2 \cdot 4H_2O$ and the formation of U(Ⅵ) phosphate complexes: their influence in uranium speciation in natural waters [J]. Geochimica et Cosmochimica Acta, 56 (12): 4135-4145.

Santos C V. 2004. Regulation of chlorophyll biosynthesis and degradation by salt stress in sunflower leaves[J]. Scientia Horticulturae, 103: 93-99.

Saric M R, Stojanovic M, Babic M. 1995. Uranium in plant species grown on natural barren soil[J]. J Plant Nutr, 18(7): 1509-1518.

Sarret G, Vangronsveld J, Manceau A, et al. 2001. Accumulation forms of Zn and Pb in *Phaseous vulgaris* in the presence and absence of EDTA[J]. Environmental Science & Technology, 35(13): 2854-2859.

Satpati S K, Pal S, Roy S B, et al. 2014. Removal of uranium(Ⅵ) from dilute aqueous solutions using novel sequestering sorbent poly-acryl hydroxamic acid[J]. Journal of Environmental Chemical Engineering, 2: 1343-1351.

Schachtman D P, Schroeder J I. 1994. Structure and transport mechanism of a high-affinity potassium uptake transporter from higher plants[J]. Nature, 370(6491): 655-8.

Schmidt A, Haferburg G, Schmidt A, et al. 2009. Heavy metalresistancetotheextreme: streptomyces strains from a formeruraniumminingarea[J]. Chemie der Erde, 69(S2): 35-44.

Schnitzer M, Kahn S U. 1972. Humic Substances in the Environment[M]. New York: Marcel Dekker.

Schnitzer M. 1978. Soil Organic Matter[M]. Amsterdam: Elsevier.

Schnoor J L. 1996. Environmental Modeling: Fate and Transport of Pollutants in Water, Air, and Soil[M]. New York: John Wiley & Sons.

Schweiger P F, Robson A D, Barrow N J. 1995. Root hair length determines beneficial effect of a Glomus species on shoot growth of some pasture species[J]. New Phytologist, 131: 247-254.

Scotti I A, Silva S. 1992. Foliar absorption and leaf-fruit transfer of ^{137}Cs in fruit trees[J]. Journal of Environmental Radioactivity, 16(2): 97-108.

Scotti I A. 1996. Effect of treatment time on the^{134}Cs and ^{85}Sr concentrations in green bean plants[J]. Tournal of Environmental Radioactivity, 33(2): 183-191.

Sekhar K C, Kamala C T, Chary N S, et al. 2005. Potential of *Hemidesmus indicus* for the phytoextraction of lead from industrially contaminated soils[J]. Chemosphere, 58(4): 507-514.

Sessitsch A, Kuffner M, Kidd P, et al. 2013. The role of plant-associated bacteria in the mobilization and phytoextraction of trace elements in contaminated soils[J]. Soil Biology & Biochemistry, 60: 182-194.

Shahandeh H, Hossner L R. 2002. Enhancement of uranium phytoaccumulation from contaminated soils[J]. Soil Science, 167(4): 269-280.

Shahandeh H, Hossner L R. 2002a. Enhancement of uranium phytoaccumulation from contaminated soils[J]. Soil Sci, 167(4): 269-280.

Shahandeh H, Hossner L R. 2002b. Role of soil properties in phytoaccumulation of uranium[J]. Water, Air, and Soil Pollution, 141(1-4): 165-180.

Shalhevet J. 1973. Effect of mineral type and soil moisture content on plant uptake of ^{137}Cs[J]. Radiation Botany, 13 (3): 165-171.

Shangguan Z P, Shao M, Dyckmans J. 2000. Effects of nitrogen nutrition and water deficit on net photosynthetic rate and chlorophyll fluorescence in winter wheat[J]. J Plant Physiol, 156: 46-51.

Shaw G, Bell J N. 1989. The Kinetics of Caesium absorption by roots of winter wheat and the possible consequences for the derivation of soil-to-plant transfer factors for radiocaesium[J]. Journal of Environmental Radioactivity, 10 (3): 213-231.

Shen Z G, Li X D, Wang C C, et al. 2002. Lead phytoextraction from contaminated soils with high biomass plant species[J]. Journal of Environmental Quality, 31(6): 1893-1900.

Sheppard S C, Evenden W G. 1988. Critical compilation and review of plant/soil concentration ratios for uraniun thorium and lead [J]. Journal of Environmental Radioactivity, 8(3): 255-285.

Sheppard S C, Long J M, Sanipelli B. 2010. Plant/soil concentration ratios for paired field and garden crops, with emphasison iodine and the role of soil adhesion[J]. Journal of Environmental Radioactivity, 101: 1032-1037.

Sheppard S C, Sheppard M I, Gallerand M O, et al. 2005. Derivation of ecotoxicity thresholds for uranium[J]. Journal of Environmental Radioactivity, 79(1): 55-83.

Shtangeeva I. 2010. Uptake of uranium and thorium by native and cultivated plants[J]. Journal of Environmental Radioactivity, 101: 458-463.

Siffel P, Braunova Z, Sindelkova E, et al. 1996. The effect of simulated acid rain on chlorophyll fluorescence spectra of spruce seedlings (Picea abies L. Karst.)[J]. J Plant Physiol, 148: 271-275.

Simon S L, Graham J C, Terp S D. 2002. Uptake of ^{40}K and ^{137}Cs in native plants of the Marshall Islands[J]. Journal of Environmental Radioactivity, 59 (59): 223-243.

Singh S, Malhotra R, Bajwa B S. 2005. Uranium uptake studies in some plants[J]. Radiation Measurements, 40: 666-669.

Slomka A, Kuta E, Szarek-Lukaszewska E. 2011. Violets of the section melanium, their colonization by arbuscular mycorrhizal fungi and their occurrence on heavy metal heaps [J]. J Plant Physiol, 168(11): 1191-1199.

Smeets K, Ruytinx J, Semane B, et al. 2008. Cadmium-induced transcriptional and enzymatic alterations related to oxidative stress[J]. Environmental & Experimental Botany, 63(1-3): 1-8.

Smolders E, Merckx R. 1993. Some principles behind the selection of crops to minimize radionucleide uptake from soil [J]. The Science of the Total Environment, 137(1-3): 135-146.

Smucker A J M, Aiken R M. 1992. Dynamic root responses to water deficits[J]. Soil Science, 154(4): 281-289.

Sowder A G, Bertsch P M, Morris P J. 2003. Partitioning and availability of uranium and nickel in contaminated riparian sediments[J]. Journal of Environmental Quality, 32(3): 885-898.

Squire H M, Middleton L J. 1966. Behaviour of ^{137}Cs in soils and pastures a long term experiment[J]. Radiation Botany, 6(5): 413-423.

Stevenson F J. 1994. Humus Chemistry: Genesis, Composition, Reactions(Second Edition)[M]. New York: John Wiley & Sons.

Straczek A, Duquene L, Wegrzynek D, et al. 2010. Differences in U root-to-shoot translocation between plant species explained by U distribution in roots[J]. Journal of Environmental Radioactivity, 101: 258-266.

Strebl F, Ehlken S, Gerzabek M H. 2007. Behaviour of radionuclides in soil/crop systems following contamination [J]. Radioactivity in the Environment, 10: 19-42.

Suzuki Y, Banfield J F. 2004. Resistance to, and accumulation of, uranium by bacteria from a uranium-contaminated site[J]. Geomicrobiology Journal, 21(2): 113-121.

Takeda A, Tsukada H, Takaku Y, et al. 2008. Plant induced changes in concentrations of caesium, strontium and uranium in soil solution with reference to major ions and dissolved organic matter[J]. Journal of Environmental Radioactivity, 99: 900-911.

Tanner W, Caspari T. 1996. Membrane transport carriers[J]. Annual Review of Plant Physiology and Plant Molecular Biology, 47: 595-626.

Thiry Y. 1997. Etude du cycle du radiocesium en ecosysteme forestier: distribution et facteurs de mobilitye[D]. Louvain-la-Neuve, Belgium: Universit'e Catholique de Louvain.

Tiffin L O. 1966. Iron translocation 1. Plant culture, exudate sampling, iron-citrate analysis[J]. Plant Physiology, 41(3): 510-514.

Ting A S Y, Rahman N H A, Isa M I H M, et al. 2013. Investigating metal removal potential by Effective Microorganisms(EM) in alginate-immobilized and free-cell forms[J]. Bioresource Technology, 147(8): 636-639.

Tinker P B. 1984. The role of microorganisms in mediating and facilitating the uptake of plant nutrients from soil [J]. Plant Soil, 76(1): 77-91.

Tomas D S, Turner D W. 2001. Banana (*Musa* sp.) leaf gas exchange and chlorophyll fluorescence in respose to soil drought, shading, and lamina folding[J]. Scientia Horticulturae, 90: 93-108.

Treeby M, Marschner H, Romheld V. 1989. Mobilization of iron and other micronutrient cations from a calcareous soil by plant-borne, microbial, and synthetic metal chelators[J]. Plant and Soil, 114(2): 217-226.

Tributh H, Boguslawski E V, Lieres E V, et al. 1987. Effect of potassium removal by crops on transformation of illitic clay minerals[J]. Soil Science, 143: 404-409.

Tripathi A, Melo J S, D'Souza S F. 2013. Uranium (Ⅵ) recovery from aqueous medium using novel floating macroporousalginate-agarose-magnetite cryobeads[J]. Journal of Hazardous Materials, 246-247: 87-95.

Tsukada H, Nakamura Y. 1999. Transfer of ^{137}Cs and stable Cs from soil to potato in agricultural fields[J]. The Science of the Total Environment, 228(2-3): 111-120.

Tsukadaa H, Hasegawaa H, Hisamatsua S, et al. 2002. Transfer of ^{137}Cs and stable Cs from paddy soil to polished rice in Aomori, Japan[J]. Journal of Environmental Radioactivity, 59(3): 351-363.

Turnau K, Kottke I, Oberwinkler F. 1993. Element localization in mycorrhizal roots of *Pteridium aquilinum* (L.) Kuhn collected from experimental plots treated with cadmium dust[J]. New Phytologist, 123(2): 313-324.

Tyler G. 2004. Ionic charge, radius, and potential control rootysoil concentration ratios of fifty cationic elements in the organic horizon of a beech (*Fagus sylvatica*) forest podzol[J]. Science of the Total Environment, 329: 231-239.

Uren N C, Reisenauer H M. 1988. The role of root exudates in nutrient acquisition[J]. Advances in Plant Nutrition, 3: 79-114.

Valcke E. 1993. The behaviour dynamics of radiocesium and radiostrontium in soils rich in organic matter[D]. Leuven, Belgium: Katholieke Universiteit Leuven.

Vandenhove H, Olyslaegers G, Sanzharova N. 2009. Proposal for new best estimates of the soil-to-plant transfer factor of U, Th, Ra, Pb and Po[J]. Journal of Environmental Radioactivity, 100: 721-732.

Vander Bruggen B, Vandecasteele C. 2003. Removal of pollutants from surface water and groundwater by nanofiltration: overview of possible applications in the drinking water industry[J]. Environmental Pollution, 122(3): 435-445.

Vanhoudt N, Cuypers A, Horemans N. et al. 2011. Unraveling uranium-induced oxidative stress related responses in

Arabidopsis thaliana seedlings. Part II: responses in the leaves and general conclusions[J]. Journal of Environmental Radioactivity, 102(6): 638-645.

Vanhoudt N, Vandenhove H, Horemans N, et al. 2010. Study of oxidative stress related responses induced in *Arabidopsis thaliana* following mixed exposure to uranium and cadmium[J]. Plant Physiology and Biochemistry, 48: 879-886.

Vanhoudt N, Vandenhove H, Horemans N. 2010. The combined effect of uranium and gamma radiation on biological responses and oxidative stress induced in Arabidopsis thaliana[J]. Journal of Environmental Radioactivity, 101: 923-930.

Vanhoudt N, Vandenhove H, Horemans N. 2011. Unraveling uranium induced oxidative stress related responses in Arabidopsis thaliana seedlings. Part I: responses in the roots[J]. Journal of Environmental Radioactivity, 102: 630-637.

Vassil A D, Kapulnik Y, Raskin I. et al. 1998. The role of EDTA in lead transport and accumulation in Indian mustard[J]. Plant Physiology, 117(2): 447-453.

Velasco H, Ayub J J, Sansone U. 2009. Influence of crop types and soil properties on radionuclide soil-to-plant transfer factors in tropical and subtropical environments[J]. Journal of Environmental Radioactivity, 100: 733-738.

Velasco H, Ayub J, Sansone U. 2008. Analysis of radionuclide transfer factors from soil to plant in tropical and subtropical environments[J]. Applied Radiation and Isotopes, 66: 1759-1763.

Viehweger K, Geipel G. 2010. Uranium accumulation and tolerance in *Arabidopsis halleri* under native versus hydroponic conditions[J]. Environmental and Experimental Botany, 69: 39-46.

Wallace A. 1989. Effect oflimingon trace-element interactions in plants[J]. Soil Science, 147: 416-421.

Wenger K, Gupta S K, Furrer G, et al. 2002. Zinc Extraction potential of two common crop plants, *Nicotiana tabacum* and *Zea mays*[J]. Plant and Soil, 242(2): 217-225.

Wenzel W W, Unterbrunner R, Sommer P. et al. 2003. Chelate-assisted phytoextraction using canola(*Brassica napus* L.) in outdoors pot and lysimeter experiments[J]. Plant and Soil, 249(1): 83-96.

Wershaw R L. 1999. Molecular aggregation of humic substances[J]. Soil Science, 164: 803-813.

White A J, Critchley C. 1999. Rapid light curves: a new fluorescence method to assess the state of the photosynthetic apparatus [J]. Photosynth Res, 59(1): 63-72.

White P J. 1998. Calcium channels in the plasma membrane of root cells[J]. Annals of Botany, 81(2): 173-183.

Willey N J, Tang S, McEwen A. 2010. The effects of plant traits and phylogeny on soil-to-plant transfer of ^{99}Tc[J]. Journal of Environmental Radioactivity, 101: 757-766.

Willey N J, Fawcett K. 2006. Inter-taxa differences in root uptake of $^{103/106}$Ru by plants[J]. Journal of Environmental Radioactivity, 86: 227-240.

Willscher S, Mirgorodsky D, Jablonski L, et al. 2013. Field scale phytoremediation experiments on a heavy metal and uranium contaminated site, and further utilization of the plant residues[J]. Hydrometallurgy, 131-132: 46-53.

Witherspoon J P, 1968. Effects of internal ^{137}Cs radiation on seeds of *Liriodendron tulipifera*[J]. Radiation Botany, 8(1): 45-48.

Wu J, Hsu F, Cunningham S. 1999. Chelate-assisted Pb phytoextraction: Pb availability, uptake, and translocation constraints[J]. Environmental Science & Technology, 33(11): 1898-1904.

Wu L H, Luo Y M, Xing X R, et al. 2004. EDTA-enhanced phytoremediation of heavy metal contaminated soil with Indian mustard and associated potential leaching risk [J]. Agriculture Ecosystems & Environment, 102 (3): 307-318.

Wu W M, Carley J, Luo J, et al. 2007. In situ bioreduction of uranium(Ⅵ) to submicromolar levels and reoxidation by dissolved oxygen[J]. Environmental Science & Technology, 41(16): 5716-5723.

Wyttenbach A, Furrer V, Tobler L. 1995. The concentration ratios plant to soil for the stable elements Cs, Rb and K[J]. The Science of the Total Environment, 173-174: 361-36.

Xing W, Huang W M, Liu G H. 2010. Effect of excess iron and copper on physiology of aquatic plant *Spirodela polyrrhiza* (L.) *Schleid*[J]. *Environmental Toxicology*, 25(2): 103-112.

Yang J, Kloepper J W, Ryu C M. 2009. Rhizosphere bacteria help plants tolerate abiotic stress [J]. Trends Plant Sci, 14(1): 1-4.

Yang M J, Jawitz J W, Lee M. 2015. Uranium and cesium accumulation in bean (*Phaseolus vulgaris* L. var. *vulgaris*) and its potential for uranium rhizofiltration[J]. Journal of Environmental Radioactivity, 140: 42-49.

Yao Y, Ma H. 2010. Potential application of phytoremediation in controlling radioactive uranium pollution of uranium mines[J], Sichuan Environment, 6: 16.

Zhang R, Rahman S, Vance G F, et al. 1995. Geostatistical analyses of trace elements in soils and plants[J]. Soil Science, 159(6): 383-390.

Zribi L, Fatma G, Fatma R, et al. 2009. Application of chlorophyll fluorescence for the diagnosis of salt stress in tomato "*Solanum lycopersicum* (variety Rio Grande)" [J]. Scientia Horticulturae, 120: 367-372.

后 记

　　植物修复研究需要大量农学专业的知识和方法。农学专业所学的无机及分析化学、有机化学、植物学、植物生理学、土壤学、肥料学、气象学、微生物学、农业生态学、作物栽培学等均可应用于植物修复研究。作物生产栽培与植物修复栽培有相似之处。作物生产栽培的目标是收获产品的产量高、品质优、成本低、收益高、食用安全，植物修复栽培的目标是污染物清除量大、修复效率高、成本低、不产生新的污染。因此，作物栽培的许多原理和方法可以应用于植物修复研究之中。作者的农学专业背景和二十多年的作物栽培研究经历，对本书内容的研究有极大的帮助。

　　本书研究内容需要大量盆栽试验，为了保证人体和环境安全，试验所用锶和铯均为稳定性核素(冷试验)，所用铀为低放射性的^{238}U。根据同位素化学性质相同的特点，对稳定性或低放同位素修复能力强的植物，对放射性或高放同位素的修复能力也是比较强的。因此，本书的研究结果和结论对放射性锶或铯污染，以及对^{235}U污染环境的植物修复也有借鉴作用。

　　本书主要从植物学性状、光合生理特性以及植物元素和物质成分上研究植物在锶、铯、铀污染环境中的变化，探讨植物的抗胁迫能力；主要从植物对核素的吸收、转移、积累，筛选修复能力强的植物和提高修复能力的方法。因研究目的、研究条件和研究能力所限，没有进行相关机理的实验研究。但在相关章节，引用了不少国内外学者的研究现状和机理探讨，文中和参考文献多有来源著录，在此，对这些作者或研究者表示谢意。特别要感谢西南科技大学副校长、博士生导师罗学刚教授对本书内容的研究和本书的出版所给予的大力支持。

唐永金